高职高专“十二五”规划教材

★ 农林牧渔系列

动物营养与饲料生产技术

DONGWU YINGYANG
YU SILIAO SHENGCHAN JISHU

陈翠玲　张京和　主编

化学工业出版社

·北京·

内 容 提 要

本书在介绍动物营养和饲料基础知识的基础上，重点阐述了饲料加工及其利用的基本知识和技能，并依据动物的营养需要讲述了饲料配合技术和具体的配方内容；书中融入了饲料生产的新技术、新方法；书后设置有实验实训项目、饲料卫生最新标准、动物的饲养标准和最新饲料营养价值表。本书突出实用性、可操作性，淡化理论，精选内容，语言通俗易懂，信息量大，可读性强，可较好地满足高职高专教育和饲料生产岗位的实际需要。

本书可作为高职高专畜牧兽医类专业师生的教材，也适合畜牧生产及饲料生产一线技术人员或从事相关工作的技术和管理人员的参考阅读。

图书在版编目（CIP）数据

动物营养与饲料生产技术/陈翠玲，张京和主编. —北京：化学工业出版社，2011.8（2021.2重印）
高职高专“十二五”规划教材★农林牧渔系列
ISBN 978-7-122-11953-7

Ⅰ.动… Ⅱ.①陈…②张… Ⅲ.①动物营养-营养学-高等职业教育-教材②动物-饲料加工-高等职业教育-教材 Ⅳ.S816

中国版本图书馆CIP数据核字（2011）第149127号

责任编辑：梁静丽 李植峰　　文字编辑：张春娥
责任校对：陶燕华　　装帧设计：史利平

出版发行：化学工业出版社（北京市东城区青年湖南街13号 邮政编码100011）
印　　装：北京虎彩文化传播有限公司
787mm×1092mm 1/16 印张15 字数379千字 2021年2月北京第1版第4次印刷

购书咨询：010-64518888　　售后服务：010-64518899
网　　址：http://www.cip.com.cn
凡购买本书，如有缺损质量问题，本社销售中心负责调换。

定　　价：40.00元

高职高专规划教材★农林牧渔系列
建设单位

（按汉语拼音排列）

安阳工学院
保定职业技术学院
北京城市学院
北京林业大学
北京农业职业学院
长治学院
长治职业技术学院
常德职业技术学院
成都农业科技职业学院
成都市农林科学院园艺研究所
重庆三峡职业学院
重庆文理学院
德州职业技术学院
福建农业职业技术学院
抚顺师范高等专科学校
甘肃农业职业技术学院
广东科贸职业学院
广东农工商职业技术学院
广西百色市水产畜牧兽医局
广西大学
广西职业技术学院
广州城市职业学院
海南大学应用科技学院
海南师范大学
海南职业技术学院
杭州万向职业技术学院
河北北方学院
河北工程大学
河北交通职业技术学院
河北科技师范学院
河北省现代农业高等职业技术学院
河南科技大学林业职业学院
河南农业大学
河南农业职业学院
河西学院
黑龙江科技职业学院
黑龙江民族职业学院
黑龙江农业工程职业学院
黑龙江农业经济职业学院
黑龙江农业职业技术学院
黑龙江生物科技职业学院
呼和浩特职业学院
湖北三峡职业技术学院
湖北生物科技职业学院
湖南环境生物职业技术学院
湖南生物机电职业技术学院
怀化职业技术学院
吉林农业科技学院
集宁师范高等专科学校
济宁市高新技术开发区农业局
济宁市教育局
济宁职业技术学院
嘉兴职业技术学院
江苏联合职业技术学院
江苏农林职业技术学院
江苏畜牧兽医职业技术学院
江西生物科技职业学院
金华职业技术学院
晋中职业技术学院
荆楚理工学院
荆州职业技术学院
景德镇高等专科学校
昆明市农业学校
丽水学院
丽水职业技术学院
辽东学院
辽宁科技学院
辽宁农业职业技术学院
辽宁医学院高等职业技术学院
辽宁职业学院
聊城大学
聊城职业技术学院
眉山职业技术学院
南充职业技术学院
盘锦职业技术学院
濮阳职业技术学院
青岛农业大学
青海畜牧兽医职业技术学院
曲靖职业技术学院
日照职业技术学院
三门峡职业技术学院
山东科技职业学院
山东省贸易职工大学
山东省农业管理干部学院
山西林业职业技术学院
商洛学院
商丘职业技术学院
上海农林职业技术学院
深圳职业技术学院
沈阳农业大学
沈阳农业大学高等职业技术学院
苏州农业职业技术学院
宿州职业技术学院
乌兰察布职业学院
温州科技职业学院
厦门海洋职业技术学院
咸宁学院
咸宁职业技术学院
信阳农业高等专科学校
杨凌职业技术学院
宜宾职业技术学院
永州职业技术学院
玉溪农业职业技术学院
岳阳职业技术学院
云南农业职业技术学院
云南省曲靖农业学校
云南省思茅农业学校
张家口教育学院
漳州职业技术学院
郑州牧业工程高等专科学校
郑州师范高等专科学校
中国农业大学烟台研究院

《动物营养与饲料生产技术》编写人员名单

主　　编　陈翠玲　张京和

副 主 编　田培育　李建国

编写人员　（按姓名汉语拼音排列）

陈翠玲　黑龙江科技职业学院

李建国　辽宁医学院畜牧兽医学院

李进杰　河南农业职业学院

汤　莉　信阳农业高等专科学校

田培育　黑龙江生物科技职业学院

张绍男　黑龙江农业经济职业学院

张京和　北京农业职业学院

主　　审　陈晓华　黑龙江科技职业学院

序

当今，我国高等职业教育作为高等教育的一个类型，已经进入到以加强内涵建设，全面提高人才培养质量为主旋律的发展新阶段。各高职高专院校针对区域经济社会的发展与行业进步，积极开展新一轮的教育教学改革。以服务为宗旨，以就业为导向，在人才培养质量工程建设的各个侧面加大投入，不断改革、创新和实践。尤其是在课程体系与教学内容改革上，许多学校都非常关注利用校内、校外两种资源，积极推动校企合作与工学结合，如邀请行业企业参与制定培养方案，按职业要求设置课程体系；校企合作共同开发课程；根据工作过程设计课程内容和改革教学方式；教学过程突出实践性，加大生产性实训比例等，这些工作主动适应了新形势下高素质技能型人才培养的需要，是落实科学发展观，努力办人民满意的高等职业教育的主要举措。教材建设是课程建设的重要内容，也是教学改革的重要物化成果。教育部《关于全面提高高等职业教育教学质量的若干意见》（教高［2006］16号）指出“课程建设与改革是提高教学质量的核心，也是教学改革的重点和难点”，明确要求要“加强教材建设，重点建设好3000种左右国家规划教材，与行业企业共同开发紧密结合生产实际的实训教材，并确保优质教材进课堂。”目前，在农林牧渔类高职院校中，教材建设还存在一些问题，如行业变革较大与课程内容老化的矛盾、能力本位教育与学科型教材供应的矛盾、教学改革加快推进与教材建设严重滞后的矛盾、教材需求多样化与教材供应形式单一的矛盾等。随着经济发展、科技进步和行业对人才培养要求的不断提高，组织编写一批真正遵循职业教育规律和行业生产经营规律、适应职业岗位群的职业能力要求和高素质技能型人才培养的要求、具有创新性和普适性的教材将具有十分重要的意义。

化学工业出版社为中央级综合科技出版社，是国家规划教材的重要出版基地，为我国高等教育的发展做出了积极贡献，曾被新闻出版总署领导评价为“导向正确、管理规范、特色鲜明、效益良好的模范出版社”，2008年荣获首届中国出版政府奖——先进出版单位奖。近年来，化学工业出版社密切关注我国农林牧渔类职业教育的改革和发展，积极开拓教材的出版工作，2007年年底，在原“教育部高等学校高职高专农林牧渔类专业教学指导委员会”有关专家的指导下，化学工业出版社邀请了全国100余所开设农林牧渔类专业的高职高专院校的骨干教师，共同研讨高等职业教育新阶段教学改革中相关专业教材的建设工作，并邀请相关行业企业作为教材建设单位参与建设，共同开发教材。为做好系列教材的组织建设与指导服务工作，化学工业出版社聘请有关专家组建了“高职高专规划教材★农林牧渔系列建设委员会”和“高职高专规划教材★农林牧渔系列编审委员会”，拟在“十一五”、“十二五”期间组织相关院校的一线教师和相关企业的技术人员，在深入调研、整体规划的基础上，编写出版一套适应农林牧渔类相关专业教育的基础课、专业课及相关外延课程教材。专业涉及种植、园林园艺、畜牧、兽医、水产、宠物等。

该套教材的建设贯彻了以职业岗位能力培养为中心，以素质教育、创新教育为基础的教育理念，理论知识“必需”、“够用”和“管用”，以常规技术为基础，关键技术为重点，先进技术为导向。此套教材汇集众多农林牧渔类高职高专院校教师的教学经验和教改成果，又得到了相关行业企业专家的指导和积极参与，相信它的出版不仅能较好地满足高职高专农林牧渔类专业的教学需求，而且对促进高职高专专业建设、课程建设与改革、提高教学质量也将起到积极的推动作用。希望有关教师和行业企业技术人员，积极关注并参与教材建设。毕竟，为高职高专农林牧渔类专业教育教学服务，共同开发、建设出一套优质教材是我们共同的责任和义务。

介晓磊

本教材是高职高专农林牧渔类“十二五”规划教材分册之一，是依据教育部《关于加强高职高专人才培养工作的意见》、《关于加强高职高专教育教材建设的若干意见》的文件精神，主要为全国高职高专院校畜牧兽医专业的教学而编写。

现代养殖业和饲料工业的发展需要大批能够运用基本理论知识指导生产实践，并熟练掌握岗位基本技能和生产技能的高技能型应用人才。动物营养与饲料生产技术是高职院校畜牧兽医专业的专业平台课之一。本课程的主要任务是阐述动物营养方面的基础理论、基本知识和基本方法，在此基础上讲授饲料原料种类、营养特点及加工利用，依据动物营养需要特点、动物饲养标准内涵，以及饲料配方设计的原则，达到熟练、科学设计饲料配方的技能目标。依据这一目标，本书在编写时力求体现以养殖生产和饲料加工生产为主线，以职业岗位技能培养为核心，突出理论知识的应用、实践能力的培养以及高新技术的应用等特点。

本教材教学目标明确，内容丰富，主题明确，重点突出，文字简练、规范，通俗易懂。通过本教材的教、学、做，能够使学生牢固掌握养殖生产与饲料加工利用所需要的基本理论知识和基本技能，并具备解决养殖生产与饲料加工技术问题的能力。

本教材由绪论、动物营养概述、饲料种类与加工利用、动物营养需要与饲料配合技术、配合饲料生产工艺及其质量管理、实验实训项目及附录七部分构成，编写人员为7所高职高专院校的骨干教师，编者在编写前对编写大纲进行了详细的讨论，明确了编写内容。在本教材编写过程中，注意吸取相关高职高专教材的长处，注重教材内容的整合，突出内容的实用性、可操作性和应用性。

本教材由陈翠玲编写绪论、第一章及附录一、附录二；张京和编写第二章；李建国编写第三章第一节、第二节和第三节；李进杰编写第三章第四节和实训项目一～十六；田培育编写第四章；张绍男编写实训项目十七～二十四及附录三、附录四；汤莉编写实训项目二十五～二十六及附录五、附录六，全书由陈晓华主审。

限于编者水平以及时间仓促，书中难免有不妥之处，敬请读者批评指正，以便在再版时进行修正、补充。

编　者

2011年5月

绪　论

现代养殖业在我国农业乃至整个国民经济中的地位越来越重要。养殖业的飞速发展及其主导作用的发挥，不仅推动了种植业的发展，而且带动了饲料工业、食品加工业以及运输、包装等相关行业的发展。

发展养殖业，品种是基础，饲料是动力，市场是方向，科学技术是关键。现代养殖生产过程就是将劣质的自然资源、农副产品等植物性饲料转变成优质的动物性产品的过程，而这一过程的关键问题是饲料转化率。饲料中营养物质的转化利用程度是动物生产效率的具体体现，它主要取决于动物营养研究的进展。20 世纪以来，随着动物营养研究的深入发展和动物营养学的边缘学科等领域的不断扩展以及动物生产与营养研究的密切结合，使动物生产的技术水平不断提高，动物的生产性能及生产效率显著提高。

养殖业的快速发展带动了饲料工业的迅猛发展，使之成为我国重要的经济支柱产业。动物营养研究的新成果不断应用于饲料行业，使饲料配方更加优化，从而提高了配合饲料产品的质量，促进了动物生产性能的不断提高。动物营养研究与动物生产的结合是通过饲料工业的生产、加工技术来实现的。饲料工业生产的产品在数量和质量上的稳步增长，大大促进了我国养殖业的发展，促进了农业结构的加速调整，为提高国民经济收入、丰富国民菜篮子、提高国民生活水平做出了重要贡献。饲料工业的大发展，使其在国民经济中的地位也愈加突显。由于饲料工业的不断壮大，对各种原料的需求也呈上升趋势，当前，蛋白质饲料资源的缺乏已成为全世界共同面临的问题。开发新的饲料资源，尤其是蛋白质饲料资源，大力发展牧草资源的生产与加工，加强青、粗饲料的深加工的研究与推广，发展节粮型畜牧业，这些都将会引起人们广泛的重视。

一、本课程的主要内容

本课程涵盖了动物营养和动物饲养两大学科的内容，是畜牧兽医专业的应用基础学科。本课程主要介绍以下内容。

（1）动物营养概述　阐述动物生存和生产所需要的营养物质种类及各种营养物质的生理或生物学功能。研究并阐述营养物质的供给及其与动物体内代谢速度、代谢特点、动态平衡、动物生产特性和效率之间的关系，揭示营养物质进入动物体内的定量转化规律及其作用调节机制，阐明动物机体与饲料营养物质间的内在联系。

（2）饲料种类及其加工利用　介绍饲料分类以及各类饲料的营养特点、特性、加工及饲喂技术。

（3）动物营养需要与饲料配合技术　研究各类动物的适宜营养并确定各种营养物质的需要量。阐明需要的营养生理基础和营养缺乏或过量对动物生产和健康的影响。介绍饲养标准的含义、内容及应用，在此基础上了解饲料配方设计的原则、方法步骤及各种动物饲料配方设计特点。

（4）配合饲料生产工艺及其质量控制　介绍配合饲料生产工艺和饲料原料及其产品质量控制。

二、本课程的主要任务与作用

现代养殖业的主要任务是为人类生产高质量的动物性食品以及其他一些畜产品。无论哪一种生产方式，都必须供给动物饲料，作为制造畜禽产品的原料。养殖业生产的实质，就是动物利用饲料转化为畜产品的过程。在这个生产过程中，饲料转化率越高，生产的畜禽产品越多，畜禽产品的成本也就越低，畜牧业经营的利润也就越高。

本课程的主要任务则在于揭示饲料的转化率的实质，即在了解饲料与动物产品之间差距的基础上，研究解决“供与求”的矛盾。动物采食的是饲料，而利用的则是其中的营养物质。首先，从“供”的角度研究和了解饲料中各种营养物质在动物体内的转化规律、营养作用、各类饲料的饲用特性、营养特点、评定方法及其含量；其次，从“求”的角度研究和掌握动物为了不同生产目的和生产水平，对各种营养物质需要的确切数量；最后，从设计科学配方入手，供给动物优质的配合饲料以达到“按需供应”。只有这种“供”与“求”的矛盾得到解决，才能达到提高饲料转化率的目的。

影响饲料转化率的因素有动物自身的遗传因素，还有饲养、营养等外部因素。提高动物生产效率，除合理选用品种外，在很大程度上依赖于营养物质利用效率的提高，后者则取决于动物营养研究的发展。

20 世纪以来，随着动物营养研究的深入发展，带动了我国饲料工业的快速发展，进而大大推动了养殖业的持续发展。饲料生产为养殖业发展提供了充足的生产资料，饲料工业成为现代养殖业的直接推动力。实践证明，用配合饲料喂畜、禽比用单一饲料可提高饲料报酬 20%～30%。同时，可以缩短饲养周期，节约大量粮食资源。肉鸡配合饲料转化率已由“八五”时期的 2.5∶1 提高到目前的 1.8∶1，出栏缩短 18d 左右；生长育肥猪出栏时间由过去的 1 年时间缩短到 6 个月以下，肉猪增重 1kg 的饲料消耗量也由过去的 5kg 减少到 2.5～3kg；蛋鸡的配合饲料转化率由 3.0∶1 提高到 2.4∶1；水产配合饲料转化率由 2.5∶1 提高到 1.8∶1，粮食消耗大为降低。

饲料工业是动物营养研究发展到一定阶段的必然产物，它有力地推动了集约化养殖业的快速发展，促进了动物生产效率的提高，以动物营养学为科技支柱的饲料工业已成为促进动物生产的一项重要产业。

三、我国饲料工业发展概况

我国饲料工业起步于 20 世纪 70 年代中后期，仅仅经过 10 多年的艰苦创业，就走过了世界上发达国家数十年的发展历程，从 1992 年起，饲料产量连续 17 年稳居世界第二位，成为饲料工业大国。经过 30 年的发展，我国饲料工业向世人展示出巨大潜力，已经成为国民经济中具有举足轻重地位和不可替代的基础产业，成为我国走新型工业化道路的重要方面军。饲料工业的发展，为推进现代养殖业的持续增长，调整农业结构，繁荣农村经济，增加农民收入，丰富和改善城乡人民的“菜篮子”做出了重大贡献。

1983 年《政府工作报告》中强调，积极发展饲料加工业，大幅度提高配合饲料的产量。同年 2 月，国务院办公厅转发了国家计委《关于发展我国饲料工业问题的报告》。1984 年 5 月，国务院通过了《1984—2000 年全国饲料工业发展纲要（试行草案）》，并于 12 月 26 日正式颁布。以《1984—2000 年全国饲料工业发展纲要》的颁布为标志，我国饲料工业正式列入国民经济发展计划。

多渠道集资，多种形式办厂，多种经济成分并存，各级之间、地区和部门之间通力合作、密切配合，饲料工业大发展的新局面出现。到 2000 年，就全面实现了《1984—2000 年全国饲料工业发展纲要》提出的发展目标，基本建成了中国特色饲料工业体系。

进入 21 世纪以后，伴随着经济全球化的深入，适应社会主义市场经济的发展，我国饲料工业进入了结构优化、质量提高、稳步发展的阶段。为贯彻落实国务院颁布的《饲料和饲料添加剂管理条例》，农业部先后出台了 6 项配套管理制度和 10 项行政许可及规范性文件。以全面实施饲料安全工程为重点，以强化饲料产品质量监管为手段，饲料工业进入了依法治饲、依法兴饲的新阶段。同时，饲料企业不断做大做强，逐步走上整合、联合之路，一批年产 100 万吨以上的大型饲料企业集团开始引领市场发展。

改革开放极大地释放了我国畜牧业的生产潜力，也为我国饲料工业的发展提供了良机，饲料产量快速增长，饲料质量稳步提高。从 1980～2007 年，饲料产品产量由 110 万吨增加到 12331 万吨，27 年增长 112.1 倍，年递增率为 19.1%。从 1990 年到 2007 年，饲料加工业产值由 1119 亿元增长到 3335 亿元。饲料产品结构随着养殖业结构调整而不断优化。2007 年，在全国配合饲料中，肉禽料比重最大，达到了 34%；反刍动物配合饲料比重最小，仅为 4%；猪料、蛋禽料和水产料分别占 26%、20%和 14%；其他料占 2%。饲料产品结构与养殖业的结合度更加紧密。饲料质量安全是保障养殖产品安全和食品安全的第一道关口。各级政府采取多种有效措施，不断加强对饲料产品质量安全监管，饲料产品质量稳步提高，质量安全状况明显改善。1987 年，第一次全国抽查饲料产品质量样品平均合格率仅为 20%；2006 年达到 93.8%；2001 年以来，全国配合饲料质量合格率一直保持在 90%以上，高品质的饲料产品已成为主流。

随着饲料工业的发展，企业实力大大增强。1990 年，全国饲料加工企业 14010 个，其中时产 5t 以上的企业 551 个，不到 4%；2007 年全国饲料加工企业 15376 个，其中时产 5t 以上的企业 4415 个，占 22%。特别是进入 21 世纪以来，企业集团化和兼并联合趋势加快。2007 年，年产 10 万吨以上的饲料企业 157 家，全国排名前 10 位的饲料企业集团的饲料产量 3377 万吨，占全国总产量的 27%。

饲料生产企业的改革和引进资金、技术的步伐加快。从 1992 年到 2007 年，私营企业数量从 642 个增加到 8414 个，15 年间增长 13.48 倍，成为饲料生产企业的重要组成部分。饲料行业是最早引进外资的行业之一，从 1979 年兴办第一个中外合资饲料企业，到 2007 年三资企业已发展到 237 个。

饲料添加剂工业是饲料工业发展水平的一个重要标志。20 世纪 80 年代，国产饲料添加剂品种少、产量低、质量较差，饲料添加剂基本上依靠进口。进入 21 世纪以来，饲料添加剂工业有了长足的发展。品种大幅度增加，产量快速增长，彻底改变了依赖进口的局面，许多产品还进入国际市场。氯化胆碱、维生素 A、维生素 E、维生素 C 等饲料添加剂已占国际市场的 30%～50%。以赖氨酸为例，1999 年产量为 9327t，2006 年达到 50.2 万吨，7 年增长了 53.8 倍，并从 2001 年开始出口，2005 年第一次实现出口量大于进口量。目前，国产赖氨酸市场占有率达到 94%。

饲料机械工业技术和设备达到国际先进水平。我国饲料机械早在 20 世纪 50 年代已有零星生产，但作为一个专业化的机械制造业，则是在改革开放后逐步发展起来的，特别是近年来，取得突破性进展，生产几十个系列 200 多种产品，不仅可以满足国内饲料生产的需要，而且远销国际市场。

饲料资源开发利用成效显著。我国各种饲料原料资源开发利用率不断提高，产量稳定增长，除蛋白质原料外，大部分产品基本上可以满足饲料工业的需要。

饲料质量监测体系不断完善，饲料企业内部不断加强质量管理。经过 30 多年的建设，全国饲料质量监测体系基本建成。到 2007 年年底，全国建成 1 个国家饲料质量监督检验中心、11个部级饲料质检中心和32个省级饲料监察所以及73个地市级、315个县级饲料质检站。饲料质量监测体系的形成为保障饲料产品质量安全提供了坚强的技术支撑。同时，为饲料企业提供了大量的检测服务和技术指导。随着饲料企业的规模不断壮大，企业内部不断加强质量管理，目前已有800家企业通过ISO 14000环境管理体系认证、HACCP认证以及中国饲料产品认证。

饲料工业和养殖业的发展，推动了科技教育与技术推广的不断发展。“六五”到“十五”期间，国家投资1.95亿元用于饲料行业科技攻关，获得丰硕成果，仅1990～1999年，取得科研成果90项，其中达到国际领先水平2项，国际先进水平25项，获国际专利16项，60%的研究成果得到转化应用。随着饲料科技成果的应用，配合饲料转化率大幅度提高，饲料对养殖业的科技贡献率达到50%以上。

经过30多年的建设与发展，我国饲料工业迅速发展，成为国民经济的重要基础产业。

四、我国饲料工业存在的问题及发展趋势

1. 我国饲料工业存在的问题

我国饲料工业是伴随着改革开放而兴起的一个朝阳产业，经过了30多年的发展，已取得了举世瞩目的成就。尽管如此，仍存在如下问题。

(1) 饲料原料供需平衡脆弱，蛋白质饲料资源短缺　多年来我国粮食总产量维持在4.5亿～4.9亿吨，人均粮食占有量为400kg左右，只有美国的1/3。而且近年来，我国粮食总产量连年下降，导致我国粮食供需平衡十分脆弱。原因之一，个别年份我国粮食生产获得丰收，五大粮食作物除大豆外，均在产地存在不同程度的卖粮难现象，造成国家粮食储备压力越来越大。原因之二，自20世纪80年代以来，随着我国养殖业连续多年的高速度增长，畜牧主产区的饲料资源短缺问题也将越来越严重。部分养殖及饲料企业盲目推行欧美玉米豆饼型日粮模式，造成我国豆粕、鱼粉及玉米等优质饲料资源的短缺。

粮油精深加工及生物质能源尤其是燃料乙醇加工业的高速发展，对粮油资源的消耗影响很大。随着各种形式的粮油精深加工产业的发展，势必影响到饲料用粮的供给。

(2) 饲料质量监管力度有待加强　饲料是动物性食品生产的源头，饲料产品的质量直接影响动物食品的安全，饲料质量监测体系的建立为保障饲料产品安全提供了坚强的技术支撑。目前，全国各级饲料质量监测体系基本建成，但地、市、县级质检部门的监管力度还不够，有待加强各级部门的检测服务和技术指导意识。

(3) 饲料资源开发利用方面存在着问题　我国潜在饲料资源数量严重不清，技术开发落后。自“七五”以来，我国一直未进行过全国性的统一饲料资源调查，现有饲料资源数据各种各样。由于近年来饲料原料及加工工艺技术的发展，相继出现了采用发酵生物技术、干燥新技术开发新型饲料原料，但这些原料的加工工艺不同，能源成本及营养价值变化很大。

低质饼粕资源开发利用不够，低质饼粕中有毒有害物质含量高。这不仅严重影响畜禽生产性能，还会损害动物器官，影响动物的生长发育，甚至导致动物死亡。

能量饲料资源开发不足。我国目前年产玉米只有1.1亿吨，而美国达到2.5亿吨，虽然我国每年产2亿多吨稻谷和1亿多吨小麦，但多数情况下这两种谷物的价格高于玉米，且其有效能值仅为玉米的75%～95%。另外，我国每年有近1亿吨的稻谷和小麦加工副产品。对谷物资源及其加工副产品的研究有待于从传统的消化代谢试验，发展到研究其不同结构碳水化合物（如非淀粉多糖）的消化代谢利用规律以及合理加工利用上。我国拥有丰富的薯类等块根块茎饲料资源，同时酒糟、醋渣、酱渣、果渣、豆渣、玉米浆等农副产品（轻工副产品）的年产量达1亿吨，但在饲料工业中的利用率不足10%，主要是因为传统的加工工艺

技术落后，投入产出比缺乏竞争力，产品能量转化效率低等。

(4) 饲料机械工业基础仍较薄弱，有待进一步加速发展　近年来，我国饲料机械制造业虽取得了一定进展，但与发达国家相比，还有很大的差距，在产品研发、制造技术等方面有待加强和提高。

(5) 饲料添加剂品种不全、质量差、总量不足　进入21世纪以来，饲料添加剂工业有了长足的发展。品种的增加、产量的增长，改变了依赖进口的局面，许多产品还进入了国际市场。尽管如此，与发达国家和我国未来畜牧业的发展需要相比，我国在添加剂的品种、质量和数量方面还存在一定差距。

(6) 饲料科技应用水平发展不平衡，饲料加工企业布局不合理。

由此可见，要实现饲料工业发展目标，还面临很多困难，需付出巨大的艰辛和努力。

2. 我国饲料工业发展趋势

① 生物技术及计算机技术向营养学渗透，动物生产效益及动物生产可预测性进一步提高。

② 生物高新技术将逐步应用于饲料资源开发及提高动物对饲料的生物利用率，尤其是应用生物高新技术，研究开发安全、无污染、高效的饲料资源及饲料添加剂新品种。

③ 进一步加强基础理论研究，尤其是开展营养与基因表达、营养与代谢调控以及物质代谢量变规律研究。

④ 随着人们对生存环境的认识和畜产品质量的高要求，生态或环保营养学将有突出发展。

⑤ 通过营养手段不断改善畜产品的风味、营养及保健价值。

⑥ 发展专门饲料作物生产，提高现有饲料资源利用率。

⑦ 建立健全高效饲料工业技术运行机制，加大饲料工业标准和检测方法研究力度，寻求简便、准确、有效的评价饲料营养价值的新方法。

⑧ 料加工工艺的改进与提高。

【复习思考题】

1. 动物营养与饲料生产技术研究的内容有哪些?
2. 我国饲料工业目前还存在哪些问题?
3. 我国今后动物营养研究的发展方向是什么?

第一章　动物营养概述

第一节　动物与饲料的组成成分

动物为了维持自身生命活动和生产，必须从饲料中摄取所需要的各种营养物质。动物的饲料除少量来自于动物、矿物质及人工合成外，绝大部分来源于植物。动物利用植物中的营养物质组成体组织，形成对人类有价值的动物产品。为了正确而合理地满足动物生产需要，首先要了解饲料与畜体的组成成分。

一、元素组成

动物与植物虽然营养方式不同，但在化学组成上却十分相近。应用现代分析技术测定得知，在已知的109种化学元素中，动植物体内约含60余种，其中以碳、氢、氧、氮含量最多，占总量的95%以上，矿物质元素的含量较少，约占5%。根据矿物质元素在动植物体内的含量多少，可分为两类：含量占机体体重0.01%以上的元素称为常量元素，如钙、磷、钾、钠、氯、镁、硫等；含量占机体体重0.01%以下的元素称为微量元素，如铁、铜、钴、锌、硒、碘、锰、钼、铬、矾、氟、镍、锡、砷、硅等。

植物体内化学元素的含量受植物种类、土壤、肥料、气候条件和收割、贮存时间等因素影响；动物体内的化学成分则受动物种类、年龄、营养状况等因素影响。无论植物还是动物所含的化学元素，皆以氧为最多，碳和氢次之，钙和磷较少；动物体内的钙、磷含量大大超过植物，钾含量则低于植物，其他微量元素的含量相对较稳定。

构成动植物体的化学元素并非都游离存在，绝大多数是相互结合成为复杂的有机或无机化合物，这些化合物主要是水分、蛋白质、脂肪、无氮浸出物、粗纤维等，它们构成了动植物体的各种组织器官和产品。植物的部位不同，各种化学成分含量差异较大。植物成熟后，将大量营养物质输送到籽实中贮存，因而籽实中蛋白质、脂肪和无氮浸出物含量皆高于茎叶，粗纤维含量则低于茎叶。植物叶片是制造养分的主要器官，叶片中蛋白质、脂肪、无氮浸出物含量比茎秆高，粗纤维则比茎秆低。动物生产上，叶片保存完整的植物饲料营养价值也相对较高。植物体水分含量随植物从幼龄至老熟逐渐减少。碳水化合物是植物的主要组成成分，碳水化合物分为粗纤维和无氮浸出物。粗纤维是植物细胞壁的构成物质，在植物茎秆中含量较高。蛋白质、脂肪、矿物质的含量随植物种类不同差异很大。如豆科植物含蛋白质较多，牧草特别是豆科牧草含矿物质相对较多。一般来说，动物体内的蛋白质含量较高，植物体内的碳水化合物含量较高。

二、营养物质的组成

动物为了生存、生长、繁衍后代和生产，必须从外界摄取饲料。一切能被动物采食、消化、利用，并对动物无毒害的物质，皆可作为动物的饲料。饲料中凡能被动物用以维持生命、生产产品的物质，称为营养物质，简称养分。饲料中的养分可以是简单的化学元素，如钙、磷、镁、钠、氯、硫、铁、铜等，也可以是复杂的化合物，如蛋白质、脂肪、碳水化合物和各种维生素。按常规饲料分析（即概略养分分析），可将饲料中的养分划分为六大类（图 1-1），即水分、粗蛋白、粗脂肪、碳水化合物、粗灰分和维生素。该分析方案概括性强，简单、实用，尽管分析中存在一些不足，特别是粗纤维分析尚待改进，目前世界各国仍在采用。

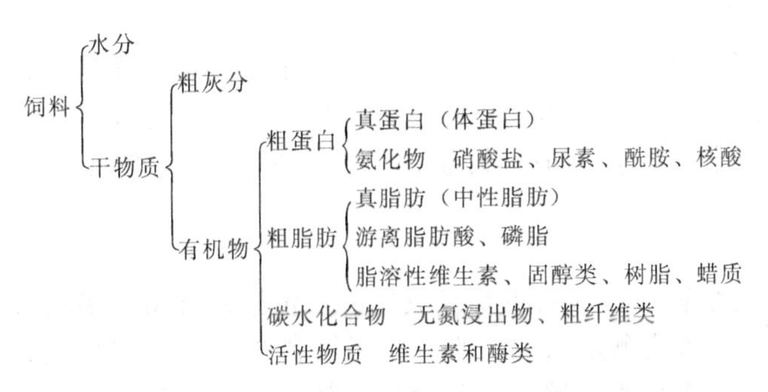

图 1-1　植物体内营养物质的构成

1. 水分

各种饲料均含有水分，其含量差异很大，最高可达 95%以上，最低可低于 5%。水分含量越多的饲料，干物质含量越少，营养浓度越低，相对而言，营养价值也越低。同一种植物饲料，收割期不同、部位不同，水分含量也不一样。幼嫩时含水较多，成熟后水分含量减少；植株部位不同，水分含量也有差异，枝叶中水分较多，茎秆中水分较少。青绿多汁饲料和各类鲜糟渣饲料中水分含量较多，谷物籽实和糠麸类饲料中水分含量较少，而酒糟、糖渣及粉渣等饲料含水量较高甚至可达 90%以上。水分含量多不利于饲料的贮存和运输，一般保存饲料的水分以不高于 14%为宜。

饲料中的水分常以两种状态存在。一种是含于动植物体细胞间、与细胞结合不紧密、容易挥发的水，称为游离水或自由水；另一种是与细胞内胶体物质紧密结合在一起、形成胶体水膜、难以挥发的水，称为结合水或束缚水。构成动植物体的这两种水分之和，称为总水分。常规饲料分析将饲料中总水分分为初水分（游离水或自由水）和吸附水（结合水或束缚水）。

（1）初水分　将新鲜饲料样品切细，放置于饲料盘中，在 60～70℃烘箱中烘干 3～4h，取出在空气中冷却 30min，再同样烘干 1h，取出，待两次称重相差小于 0.05g 时，所失重量即为初水分。各种新鲜的青绿多汁饲料，含有较多的初水分。

（2）吸附水　测定初水分后的饲料，或经自然风干的饲料，放入称量皿中，在 100～105℃烘箱内烘干 2～3h 后取出，放入干燥器中冷却 30min，再重复烘干 1h，待两次称重小于 0.002g 时，即为恒重，失去的重量为吸附水。

除去初水分和吸附水的饲料为绝干物质，也称干物质，缩写 DM。DM 是比较各种饲料所含养分多少的基础。

2. 粗灰分

粗灰分是饲料、动物组织和动物排泄物样品在 550～600℃高温炉中将所有有机物质全部氧化后剩余的残渣。主要为矿物质氧化物或盐类等无机物质，有时还含有少量泥沙，故称粗灰分。

3. 粗蛋白

粗蛋白（CP）是常规饲料分析中用以估计饲料、动物组织或动物排泄物中一切含氮物质的指标，它包括真蛋白和非蛋白含氮物（NPN）两部分。NPN 包括游离氨基酸、硝酸盐、氨等。

常规饲料分析测定粗蛋白，是用凯氏定氮法测出饲料样品中的氮含量后，用含氮量乘以 6.25 计算粗蛋白含量。6.25 称为蛋白质的换算系数，代表饲料样品中粗蛋白的平均含氮量为 16%。因此，一般测定粗蛋白都用 6.25 进行计算。

4. 粗脂肪

粗脂肪（EE）是饲料、动物组织、动物排泄物中脂溶性物质的总称。常规饲料分析是用乙醚浸提样品所得的乙醚浸出物。粗脂肪中除真脂肪外，还含有其他溶于乙醚的有机物质，如叶绿素、胡萝卜素、有机酸、树脂、脂溶性维生素等物质，故称粗脂肪或乙醚浸出物。

5. 粗纤维

粗纤维（CF）是植物细胞壁的主要组成成分，包括纤维素、半纤维素、木质素及角质等成分。常规饲料分析方法测定的粗纤维，是将饲料样品经 1.25% 的稀酸、1.25% 的稀碱各煮沸 30min 后，所剩余的不溶解碳水化合物。其中纤维素是由 β-1,4-葡萄糖聚合而成的同质多糖；半纤维素是葡萄糖、果糖、木糖、甘露糖和阿拉伯糖等聚合而成的异质多糖；木质素是苯丙烷衍生物的聚合物，它是动物利用各种养分的主要限制因子。

该方法在分析过程中，有部分半纤维素、纤维素和木质素溶解于酸、碱中，使测定的粗纤维含量偏低，同时又增加了无氮浸出物的计算误差。为了改进粗纤维分析方案，van Soest（1976）提出了用中性洗涤纤维（NDF）、酸性洗涤纤维（ADF）、酸性洗涤木质素（ADL）作为评定饲草中纤维类物质的指标。同时将饲料粗纤维中的半纤维素、纤维素和木质素全部分离出来，能更好地评定饲料粗纤维的营养价值。

粗饲料中粗纤维含量较高，粗纤维中的木质素对动物没有营养价值。反刍动物能较好地利用粗纤维中的纤维素和半纤维素，非反刍动物借助盲肠和大肠微生物的发酵作用，也可利用部分纤维素和半纤维素。

6. 无氮浸出物

无氮浸出物（NFE）主要由易被动物利用的淀粉、菊糖、双糖、单糖等可溶性碳水化合物组成，此外还包括水溶性维生素等其他成分。常规饲料分析方法不能直接分析饲料中的无氮浸出物含量，而是通过计算求得。常用饲料中无氮浸出物含量一般在 50% 以上，特别是植物籽实和块根、块茎类饲料中含量高达 70%～85%。饲料中无氮浸出物含量高、适口性好、消化率高，是动物能量的主要来源。动物性饲料中无氮浸出物含量很少。

营养科学的发展和饲料养分分析方法的不断改进，如氨基酸自动分析仪、原子吸收光谱仪、气相色谱分析仪等的使用，使饲料分析的劳动强度大大减轻，效率提高，各种纯养分皆可进行分析，促使动物营养研究更加深入细致，饲料营养价值评定也更加精确可靠。

7. 影响营养组成的因素

不同种类饲料营养物质的组成差异很大，如青饲料中含水量多，同时也富含各种维生素。蛋白质饲料中粗蛋白的含量高，品质也较好。禾本科籽实中富含有大量的淀粉，是动物能量的主要供给者。同一种饲料，其营养物质的组成也因品种不同而异。

植物在不同生长阶段，养分的含量不同。随着植物的逐渐成熟，蛋白质、矿物质和类胡萝卜素的含量逐渐减少，而粗纤维的含量则逐渐增加。

植物的叶片中蛋白质、矿物质及维生素等养分含量丰富，远远超过其茎秆，因此，在收获、晒制和贮存过程中，应该尽量避免叶片的损失。

植物在收获后，经过长期贮存，养分的含量也有很大变化。良好的贮存条件下，损失的程度会得到一定控制。

了解影响饲料中营养物质组成的因素，一方面能正确地认识饲料的营养价值和查用饲料成分表，做到合理利用饲料，另一方面可采取适当的措施，改变饲料的营养物质组成，提高饲料的营养价值。

三、动植物体组成成分的比较

为了研究动物与饲料间的相互关系，对动物也进行了同样的分析，其养分的组成与植物性饲料组成相比较，既有相同之处，又有明显区别（图 1-2）。

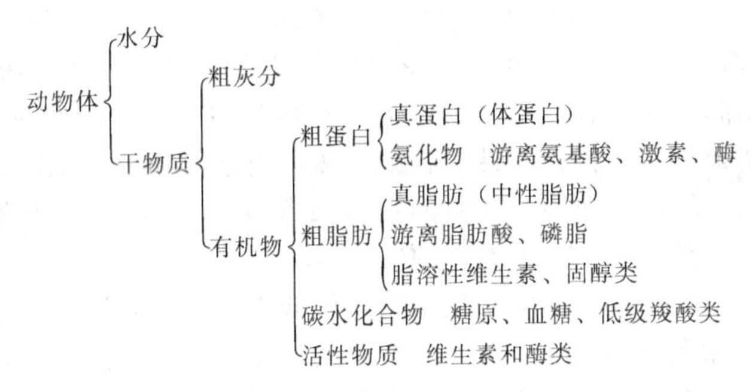

图 1-2 动物体内营养物质的组成

19 世纪初期，科学工作者利用化学分析方法对动植物体化学成分进行研究，并做了比较，发现二者所含化学元素基本相同，都由 60 余种化学元素构成，但数量略有差异。植物因种类不同，化学元素含量差异很大，但不同种类动物体化学元素含量差异不显著。动物从饲料中摄取各种化合物后，在体内代谢，经一系列化学变化，合成特定的无机和有机化合物。这些化合物大致可分为三类：第一类是构成机体组织的成分，如蛋白质、脂肪、碳水化合物、水和矿物质；第二类是合成或分解的中间产物，如氨基酸、甘油、尿素、氨、肌酸等；第三类是生物活性物质，如酶、激素、维生素和抗体等。比较这些化合物可以看出，植物性饲料与动物体化学成分间有以下几方面的差异。

1. 成分上的差异

（1）碳水化合物　碳水化合物是植物体的结构物质和贮备物质。植物体内的碳水化合物包括无氮浸出物和粗纤维；而动物体内没有粗纤维，只含有少量的葡萄糖、低级羧酸和糖原。

（2）粗蛋白　植物体内的蛋白质包括真蛋白和氨化物，且构成蛋白质的氨基酸种类不齐全，品质较差。氨化物在植物生长旺盛时期和发酵饲料中含量最多，主要包括游离氨基酸、硝酸盐类；而动物体内的蛋白质除真蛋白外，仅含有一些游离氨基酸、酶和激素，且构成蛋白质的氨基酸种类齐全、品质好；构成动植物体蛋白质的氨基酸种类相同，但植物体能合成全部的氨基酸，动物体则不能全部合成，一部分氨基酸必须由饲料中获得。

（3）粗脂肪　与植物中的粗脂肪成分相比，动物体内不含树脂和蜡质，其余成分相同或相似；动物体内的脂类主要是结构性的复合脂类，如磷脂、糖脂、鞘脂、脂蛋白和贮存的简单脂类，而植物种子中的脂类主要是简单的甘油三酯，复合脂类是细胞中的结构物质，含量很少。

2. 质量上的差异

动物体与饲料各种成分的含量及变化幅度也极不一致，并且植物性饲料养分含量变化幅度明显高于动物体。主要表现为以下几点。

（1）水分　植物性饲料因种类不同，含水量在5%～95%变化；而动物体的含水量虽然也有变化，但成年动物（生长育肥动物除外）比较稳定，一般多为体重的1/2～2/3，如成年牛体内含水仅为40%～60%。

对生长育肥动物而言，动物体内水分随年龄增长而大幅度降低。以牛为例，胚胎期含水高达95%，初生犊牛含水75%～80%，5月龄幼牛含水66%～72%。降低的原因是由于体脂肪的增加，如瘦阉牛体内含脂肪12%，含水64%；肥阉牛体内含脂肪41%，含水43%。又如，猪的体重自8kg至100kg，水分从73%下降到49%，脂肪则从6%上升到36%。由此可见，动物体内的水分和脂肪的消长关系十分明显。

水分是动物体成分之一，不同器官和组织因机能不同，水分含量亦不同。血液含水分90%～92%，肌肉含水分72%～78%，骨骼组织含水分约45%，牙齿珐琅质含水分仅5%。

（2）蛋白质和脂肪　在各种动物体内，蛋白质和脂肪的含量除肥育家畜有明显变化外，一般健康的成年动物都相似。但植物性饲料则不然，由于植物种类不同，在粗蛋白和脂肪含量上有很大差异。例如块根、块茎类饲料的粗蛋白含量不超过4%，粗脂肪含量在0.5%以下，而大豆中粗蛋白含量为37.5%，粗脂肪含量为16%。

（3）碳水化合物　动物体内的碳水化合物含量低于1%，主要以肝糖原和肌糖原形式存在。肝糖原约占肝鲜重的2%～8%、占总糖原的15%。肌糖原约占肌肉鲜重的0.5%～1.0%、占总糖原的80%。其他组织中糖原约占5%。葡萄糖是重要的营养性单糖，肝、肾是体内葡萄糖的贮存库。

植物体内的碳水化合物含量高，如块根、块茎和禾本科谷物籽实干物质中淀粉等营养性多糖含量达80%以上。豆科籽实中棉籽糖、水苏糖含量高。甘蔗、甜菜等茎中蔗糖含量特别高。

此外，动物体内灰分含量比植物体内多，特别是钙、磷、镁、钾、钠、氯、硫等常量矿物质元素的含量高于植物体。

综上所述，动物体与植物性饲料的组成既有相同点又有很大的差别。动物从饲料中摄取6大类营养物质后，必须经过体内的新陈代谢过程，才能将饲料中的营养物质转变为机体成分、动物产品或为使役提供能量。动物体成分与饲料成分间的关系可概括为：动物体水分来源于饲料水、代谢水和饮用水；动物体蛋白质来源于饲料中的蛋白质和氨化物；动物体脂肪来源于饲料中的脂肪、无氮浸出物、粗纤维及蛋白质的脱氨部分；动物体内的糖分来源于饲料中的碳水化合物；动物体内的矿物质来源于饲料、饮水和土壤中的矿物质；动物体内的维生素来源于饲料中的维生素和动物体内合成的维生素。但这并不是绝对的，因为饲料中的各种营养物质，在动物体内的代谢过程中，存在着相互协调、相互代替或相互拮抗等复杂关系。

第二节　动物对饲料的消化

一、饲料的消化特性

动物采食饲料是为了从饲料中获得所需要的营养物质，但饲料中的营养物质一般不能直接进入体内，必须经过消化道内的一系列消化过程，将大分子有机物质分解为简单的、在生理条件下可溶解的小分子物质，才能被吸收。不同动物对不同饲料的消化利用程度不同，饲料中各种营养物质消化吸收的程度直接影响其利用效率。了解动物消化饲料的基本规律和特点，有利于合理向动物供给饲料，科学认识动物的营养过程，提高饲料利用率，降低动物生产成本，节约利用饲料。

1. 消化方式

畜禽的种类不同，消化道系统的结构和功能也不同。但是，它们对营养物质的消化却具有许多共同的规律，其消化方式主要归纳为以下几种。

(1) 物理性消化　主要是指饲料在动物口腔内的咀嚼和在胃肠运动中的消化。该方式是依靠动物的牙齿和消化道管壁的肌肉运动把饲料压扁、撕碎、磨烂，从而增加饲料的表面积，更容易与消化液充分混合，并把食靡从消化道的一个部位运送到另一个部位。物理性消化有利于饲料在消化道形成多水的悬浮液，为胃和肠的化学消化与微生物消化做好准备。但这种消化只是使饲料颗粒变小，没有化学变化，其消化产物不能被吸收。由于饲料粒度对咀嚼及消化器官的肌肉运动产生机械刺激，进而促进了消化液的分泌。若没有这种刺激，则消化液分泌减少，不利于化学性消化。所以各种动物均不提倡将精饲料粉碎过细。

口腔是猪、牛、羊等哺乳动物主要的物理消化器官，对改变饲料粒度起着十分重要的作用。鸡、鸭、鹅等禽类对饲料的物理消化，主要是通过肌胃收缩的压力和饲料中硬质物料的切揉，从而使饲料粒度变小，因此，禽类在笼养条件下，配合饲料中一般应适量添加硬质沙砾。

(2) 化学性消化　饲料在消化道内的化学性消化，主要是酶的消化。酶的消化是高等动物主要的消化方式，是饲料变成动物能吸收的营养物质的一个过程，单胃动物与反刍动物都存在着酶的消化，但是这种消化对单胃动物的营养具有特别重要的作用。

动物的口腔可以分泌唾液，口腔中的唾液通常用来润湿食物，便于吞咽。唾液中含有淀粉酶，但因动物种类不同，淀粉酶的含量也不同。人的唾液中含有淀粉酶较多，猪和家禽唾液中含有少量淀粉酶。牛、羊、马唾液中不含淀粉酶或含量极少。唾液淀粉酶在动物口腔内消化活性很弱，在胃内还可以进一步发挥消化作用。反刍动物唾液中所含 $NaHCO_3$ 和磷酸盐对维持瘤胃适宜酸度具有较强的缓冲作用。唾液分泌量对维持瘤胃稳定的流质容积也起重要作用。

胃、肠内的消化酶有多种，大多数存在于腺体所分泌的消化液中，有的存在于肠黏膜内或肠黏膜脱落细胞内。消化腺所分泌的酶主要是水解酶，并且有高度的特异性，根据其作用的底物不同而将酶分为三组，即蛋白分解酶、脂肪分解酶及糖分解酶，每组又包括数种。不同生长阶段的动物，所分泌的消化酶的种类、数量及活性均不相同，这一特性为合理组织动物饲养提供了科学依据。

(3) 微生物消化　消化道内的微生物在消化过程中起着积极作用。这种作用对反刍动物和草食动物的消化十分重要，是其能够大量利用粗饲料的根本原因。瘤胃是反刍动物微生物消化的主要场所，盲肠和大肠是草食动物微生物消化的主要场所。动物对饲料中粗纤维的消化，主要靠消化道内微生物的发酵。

反刍动物的瘤胃相当于一个厌氧性微生物接种和繁殖的活体发酵罐。其内容物含干物质10%～15%，含水分85%～90%，虽然经常有食糜流入和排出，但食物和水分相对稳定，能保证微生物繁殖所需的各种营养物质。瘤胃内pH变动范围是5.0～7.5，呈中性或略偏酸，适合微生物繁殖。由于瘤胃发酵产生热量，所以瘤胃内温度通常超过体温1～2℃，一般为38.5～40℃，适合各种微生物的生长。

成年反刍动物的瘤胃容积大，约为胃总容积的80%、消化道总容积的70%。它就像一个高效率的发酵罐，其中寄生着数量巨大的细菌和纤毛虫，饲料中70%～85%的干物质和50%的粗纤维在瘤胃内被消化。瘤胃微生物能分泌淀粉酶、蔗糖酶、呋喃果聚糖酶、蛋白酶、胱氨酸酶、半纤维素酶等物质。饲料中的营养物质被微生物酶逐级分解，最终产生挥发性脂肪酸等营养物质供宿主利用，同时产生甲烷等大量气体，通过嗳气排出体外。瘤胃微生物能直接利用由饲料蛋白质分解的氨基酸合成菌体蛋白，细菌在有碳链和能量供给的条件下，也可利用氨态氮合成菌体蛋白。

微生物消化对非反刍草食动物也比较重要。马的盲肠类似反刍动物的瘤胃，食糜在盲肠和结肠滞留达12h以上，经微生物发酵，饲草中纤维素40%～50%被分解为挥发性脂肪酸和二氧化碳等。家兔的盲肠和结肠有较强的蠕动与逆蠕动功能，从而保证盲肠内微生物对饲料残渣中的粗纤维进行充分消化。

猪也能靠大肠内微生物发酵利用少量的粗纤维。家禽嗉囊除贮存食物外，也适宜微生物栖居和活动，饲料中粗纤维在嗉囊内可初步进行微生物发酵性消化。

微生物消化的最大特点是，可将大量不能被宿主直接利用的物质转化成能被宿主利用的高质量的营养素。但在微生物消化过程中，也有一定数量的可直接被宿主利用的营养物质首先被微生物利用或发酵损失，这种营养物质二次利用明显降低利用效率，特别是能量利用效率。

畜禽最大生产性能的发挥有赖于它们所具有的正常胃肠道环境和健康的体况。因为胃肠道正常微生物区系从多方面影响消化道环境的稳定和动物的健康。由于近年大量使用抗生素，破坏了胃肠道正常微生物区系，目前人们试图通过直接饲喂微生态制剂（或称益生素）、使用化学物质（如有机酸、寡聚糖等）等方法恢复胃肠道的正常微生物区系，这一点在家禽及乳猪、仔猪饲养上的作用尤为显著。

上述三种消化方式，并不是彼此孤立进行，而是相互联系共同作用，只是在消化道某一部位或某一消化阶段或某种消化过程才居于主导地位。

2. 消化后养分的吸收

饲料被消化后，其分解产物经消化道黏膜上皮细胞进入血液或淋巴液的过程称为吸收。动物营养研究中，把消化吸收了的营养物质视为可消化营养物质。

（1）吸收特点　各种动物口腔和食道内均不吸收营养物质。消化道的部位不同，对各种营养物质的吸收程度不同。消化道各段都能不同程度地吸收无机盐和水分。单胃动物的胃吸收能力有限，只能吸收少量的水分、葡萄糖、小肽和无机盐。成年反刍动物的瘤胃能吸收大量的挥发性脂肪酸和氨，约75%的瘤胃微生物消化产物在瘤胃中吸收，其余三个胃主要是吸收水和无机盐。小肠是各种动物吸收营养物质的主要场所，其吸收面积最大，吸收的营养物质也最多。肉食动物的大肠对有机物的吸收作用有限，而在草食动物和猪的盲肠及结肠中，还存在较强烈的微生物消化，对其消化产物，盲肠和结肠的吸收能力也较强。

（2）吸收方式　根据养分吸收的机理，养分吸收方式分为以下三种。

① 胞饮吸收　胞饮吸收是细胞通过伸出伪足或与物质接触处的膜内陷，从而将这些物质包入细胞内。以这种方式吸收的物质，可以是分子形式，也可以是团块或聚集物的形式。初生哺乳动物对初乳中免疫球蛋白的吸收是胞饮吸收，对初生动物获取抗体具有十分重要的意义。

② 被动吸收　被动吸收是通过动物消化道上皮的滤过、简单扩散和易化扩散、渗透等作用，将消化了的营养物质吸收进入血液和淋巴系统的吸收方式。这种吸收方式不需要消耗机体能量，一些分子量低的物质，如简单的多肽、各种离子、电解质、水及水溶性维生素和某些糖类的吸收均为被动吸收。

③ 主动吸收　主动吸收主要靠消化道上皮细胞的代谢活动，是一种需消耗能量的吸收过程，营养物质的主动吸收需要有细胞膜上载体的协助。主动吸收是高等动物吸收营养物质的主要途径，绝大多数有机物的吸收依靠主动吸收完成。

3. 各类动物的消化特点

（1）单胃动物　单胃动物包括单胃杂食动物、单胃草食动物和单胃肉食动物三类。主要有猪、禽类、马属类和兔、狗等。其中单胃杂食动物的消化特点主要是酶的消化，微生物消化较弱。

① 口腔内的消化特点　口腔内的消化主要是物理性消化。猪口腔内的牙齿对饲料的咀嚼比较细致，咀嚼时间长短与饲料的柔软程度和猪的年龄有关。一般粗硬的饲料咀嚼时间长，随着年龄的增长咀嚼时间变短。马属类和兔主要靠上唇齿和门齿采食饲料，靠臼齿磨碎饲料，咀嚼比猪更细致。咀嚼时间愈长，唾液分泌愈多，饲料的湿润性、膨胀性及松软性愈好，愈有利于饲料在胃肠道内的消化。禽口腔内无牙齿，靠喙采食饲料，喙也能撕碎大块饲料。鸭和鹅的喙呈扁平状，边缘粗糙面具有很多小型的角质齿，具有切断饲料的作用。饲料与口腔内的唾液混合，吞入食管膨大部——嗉囊中贮存并将饲料湿润和软化，再进入腺胃。食物在腺胃滞留时间很短，消化作用不强。禽类的肌胃壁肌肉坚厚，可对饲料进行机械性磨碎，肌胃内的砂粒更有助于饲料的磨碎和消化。各种单胃动物口腔内分泌的唾液淀粉酶均较少，活性较弱，所以食物在口腔内的化学性消化不明显。

② 胃肠道内的消化特点　猪消化营养物质的主要场所在小肠，其次是胃，主要靠酶消化。由于胃和小肠缺少粗纤维消化酶，故消化饲料中粗纤维的能力极弱，猪饲料中的粗纤维主要靠大肠和盲肠中微生物发酵消化，消化能力较弱。马属类消化营养物质的主要场所也在小肠，同猪相似。马的胃容积较小，但盲肠和结肠十分发达，其中盲肠容积可达32～37L，约占消化道容积的16%，而猪仅占7%左右。马属类盲肠中的微生物种类与牛瘤胃内的相似。食糜在马的盲肠和结肠内滞留时间长达72h以上，饲草中粗纤维的40%～50%被微生物发酵分解为挥发性脂肪酸、氨气和二氧化碳。其对粗纤维的消化能力与瘤胃类似。兔的盲肠和结肠有明显的蠕动与逆蠕动，从而保证了盲肠和结肠内微生物对食物残渣中粗纤维进行充分的消化。禽类消化营养物质的主要场所仍在小肠，盲肠和结肠内虽有较发达的微生物区系，但由于肠道短，食糜滞留时间较短，故消化饲料中粗纤维能力比其他动物弱。

在生产上，猪饲料宜适当粉碎以减少咀嚼的能量消耗，同时又有助于胃、肠的消化。马属类和兔的饲料喂前应适当切短，有助于采食和磨碎。

（2）反刍动物

① 口腔内的消化特点　反刍动物口腔内有发达的下门齿和臼齿，但犬齿不发达。反刍动物主要靠下门齿和臼齿咀嚼食物。反刍动物唾液中淀粉酶含量极少，但存在其他酶类，如麦芽糖酶、过氧化物酶、脂肪酶和磷酸酶等。反刍动物唾液中所含 $NaHCO_3$ 和磷酸盐对维持瘤胃适宜酸度具有较强的缓冲作用。

食物在反刍动物口腔不经细致地咀嚼就匆匆咽入瘤胃，被唾液和瘤胃液浸泡软化后，在动物休息时又返回到口腔进行细致的咀嚼，再吞咽入瘤胃，这种现象称为反刍，是反刍动物消化过程中特有的现象。

② 胃肠道内的消化特点　反刍动物的胃是复胃（包括瘤胃、网胃、瓣胃和真胃），其中前三个胃以微生物消化为主，并主要在瘤胃内进行。瘤胃微生物种类繁多，主要有两大类：一类是原生动物，如纤毛虫和鞭毛虫；另一类是细菌。瘤胃微生物能分泌淀粉酶、蔗糖酶、果聚糖酶、蛋白酶、胱氨酸酶、半纤维素酶和纤维素酶等。饲料在瘤胃内经微生物充分发酵，有70%～85%干物质和50%的粗纤维被消化。由于瘤胃内微生物可产生β-糖苷酶，此酶可消化纤维素、半纤维素等难消化的物质，从而提高了饲料中总能的利用程度，提高动物对饲料中营养物质的消化率。此外，瘤胃内微生物能合成必需氨基酸、必需脂肪酸以及B族维生素等营养物质供宿主利用。但瘤胃微生物的发酵会造成饲料中能量的损失，使优质蛋

白质被降解，使一部分碳水化合物被降解成 CH_4、H_2、CO_2 及 O_2 等气体，排出体外。当食糜进入盲肠和大肠时又进行第二次微生物发酵消化，这样饲料中的粗纤维经两次发酵，消化率明显提高，这也是反刍动物能大量利用粗饲料的营养基础。

反刍动物的真胃（又称皱胃）和小肠的消化与单胃动物相似，主要是酶的消化。

二、动物的消化力与饲料的可消化性

1. 消化力与可消化性

动物消化饲料中营养物质的能力称为动物的消化力。饲料被动物消化的性质或程度称为饲料的可消化性。动物的消化力和饲料的可消化性是营养物质消化过程不可分割的两个方面。消化率是衡量动物的消化力和饲料的可消化性这两方面的统一指标，它是饲料中可消化营养物质占食入营养物质的百分率。其中可消化营养物质等于食入营养物质减去粪中营养物质。消化率的计算公式如下：

$$\text{消化率}(\%)=\frac{\text{食入营养物质}-\text{粪便中营养物质}}{\text{食入营养物质}}\times 100=\frac{\text{可消化营养物质}}{\text{食入营养物质}}\times 100 \quad (1\text{-}1)$$

因粪便中所含各种营养物质并非全部来自于饲料，有少量来自于消化道分泌的消化液、肠道脱落细胞、肠道微生物等内源性产物，所以前面所述的消化率为表观消化率。而真实消化率应按下式计算：

$$\text{真实消化率}(\%)=\frac{\text{食入营养物质}-(\text{粪中排出营养物质}-\text{粪中代谢产物})}{\text{食入营养物质}}\times 100 \quad (1\text{-}2)$$

表观消化率比真实消化率低，但真实消化率的测定比较复杂困难，因此，一般测定和应用的饲料营养物质消化率多是表观消化率。饲料的消化率可通过消化试验测得。

不同动物因消化力不同，对同一种饲料的消化率也不同；不同种类的饲料因可消化性不同，同一种动物对其消化率也不同。

2. 影响消化率的因素

影响消化率的因素很多，一般而言，凡是影响动物消化生理、消化道结构和机能以及饲料性质的因素，都会影响消化率，如动物、饲料、饲料的加工调制以及饲养水平等。

（1）动物因素

① 动物种类　不同种类的动物，由于消化道的结构、功能、长度和容积不同，因而消化力也不一样。一般来说，不同种类动物对粗饲料的消化率差异较大。牛对粗饲料的消化率最高，羊稍次，猪较低，家禽几乎不能消化粗饲料中的粗纤维。精料、块根茎类饲料的消化率，动物种类间差异较小。

② 动物年龄　动物从幼年到成年，消化器官和机能发育的完善程度不同，则消化力强弱不同，对饲料的消化率也不一样。一般而言，随着年龄的增加而呈上升的趋势，尤以粗纤维最明显，无氮浸出物和有机物质的消化率变化不大。老年动物因牙齿衰残，不能很好地磨碎食物，消化率又逐渐降低。

③ 个体差异　同年龄、同品种的不同个体，因培育条件、体况、神经类型等的不同，对同一种饲料的消化率仍有差异。一般对混合料差异可达 6%，谷实类差异可达 4%，粗饲料差异可达 12%～14%。

（2）饲料

① 饲料的种类　不同种类、不同来源的饲料因营养物质的含量和性质不同，可消化性亦不同。

② 生长期　一般幼嫩的饲料可消化性较好，而粗老的饲料可消化性较差。各类作物的

籽实可消化性较好，而茎秆的可消化性较差。

③ 化学成分　饲料中化学成分不同，对饲料消化率影响也不同。一般而言，粗蛋白和粗纤维对消化率影响程度最大，饲料中粗蛋白愈多，消化率愈高。原因是，饲料中粗蛋白含量高，碳水化合物含量则相对较低，有利于动物消化液的分泌和营养物质的充分消化。对反刍动物而言，各种营养物质的消化率随饲料蛋白质水平的升高而升高，其中有机物质和粗蛋白本身消化率的变化最明显。单胃动物猪和禽也存在这种变化趋势，但没有反刍动物明显。饲料中粗纤维含量愈高，则有机物质的消化率愈低。这方面的变化非反刍动物更明显些。

④ 饲料中抗营养因子　饲料中抗营养因子是指饲料本身含有或从外界进入饲料中的阻碍营养物质消化的微量成分。常见的有影响蛋白质消化的因子（如蛋白质酶抑制剂、皂苷、单宁、胀气素等）、影响矿物质消化利用的因子（如植酸、草酸、葡萄糖硫苷、棉酚等）以及影响维生素消化利用的因子（如能破坏维生素 A 的脂氧化酶、双香豆素、能影响维生素 B_2 利用的异咯嗪等）等。这些因子都不同程度地影响饲料消化率。

（3）饲养管理技术

① 饲料的加工调制　饲料加工调制方法很多，各种方法对饲料中营养物质的消化率均有影响，其影响程度因动物种类不同而异。如适度的磨碎有利于单胃动物对饲料中干物质、能量和氮的利用；适宜的加热、膨化可提高饲料中蛋白质等有机物质的消化率；碱化处理粗饲料有利于反刍动物对粗纤维的消化。

② 饲养水平　随着饲喂量的增加，饲料的消化率降低。用维持水平或低于维持水平的饲料饲养，营养物质的消化率最高，而超过维持水平后，随着饲养水平的提高，消化率逐渐下降。饲养水平对猪的影响较小，对草食动物的影响较明显。

第三节　蛋白质与动物营养

蛋白质是生命的物质基础。蛋白质是塑造一切细胞和组织结构的重要成分，在生命过程中起着重要的作用，涉及动物代谢的大部分与生命攸关的化学反应。不同种类动物都有自己特定的、多种不同的蛋白质。在器官、体液和其他组织中，没有两种蛋白质的生理功能是完全一样的。这些差异是由于组成蛋白质的氨基酸种类、数量和结合方式不同的必然结果。

动物在组织器官的生长和更新过程中，必须从食物中不断获取蛋白质等含氮物质。因此，把食物中的含氮化合物转变为机体蛋白质是一个重要的营养过程。动物的种类、生长发育和生理状态等不同，对蛋白质的需要也有着明显的不同。

一、蛋白质的组成、分类与性质

1. 蛋白质的组成

（1）组成蛋白质的元素　蛋白质的主要组成元素是碳、氢、氧、氮，大多数的蛋白质还含有硫，少数含有磷、铁、铜和碘等元素。比较典型的蛋白质元素组成（%）如下。

碳	51.0～55.0	氮	15.5～18.0
氢	6.5～7.3	硫	0.5～2.0
氧	21.5～23.5	磷	0.0～1.5

各种蛋白质的含氮量虽然不完全相等，但差异不大。一般蛋白质的含氮量按 16%计。动物组织和饲料中真蛋白含氮量的测定比较困难，通常只测定其中的总含氮量，并以粗蛋白表示。

（2）氨基酸　蛋白质是由氨基酸组成的。由一定数量的氨基酸通过肽键相连而组成的有机物称为肽。由2～20个氨基酸组成的肽叫寡肽，其中由2～3个氨基酸组成的寡肽叫小肽，包括二肽和三肽；由20个以上氨基酸组成的肽叫多肽。由于构成蛋白质的氨基酸在种类、数量和排列顺序方面有所不同，所以形成了各种各样的蛋白质。因此可以说蛋白质的营养实际上是氨基酸的营养。目前，各种生物体中发现的氨基酸已有180多种，但常见的构成动植物体蛋白质的氨基酸只有20种。植物能合成自己全部所需的氨基酸，动物蛋白质虽然含有与植物蛋白质相同的氨基酸，但动物不能自己全部合成。

氨基酸有L型和D型两种构型。除蛋氨酸外，L型的氨基酸生物学效价比D型高，而且大多数D型氨基酸不能被动物利用或利用率很低。天然饲料中仅含有易被利用的L型氨基酸。微生物能合成L型和D型两种氨基酸。化学合成的氨基酸多为D型、L型混合物。

2. 蛋白质的分类

简单的化学方法难于区分数量庞杂、特性各异的这类大分子化合物。通常按照其结构、形态和物理特性进行分类。不同分类间往往也有交错重叠的情况。一般可分为纤维蛋白、球状蛋白和结合蛋白三大类。

(1) 纤维蛋白　包括胶原蛋白、弹性蛋白和角蛋白。胶原蛋白是软骨和结缔组织的主要蛋白质，一般占哺乳动物体蛋白总量的30%左右。胶原蛋白不溶于水，对动物消化酶有抗性，但在水或稀酸、稀碱中煮沸，易变成可溶的、易消化的白明胶。胶原蛋白含有大量的羟脯氨酸和少量羟赖氨酸，缺乏半胱氨酸、胱氨酸和色氨酸；弹性蛋白是弹性组织，如腱和动脉的蛋白质，弹性蛋白不能转变成白明胶；角蛋白是羽毛、毛发、爪、喙、蹄、角以及脑灰质、脊髓和视网膜神经的蛋白质，它们不易溶解和消化，含较多的胱氨酸。粉碎的羽毛和猪毛，在高温高压处理1h，其消化率可提高到70%～80%，胱氨酸含量则减少5%～6%。

(2) 球状蛋白　包括清蛋白、球蛋白、谷蛋白、醇溶蛋白、组蛋白、鱼精蛋白。清蛋白主要有卵清蛋白、血清蛋白、豆清蛋白、乳清蛋白等，溶于水，加热凝固。球蛋白可用5%～10%的氯化钠溶液从动、植物组织中提取，不溶或微溶于水，可溶于中性盐的稀溶液中，加热凝固，血清球蛋白、血浆纤维蛋白原、肌浆蛋白、豌豆的豆球蛋白等都属于此类蛋白。麦谷蛋白、玉米蛋白、大米的米精蛋白属于谷蛋白，不溶于水或中性溶液，而溶于稀酸或稀碱。玉米醇溶蛋白、小麦和黑麦的麦醇溶蛋白、大麦的大麦醇溶蛋白属于醇溶蛋白，不溶于水、无水乙醇或中性溶液，而溶于70%～80%的乙醇。组蛋白属于碱性蛋白，溶于水。多数组蛋白在活细胞中与核酸结合，如血红蛋白的珠蛋白和鲭鱼精子中的鲭组蛋白。鱼精蛋白是低分子蛋白，含碱性氨基酸较多，溶于水。

球蛋白比纤维蛋白易于消化，从营养学的角度看，氨基酸含量和比例较纤维蛋白更理想。

(3) 结合蛋白　结合蛋白是蛋白部分再结合一个非氨基酸的基团（辅基）。如核蛋白、磷蛋白、金属蛋白、脂蛋白、糖蛋白等。

3. 蛋白质的性质

蛋白质凭借游离的氨基和羧基而具有两性特征，在等电点易生成沉淀。不同的蛋白质等电点不同，该特性常用作蛋白质的分离提纯。生成的沉淀按其有机结构和化学性质，通过pH的细微变化可复溶。蛋白质的两性特征使其成为很好的缓冲剂，并且由于其分子量大和离解度低，在维持蛋白质溶液形成的渗透压中也起着重要作用。这种缓冲和渗透作用对于维持内环境的稳定和平衡具有非常重要的意义。

在紫外线照射、加热煮沸以及用强碱、强酸、重金属盐或有机溶剂处理蛋白质时，可使其若干理化和生物学性质发生改变，这种现象称为蛋白质的变性。酶的灭活、食物蛋白经烹调加工有助于消化等，就是利用了这一特性。

二、蛋白质的营养生理功能及缺乏与过量的危害

1. 蛋白质的营养生理功能

(1) 蛋白质是构成动物体的结构物质　构成动物机体的所有细胞、组织和器官均以蛋白质为基本成分。例如，动物的体表组织如毛、皮、羽、蹄、角等基本由角蛋白所构成；动物的肌肉、皮肤、内脏、血液、神经、结缔组织等也以蛋白质为基本成分。肌肉、肝、脾等组织器官的干物质中平均含蛋白质达80%以上。

此外，蛋白质也是体组织再生、修复、更新的必需物质。动物体内的蛋白质处于动态平衡状态，即通过新陈代谢作用而不断更新组织。据实验表明，动物体蛋白质总量中每天通常有0.25%～0.30%进行更新。以此计算，则每经过12～14个月体组织蛋白质即全部更新一遍，这就需要不断地从饲料中补充新的蛋白质。

(2) 蛋白质是调控物质　动物体内的体液、酶、激素和抗体等是动物生命活动所必需的调节因子。这些调节因子本身就是蛋白质。例如酶是具有催化活性的蛋白质，可促进细胞内生化反应的顺利进行；激素中有蛋白质或多肽类的激素，如生长激素、催产素等，在新陈代谢中起调节作用；具有抗病力和免疫作用的抗体，本身也是蛋白质。另外，运输脂溶性维生素和其他脂肪代谢的脂蛋白，运输氧的血红蛋白，以及在维持体内渗透压和水分的正常分布上，蛋白质都起着非常重要的作用。

(3) 蛋白质是遗传物质的基础　动物的遗传物质DNA与组蛋白结合成为一种复合体——核蛋白，而以核蛋白的形式存在于染色体上，将本身所蕴藏的遗传信息，通过自身的复制过程遗传给下一代。DNA在复制过程中，涉及到30多种酶和蛋白质的参与协同作用。

(4) 蛋白质可分解供能和转化为糖、脂肪　蛋白质的主要营养作用不是氧化供能，但在分解过程中，其代谢尾产物可氧化产生部分能量。尤其是当食入劣质的蛋白质或过量的蛋白质时，多余的氨基酸经脱氨基作用后，将不含氮的部分氧化供能或转化为脂肪贮存起来，以备能量不足时动用。在机体能量供应不足时，蛋白质也可分解供能，维持机体的代谢活动。在动物生产实践中应尽量避免蛋白质作为能源物质。正常条件下，鱼等水生动物体内亦有相当数量的蛋白质参与供能作用。

(5) 蛋白质是动物产品的重要成分　蛋白质是形成乳、肉、蛋、皮、毛等畜产品的重要原料。除反刍动物外，食物蛋白质几乎是唯一可用以形成动物体蛋白质的氮来源。

2. 蛋白质缺乏或过量的危害

(1) 缺乏的后果　饲料蛋白质不足，会影响消化道组织蛋白质的更新和消化液的正常分泌。动物会出现食欲下降，采食量减少，营养不良及慢性腹泻等现象；幼龄动物正处于皮肤、骨骼、肌肉等组织迅速生长和各种器官发育的旺盛时期，需要蛋白质多，若供应不足，幼龄动物增重缓慢，生长停滞，甚至死亡；蛋白质不足，体内就不能形成足够的血红蛋白和血细胞蛋白而患贫血症，并因血液中免疫抗体的数量减少，使动物抗病力减弱，容易感染各种疾病；蛋白质不足，会使公畜性欲降低，精液品质下降，精子数量减少，母畜不发情，性周期异常，受胎率低，受孕后胎儿发育不良，产弱胎、死胎或畸形胎儿；蛋白质不足，可使生长家畜增重缓慢，动物泌乳量下降，家畜产毛量下降，产蛋禽蛋重变小，产蛋量降低，生长禽生长缓慢，体重减轻，羽毛干枯，抵抗力下降。

(2) 过量的危害　饲粮中长期供应过量的蛋白质，不仅造成浪费，而且多余的氨基酸在肝脏中脱氨基，形成尿素由肾随尿排出体外，加重肝肾负担，严重时引起肝肾的疾患，夏季还会加剧热应激。家禽会出现蛋白质中毒症（禽痛风），主要症状是禽排出大量白色稀粪，并出现死亡现象，解剖可见腹腔内沉积大量尿酸盐。

三、单胃动物蛋白质营养需要特点及其应用

1. 单胃动物蛋白质消化代谢

（1）消化代谢过程　由图 1-3 所见，单胃动物对蛋白质的消化由胃开始。现以猪为例，说明单胃动物体内的消化与代谢过程。当猪将饲料中的粗蛋白食入后，经口腔和食道进入胃，其中的蛋白质首先在盐酸作用下进行变性反应，使蛋白质立体三维结构被分解，肽键暴露，在胃蛋白酶的作用下，蛋白质分子降解为含氨基酸数目不等的各种多肽。但因胃蛋白酶作用较弱，只有 20%的饲料蛋白质在胃中消化。

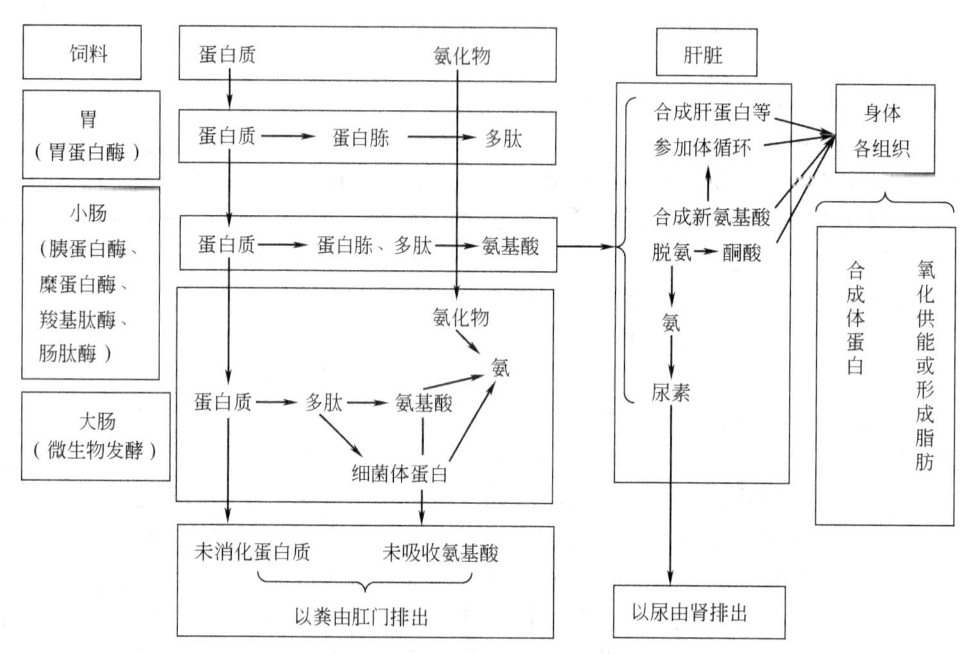

图 1-3　单胃动物体内粗蛋白消化代谢过程简图

随着胃肠的蠕动，胃中的食糜进入小肠，在小肠中受到胰蛋白酶、糜蛋白酶、羧基肽酶及氨基肽酶等作用，最终被分解为氨基酸及部分寡肽。氨基酸和寡肽都可被小肠黏膜直接吸收。但寡肽在肠黏膜细胞内经二肽酶等作用继续分解为氨基酸。

研究表明，单胃动物对小肽（主要是二肽和三肽）的吸收是逆浓度进行的。蛋白质在消化道的降解产物大部分是小肽，它们以完整形式被吸收进入循环系统而被组织利用。与游离氨基酸相比，小肽吸收具有吸收快、耗能低、吸收率高等优势。二者在动物体内具有相互独立的吸收机制，互不干扰，这就有助于减轻由于游离氨基酸间相互竞争共同的吸收位点而产生的吸收抑制作用，有利于蛋白质的利用。很多试验证明，当以小肽作为动物的氮源时，机体蛋白质沉积率高于相应氨基酸的纯合日粮。日粮蛋白质完全以小肽的形式供给鸡，赖氨酸的吸收速度不再受精氨酸的影响。由于小肽吸收迅速，吸收峰高，能快速提高动静脉氨基酸差值，从而提高整体蛋白质合成。

小肽对铁的吸收转运具有十分重要的作用。研究发现，铁能以小肽铁的形式到达特定的靶组织，能自由通过胎盘。在鲈鱼饲料中添加小肽铁能减少骨骼畸形现象。母猪饲喂小肽铁后，母猪乳和仔猪血液中有较高的含铁量。这可能是由于有些小肽具有与金属结合的特性从而促进 Ca、Cu、Zn、Fe 等的被动转运过程及在体内的储存，因而证明了小肽能促进矿物质元素的吸收和利用。

小肽可提高动物生产性能。在生长猪日粮中添加少量小肽，能显著提高猪的日增重、蛋白质利用率和饲料转化率。断奶仔猪添加小肽制品，能极显著地提高日增重和饲料转化率。在蛋鸡基础日粮中加入肽制品后，蛋鸡的产蛋率、日产蛋量和饲料转化率均显著提高，蛋壳强度有提高的趋势。在虾苗中添加小肽能促进采食，增加生长速度及苗体长度。小肽能够提高动物生产性能，其原因可能与肽键的结构和氨基酸残基序列有关，某些具有特殊生理活性的小肽能够参与机体生理活动和代谢调节，也可能是提高动物生产性能的原因。

小肽的吸收与理化性质有一定的关系，随着氨基酸含量的增加，小肽的吸收速率会显著下降。据报道，肠道摄入的大于三肽以上的寡肽，在肠道内胰蛋白酶、肽酶作用下进一步水解为二肽、三肽后，才能被动物利用，这就降低了寡肽的吸收速率。另外，小肽氨基酸残基的构型也是小肽转运的决定性因素之一。一般L型比D型，中性比酸性、碱性更易吸收；疏水性、侧链体积大的氨基酸如支链氨基酸或苯环氨基酸构成的肽，与载体具有较高的亲和力，因而比较容易吸收。而亲水性、带电荷的小肽与载体亲和力较小则难以被吸收。在病理状态下，蛋白质、肽类和氨基酸的吸收变差。

小肠内未被消化吸收的蛋白质和氨化物进入大肠后，在腐败菌的作用下，被降解为吲哚、粪臭素、酚、甲酚等有毒物质，一部分经肝脏解毒后随尿排出，另一部分随粪便排出。在大肠中，部分蛋白质和氨化物还可在细菌酶的作用下，不同程度地降解为氨基酸和氨，其中部分可被细菌利用合成菌体蛋白，但合成的菌体蛋白绝大部分随粪便排出，而被再度降解为氨基酸后能由大肠吸收的为数甚少，吸收后也由血液输送到肝脏。最后，所有在消化道中未被消化吸收的蛋白质，随粪便排出体外。随粪便排出的蛋白质，除饲料中未消化吸收的蛋白质外，还包括肠脱落黏膜、肠道分泌物及残存的消化液等。后部分蛋白质被称为“代谢蛋白质”，可由饲喂不含氮日粮的动物测得。

饲料蛋白质消化的终产物氨基酸并非全部被小肠吸收，各种氨基酸的吸收率也不尽相同。一般情况下，动物对苯丙氨酸、丝氨酸、谷氨酸、丙氨酸、脯氨酸、甘氨酸的吸收率较其他氨基酸高。小肠对不同构型的同一氨基酸吸收率也不同，通常L型氨基酸的吸收率比D型氨基酸高。

新生的幼猪、幼驹、幼犬、犊牛及羔羊的血液内几乎不含α-球蛋白。但在出生后24～36h内可依赖肠黏膜上皮的胞饮作用，直接吸收初乳中的免疫球蛋白，以获取抗体得到免疫力。

进入肝脏中的氨基酸，一部分合成肝脏蛋白和血浆蛋白，大部分经过肝脏由体循环转送到各个组织细胞中，连同来源于体组织蛋白质分解产生的氨基酸和由糖类等非蛋白质物质在体内合成氨基酸一起进行代谢。代谢过程中，氨基酸可用于合成组织蛋白质，供机体组织的更新、生长及形成动物产品需要，氨基酸也可用来合成酶类和某些激素以及转化为核苷酸、胆碱等含氮的活性物质。没有被细胞利用的氨基酸，在肝脏中脱氨基，脱掉的氨基生成氨又转变为尿素，由肾脏以尿的形式排出体外。剩余的酮酸部分氧化供能或转化为糖原和脂肪作为能量贮备。氨基酸在肝脏中还可通过转氨基作用，合成新的氨基酸。

尿中排出的氮有一部分是体组织蛋白质的代谢产物，通常将这部分氮称为“内源尿氮”，可通过采食不含氮日粮测得。

在动物的生命活动过程中，其体组织不断进行着新陈代谢，旧的组织蛋白质不断分解，形成代谢最终产物尿素等含氮物质由尿中排出体外。这样动物必须从饲料中获得足够的蛋白质，才能满足体组织新陈代谢的需要。蛋白质供给不足，不利于动物的生长、繁殖和生产；反之，如供应过多，增加肝脏与肾脏负担，甚至造成肝与肾组织损伤，发生病理变化，严重时造成动物中毒。

（2）消化代谢特点　蛋白质消化的主要场所是小肠，并在酶的作用下，最终以大量氨基酸和少量寡肽的形式被机体吸收，进而被利用。而大肠的细菌虽然可利用少量氨化物合成菌体蛋白，但最终绝大部分还是随粪便排出。因此，猪能大量利用饲料中的蛋白质，但不能大量利用氨化物。猪不能很好地改善饲料中蛋白质的品质。

（3）家禽、马属类与猪比较　家禽消化器官中的腺胃容积小，饲料停留时间短，消化作用不大。而肌胃又是磨碎饲料的器官，因此家禽蛋白质消化吸收的主要场所也是小肠，其特点大致与猪相同。马属动物和家兔等单胃草食动物的盲肠与结肠相当发达，它们在粗蛋白的消化过程中起着重要作用。饲料中的粗蛋白在马体内的消化和营养生理与反刍动物不同，与单胃杂食动物猪也有差别。粗蛋白进入马体内后，主要的消化场所在小肠，其次是在盲肠和大结肠。若用干草作为马的唯一饲料时，由盲肠和结肠微生物酶消化的饲料粗蛋白可占被消化蛋白质总量的50%左右，这一部位消化粗蛋白的过程类似反刍动物。而胃和小肠蛋白质的消化吸收过程与猪类似。由此可见，马属类动物利用饲料中氨化物转化为菌体蛋白的能力比较强。

2. 单胃动物对饲料蛋白质的质量要求

蛋白质的质量是指饲料蛋白质被消化吸收后，能满足动物新陈代谢与生产对氮元素和氨基酸需要的程度。饲料蛋白质愈能满足动物的需要，其质量就愈高。其实质是指氨基酸的组成比例和数量，特别是必需氨基酸的比例和数量，愈与动物所需一致，其质量愈高。饲料蛋白质的质量好坏，取决于它所含各种氨基酸的平衡状况。一般来说，动物性蛋白质含必需氨基酸全面而且比例适当，因而质量较好。谷类及其他植物性蛋白质含必需氨基酸不全面，量也较少，因而质量较差。构成蛋白质的氨基酸种类有20余种，对动物来说都是必不可少的，根据是否必须由饲料提供，通常将氨基酸分为必需氨基酸和非必需氨基酸两大类。

（1）必需氨基酸、半必需氨基酸与条件性必需氨基酸

① 必需氨基酸　是指动物机体内不能合成，或合成的速度慢、数量少，不能满足动物需要而必须由饲料供给的氨基酸。各种动物所需必需氨基酸的种类大致相同，但因各自遗传特性的不同，也存在一定的差异。对成年动物，有8种，即赖氨酸、蛋氨酸、色氨酸、苯丙氨酸、亮氨酸、异亮氨酸、缬氨酸和苏氨酸。生长动物有10种，除上述8种外，还有精氨酸、组氨酸。雏鸡有13种，除上述10种外，还有甘氨酸、胱氨酸、酪氨酸。

上述必需氨基酸中赖氨酸、蛋氨酸和色氨酸在常用的植物性饲料中的含量通常不能满足畜禽的需要，当缺乏或不足时就会严重影响其他氨基酸的利用。饲粮中适当添加赖氨酸和蛋氨酸能有效地提高饲料蛋白质的利用率，故赖氨酸与蛋氨酸又称为蛋白质饲料的强化剂。研究表明，赖氨酸在组织中不能合成，且脱氨基后不能重新复原，也不能被任何一种类似的氨基酸所代替。因此，赖氨酸被看成是营养中的第一限制性氨基酸，而蛋氨酸则被称为第二限制性氨基酸。

必需氨基酸在动物体内具有重要的营养作用。在家畜饲养中，如果饲粮中缺少某一种或几种必需氨基酸时，特别是赖氨酸、蛋氨酸及色氨酸，能使生长停滞，体重下降，而且还能影响到整个日粮的消化和利用效率。据研究报道，早期断乳仔猪当饲粮中赖氨酸水平适当提高时，可提高仔猪的日增重和饲料的转化率；饲粮中色氨酸不足和甘氨酸过多，能使生长停滞，食欲降低；蛋氨酸过多时也发生生长停滞和采食量减少的现象。试验证明，在幼龄白鼠的正常饲粮中补加亮氨酸，幼鼠生长停止，当另外补加异亮氨酸时，幼鼠的生长恢复如前。这就说明亮氨酸和异亮氨酸并非孤立地起作用，而是相互联系、彼此影响，只有当二者保持一定比例，同时存在一定数量时，才能发挥其应有的作用。

许多必需氨基酸还是一种先体，或为其他代谢产物结构的一部分。例如蛋氨酸能供给肌

酸和胆碱以甲基，并且是胱氨酸和半胱氨酸的先体。酪氨酸在甲状腺内被碘化后，即形成甲状腺素。色氨酸是维生素烟酸的先体。

② 半必需氨基酸　是指在一定条件下能代替或节省部分必需氨基酸的氨基酸。半胱氨酸或胱氨酸、酪氨酸以及丝氨酸，在体内可分别由蛋氨酸、苯丙氨酸和甘氨酸转化而来，其需要可完全由蛋氨酸、苯丙氨酸及甘氨酸满足，但动物对蛋氨酸和苯丙氨酸的特定需要却不能由半胱氨酸或胱氨酸及酪氨酸满足，营养学上把这几种氨基酸称作半必需氨基酸。目前已证明，非反刍动物总含硫氨基酸至少 50%的需要量可由胱氨酸或半胱氨酸替代。苯丙氨酸至少 50%的需要量可由酪氨酸满足。

③ 条件性必需氨基酸　是指在特定的情况下，必须由饲粮提供的氨基酸。猪能合成部分精氨酸，可满足任何时期的维持需要；生长早期，合成的量却不能满足需要；而性成熟后及妊娠母猪均能合成足够的精氨酸，不需饲粮提供。妊娠母猪必须由饲粮提供一定的组氨酸，但成年母猪能通过体内合成满足维持需要。猪整个生命周期的许多阶段都不需饲粮提供脯氨酸，但仔猪（1～5kg）却需要额外补充。因此，在上述生理情况下，需对这些氨基酸加以考虑。

（2）非必需氨基酸　非必需氨基酸是指在动物体内能大量合成，并且合成的速度快、数量多，能满足动物需要，无需强调由饲料供给的氨基酸。如丙氨酸、谷氨酸、丝氨酸、天冬氨酸等。实际情况下，动物饲粮在提供必需氨基酸的同时，也提供了大量的非必需氨基酸，不足的部分才由体内合成，但一般都能满足需要。

反刍动物自身同样不能合成必需氨基酸，但瘤胃微生物能合成宿主所需的几乎全部的必需和非必需氨基酸。对于产奶量高或生长快速的反刍动物，瘤胃合成氨基酸的数量和质量则不能完全满足需要，必须以过瘤胃蛋白的形式由饲粮补充。

（3）限制性氨基酸　限制性氨基酸是指一定饲料或饲粮所含必需氨基酸的量与动物所需的必需氨基酸的量相比，比值偏低的氨基酸。由于这些氨基酸的不足，限制了动物对其他必需和非必需氨基酸的利用。其中比值最低的称第一限制性氨基酸，以后依次为第二、第三、第四……限制性氨基酸。非反刍动物饲料或饲粮中限制性氨基酸的顺序容易确定。反刍动物由于瘤胃微生物的作用，只有讨论过瘤胃饲料蛋白和微生物蛋白混合物的限制性氨基酸才有意义。瘤胃微生物提供的蛋氨酸相对较少，此氨基酸可能是反刍动物的主要限制性氨基酸。饲料种类不同，所含必需氨基酸的种类和数量有显著差别。动物则由于种类和生产性能等不同，对必需氨基酸的需要量也有明显差异。因此，同一种饲料对不同动物或不同种类饲料对同一种动物，限制性氨基酸的种类和顺序不同。

以饲粮所含可消化或可利用氨基酸的量与动物可消化或可利用的氨基酸的需要量相比，确定的限制性氨基酸的顺序更准确，与生长试验的结果也更接近。在生产实践中，饲料或饲粮中限制性氨基酸的顺序可指导饲粮氨基酸的平衡和合成氨基酸的添加。常用禾本科籽实类及其他植物性饲料，对于猪和肉鸡，赖氨酸常为第一限制性氨基酸；对于禽类，蛋氨酸常为第一限制性氨基酸。

（4）理想蛋白质与饲粮的氨基酸平衡　尽管必需氨基酸对单胃动物十分重要，但还需在非必需氨基酸或合成非必需氨基酸所需氮源满足的条件下，才能发挥最大的作用。近年提出，最好供给动物各种必需氨基酸之间以及必需氨基酸总量与非必需氨基酸总量之间具有最佳比例的“理想蛋白质”。理想蛋白质是以生长、妊娠、泌乳、产蛋等的氨基酸需要为理想比例的蛋白质，通常以赖氨酸作为 100，用相对比例表示。有人建议必需氨基酸总量与非必需氨基酸总量之间的合适比例约为 1∶1。动物对理想蛋白质的利用率应为 100%。

理想蛋白质的构想源于 20 世纪 40 年代，但将理想蛋白质正式与单胃动物氨基酸需要量的确定及饲料蛋白质营养价值的评定联系起来，则是1981年ARC（英国）猪的营养需要。理想蛋白质实质是将动物所需要蛋白质氨基酸的组成和比例作为评定饲料蛋白质质量的标准，并将其用于评定动物对蛋白质和氨基酸的需要。按照理想蛋白质的定义，也只有可消化或可利用氨基酸才能真正与之相匹配。NRC（1998，美国）猪的营养需要就是先确定维持、沉积及泌乳蛋白质的理想氨基酸模式，然后直接与饲料的回肠真可消化氨基酸结合，确定动物的氨基酸需要，充分体现了理想蛋白质和可消化氨基酸的真正意义和实际价值。

近年来对猪、禽的理想蛋白质氨基酸模式已进行了大量研究，并提出了一些模式。表1-1列出了常见的几套饲养标准中猪、禽等单胃动物的理想蛋白质必需氨基酸模式。运用理想蛋白质最核心的问题是以第一限制性氨基酸为标准，确定饲料蛋白质和氨基酸的水平。饲喂动物理想蛋白质可获得最佳生产性能。因为理想蛋白质可使饲粮中各种氨基酸保持平衡，即饲粮中各种氨基酸在数量和比例上同动物最佳生产水平的需要相平衡。生产实践中，常用饲料中的蛋白质及氨基酸含量和比例与动物的需要相比有时相差甚远，直接涉及到饲粮蛋白质的品质和蛋白质的转化率，因此，饲粮的氨基酸平衡显得十分重要。

表1-1　猪、禽理想蛋白质必需氨基酸模式①（占赖氨酸比例）　单位：%

氨基酸	生长肥育猪			肉鸡				肉鸭	
	ARC	INRA	日本②	SCA	NRC③	SCA	NRC④	ARC	NRC⑤
	(1981)	(1984)	(1993)	(1990)	(1998)	(1987)	(1994)	(1985)	(1994)
赖氨酸	100	100	100	100	100	100	100	100	100
精氨酸	—	29	—	—	39	100	114	94	122
甘氨酸＋丝氨酸	—	—	—	—	—	—	114	127	—
组氨酸	33	25	33	33	32	39	32	44	—
异亮氨酸	55	59	55	54	54	60	73	78	70
亮氨酸	100	71	100	100	95	136	109	133	140
蛋氨酸	—	—	—	—	26	45	45	44	44
蛋氨酸＋胱氨酸	50	59	51	50	57	—	82	83	78
苯丙氨酸	—	—	—	—	58	70	65	—	—
苯丙氨酸＋酪氨酸	96	98	96	96	92	120	122	128	—
脯氨酸	—	—	—	—	—	—	55	—	—
苏氨酸	60	59	60	60	64	78	73	66	—
色氨酸	15	18	15	14	18	19	18	19	26
缬氨酸	70	70	71	70	67	81	82	89	87

①表中除NRC（1998）以回肠真可消化氨基酸为基础外，其余均是以总氨基酸为基础；②30～70kg生长猪；③20～50kg肉鸡；④0～3周龄肉鸡；⑤0～2周龄肉鸭。

平衡饲粮的氨基酸时，应重点考虑以下问题：一是氨基酸的缺乏；二是氨基酸失衡；三是氨基酸相互间的关系。氨基酸缺乏主要是量不足，一般在低蛋白质饲粮情况下，可能有一种或几种必需氨基酸含量不能满足动物的需要。氨基酸缺乏不完全等于蛋白质缺乏。氨基酸失衡是比例问题，是指饲粮氨基酸的比例与动物所需要氨基酸的比例不一致。一般不会出现饲粮中氨基酸的比例都超过需要的情况，往往是大部分氨基酸符合需要的比例，而个别氨基酸偏低。在实际生产中，饲粮的氨基酸不平衡一般都同时存在氨基酸的缺乏。

氨基酸之间的相互关系包括互补关系、转化关系和拮抗关系。氨基酸之间存在着这种复杂关系，对饲粮氨基酸的平衡十分重要。氨基酸的互补是指在饲粮配合中，利用各种饲料氨基酸含量和比例的不同，通过两种或两种以上饲料蛋白质配合，相互取长补短，弥补氨基酸的缺陷，使饲粮氨基酸比例达到较理想状态。在生产实践中，这是提高饲粮蛋白质品质和利用率的经济有效方法。试验表明，在畜禽饲粮中胱氨酸可代替部分蛋氨酸，丝氨酸可代替甘氨酸，酪氨酸可代替苯丙氨酸。另外，某些氨基酸在过量的情况下，有可能在肠道和肾小管吸收时与另一种或几种氨基酸产生竞争，增加机体对这种氨基酸的需要，这种现象称为氨基酸的拮抗。如赖氨酸与精氨酸、苏氨酸与色氨酸、亮氨酸与异亮氨酸和缬氨酸、蛋氨酸与甘氨酸、苯丙氨酸与缬氨酸、苯丙氨酸与苏氨酸之间在代谢中都存在着一定的拮抗作用。拮抗作用只有在两种氨基酸的比例相差较大时影响才明显。拮抗往往伴随着氨基酸的不平衡。

氨基酸之间的相互转化与拮抗的程度和饲粮中氨基酸的平衡程度密切相关。调整饲料中氨基酸平衡并供给足够的非必需氨基酸，实际上就保证了必需氨基酸的有效利用，进而达到提高饲粮蛋白质转化率的目的。

（5）氨基酸中毒　在自然条件下几乎不存在氨基酸中毒，只有在使用合成氨基酸大大过量时才有可能发生。例如，在含酪蛋白正常的饲粮中加入5%的赖氨酸或蛋氨酸、色氨酸、亮氨酸、谷氨酸，都可导致动物采食量下降和严重的生长障碍。就过量氨基酸的不良影响而言，蛋氨酸的毒性大于其他氨基酸。

3. 提高饲料蛋白质转化效率的措施

（1）合理搭配日粮　构成日粮的饲料种类尽量多样化，饲料种类不同，所含的氨基酸的种类、数量也不同，多种饲料搭配，能起到氨基酸的互补作用，从而提高饲料蛋白质的转化率。

（2）补饲氨基酸添加剂　向饲粮中直接添加所缺少的限制性氨基酸，力求氨基酸的平衡。通过添加合成氨基酸，可降低饲粮粗蛋白水平，改善饲粮蛋白质的品质，提高其利用率，从而减少氮的排泄。当赖氨酸缺乏较严重时，仅添加合成赖氨酸就能使饲粮粗蛋白水平降低3%～4%。当用菜籽饼作为育肥猪的主要蛋白质饲料时，一般需添加0.2%～0.3%的合成赖氨酸。

（3）合理地供给蛋白质营养　参照饲养标准，均衡地供给氨基酸平衡的蛋白质营养，有利于饲料的高效利用。

（4）保证日粮中蛋白质与能量有适当比例　日粮中能量不足时，会加大蛋白质的供能消耗，造成蛋白质的浪费，导致蛋白质的转化效率降低，因此必须合理配合日粮中蛋白质与能量之间的比例，以最大限度地减少蛋白质的供能部分。

（5）适当控制日粮中粗纤维的水平　单胃动物饲粮中粗纤维过多，会加快饲料通过消化道的速度，不仅使其本身消化率降低，而且影响蛋白质及其他营养物质的消化。因此要严格控制单胃动物饲粮中的粗纤维水平。

（6）合理地调制蛋白质饲料　生豆类及生豆饼类、棉籽饼粕类、菜籽饼粕类等均含抗营养因子，对蛋白质的利用有一定的影响，采取适当的方法进行脱毒处理，可破坏这些因子的活性，提高蛋白质的利用。

四、反刍动物蛋白质营养需要特点及其应用

1. 反刍动物蛋白质消化与代谢

（1）消化与代谢的过程　由图1-4所见，反刍动物对饲料蛋白质的消化从瘤胃开始。饲料蛋白质被采食进入瘤胃后，在瘤胃微生物蛋白质水解酶的作用下，被分解为寡肽和氨基酸。二者可部分被微生物利用合成菌体蛋白。而构成菌体蛋白的氨基酸种类较齐全，品质较好。部分氨基酸也可以在细菌脱氨基酶作用下，降解为挥发性脂肪酸、氨和二氧化碳。饲料中的氨化物也可在细菌脲酶作用下分解为氨和二氧化碳。瘤胃中的氨基酸和氨化物的降解产物产生的氨，也可被细菌利用合成菌体蛋白。

其中菌体蛋白氮有50%～80%来自于瘤胃内氨态氮，20%～50%则来自于肽类和氨基酸。纤毛虫不能利用氨态氮合成自身蛋白质。通常被瘤胃微生物降解的蛋白质称为瘤胃降解蛋白（RDP），未被降解的蛋白质称为过瘤胃蛋白（RBPP）。未被降解的蛋白质和微生物蛋白（包括菌体蛋白和纤毛虫蛋白）一同随食糜的蠕动下行至真胃、小肠和大肠，其消化、吸收及利用过程与单胃动物基本相同。此过程中微生物蛋白经过二次合成、分解，导致能源的消耗。而过瘤胃蛋白能减少能量消耗。

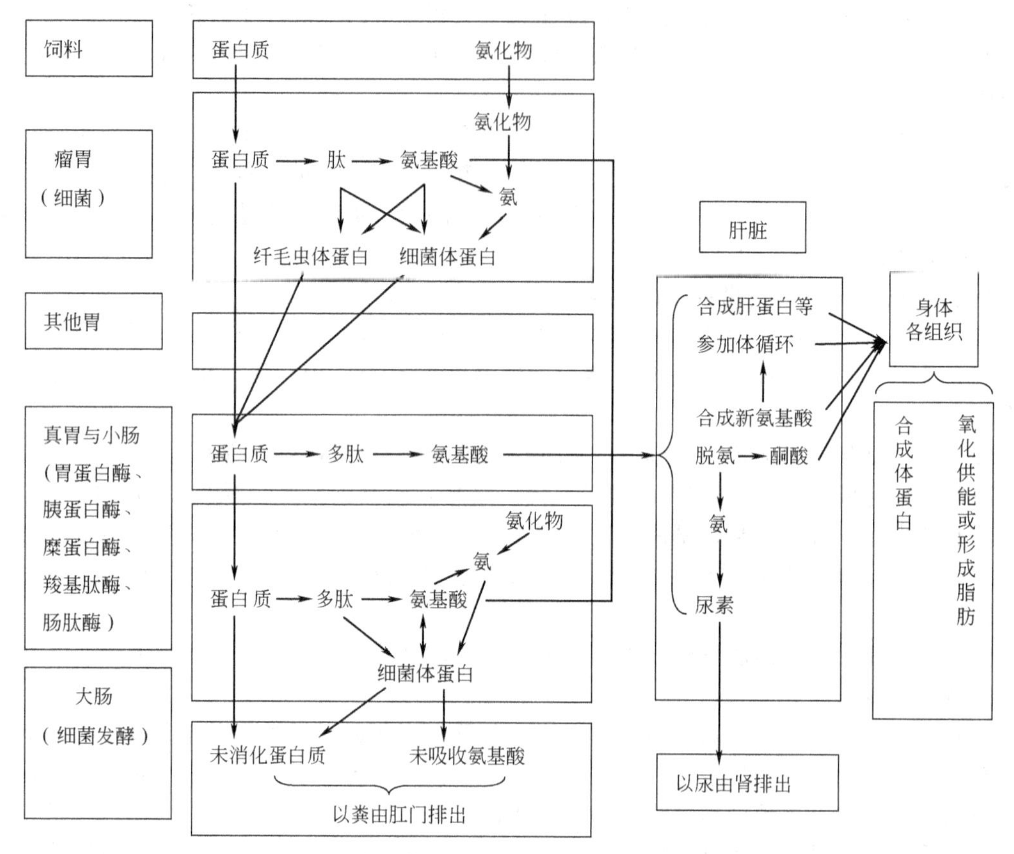

图1-4 反刍动物体内粗蛋白消化代谢过程简图

（2）消化与代谢特点 反刍动物蛋白质消化的主要场所在瘤胃，依靠微生物的降解作用进行消化；其次在小肠，依靠消化酶进行消化。反刍动物可以大量利用饲料中的氨化物和蛋白质；体内的微生物能很好地改善饲料中粗蛋白的品质，因此，在很大程度上，反刍动物的蛋白质营养实质上就是微生物蛋白的营养。

（3）“瘤胃氮素循环”的含义及其生理意义 饲料中的蛋白质和氨化物被瘤胃内的细菌降解生成的氨，除被合成菌体蛋白外，经瘤胃、真胃和小肠吸收后转送到肝脏合成尿素。其中部分尿素被运送到唾液腺随唾液返回到瘤胃，再次被利用，氨如此循环反复被利用的过程称为“瘤胃氮素循环”，简称氮素循环。

据测定，瘤胃微生物蛋白质与动物产品蛋白质的氨基酸组成相似。瘤胃细菌蛋白质生物学价值为85%～88%，瘤胃纤毛虫蛋白质生物学价值为80%。微生物蛋白质的品质仅次于动物蛋白质，与优质的植物性蛋白质如豆饼和苜蓿叶蛋白相当，而优于大多数的谷物蛋白。

其生理意义是：可提高饲料中粗蛋白的利用率，又可将食入的植物性粗蛋白反复转化为菌体蛋白，供动物体利用，提高了饲料粗蛋白的生物学价值，改善了粗蛋白的品质。

2. 反刍动物对NPN的利用

反刍动物瘤胃内的细菌能利用饲料中的尿素、双缩脲等NPN合成菌体蛋白。以尿素为例，细菌可利用尿素作为氮源、利用碳水化合物作为碳架和能量来源，合成自身蛋白质。这种蛋白质同样可以在动物体内消化酶的作用下，被动物体消化利用。由此可见，利用尿素作氮源，可以满足反刍动物部分蛋白质的需要，生产实践也证明了这一点。

（1）动植物体中NPN的种类与含量　动植物体中的NPN包括游离氨基酸、酰胺类、含氮的糖苷和脂肪、生物碱、铵盐、硝酸盐、甜菜碱、胆碱、嘧啶和嘌呤等。迅速生长的牧草、嫩干草中NPN含量约占总氮量的1/3。青贮饲料中50%的氮是NPN，原因是青贮过程中，大量蛋白质被水解为氨基酸。如新鲜的饲用玉米只含10%～20%的NPN，青贮后上升到50%。种子在成熟早期，NPN的含量也很高，成熟后不到5%。干草、籽实及加工副产物含NPN都较少。块根、块茎含NPN可高达50%。由于肽、氨基酸与真蛋白的营养意义一致，所以有时不把它们包括在NPN中。除氨基酸外，酰胺类也有较大的营养意义，天冬酰胺和谷氨酰胺在动物的代谢中都能被利用。嘌呤和嘧啶是遗传物质DNA和RNA的重要组成成分。

（2）影响尿素利用的因素

① 碳水化合物的组成及性质　瘤胃细菌在利用氨化物合成菌体蛋白的过程中，需要同时供给可利用能量和碳架，后者主要由碳水化合物酵解供给。碳水化合物的性质直接影响尿素的利用效果。试验表明，牛羊日粮中单独用粗纤维作为能源时，尿素的利用率仅为22%，而供给适量的粗纤维和淀粉时，尿素的利用率可提高到60%以上。这是因为淀粉的降解速度与尿素分解速度相近。能源与氮源的释放速度趋于同步时，有利于菌体蛋白的合成。因此，以粗饲料为主的日粮中添加尿素时，应适当增加淀粉质的精料。

② 蛋白质的水平　瘤胃细菌生长繁殖同样也需要蛋白质营养，它们不仅参与菌体蛋白的合成，而且还具有调节细菌代谢的作用，从而促进细菌对尿素的利用。试验证明，日粮中蛋白质水平在8%～13%之间，尿素的利用率较高。

③ 矿物质的供给　钴是维生素B_{12}的成分，而维生素B_{12}参与蛋白质的代谢，如果钴不足，则瘤胃内微生物合成维生素B_{12}受阻，会间接影响细菌对尿素的利用；硫是合成菌体蛋白中含硫氨基酸的原料。为提高尿素利用率，在保证硫供应的同时还要注意氮硫比和氮磷比，含尿素日粮的最佳氮硫比为（10～14）∶1、氮磷比为8∶1。此外，还应满足细菌生命活动所必需的钙、磷、镁、铁、铜、锌、锰及碘的供给。

（3）反刍动物日粮中尿素给量、喂法及注意事项

① 尿素给量　可按牛体重的0.02%～0.05%供给；或按日粮干物质的1%供给；或按日粮粗蛋白的20%～30%供给；或按成年牛每天每头喂给60～100g，成年羊6～12g；或按浓缩饲料的3%～4%供给。生后2～3个月的犊牛和羔羊因其瘤胃尚未发育完善而严禁喂尿素。如果日粮中含有氨化物较高的饲料时，尿素的用量可减半。

② 尿素喂法　可将尿素均匀地搅拌到精料中混喂，最好用精料拌尿素后再与粗料拌匀；或将尿素加到青贮原料中一起青贮后饲喂。一般每吨玉米青贮原料可加入4kg尿素和2kg硫酸铵。

③ 注意事项　饲喂尿素时，开始少喂，再逐渐增加喂量，使反刍动物有5～7天的适应期；每天尿素的给量应按顿饲喂；用尿素提供氮源时，应补充硫、磷、铁、锰、钴等的不足，因尿素不含这些元素，且氮与硫之比以（10～14）∶1为宜；禁止同含脲酶多的饲料（如生豆类、生豆饼类、苜蓿草籽、胡枝子等）混喂；严禁将尿素溶于水饮用，应在饲喂尿素后3～4h饮水；喂奶牛时最好在挤奶后饲喂尿素，以防影响乳的品质；饥饿或空腹的牛禁

止喂尿素，以防尿素中毒；如果饲粮本身含NPN较高，如使用青贮饲料，尿素用量则应酌减。

3. 反刍动物蛋白质营养需要特点

反刍动物同单胃动物一样，真正需要的不是蛋白质本身，而是蛋白质在真胃以后分解产生的氨基酸，因此，反刍动物蛋白质营养的实质是小肠的氨基酸的营养。通常情况下，反刍动物所需的必需氨基酸的50%～100%来自于瘤胃微生物蛋白质，其余来自于饲料。中等以下生产水平的反刍动物，仅微生物蛋白质和少量过瘤胃蛋白所提供的必需氨基酸足以满足需要；高产反刍动物，上述来源的氨基酸远不能满足需要。研究证明，蛋氨酸是反刍动物最主要的限制性氨基酸。随着生产性能的提高，所需的限制性氨基酸的种类也有所增加。生产实践中必须从饲料中保证高产反刍动物对限制性氨基酸的需要，以充分发挥其高产潜力。

4. 过瘤胃蛋白质的保护技术

对高品质蛋白质饲料进行过瘤胃保护，不仅可以满足高产反刍动物对必需氨基酸的需要，而且可避免瘤胃过度降解饲料真蛋白质所造成的能量和氮素浪费。在保证氨基酸利用率不受抑制的前提下，降低饲料蛋白质在瘤胃中的降解度，提高过瘤胃蛋白质的数量是控制过瘤胃蛋白产生量的基本原则。常用的方法如下所述。

（1）物理处理法　加热处理饲料蛋白质，可使蛋白质变性，降低蛋白质的溶解度，提高过瘤胃蛋白的数量，是一种有效的保护方法。如有糖分如木糖存在时，加热更能使蛋白质免受瘤胃微生物降解。用热喷处理豆粕喂绵羊，可提高进入小肠内氨基酸总量和赖氨酸数量，增加氮沉积，显著增加日增重和羊毛长度。但加热的温度不能过高，加热的时间不宜过长，否则会降低蛋白质的消化率和利用率。

（2）化学处理法　利用化学药品，如甲醛、氢氧化钠、单宁等处理饲料，可对高品质蛋白质饲料进行保护。甲醛处理法的原理是甲醛可与蛋白质形成络合物，这种络合物在瘤胃内偏中性环境下非常稳定，可抵抗微生物的侵袭，而在真胃后被肠道的消化酶分解产生氨基酸被吸收利用。甲醛处理时，应严格控制甲醛剂量，若剂量过高，出现过度保护，导致蛋白质在小肠的分解减弱而使粪氮排出增多。处理不同的饲料蛋白质，要求甲醛的剂量不同，一般甲醛占待处理饲料干物质的0.2%～0.4%，或占粗蛋白质的0.4%～0.8%。

（3）包埋方法　是用某些富含抗降解蛋白质的物质或某些脂肪酸对饲料蛋白质进行包埋，以抵抗瘤胃的降解。如将全血撒到蛋白质饲料上，然后在100℃下干燥或用占豆饼重30%的猪全血包被处理，均可使饲料蛋白质降解率下降。由于瘤胃内环境近中性，而小肠内环境近酸性，这样可选择在中性环境不易分解而在酸性环境易分解的材料进行包被。一般含有12～22个碳原子的脂肪酸具有这一性质，可用来作包被的基质。

有关过瘤胃蛋白质的保护技术，有待于进一步研究。

第四节　碳水化合物与动物营养

碳水化合物是多羟基的醛、酮或其简单衍生物以及能水解产生上述产物的化合物的总称。这类营养物质在常规营养分析中包括无氮浸出物和粗纤维，是一类重要的营养物质，在动物饲粮中占一半以上，因其来源丰富、成本低而成为动物生产中的主要能源。碳水化合物广泛存在于植物性饲料中，一般占植物体干物质的50%～75%。各种谷实类饲料中都含有丰富的碳水化合物，特别是玉米，大约占干物质的90%以上。碳水化合物是由碳、氢、氧三种元素组成，其中氢、氧原子的比为2∶1，与水分子的组成相同，故称其为碳水化合物。本节主要介绍碳水化合物的组成与分类、性质、营养生理作用、代谢利用过程和供能效率。

一、碳水化合物的组成、分类与性质

1. 碳水化合物的组成与分类

目前，在生物化学中常用糖类这个词作为碳水化合物的同义语。不过，习惯上所谓糖，通常只指水溶性的单糖和低聚糖，不包括多糖。动物营养中把木质素也归入粗纤维和碳水化合物一并研究。

(1) 按碳水化合物的结构和性质分类

① 无氮浸出物　又称可溶性碳水化合物，主要包括淀粉和糖类。淀粉在淀粉酶的作用下可分解成葡萄糖而被吸收。

② 粗纤维　主要包括纤维素、半纤维素、木质素和果胶等，是饲料中最难消化的物质。畜禽本身不能消化粗纤维，而是通过肠道内微生物发酵把纤维素和半纤维素分解成单糖及挥发性脂肪酸后，再被畜禽利用。木质素并不是碳水化合物，畜禽体内的微生物也难分解之。木质素与纤维素紧密结合，构成细胞壁的重要成分。

(2) 按糖分子的组成及糖单位多少分类

① 单糖　包括丙糖、丁糖、戊糖、己糖、庚糖及衍生糖。

② 低聚糖或寡糖（2～10 个糖单位）　包括二糖（蔗糖、乳糖、麦芽糖、纤维二糖）、三糖（棉籽糖、蔗果三糖）、四糖（水苏糖）等。其中二糖需降解后吸收。

饲用甜菜、水果中均含有蔗糖，麦芽糖是淀粉和糖原水解过程的产物。纤维二糖不以游离状态存在，是纤维素的基本重复单位。糖用甜菜中含有少量棉籽糖。水苏糖普遍存于高等植物中，是由四个单糖构成（2 半乳糖＋葡萄糖＋果糖）。

③ 多聚糖（10 个糖单位以上）　包括同质多糖和杂多糖。

同质多糖是由 10 个以上同一糖单位通过糖苷键连起来形成直链或支链的一类糖。包括糖原（葡萄糖聚合物）、淀粉（葡萄糖聚合物）、纤维素（葡萄糖聚合物）、木聚糖（木糖聚合物）、半乳聚糖（半乳糖聚合物）、甘露聚糖（甘露糖聚合物）。

杂多糖是由 10 个以上不同糖单位组成。包括半纤维素（由葡萄糖、果糖、甘露糖、半乳糖、阿拉伯糖、木糖、鼠李糖、糖醛酸聚合而成）、阿拉伯树胶（由半乳糖、葡萄糖、鼠李糖、阿拉伯糖聚合而成）、菊糖（由葡萄糖、果糖聚合而成）、果胶（半乳糖醛酸的聚合物）、黏多糖（是以 *N*-乙酰氨基糖、糖醛酸为单位的聚合物）、透明质酸（是以葡萄糖醛酸、*N*-乙酰氨基糖为单位的聚合物）。

淀粉是一种葡聚糖，是具有两种不同结构的多糖，分直链和支链两种结构，一般为混合物，哪种结构多少取决于品种的不同。谷物、马铃薯中的淀粉，直链结构占 15%～30%，支链结构占 70%～85%。可通过加碘的特有反应来估测，直链结构遇碘变深蓝色，支链结构遇碘变蓝紫色或紫色。直链结构是 1,4-糖苷键，支链结构是 1,6-糖苷键。

菊科、禾本科的根茎、叶中含果聚糖，如半乳聚糖和甘露聚糖，是植物细胞壁的多糖类，以养分的贮备形式存在，发芽后糖类消失。

果胶质是紧密缔合的多糖，溶于热水，是高等植物细胞壁和细胞间质的主要成分。如甜菜渣、柑橘、水果皮中均有。

④ 其他化合物　包括几丁质、硫酸软骨素、糖蛋白质、糖脂、木质素。

透明质酸和硫酸软骨素存在于皮肤、润滑液、脐带中。木质素来源于苯丙烷的三种衍生物（香豆醇、松柏醇、芥子醇），通常与纤维素镶嵌在一起，影响动物消化利用。糖脂和糖蛋白属于复合碳水化合物，是单糖和单糖衍生物在水解过程中产生的物质。

2. 碳水化合物的性质

淀粉分为直链淀粉和支链淀粉两类。直链淀粉呈线型，由250～300个葡萄糖单位以α-1,4-糖苷键连接而成。支链淀粉则每隔24～30个葡萄糖单位出现一个分支，分支点以α-1,6-糖苷键相连，分支链内则仍以α-1,4-糖苷键相连。糖原则每隔10～12个葡萄糖单位出现一个分支，结构与支链淀粉相似。淀粉在其天然状态下呈不溶解的晶粒，对其消化性有一定影响，但在湿热条件下（60～80℃）淀粉颗粒易破裂和溶解，有助于消化。

麦芽糖由两分子α-D-葡萄糖以α-1,4-糖苷键连接而成。纤维二糖则由两分子β-D-葡萄糖以β-1,4-糖苷键连接而成。纤维素和淀粉都是葡萄糖的聚合物，区别仅在于淀粉中的葡萄糖分子是以α-1,4-糖苷键和α-1,6-糖苷键连接在一起，而在纤维素中则是以β-1,4-糖苷键连接。动物胰腺分泌的α-淀粉酶只能水解α-1,4-糖苷键，其产物包括麦芽糖和支链的低聚糖。支链的低聚糖在低聚α-1,6-糖苷酶的催化下才能裂解产生麦芽糖和葡萄糖。动物淀粉酶不能分解β-糖苷键，这是动物本身不能消化利用纤维素的根本原因。

半纤维素是木糖、阿拉伯糖、半乳糖和其他碳水化合物的聚合物，含大量β-糖苷键，与木质素以共价键结合后很难溶于水。草食动物的唾液中含有大量的脯氨酸，脯氨酸与单宁结合可以减轻单宁对细胞壁纤维素及半纤维素消化的抑制作用。

纤维素、半纤维素、木质素和果胶是植物细胞壁的主要构成物质。木质素是植物生长成熟后才出现在细胞壁中的物质，含量为5%～10%，是苯丙烷衍生物的聚合物，动物及其体内微生物所分泌的酶均不能使其降解。木质素通常与细胞壁中的多糖形成动物体内的酶难降解的复合物，从而限制动物对植物细胞壁物质的利用。果胶在植物细胞壁中约占1%～10%。植物细胞壁中果胶物质与纤维素、半纤维素结合形成不溶性的原果胶。原果胶经酸处理或在原果胶酶的作用下，可转变为可溶性果胶。

从营养生理角度考虑，多糖可分为营养性多糖和结构性多糖。淀粉、菊糖、糖原等属营养性多糖，其余多糖属结构性多糖。

近年来有人提出了非淀粉多糖（NSP）的概念，认为NSP主要由纤维素、半纤维素、果胶和抗性淀粉（阿拉伯木聚糖、β-葡聚糖、甘露聚糖、葡糖甘露聚糖等）组成。NSP分为不溶性NSP（如纤维素）和可溶性NSP（如β-葡聚糖和阿拉伯木聚糖）。可溶性NSP的抗营养作用日益受到关注。大麦中可溶性NSP主要是β-葡聚糖，同时含部分阿拉伯木聚糖，猪、鸡消化道缺乏相应的内源酶而难以将其降解，它们与水分子直接作用增加溶液的黏度，且随多糖浓度的增加而增加。多糖分子本身互相作用，缠绕成网状结构，这种作用过程能引起溶液黏度大大增加，甚至形成凝胶。因此，可溶性NSP在动物消化道内能使食糜变黏，进而阻止养分接近肠黏膜表面，最终降低养分消化率。

动物营养中碳水化合物的另一个重要特性是与蛋白质或氨基酸发生的美拉德反应。此反应起始于还原性糖的羰基与蛋白质或肽游离的氨基之间的缩合反应，产生褐色，生成动物自身分泌的消化酶不能降解的氨基-糖复合物，影响氨基酸的吸收利用，降低饲料营养价值。赖氨酸特别容易发生美拉德反应。温度对美拉德反应的速度有着十分显著的影响，70℃时的反应速度是10℃时反应速度的9000倍。干草、青贮饲料调制过程中温度过高，出现的深褐色便是美拉德反应的表现。

动植物体内的碳水化合物在种类和数量上不尽相同，但植物体中有些碳水化合物在动物体内可转化为六碳糖被利用。碳水化合物的这种异构变化特性在营养中具有重要意义，这是动物消化吸收不同种类碳水化合物后能经共同代谢途径利用的基础，也是阐明动物能利用多种糖类作为营养的理论根据。

二、碳水化合物的营养生理功能

1. 碳水化合物是体组织的构成物质

碳水化合物是细胞的构成成分，参与多种生命过程，在组织生长的调节上起着重要作用。例如透明质酸在软骨中起结构支持作用；糖脂是神经细胞的成分，对传导突触刺激冲动，促进溶于水中的物质通过细胞膜有重要作用；糖蛋白是细胞膜的成分，并因其多糖部分的复杂结构而与多种生理功能有关。糖蛋白有携带具有信息识别能力的短链碳水化合物的作用，而机体内红细胞的寿命、机体的免疫反应、细胞分裂等都与糖识别链机制有关；碳水化合物的代谢产物可与氨基酸结合形成某些非必需氨基酸，例如α-酮戊二酸与氨基酸结合可形成谷氨酸。

2. 碳水化合物是供给动物能量的主要来源

动物维持生命活动和从事生产活动都需要从饲料中摄取能量，动物所需要的能量约有80%来自于碳水化合物。碳水化合物，特别是葡萄糖是供给动物代谢活动快速应变需能的最有效的营养素。葡萄糖是大脑神经系统、肌肉、脂肪组织、胎儿生长发育、乳腺等代谢的唯一能源。葡萄糖不足，小动物出现低血糖症，牛产生酮症，妊娠母羊产生妊娠毒血症，严重时引起死亡。体内代谢活动需要的葡萄糖有两个来源：一是从胃肠道吸收，二是由体内生糖物质转化。非反刍动物主要靠前者，也是最经济、最有效的能量来源。反刍动物主要靠后者，其中肝是主要的生糖器官，约占总生糖量的85%，其次是肾，约占15%。在所有可生糖物质中，最有效的是丙酸和生糖氨基酸，然后是乙酸、丁酸和其他生糖物质。核糖、柠檬酸等生糖化合物转变成葡萄糖的量较少。

3. 碳水化合物是机体内能量贮备物质

碳水化合物在动物体内除供给能量外，多余的则可转化为糖原和脂肪，将能量贮备起来。胎儿在妊娠后期能贮积大量糖原和脂肪供出生后作为能源利用，但不同种类动物差异较大。

值得注意的是小猪总糖原含量高，而肝糖原含量低。所以小猪出生后几天会因为能量供给不足产生低血糖，抵抗应激能力极差。

4. 碳水化合物在动物产品形成中的作用

泌乳母畜在泌乳期间，碳水化合物也是合成乳脂肪和乳糖的原料。试验证明，乳脂肪约有60%～70%是以碳水化合物为原料合成的。高产奶牛平均每天大约需要1.2kg葡萄糖用于乳腺合成乳糖。产双羔的绵羊每天约需200g葡萄糖合成乳糖。反刍动物产奶期体内50%～85%的葡萄糖用于合成乳糖。基于乳成分的相对稳定性，血糖进入乳腺中的量明显是奶产量的限制因素。葡萄糖也参与部分羊奶蛋白质非必需氨基酸的形成。碳水化合物进入非反刍动物乳腺主要用来合成奶中必要的脂肪酸，葡萄糖也可作为合成部分非必需氨基酸的原料。

5. 粗纤维的主要生理功能

粗纤维是各种动物，尤其是反刍动物日粮中不可缺少的成分，是反刍动物的主要能源物质。粗纤维所提供的能量可满足反刍动物的维持能量消耗；粗纤维能维持反刍动物瘤胃的正常功能和动物的健康，若饲粮中纤维水平过低，淀粉迅速发酵，大量产酸，降低瘤胃液pH，抑制纤维分解菌活性，严重时可导致酸中毒。研究表明，适宜的饲粮纤维水平对消除大量进食精料所引起的采食量下降，纤维消化降低，防止酸中毒、瘤胃黏膜溃疡和蹄病是绝对不可缺的。饲粮纤维低于或高于适宜范围，不利于能量利用。NRC（1989）推荐泌乳牛饲粮至少应含19%～21%的酸性洗涤纤维（ADF）或25%～28%的中性洗涤纤维（NDF），并且饲粮中NDF总量中的75%必须由粗饲料提供；粗纤维体积大，吸水性强，可充填胃肠容积，使动物食后有饱腹感；粗纤维可刺激消化道黏膜，促进胃肠蠕动及消化液的分泌和粪便的排出；粗纤维可改善胴体品质。例如，猪在肥育后期增加饲粮纤维，可减少脂肪沉积，提高胴体瘦肉率；粗纤维可刺激单胃动物胃肠道发育。研究表明，饲喂高水平苜蓿草粉饲粮的育成猪，其胃、肝、心、小肠、盲肠和结肠的重量均显著提高。在现代畜牧业生产中，常用纤维高的优质粗饲料稀释日粮的营养浓度，以保证种用畜禽胃肠道的充分发育，满足以后高产的采食量需要。

6. 寡聚糖的特殊作用

近年研究表明，寡聚糖可作为有益菌的基质，改变肠道菌相，建立健康的肠道微生物区系；寡聚糖可消除消化道内病原菌，激活机体免疫系统等作用；寡聚糖可增强机体免疫力，提高动物成活率、增重及饲料转化率。寡聚糖作为一种稳定、安全、环保性良好的抗生素替代物，在畜牧业生产中有着广阔的发展前景。

二、碳水化合物的消化与代谢及其应用

1. 单胃动物碳水化合物的消化与代谢

（1）碳水化合物的消化与代谢过程　以猪为例，由图1-5可知，饲料中的碳水化合物被猪食入口腔后，在口腔唾液α-淀粉酶的作用下，少部分淀粉在微碱性条件下被分解为麦芽糖和糊精，但饲料在口腔的时间短，消化很不彻底。

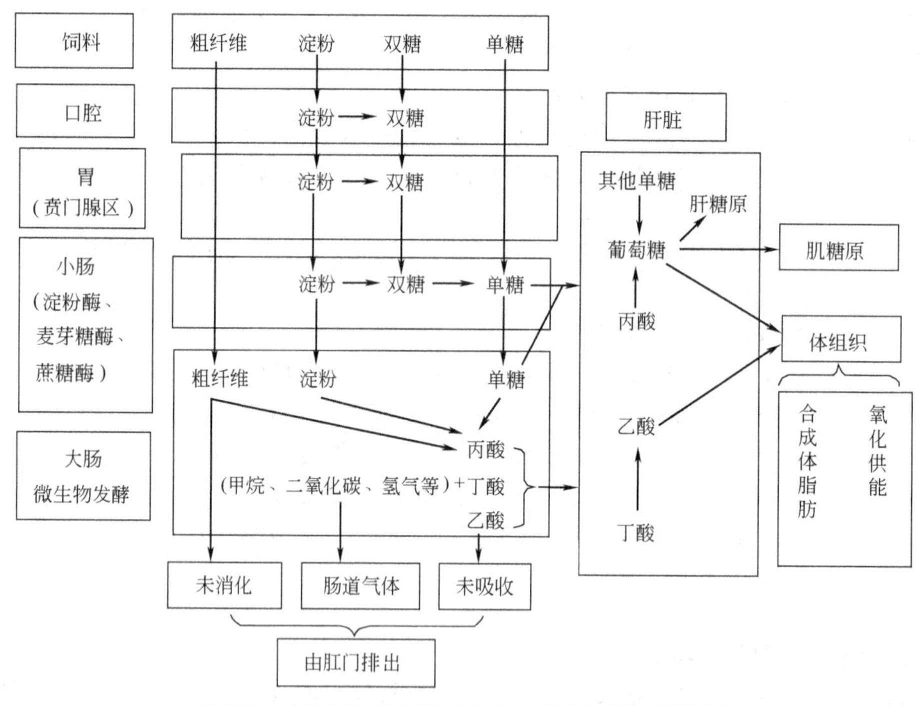

图1-5　单胃动物体内碳水化合物消化代谢过程简图

胃中缺少消化碳水化合物的酶类，只有少量来自于口腔中的淀粉酶。但猪胃内大部分区域为酸性环境，淀粉酶易失活，只是在胃的贲门和盲囊区内（无腺区）不呈酸性，故只有一部分淀粉被来自口腔中的唾液淀粉酶分解为麦芽糖。

十二指肠是碳水化合物消化和吸收的主要部位。猪的小肠内含有大量消化碳水化合物的多种酶类，如肠淀粉酶、胰淀粉酶、蔗糖酶、乳糖酶、麦芽糖酶等。这些酶将饲料中的大部

分无氮浸出物最终分解为各种单糖，并大部分由小肠壁吸收，经血液输送至肝脏。小肠吸收的单糖主要是葡萄糖和少量的果糖和半乳糖。果糖在肠黏膜细胞内可转化为葡萄糖，葡萄糖吸收入血后，供全身组织细胞利用。

由于胃和小肠内缺少粗纤维分解酶，故饲料中的粗纤维不能被酶解。随着食糜下行到大肠，在小肠上段未被消化分解的碳水化合物主要靠结肠和盲肠中的细菌发酵，将其酵解产生乙酸、丙酸、丁酸等挥发性脂肪酸和甲烷、氢气、二氧化碳等气体。其中部分挥发性脂肪酸可被肠壁吸收，经血液循环输送至肝脏，进而被动物利用，而气体则排出体外。

在消化道中没有被消化吸收的碳水化合物，最终由粪便排出体外。

在肝脏中其他单糖首先转变为葡萄糖，而所有葡萄糖中大部分经体循环输送至身体各组织，参加三羧酸循环，氧化释放能量供动物需要。一部分葡萄糖在肝脏合成肝糖原，一部分通过血液输送至肌肉中形成肌糖原。过多的葡萄糖则被输送至动物脂肪组织及细胞中合成体脂肪作为贮备。

（2）消化与代谢特点　单胃动物的主要消化场所在小肠，靠酶的作用进行；能大量利用无氮浸出物，而不能大量利用粗纤维；以葡萄糖代谢为主，以挥发性脂肪酸代谢为辅。

（3）马属类、禽类与猪比较　马属类如马、驴、骡等对碳水化合物的消化代谢过程与猪基本相同。单胃草食动物虽然没有瘤胃，但盲肠、结肠发达，其中细菌对纤维素和半纤维素具有较强的消化能力。因此，它们对粗纤维的消化能力比猪强，但不如反刍动物。

禽类对碳水化合物的消化与代谢特点与猪相似，但缺少乳糖酶，故乳糖不能在家禽消化道中水解，而粗纤维的消化只在盲肠。尽管盲肠内微生物区系较发达，因禽类消化道短，食物通过的时间快，因此，禽类利用粗纤维的能力比猪还低。

2. 反刍动物碳水化合物的消化与代谢

（1）碳水化合物的消化与代谢过程　以牛为例，由图1-6可知，饲料中的碳水化合物被牛食入口腔后，由于牛口腔中的唾液淀粉酶的活性较猪的差，故饲料中的淀粉几乎没有什么变化。反刍动物的瘤胃是消化碳水化合物的主要器官。随着吞咽进入瘤胃的饲料中大部分淀粉、糖、粗纤维等均可被瘤胃内的细菌降解为挥发性脂肪酸和气体，挥发性脂肪酸被瘤胃壁吸收参加机体代谢，气体被排出体外。未被降解的部分进入小肠，在小肠的消化与猪等单胃动物相同。到达结肠和盲肠后的部分未被消化的粗纤维和无氮浸出物又可被细菌降解为挥发性脂肪酸及气体，挥发性脂肪酸可被肠壁吸收参加机体代谢，气体则排出体外。

被吸收后的单糖和挥发性脂肪酸由血液输送至肝脏。在肝脏中，被吸收的葡萄糖的代谢途径同单胃动物。而挥发性脂肪酸中丙酸转变为葡萄糖，参与葡萄糖代谢，丁酸转变为乙酸，乙酸随体循环到各组织中参加三羧酸循环，氧化释放能量供给动物体需要，同时也产生二氧化碳和水。还有部分乙酸被输送到乳腺，用以合成乳脂肪。

（2）消化与代谢特点　反刍动物主要消化场所在瘤胃，靠微生物酶的作用进行。其次在小肠，靠消化酶进行；既可以大量利用无氮浸出物，也可以大量利用粗纤维；以挥发性脂肪酸代谢为主，以葡萄糖代谢为辅。

（3）影响瘤胃内挥发性脂肪酸浓度变化的因素　瘤胃发酵产生的各种挥发性脂肪酸，因日粮组成、微生物区系等因素而异。对于肉牛，提高饲粮中精料比例或将粗料磨成粉碎状饲喂，瘤胃中产生的乙酸减少，丙酸增多，有利于合成体脂肪，提高增重改善肉质。对于奶牛，增加饲粮中优质粗饲料的给量，则形成的乙酸多，有利于形成乳脂肪，提高乳脂率。

（4）瘤胃碳水化合物发酵的利弊　瘤胃内碳水化合物发酵的好处一是对宿主动物有显著的供能作用，微生物发酵产生的挥发性脂肪酸总量中，65%～80%是由碳水化合物产生；二是植物细胞壁经微生物分解后，不但纤维物质变得可用，而且使植物细胞内利用价值高的营

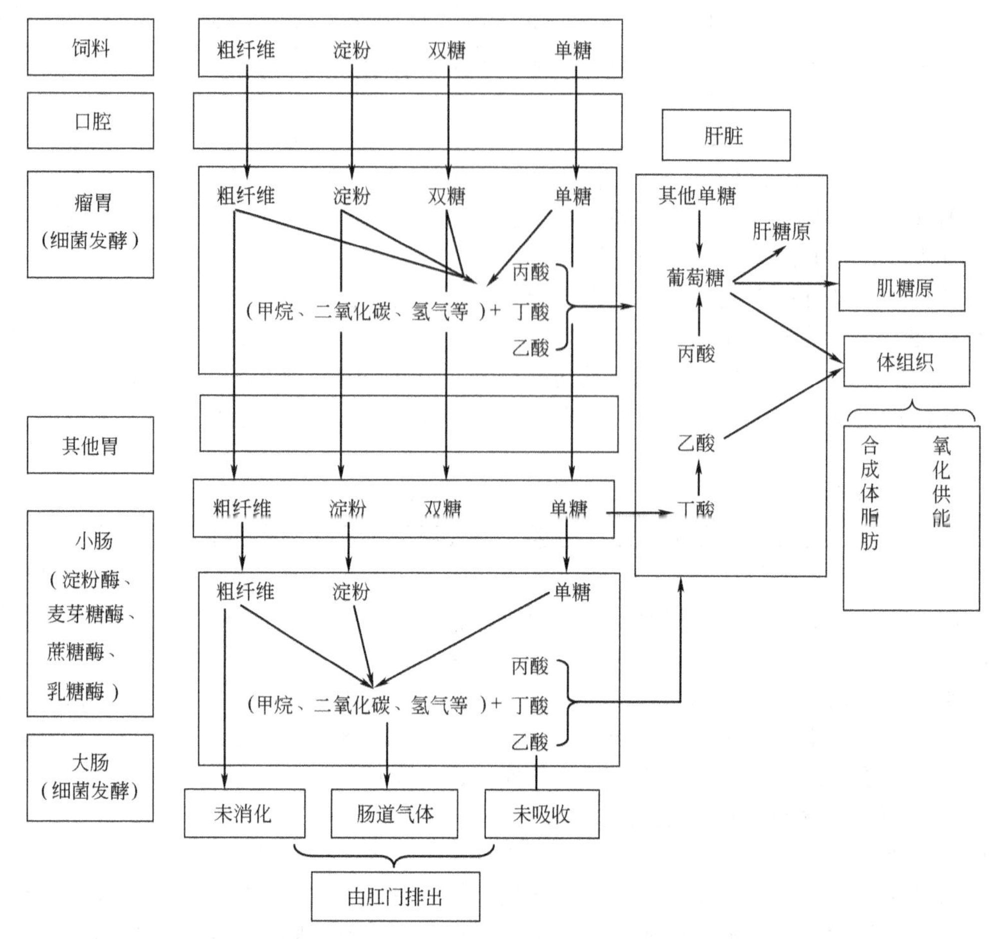

图 1-6 反刍动物体内碳水化合物消化代谢过程简图

养素得到充分利用。但发酵过程中存在碳水化合物损失，宿主体内代谢需要的葡萄糖大部分由发酵产品经糖原异生供给，使碳水化合物供给葡萄糖的效率显著比非反刍动物低。

3. 碳水化合物的应用

猪、禽类对粗纤维的消化能力差，故日粮中粗纤维含量不宜过多，一般在猪日粮中为4%～8%、鸡饲粮中为3%～5%。猪、禽的日粮中粗纤维含量过高会影响日粮中有机物的消化率，从而影响整个日粮的利用。

马属动物在碳水化合物的消化代谢过程中，既可以进行挥发性脂肪酸代谢，又能进行葡萄糖代谢。马属类动物在使役时需要较多的能量，日粮中应增加含淀粉多的精料，休闲时可多供给些富含粗纤维的秸秆类饲料。

反刍动物对粗纤维的利用程度大，影响消化道内微生物活性的所有因素均影响粗纤维的利用。粗纤维是反刍动物的一种必需营养素，正常情况下，粗纤维除具有发酵产生挥发性脂肪酸的营养作用外，对保证消化道的正常功能、维持宿主健康和调节微生物群落都具有重要作用。所以粗饲料应该是反刍动物日粮的主体，一般应占整个日粮干物质的50%以上。奶牛粗饲料供给不足或粉碎过细，轻者影响产奶量，降低乳脂率，重者则引起奶牛蹄叶炎、酸中毒、瘤胃不完全角化症、皱胃移位等疾病。日粮中粗纤维水平低于适宜范围时，不利于对能量的利用，并会对动物产生不良影响。奶牛日粮中按干物质计，粗纤维含量约17%或酸性纤维约21%，才能预防因粗纤维不足而引起的不良影响。

四、影响粗纤维消化利用的因素

1. 动物种类和年龄

动物种类不同，对粗纤维的消化场所和消化能力也不同。反刍动物消化粗纤维的场所在瘤胃和大肠，马在盲肠和结肠，兔、猪、鸡均在盲肠。反刍动物消化粗纤维的能力最强，高达50%～90%，其次是马、兔、猪，鸡对粗纤维的消化能力最差。同一种动物在不同年龄阶段对粗纤维的消化能力也不同，一般成年动物比幼龄动物消化能力强。不同动物对同一种饲料或同一种动物对不同饲料的粗纤维的消化能力也不同。生产实践中，应根据饲料资源情况，将一些含粗纤维多的饲料用于发展草食动物，而猪禽只能适当喂给优质粗饲料。

2. 饲料种类

同一种动物对不同饲料的消化率不同。如家兔对胡萝卜的消化率为65.3%，对甘蓝叶为75%，对秸秆为22.75%。单一饲料与混合饲料相比，粗纤维的消化率要更低。

3. 日粮蛋白质水平

反刍动物日粮中粗蛋白的水平是改善瘤胃对粗纤维消化能力的重要因素。如用劣质干草喂羊，粗纤维的消化率为43%，若加10g缩二脲，粗纤维的消化率可达55.8%。因此，以秸秆类等粗蛋白含量较少的饲料作为反刍动物主要饲料时，应注意蛋白质营养的供给。

4. 日粮粗纤维和淀粉含量

日粮中粗纤维的含量越高，其本身和日粮中其他有机物的消化率也越低。原因是日粮中粗纤维能刺激胃肠蠕动，使食糜在肠道内停留时间缩短，并妨碍消化酶对营养物质的接触，因此可影响饲料中有机物的消化。另外，粗纤维消化率与日粮中淀粉含量有关，一般日粮中粗纤维和淀粉的含量不同并在一定范围内，随着日粮中粗纤维含量的减少、淀粉含量的增加，日粮中各种有机物的消化率有上升的趋势。

5. 日粮中的矿物质

在反刍动物日粮中，添加适量的矿物质如食盐、钙、磷、硫等，可促进瘤胃内微生物的繁殖，从而提高粗纤维的消化率。

6. 饲料的加工调制

含粗纤维多的饲料在喂前进行适当加工，可提高粗纤维的消化率。比较常用的方法有秸秆类饲料的碱化外理、氨化处理。目前最有效的方法是氨化和微生物发酵法。

第五节　脂肪与动物营养

脂肪是一类存在于动植物组织中，不溶于水，但溶于乙醚、苯、氯仿等有机溶剂的物质。脂肪能量价值高，是动物营养中重要的一类营养素，其种类繁多，化学组成各异。常规饲料分析中将这类物质统称为粗脂肪。本节主要介绍脂肪的组成与性质、营养生理功能、转化与代谢及其营养意义。

一、脂肪的组成、种类与性质

1. 脂肪的组成

各种饲料中均含有脂肪。脂肪是由碳、氢、氧三种元素组成，根据其结构不同，通常将脂肪分为真脂肪和类脂肪两大类。真脂肪在动物体内脂肪酶的作用下，可分解为甘油和脂肪酸；类脂肪则除了分解为甘油和脂肪酸外，还有磷酸、糖及其他含氮物。

2. 脂肪的种类

脂类，特别是简单的脂类由于所含脂肪酸种类不同而具有不同特性。脂肪酸分子量的大小、元素的组成比例不同均影响着脂肪的一些性质。

在脂肪酸分子中，根据碳原子的多少，可将脂肪酸分为高级脂肪酸（C_{18}以上）、中级脂肪酸（C_{10}～C_{14}）和低级脂肪酸（C_4～C_8）。脂肪酸含有碳原子的多少，可用“皂化价”的大小来表示。每克脂肪在碱性溶液中水解（皂化）时所需碱的质量（mg）称皂化价。皂化价小，表明高级脂肪酸较多，如玉米油。如皂化价大，则表明低级脂肪酸较多，如牛奶脂肪。

构成脂肪的脂肪酸也可根据脂肪酸所含的氢原子的多少分为饱和脂肪酸和不饱和脂肪酸。饱和脂肪酸的氢原子较多，碳原子间以单键相接，不饱和脂肪酸的氢原子较少，碳原子间存在双键，双键愈多，不饱和程度愈大，但可通过氢化作用，将其转化为饱和脂肪酸。

动物性脂肪所含饱和脂肪酸较多，其熔点较高，硬度较大，在常温下多呈固体或半固体状态；植物性脂肪所含不饱和脂肪酸较多，熔点较低，硬度小，在常温下呈液态。

脂肪酸不饱和程度可用“碘价”的大小来表示。每100g脂肪或脂肪酸所能吸收碘的质量（g）称之为碘价。植物性脂肪的碘价较高，因其含有较多的不饱和脂肪酸如油酸和亚油酸；动物性脂肪的碘价低，表明其中含有较多的硬脂酸、软脂酸等饱和脂肪酸。

3. 脂肪的性质

脂类的下列特性与动物营养密切相关。

（1）脂类的氧化酸败　不饱和脂肪酸具有易氧化的特征。在高温、阳光紫外线、潮湿、氧化剂等条件下，均可使之酸败，酸败的结果既能降低脂类营养价值，也会产生不适宜的气味。在饲料或畜产品加工贮藏过程中应引起注意。

脂类的氧化分自动氧化和微生物氧化。自动氧化是一种自由基激发的氧化，先形成脂过氧化物，这种中间产物并无异味，但脂质“过氧化物价”明显升高，此中间产物再与脂肪分子反应形成氢过氧化物，当氢过氧化物达到一定浓度时则分解形成短链的醛和醇，使脂肪出现不适宜的酸败味，最后经过聚合作用使脂肪变成黏稠、胶状甚至固态物质。自动氧化是一个自身催化加速进行的过程。微生物氧化是一个由酶催化的氧化。存在于植物饲料中的脂氧化酶或微生物产生的脂氧化酶最容易使不饱和脂肪酸氧化。催化的反应与自动氧化一样，但反应形成的过氧化物，在同样温、湿度条件下比自动氧化多。

脂肪的酸败程度可用酸价表示。酸价是指中和1g脂肪中的游离脂肪酸所需的氢氧化钾的质量（mg）。通常酸价大于6的脂肪可能对动物健康造成不良影响。

（2）脂肪酸的氢化作用　在催化剂或酶的作用下，不饱和脂肪酸的双键可与氢发生反应而使双键消失，转变为饱和脂肪酸，从而使脂肪的硬度增加，不易酸败，有利于贮存，但也损失必需脂肪酸。反刍动物进食的饲料脂肪，可在瘤胃内进行氢化作用。因此其体脂肪中饱和脂肪酸含量较高。

（3）脂类的水解特性　脂类分解成基本结构单位的过程除在稀酸或强碱溶液中进行外，微生物产生的脂酶也可催化脂类水解，这类水解对脂类营养价值没有影响，但水解产生的某些脂肪酸有特殊异味或酸败味，可能影响适口性。脂肪酸碳链越短，异味越浓。动物营养中把这种水解看成是影响脂类利用的因素。

二、脂肪的营养生理功能

1. 脂肪是动物体组织的重要成分

动物各个组织器官，如神经、肌肉、血液和骨骼等均含有脂肪，主要是卵磷脂、脑磷脂和胆固醇。细胞膜和细胞质中也都含有脂肪，多属于磷脂类。因此，脂肪是动物生产和修补体组织所不可缺少的物质。

2. 脂肪是供给动物体热能和贮备能量的物质

脂肪的主要功能是供给动物热能。脂肪含能量高，在体内氧化所释放的能量是同一重量碳水化合物或蛋白质的2.25倍。直接来自饲料或体内代谢产生的游离脂肪酸、甘油酯是动物维持和生产的重要能量来源。动物生产中常基于脂肪适口性好、含能量高的特点，用补充脂肪的高能转化为净能的效率比蛋白质和碳水化合物高5%～10%。鱼、虾类等水生动物由于对碳水化合物特别是多糖利用率低，故脂肪作为能源物质的作用显得特别重要。

脂肪的体积小，蕴藏的能量多，是动物体贮备能量的最佳形式。如动物体皮下、肠膜、肾周及肌肉间贮备的脂肪，常在饲养条件恶劣时动用。

初生羔羊、犊牛等颈部、肩部、腹部有一种特殊的脂肪组织，称为褐色脂肪，是颤抖生热的能量来源，这种脂肪含有大量线粒体，这种线粒体的特点是含有大量红褐色细胞色素，且线粒体内膜上有特殊的氢离子通道，由电子传递链"泵"出的氢离子直接通过这种通道流回线粒体内，这样一来，氧化、磷酸化作用之间的耦联被打断，电子传递释放的自由能不能被ADP捕捉形成ATP，只能形成热能，由血液输送到机体的其他部位起维持体温的作用。

3. 脂肪可以供给必需脂肪酸

在不饱和脂肪酸中，有几种脂肪酸在动物体内不能合成或合成的数量不能满足需要，必须由饲料供给的称为必需脂肪酸。长期以来认为，有三种不饱和脂肪酸，即亚油酸、亚麻酸和花生油酸属于必需脂肪酸。其中，亚油酸是真正的必需脂肪酸，而花生油酸在动物体内可由亚油酸转变而来。

（1）必需脂肪酸的生理作用

① 必需脂肪酸是动物体细胞膜和细胞的组成成分　它参与磷脂的合成，并以磷脂形式出现在线粒体和细胞中。各种幼龄动物缺乏时，皮肤细胞对水的通透性增强，毛细管变得脆弱，从而引起皮肤病变，水肿和皮下出血，出现角质鳞片。家禽缺乏亚油酸时细胞膜失去完整性，其典型症状是需水量增加，粪便变软，对疾病抵抗力下降，羽毛粗劣，水肿，生长率下降。

② 必需脂肪酸与类脂肪代谢密切相关　胆固醇必须与必需脂肪酸结合，才能在动物体内转运和正常代谢。一旦缺乏，胆固醇将与一些饱和脂肪酸结合，不能在体内正常运转，从而影响动物体的代谢过程。

③ 必需脂肪酸与动物繁殖有关　日粮中长期缺乏，可导致动物繁殖机能降低，母猪出现不孕症，公鸡睾丸变小，第二性征发育迟缓，种鸡产蛋率降低，受精率和孵化率下降，胚胎死亡率上升。

④ 必需脂肪酸是动物体内合成前列腺素的原料　前列腺素是一组与必需脂肪酸有关的化合物，是由亚油酸合成的，它可控制脂肪组织中甘油三酯的水解过程。必需脂肪酸缺乏时，影响前列腺素的合成，导致脂肪组织中脂解作用速度加快。

（2）必需脂肪酸的来源与供给　单胃动物可从饲料中获得所需的必需脂肪酸。日粮中亚油酸含量达1%即能满足禽类的需要，种鸡和肉鸡亚油酸的需要量可能更高，各阶段猪需要0.1%亚油酸。

亚油酸的主要来源是植物油。玉米、大豆、花生、菜籽、棉籽等饲料中富含亚油酸。以玉米、燕麦为主要能源或以谷类籽实及其副产品为主的饲粮都能满足动物对亚油酸的需要。但幼龄动物、生长快的动物和妊娠动物需另外补饲。成年反刍动物瘤胃中的微生物所合成的脂肪中，亚油酸含量丰富，正常饲养条件下能满足需要而不会产生必需脂肪酸的缺乏。幼年反刍动物因瘤胃功能尚不完善，需从饲料中摄取必需脂肪酸。

4. 脂肪是脂溶性维生素的溶剂和载体

饲料中脂溶性维生素 A、维生素 D、维生素 E、维生素 K，只有溶解在脂肪中才能被消化、吸收和在体内运转。例如，鸡饲粮含 0.07%的脂类时，胡萝卜素吸收率仅 20%，饲粮中脂类增加到 4%时，吸收率提高到 60%。

5. 脂肪是畜产品的组成成分

畜产品如肉、乳、蛋中均含有一定数量的脂肪。如乳中通常含 1.6%～6.8%的脂肪，肉品中含 16%～29%的脂肪，一个鸡蛋中含 5%～6%脂肪。

6. 脂肪对动物具有保护作用

脂肪不易传热，因此，皮下脂肪能够防止体热散失，在寒冷的季节有利于维持体温的恒定和抵御寒冷，这对生活在水中的哺乳动物显得更为重要。脂肪在脏器周围具有固定和保护器官及缓和外力冲击作用。高等哺乳动物皮肤中的脂类具有抵抗微生物侵袭、保护机体的作用。禽类尤其是水禽，尾脂腺分泌的油脂对羽毛的抗湿作用特别重要。

7. 其他营养生理作用

(1) 脂类是代谢水的重要来源　生长在沙漠的动物氧化脂肪既能供能又能供水。每克脂肪氧化产生的代谢水比碳水化合物多 67%～83%，比蛋白质多 150%左右。

(2) 磷脂肪的乳化特性　磷脂肪分子中既含有亲水的磷酸基团，又含有疏水的脂肪酸链，因而具有乳化剂特性，可促进消化道内形成适宜的油水乳化环境，并对血液中脂质的运输以及营养物质的跨膜转运等发挥重要作用。动植物体中最常见的磷脂是卵磷脂，作为幼小哺乳动物代乳料中的乳化剂，有利于提高饲料中脂肪和脂溶性营养物质的消化率，促进生长。磷脂是鱼虾饲料中一种不可缺少的营养成分，虾一般不能合成磷脂，鱼虾饲料中天然存在的磷脂一般不能满足需要。

(3) 胆固醇的生理作用　胆固醇是甲壳类动物必需的营养素。蜕皮激素的合成需要胆固醇，而甲壳类动物（包括虾）体内不能合成胆固醇，需要由饲料供给。胆固醇有助于虾转化合成维生素 D、性激素、胆酸、蜕皮素和维持细胞膜结构完整性，促进虾的正常蜕皮、消化以及生长和繁殖。

三、饲料脂肪对动物产品品质的影响

1. 饲料脂肪对肉类脂肪的影响

(1) 单胃动物　脂肪在胃中不能被消化，只是初步乳化。单胃动物消化吸收脂肪的主要场所是小肠，在胆汁、胰脂肪酶和肠脂肪酶的作用下水解为甘油和脂肪酸。经吸收后，家禽主要在肝脏，家畜主要在脂肪组织中再合成体脂肪。单胃动物不能经细菌的氢化作用将不饱和脂肪酸转化为饱和脂肪酸，因此，它所采食饲料中的脂肪性质直接影响体脂肪的品质。如喂给脂肪含量高的饲料，可使猪体脂肪变软，易于酸败，不适于制作腌肉和火腿等肉制品。因此，猪肥育期应少喂含脂肪高的饲料，多喂富含淀粉的饲料，因为由淀粉转变成的体脂肪中含饱和脂肪酸较多。如用大麦喂猪会使猪肉脂肪变白变硬，用黄玉米喂猪则肉脂变软变黄，品质较差。一般来说，日粮中添加脂肪对总体脂的影响较小，对体脂肪的组成影响较大。

(2) 反刍动物　反刍动物的饲料主要是牧草和秸秆类。其中脂肪中所含不饱和脂肪酸占 4/5，饱和脂肪酸占 1/5。但牧草中的脂肪，在瘤胃内微生物的作用下，水解为甘油和脂肪酸，其中大量不饱和脂肪酸可经瘤胃细菌的氢化作用转变为饱和脂肪酸，再由小肠吸收后合成体脂肪。因此，反刍动物体脂肪中饱和脂肪酸较多，体脂肪较为坚硬。这说明反刍动物体脂肪品质受饲草脂肪性质影响极小，高精料饲养容易使皮下脂肪变软。

2. 饲料脂肪对乳脂肪品质的影响

牛、羊采食的碳水化合物，在瘤胃内发酵产生大量的低级饱和脂肪酸，被吸收进入乳腺形成乳脂。牛、羊的饲料脂肪中高级不饱和脂肪酸较多，但经瘤胃细菌的氢化作用，使部分成为饱和脂肪酸，吸收后也形成了乳脂。所以牛、羊乳脂的特点是饱和脂肪酸多于不饱和脂肪酸。然而，饲料脂肪在一定程度上可直接进入乳腺中，脂肪的某些组成部分，可不经变化而用以形成乳脂。如饲喂大量含软脂酸较多的大豆、米糠时，所形成的乳脂质地较软，黄油的硬度低，如喂含软脂酸少的小麦粉等得到的黄油，则具有坚实的硬度。

马与牛、羊不同，马的饲料脂肪中的不饱和脂肪酸多数在盲肠以前被消化吸收，缺乏氢化环节，因此，马的乳脂比牛、羊的乳脂软，原因是马的乳脂肪中 14～18 碳饱和脂肪酸少而不饱和脂肪酸多。

猪的乳脂与牛、羊、马有所不同，其中饱和脂肪酸的含量仅为 2%，主要是不饱和脂肪酸和高级的饱和脂肪酸。这是因为猪的消化道中发酵量少，产生的低级脂肪酸少，又缺乏氢化作用的场所，不饱和脂肪酸不能加氢成为饱和脂肪酸。猪乳脂原料和体脂原料一样，主要依靠饲料中不饱和多碳脂肪，或来自碳水化合物、蛋白质转化合成的饱和多碳脂肪。

3. 饲料脂肪对蛋黄脂肪的影响

将近一半的蛋黄脂肪是在卵黄发育过程中摄取经肝脏而来的血液脂肪而合成的，这说明蛋黄脂肪的质和量受饲料脂肪影响较大。饲料脂肪会影响蛋黄中脂肪的品质，一些特殊饲料成分可能对蛋黄造成不良影响，例如硬脂酸进入蛋黄会产生不适宜的气味。添加油脂可促进蛋黄的形成，继而增加蛋重，并能生产富含亚油酸的“营养蛋”。

四、油脂在动物生产中的应用

油脂是高能饲料，如植物油脂含热能 39.04MJ/kg，猪油 39.66MJ/kg。饲料中添加油脂，除供给能量外，还可改善适口性，增加饲料在肠道的停留时间，有利于其他营养成分的消化吸收和利用。高温季节还可降低动物的应激反应。添加油脂还能显著提高生产性能并降低饲养成本，尤其对于生长快、生产周期短，或生产性能高的动物效果更为明显。

为了满足肉鸡对高能量饲粮的要求，通常需要在饲粮中添加油脂。肉鸡体内脂肪沉积绝大部分在肥育阶段，从减少腹脂和提高生产性能两方面考虑，建议在肉鸡前期饲粮中添加 2%～4%的猪油等油脂，以提高生产性能。在后期饲粮中添加必需脂肪酸含量高的玉米油、大豆油等油脂，以改善肉质。

奶牛精饲料中油脂添加量建议为 3%～5%；蛋鸡饲粮中油脂添加量建议为 3%左右；肉猪添加量为 4%～6%，仔猪为 3%～5%。据试验，3 周龄前断乳仔猪脂肪添加量可高达 9%，添加植物油优于动物油，玉米油、大豆油为仔猪的最佳添加油脂。

加工生产预混料时，为避免产品吸湿结块，减少粉尘，或增加载体的承载能力，常在原料中加一定量的油脂。

第六节　矿物质与动物营养

矿物质是动物营养中的一类无机营养物质，在机体生命活动过程中起着十分重要的调节作用，尽管占体重比例很小，且不供给能量、蛋白质和脂肪，但缺乏时动物生长或生产受阻，甚至死亡。现已确认动物体组织中含有 45 种以上的矿物质元素，但是并非动物体内所有的矿物质元素都起营养作用。随着科学技术的发展，将会发现越来越多的矿物质对动物的正常生长和生产有重要作用。同时，也会不断地发现矿物质元素新的营养生理功能。本节主要介绍动物体内必不可少的矿物质元素的分布、营养生理作用、缺乏和中毒的危害及饲料来源与供应。

一、矿物质营养简介

动物体内的各种元素中，除碳、氢、氧和氮主要以有机化合物的形式出现外，其他各种元素无论其含量多少，均统称为矿物质，又称为粗灰分。根据各种矿物质元素在动物体内含量或需要的不同，可将其分为常量矿物元素和微量矿物元素两大类。常量矿物元素一般指在动物体内含量高于0.01%的元素，动物的必需常量元素有钙、磷、钾、钠、氯、镁、硫7种。微量矿物元素一般指在动物体内含量低于0.01%的元素，目前查明必需的微量元素有铁、铜、钴、锰、锌、硒、碘、氟、铬、钼、硼、硅、镍、钒、锡、砷、铅、锂、溴、铝20种。后10种是已知必需矿物质元素中需要量最低的，生产上基本不会出现这些元素的缺乏症。另外，尚未被引入必需矿物质元素的其他元素，对于动物体也可能是必需的，其中已发现有31种微量元素在动物体内代谢过程中可能具有重要作用。

不同动物体内主要必需矿物质元素含量有所不同，但一般相对稳定。动物体内矿物质元素存在形式多种多样，或与蛋白质及氨基酸结合，或游离，或作为离子的组成成分存在。不管以何种形式存在或转运，都始终在血液、肌肉、骨骼、消化道、体表等之间保持动态平衡。

矿物质元素在不同器官中周转代谢速度不同，血浆中钙每天可周转代谢几次，而牙齿钙几乎没有变化。

矿物质元素的营养生理功能可概括为以下几点：

① 矿物质是构成动物体组织的重要成分　钙、磷、镁、锰、铜等是构成骨骼组织的组成成分；磷、硫是组成体蛋白的重要成分。

② 矿物质在维持体液渗透压恒定和酸碱平衡上起着重要作用　钠、钾、氯在动物体内主要参与维持细胞内外液渗透压恒定，并配合重碳酸盐和蛋白质的缓冲作用，即可维持体液的酸碱平衡，从而保证动物体的组织细胞进行正常的生命活动。

③ 矿物质是维持神经和肌肉正常功能所必需的物质　钾、钠、钙、镁与肌肉和神经的兴奋性有关，其中钾、钠能促进神经和肌肉的兴奋，而钙、镁能抑制神经和肌肉的兴奋。

④ 矿物质是机体内多种酶的成分或激活剂。

⑤ 矿物质是乳、蛋产品的成分　牛奶干物质中含有5.8%的矿物质。钙是蛋壳的主要成分，蛋白和蛋黄中也含有丰富的矿物质。

动物对矿物质的需要受多种因素的影响。如畜种、年龄、体重、生产目的、生产水平等不同，对矿物质的需要量也不同。常用饲料可提供动物需要的矿物质营养。但由于不同饲料所含矿物质元素不同，而不同动物对矿物质元素需要也不同，因此不一定都能满足需要。现代动物生产中，由天然饲料配制成的日粮不能满足需要的部分，一般都用矿物质饲料或微量元素添加剂来补充。

由于矿物质元素具有不稳定性和易结块性，发生相互作用的可能性比其他养分大。这种相互作用包括协同作用和拮抗作用。生产中最多的应注意相互间的抑制，因此，配合饲料时必须保证矿物质元素之间的平衡。

二、常量矿物质元素的营养

1. 钙、磷的营养

钙和磷是动物体内必需的矿物质元素。在现代动物生产条件下，钙、磷已成为配合饲料必须考虑的、添加量较大的重要营养素。

（1）体内分布　动物体内70%的矿物质是钙、磷。约99%的钙和80%的磷存在于骨骼中，其余存在于软组织和体液中。骨骼中的钙、磷主要以羟基磷灰石的形式存在。骨骼中含钙36%、磷17%，钙、磷比例约为2∶1，比值较稳定。但动物种类、年龄和营养状况不同，钙磷比也有一定变化。

血液中的钙几乎都存在于血浆中。血钙正常含量0.09～0.12mg/mL，但产蛋母鸡的血钙可达25mg。血钙以离子或与蛋白质结合或与其他物质结合的形式存在，以这三种形式存在的钙量分别占总血钙的50%、45%和5%。

血磷含量较高，一般在0.35～0.45mg/mL，主要以$H_2PO_4^-$的形式存在于血细胞内。而血浆中磷含量较少，一般在0.04～0.09mg/mL，生长动物稍高，主要以离子状态存在，少量与蛋白质、脂类以及碳水化合物结合存在。

（2）生理功能　钙、磷在动物体内具有以下生物学功能。

① 钙、磷作为动物体结构组成物质参与骨骼和牙齿的组成，并起支持保护作用。

② 钙能控制神经传递物质释放，调节神经兴奋性。当血钙离子浓度低时，兴奋度增强，反之则兴奋度降低。

③ 钙参与凝血过程，在凝血酶原转变为凝血酶时，需要钙离子参加。

④ 钙具有自身营养调节功能，在外源钙供给不足时，沉积钙（特别是骨骼中）可大量分解供代谢循环需要，此功能对产蛋、产奶以及妊娠动物十分重要。

⑤ 钙能促进胰岛素、儿茶酚胺、肾上腺皮质固醇，甚至唾液等的分泌。

⑥ 磷参与体内能量代谢，是ATP和磷酸肌酸的组成成分，这两种物质是重要的供能、贮能物质，也是底物磷酸化的重要参加者。

⑦ 磷以磷脂的方式促进脂类物质和脂溶性维生素的吸收。

⑧ 磷可保证生物膜的完整，磷脂是细胞膜不可缺少的成分。

⑨ 磷是某些酶的组分。

⑩ 磷作为重要生命遗传物质DNA、RNA和一些酶的结构成分，参与许多生命活动过程，如蛋白质合成和动物产品生产。

（3）缺乏与过量的危害　钙、磷缺乏症不是动物生命过程中的任何阶段都可能出现。草食动物最易出现磷缺乏，猪、禽最易出现钙缺乏。一般常见缺乏症表现是：食欲降低，异食癖，生长减慢，生产力和饲料利用率下降。骨生长发育异常，已骨化的钙、磷也可能大量游离到骨外，造成骨灰分降低、骨软化，严重的不能维持骨的正常形态，从而影响其他生理功能。动物典型的钙、磷缺乏症有佝偻症、骨质疏松症和产后瘫痪。

佝偻症是幼龄生长动物钙、磷缺乏所表现出的一种典型营养代谢病。患畜的关节肿大，骨质软，管骨弯曲易折，肋骨出现念珠状突起。四肢易于疲劳，多坐卧，严重时后肢麻痹，犊牛易出现四肢畸型，呈“O”形或“X”形，腿关节肿大、弓背，生长缓慢。雏鸡出现龙骨变形，不能站立等症状（见图1-7、图1-8）。各种幼畜禽在冬季舍饲期最易发生佝偻症。

成年动物易出现骨溶症，又称骨质疏松症。常发生在妊娠、产后及产奶高峰期的母畜和产蛋高峰期的母鸡。此时尽管日粮中有丰富的钙、磷和维生素D的供应，但体内的钙、磷仍处于正常生理状态的负平衡。

产后瘫痪，又名产乳热，是高产奶牛因缺乏钙引起内分泌功能异常而产生的一种营养缺乏症。在分娩后，产奶对钙的需要突然增加，甲状旁腺素、降钙素的分泌不能适应这种突然变化，在缺钙时则引起产后瘫痪。

血钙过低可以引起动物痉挛、抽搐，肌肉、心肌激烈收缩。痉挛可能是暂时性的，也可

图 1-7　雏鸡缺钙症状

图 1-8　羊缺钙，腿呈 X 形

能突然死亡。乳牛产后麻痹综合征是钙痉挛的典型例子。高产奶牛常发生此病，表现异常兴奋，肌肉痉挛，麻痹，体温下降（一般由 37～39℃降至 35℃），昏睡，食欲下降或废绝，是典型的血钙、血糖偏低的症状。每 100mL 血浆中钙的含量降低到 5mg 以下。

在一般情况下，动物对饲料中的钙、磷是多吃多排，自行调节，不至于发生疾病，但当钙、磷长期过多时会产生不良影响。主要表现为持久性的高血钙，导致骨质增生、甲状腺肿大或骨岩化症，生长母鸡肾病变、输卵管尿酸钙沉积，甚至瘫痪；影响磷、锰、铁、镁等元素的吸收和利用；日粮中磷过多，实质上造成钙不足，引起骨的重吸收超载，将出现肋骨软化、骨折或跛行、腹泻。

(4) 钙磷的吸收与排泄　随着饲料采食的钙进入肠吸收部位后，在具有类激素活性的维生素 D_3 刺激下，与蛋白质形成结合蛋白质，经过异化扩散吸收进入细胞膜内，少量以螯合形式或游离形式吸收。磷吸收以离子态为主，可能存在异化扩散。钙、磷主要在十二指肠吸收，钙、磷吸收率变化大，反刍动物钙吸收率变化在 22%～55%，平均 45%；磷吸收率比钙高，平均 55%。非反刍动物钙吸收率在 40%～65%，猪平均吸收率 55%，磷吸收率在 50%～85%，而植酸磷消化吸收率低，一般在 30%～40%。反刍动物和单胃动物对钙磷比的忍耐力差异很大，猪、禽对钙磷比的耐受力比反刍动物差，正常比值在 (1～2)∶1，产蛋鸡也不超过 4∶1，但反刍动物饲粮中钙磷比在 (1～7)∶1 都不会影响钙、磷的吸收。

钙、磷吸收受很多因素影响。溶解度对钙、磷吸收起决定性作用，凡是在吸收细胞接触点可溶解的，不管以任何形式存在都能吸收。肠道呈酸性时，可增加钙、磷的溶解度，有利于钙、磷的吸收；维生素 D 可促进钙形成钙结合蛋白，还可降低肠道 pH 值，因而维生素 D 供应充足，不仅使钙的吸收增多，而且对磷的吸收也有促进作用；日粮中的糖在肠道内发酵，使肠道呈酸性也有利于钙、磷的吸收。饲粮中的钙、磷保持在 (1～2)∶1 的比例时，吸收率较高，钙高磷低或钙低磷高都会影响钙、磷的吸收。草酸、植酸、脂肪等在肠道内可与钙结合形成沉淀物，不能被单胃动物吸收，但反刍动物瘤胃内微生物可分解草酸、植酸，因此不影响其对钙的吸收。此外，饲粮中铁、镁、铝等含量过高时，也能与磷酸根形成不溶的磷酸盐而影响其吸收。

钙、磷主要经粪和尿两个途径排泄，而不同种类动物经不同途径排泄的量不同。草食动物的磷主要经粪排出，肉食动物则主要经尿排泄。正常情况下所有动物的钙均经粪排出，但马、兔采食高钙时也可能经尿排出大量钙。

（5）来源与供应　谷实类及其副产品含钙量较低，含磷量丰富，但磷的利用率很低。豆科类籽实含钙较多，一般高于禾本科。肉骨粉、鱼粉中钙、磷含量较丰富。以上饲料不能满足动物对钙、磷的需要，在生产实践中应补添矿物质饲料，常用的有：石粉、贝壳粉、碳酸钙、骨粉、磷酸氢钙、过磷酸钙等。

钙、磷的适宜需要量受多种因素的影响。其中维生素D的影响最大。维生素D是保证钙、磷有效吸收的基础，供给充足的维生素D可降低动物对钙磷比的严格要求，保证钙、磷有效吸收和利用。长期舍饲的动物，特别是高产奶牛和蛋鸡，因钙、磷需要量大，维生素D显得更重要。

不同钙、磷来源和不同动物对其利用情况不同。非反刍动物利用无机和动物性来源的钙、磷比植物性来源的钙、磷更有效，对植酸磷的利用较低。反刍动物对各种来源的钙、磷利用都有效，反刍动物瘤胃微生物产生的酶能将植酸磷水解成磷酸和肌醇。钙、磷之间或与其他营养素和非营养物质之间的平衡也影响钙、磷的利用。因此，在实际生产中，钙、磷与微量元素、脂肪和植酸盐等的平衡值得考虑。

2. 钠、钾、氯

（1）体内分布　钠、钾、氯不同于钙、磷、镁，它们主要分布在软组织及体液中。其中钾主要存在于细胞内液，约占体内总钾量的90%；钠、氯主要分布于细胞外液，其中钠占体内总量的90%。细胞外液中的钠，约有1/2被吸收进入骨的羟基磷灰石中，另1/2存在于血浆和细胞间隙的体液中。

（2）生理功能　钠、钾、氯共同维持细胞内、外液的渗透压恒定和体液的酸碱平衡；钾可维持心、肾、肌肉的正常活动；钠与氯参与水的代谢；钠可调节肌肉的兴奋性和心肌活动；氯和氢离子结合成盐酸，可激活胃蛋白酶，保持胃液呈酸性，具有杀菌作用；食盐具有调味和刺激唾液分泌的作用。

（3）缺乏或过量的危害　各种植物性饲料中钠和氯都较缺乏，但可通过食盐补充，钾一般不缺乏。但在生产中，当育肥肉牛饲喂精料或非蛋白氮物质比例过高或高产奶牛大量使用玉米青贮等饲料时也可出现缺钾症。三个元素中任何一个缺乏均可导致动物体内渗透压和酸碱平衡紊乱，犊牛、雏鸡、幼猪表现为食欲差，生长受阻，失重，步态不稳，异嗜癖，生产力下降和饲料利用率低。同时可导致血浆中含量和粪尿中含量降低。因此，粪尿中三种元素的含量下降可以敏感地反映这三种元素的缺乏。

缺钠可降低能量和蛋白质的利用，动物表现为体重减轻，生产率下降。奶牛缺钠初期有严重的异嗜癖，对食盐特别有食欲，随缺钠时间延长则产生厌食、被毛粗糙、体重减轻、产奶量下降、乳脂率和奶中钠含量下降等症状。产蛋鸡缺钠，易出现啄羽、啄肛与自相残杀的现象，同时也伴随着产蛋率下降和蛋重减轻，但不同品种鸡生产力下降程度不同。猪缺钠可导致相互咬尾或同类相残。缺氯生长受阻，肾脏受损伤，雏鸡还表现特有的神经反应，身躯前跌，双腿后伸。

家畜对钾盐与钠盐具有多吃多排，少吃少排的特点。如缺乏食盐时，钠、氯的排出量可调节到最低极限。基于上因，大家畜虽然长期缺盐，但并不出现疾病。例如乳牛几乎缺盐1年后，才出现缺乏症。

相反，钠氯供应过量，如动物任食食盐也不会有害。因为各种动物耐受食盐的能力都比较强，在供水充足时耐受力更强。但较长时间缺乏食盐的动物，任食食盐可导致中毒，在限制饮水或肾功能异常时，动物采食过量的食盐，也会出现中毒症状。其中毒表现为腹泻、极度口渴、产生类似于脑膜炎样的神经症状。鸡饮水量少，适应能力差，日粮中含3%的食盐即可发生水肿，再多可致死亡。

饲粮中钾过量，会降低镁吸收率，因此当牧草大量施钾肥时可引起反刍动物低镁性痉挛。奶牛、猪、马、鸡和鸭、火鸡等饲粮中食盐的耐受量分别为5.0%、5.0%、3.0%、3.0%、3.0%，水中食盐耐受量分别为1.0%、1.0%、0.6%、0.4%、0.4%。

（4）来源与供应　植物性饲料中富含钾，通常无需补充。钠、氯在植物性饲料中含量很少，所以在动物日粮中补加食盐，草食动物尤其需要。

3. 镁

（1）体内分布　动物体内约含0.05%的镁，其中约70%的镁存在于骨骼中，骨镁1/3以磷酸盐形式存在，2/3吸附在矿物质元素结构的表面，其余30%左右的镁分布于软组织中，主要存在于细胞内亚细胞结构中，线粒体内镁浓度特别高。细胞质中绝大多数镁以复合形式存在，其中30%左右与腺苷酸结合。肝细胞质中复合形式的镁达90%以上。细胞外液中镁的含量很少，约占动物体总镁量的1%左右。血中的镁75%在红细胞内。每100mL血浆含镁1.8～3mg。

（2）生理功能　镁是构成骨骼和牙齿的成分；作为酶的活化因子或直接参与酶的组成，如镁是磷酸酶、胆碱酯酶、三磷酸腺苷酶和肽酶等的活化剂，在糖和蛋白质的代谢中起重要作用；镁维持神经、肌肉的正常机能，当血镁浓度低时兴奋性提高，反之兴奋性则抑制；镁参与DNA、RNA和蛋白质的合成。

反刍动物消化道中镁主要经前胃壁吸收，非反刍动物主要经小肠吸收。镁通常以两种形式吸收，一种是以简单的离子扩散吸收；另一种是形成螯合物或与蛋白质形成络合物经易化扩散吸收。镁的吸收率受诸多因素影响，如动物种类、动物年龄、镁的拮抗物、镁的存在形式、饲料类型等不同，镁的吸收率也不同。如猪、禽可达60%，奶牛只有5%～30%；幼龄动物比成年动物吸收率高；饲料中钾、钙、氨等影响镁吸收；镁的不同存在形式吸收率不同，硫酸镁的利用率较高；粗饲料中镁的吸收率比精饲料低。

镁的代谢随动物年龄和组织器官不同而变化。成年动物体内贮存和动用镁的能力低，生长动物则较高，必要时可动用骨中80%的镁用于周转的需要。

（3）缺乏与过量的危害　植物性饲料中镁较多，而非反刍动物需镁极少，约占饲粮的0.05%，一般饲料均能满足需要。小猪每千克饲粮中镁低于125mg可导致缺镁。反刍动物需镁量高，是非反刍动物需要量的4倍左右。反刍动物对镁的吸收率较低，如果饲料中镁含量不足，容易出现镁缺乏。在实际生产中产奶母牛在采食大量缺镁的牧草后会出现“草痉挛”，主要表现为神经过敏，口唇颤抖，面肌痉挛，步态蹒跚，呼吸困难，心跳过速、水泻样下痢，严重者死亡。钾过多也可诱发此病。仔猪缺镁，关节软，腿不直，肌肉抽搐，甚至痉挛致死。

镁痉挛与缺钙的临床表现近似，但血镁含量有差异。缺钙的牛血镁正常，血钙、血磷和可溶性钙含量大幅度下降，而缺镁的牛血钙、血磷正常，血镁下降。

饲料或饲粮中镁过量，会降低动物的采食量，生产力下降，昏睡，运动失调和腹泻，严重者可引起死亡；还会引起矿物质的代谢障碍，表现内脏浆膜尿酸盐沉积，肾脏增大，内脏痛风。

当鸡饲粮中镁高于1%时，鸡的生长速度减慢、产蛋率下降、蛋壳变薄。在生产中使用含镁添加剂混合不均时也可能发生中毒。

（4）来源与供应　植物性饲料中镁较多，其中以棉籽饼、亚麻饼含镁特别丰富，青饲料、糠麸类也是镁的良好来源。硫酸镁、氧化镁、碳酸镁等则是补充镁的很好来源。

4. 硫

（1）体内分布　硫约占动物体重的0.15%，广泛地分布于动物体的每个细胞中。其中大部分硫以有机形式存在于肌肉组织、骨骼和牙齿中，而少量以硫酸盐的形式存在于血中。在动物的被毛、羽毛中含硫量高达4%左右。

（2）生理功能　硫以含硫氨基酸的形式参与被毛、羽毛、蹄爪等角蛋白的合成；硫用来合成软骨素基质、黏多糖、牛磺酸、肝素、胱氨酸等有机成分；硫是在蛋白质合成过程中所必需的含硫氨基酸的成分；硫是脂类代谢中起重要作用的生物素的成分；硫是在碳水化合物代谢中起重要作用的硫胺素的成分；硫是在能量代谢中起重要作用的辅酶A的成分；作为氨基酸的成分，硫是某些激素的组分。

（3）缺乏和过量的危害　硫的缺乏通常是动物缺乏蛋白质时才能发生。动物缺硫表现消瘦，角、蹄、爪、羽生长缓慢。反刍动物用尿素作为唯一氮源而不补硫时，也可能出现缺硫现象，致使体重减轻，利用粗纤维能力降低，生产性能下降。禽类缺硫易发生啄食癖，影响羽毛质量。

用无机硫作添加剂，用量超过0.3%～0.5%，可能使动物产生厌食、失重、抑郁等症状。

（4）来源与供应　一般动物性蛋白质饲料中含硫丰富，如鱼粉、肉粉和血粉等含硫可达0.35%～0.85%。动物日粮中的硫一般都能满足需要，不需要另外补饲，但在动物脱毛、换羽期间，为加速脱毛、换羽的进行，以尽早地恢复正常生产，可补饲硫酸盐。

三、微量矿物质元素的营养

微量元素存在于动物体组织中，在同类动物体组织中的浓度相当稳定，一旦缺乏，各类动物均可导致重复出现相同的生理上与结构上的异常。补加这种元素能够防止或恢复此类异常变化。

1. 铁

（1）体内分布　各种动物体内含铁30～70mg/kg，平均含量为40mg/kg。随动物种类、年龄、性别、健康状况和营养状况不同，体内铁含量变化大，牛50～60mg/kg，绵羊高达80mg/kg，刚出生的仔猪35mg/kg，1月龄哺奶仔猪15mg/kg。成年动物不同种类间体内含量差异不明显。所有动物不同的组织和器官分布差异很大，其中60%～70%存在于红细胞的血红蛋白中，2%～20%分布于肌红蛋白中，20%左右的铁与蛋白质结合形成铁蛋白，存在于肝、脾和骨髓中，1%左右的铁存在于含铁的酶类，如细胞色素酶、过氧化氢酶、过氧化物酶等。

（2）生理功能　铁的营养生理功能主要表现为三方面。第一，铁参与载体组成、转运和贮存营养素。血红蛋白是体内运载氧和二氧化碳最主要的载体，肌红蛋白是肌肉在缺氧条件下作功的供氧源，转铁蛋白是铁在血中循环的转运载体，结合球蛋白及血红素结合蛋白是把红细胞溶解释放出的血红素转运到肝中继续代谢的载体，铁蛋白、血铁黄素和转铁蛋白等是体内的主要贮铁库。第二，铁参与体内的物质代谢。二价或三价铁离子是激活参与碳水化合物代谢的各种酶不可缺少的活化因子，铁直接参与细胞色素氧化酶、过氧化物酶、过氧化氢酶、黄嘌呤氧化酶等的组成来催化各种生化反应，铁也是体内很多重要氧化还原反应过程中的电子传递体。第三，铁具有生理防卫机能。转铁蛋白除运载铁以外，还有预防机体感染疾病的作用，奶或白细胞中的乳铁蛋白在肠道能把游离铁离子结合成复合物，防止大肠杆菌利用，有利于乳酸杆菌利用，对预防新生动物腹泻可能具有重要意义。

(3) 缺乏与过量的危害　缺铁最常见的症状是低色素小红细胞性贫血，其特点是血红细胞比正常的小，血红蛋白含量较低，仅为正常量的1/3～1/2。缺铁仅是“营养性贫血”的原因之一。其他如缺少蛋白质、某些维生素或铜也会出现贫血症。缺铁性贫血为初生幼畜共同存在的问题。尤其是仔猪容易发生缺铁症（见图1-9）。初生仔猪体内贮铁量为30～50mg，正常生长每天需铁约7～8mg，每天从母乳中仅得到约1mg的铁，如不及时补铁，3～5天即出现贫血症状，表现为食欲降低，体弱，轻度腹泻，皮肤和可视黏膜苍白，血红蛋白量下降，呼吸困难，严重者3～4周龄死亡。雏鸡严重缺铁时心肌肥大，铁不足直接损伤淋巴细胞的生成，影响机体内含铁球蛋白类的免疫性能。

图1-9　仔猪缺铁皮肤皱褶

各种动物对过量铁的耐受能力都较强，而猪比禽、牛和羊更强。猪、禽、牛和绵羊对饲粮中铁的耐受量分别为3000mg/kg、1000mg/kg、1000mg/kg和500mg/kg。当饲粮中铁利用率降低时，耐受量则更大。饲粮中铁过量会导致慢性中毒，表现为消化机能紊乱，腹泻，增重缓慢，重者导致死亡。

(4) 铁的吸收及影响因素　动物消化道吸收铁的能力较差，吸收率只有5%～30%，但在缺铁情况下可提高到40%～60%。十二指肠是铁的主要吸收部位，各种动物的胃也能吸收相当数量的铁。大多数铁以螯合或以转铁蛋白结合的形式经易化扩散吸收。

影响铁吸收的因素很多，非反刍动物的年龄、健康状况、体内铁的状况、胃肠道环境、铁的形式和数量等对铁吸收都有影响。如幼龄动物对铁的吸收率高于成年动物；缺铁的动物比不缺铁的动物对铁的吸收率高；血红素形式的铁比非血红素形式的铁吸收率高；铁的螯合形式不同吸收率不同；维生素C、维生素E、有机酸、某些氨基酸和单糖可与铁结合促进铁吸收；二价铁比三价铁易吸收；过量铜、锰、锌、钴、磷和植酸可与铁竞争结合，抑制铁吸收；反刍动物饲粮铁含量对铁吸收影响大，饲粮铁含量越低，吸收率越高。

2. 铜

(1) 体内分布　铜在体内含量最高的是肝、肾、心和眼的色素部位以及被毛，其次是胰、皮肤、肌肉和骨骼，而甲状腺、脑垂体、前列腺中的含量为最低。

(2) 生理功能　铜是许多酶，如铁氧化酶、细胞色素氧化酶、酪氨酸与赖氨酸氧化酶、苯甲胺氧化酶等的组分；铜参与血红蛋白、髓蛋白合成；铜参与骨骼的构成；铜与被毛色素的沉积以及脑细胞和骨髓的质化等有关；铜可发挥类似抗生素的作用，对猪、鸡有促进生长作用。

(3) 缺乏与过量的危害　自然条件下，缺铜与地区和动物种类有关。草食动物常出现缺铜，猪、禽基本上不出现，只有在纯合饲粮或其他特定饲粮条件下才能出现缺铜。缺铜的主要症状是贫血。猪和羔羊表现低色素小红细胞性贫血，与缺铁性贫血类似，但不能通过补铁消除。鸡表现正常色素或正常红细胞性贫血。奶牛和母羊可表现低色素和大红细胞性贫血。各种贫血可能是因为缺铜降低了含铜酶在铁代谢中的作用，使血红蛋白合成和红细胞形成受阻。

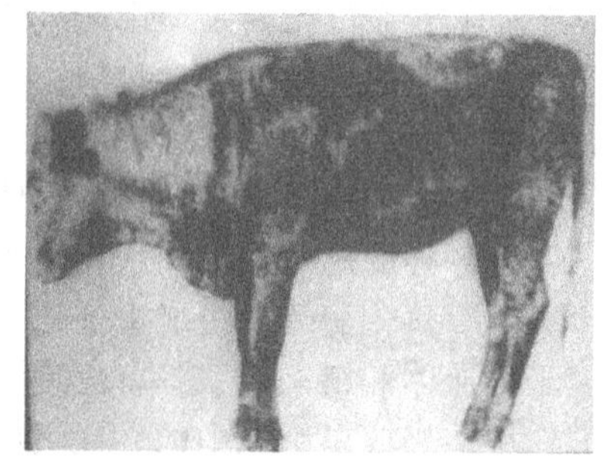
图1-10　犊牛缺铜

牛缺铜时，生长减慢，体重减轻（见图1-10），泌乳减少，继而发生被毛褪色、贫血、腹泻、心脏衰竭、四肢关节肿大及跛行。绵羊缺铜早期羊毛褪色，弯曲消失。羔羊缺铜致使中枢神经髓鞘脱失，表现为“摆腰症”。猪、禽缺铜常引起骨折或骨畸形，而牛和羊则少见。幼龄动物或胎儿可表现成骨细胞形成减慢或停止。猪、禽、牛缺铜，因含铜赖氨酰氧化酶活性降低，使心血管弹性蛋白弹性下降，甚至引起血管破裂而死亡。牛和羊均可因缺铜而降低生殖机能。动物机体免疫系统损伤，免疫力下降。

铜过量可危害动物健康甚至中毒。每千克饲料干物质含铜量：绵羊超过 50mg、牛超过 100mg、猪超过 250mg、雏鸡达 300mg、马超过 800mg、鼠超过 1000mg 均会引起中毒。过量铜会使红细胞溶解，动物出现血尿和黄疸症状，组织坏死，甚至死亡。

（4）来源与供应　豆科牧草、大豆饼、禾本科籽实及副产品中较丰富，动物一般不缺乏。缺铜地区的牧地可施用硫酸铜化肥或直接给动物补饲硫酸铜。

3. 钴

（1）体内分布　钴是一个比较特殊的必需微量元素，在动物体内分布比较均匀，各种动物组织器官中不存在集中分布的情况。动物不需要无机态钴，只需要存在于维生素 B_{12} 中的有机钴。

（2）生理功能　钴是反刍动物的瘤胃及单胃动物的盲肠内微生物合成维生素 B_{12} 的必需元素，占维生素 B_{12} 重的 4.5%。钴在动物体内的营养代谢作用，实质上是维生素 B_{12} 的代谢作用。反刍动物体内丙酸生糖过程需要的催化酶必须有维生素 B_{12} 参加才有活力；维生素 B_{12} 促进血红素的形成；维生素 B_{12} 在蛋氨酸和叶酸等代谢中起重要作用，缺乏时体内蛋氨酸减少，内源氮排泄量增加；钴是磷酸葡萄糖变位酶和精氨酸酶等的激活剂，与蛋白质和碳水化合物代谢有关。

（3）缺乏与过量的危害　缺钴，反刍动物瘤胃内合成维生素 B_{12} 的能力受阻，病畜表现食欲不振，生长停滞，异嗜癖，体弱消瘦，黏膜苍白等贫血症状（见图 1-11）。缺钴机体中抗体减少，降低了细胞免疫反应。

图 1-11　羊缺钴症状

各种动物对钴的耐受力均较强，可高达 10mg/kg。日粮中钴的含量超过需要量的 300 倍才会产生中毒反应。非反刍动物主要表现是红细胞增多，反刍动物主要表现是肝钴含量增高，采食量和体重下降，消瘦和贫血。

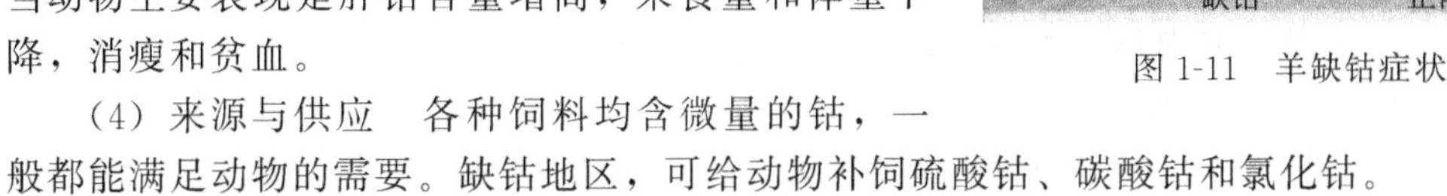

（4）来源与供应　各种饲料均含微量的钴，一般都能满足动物的需要。缺钴地区，可给动物补饲硫酸钴、碳酸钴和氯化钴。

4. 硒

（1）体内分布　动物体内含硒约 0.05～0.2mg/kg。硒遍布全身的细胞和组织中，以肝、肾和肌肉的硒含量最高。体内硒一般与蛋白质结合存在。硒在小肠吸收，其吸收率较高，为 35%～85%。

（2）生理功能　硒是谷胱甘肽过氧化物酶的必需组分，与维生素 E 协同完成保护细胞膜免遭氧化破坏。谷胱甘肽过氧化物酶可促使组织产生的过氧化氢、过氧化物变为无毒的醇，从而避免红细胞、血红蛋白、精子原生质膜等的氧化破坏。而维生素 E 则可阻止不饱和脂肪酸形成过氧化物。它们都具有抗氧化作用，但作用的阶段不同。硒具有加强维生素 E 的抗氧化作用，但彼此不能代替。硒对胰腺的组成和功能也有重要影响。

硒促进蛋白质、DNA、RNA 的合成并对动物的生长有刺激作用；硒影响胰脂肪酶的形成，保证肠道脂肪酶活性，促进乳糜微粒正常形成，从而促进脂类及其脂溶性物质消化吸收；硒还能促进免疫球蛋白的合成，增强白细胞的杀菌能力；硒在机体内有拮抗和降低汞、镉、砷等元素毒性的作用，并可减轻维生素 E 毒引起的病变。

（3）缺乏与过量的危害　缺乏时，猪和兔多发生肝细胞大量坏死而突然死亡，多发生在3～15 周龄的动物，死亡率高。雏鸡患“渗出性素质病”，胸腹部皮下有蓝绿色的体液聚集，皮下脂肪变黄，心包积水，严重缺硒会引起胰腺萎缩，胰腺分泌的消化液明显减少，1 周龄小鸡最易发生。幼龄动物均可患“白肌病”，因肌球蛋白合成受阻，致使骨骼肌和心肌退化萎缩，肌肉表面有白色条纹，羔羊和小牛易发生。缺硒种公畜的繁殖机能下降，精子生成受阻，活力差，畸形率高，母畜空怀率和死胎率都高。缺硒可加重缺碘症状，并降低机体免疫力。

实际生产中缺硒具有明显地区性。一般是缺硒的土壤引起人畜缺硒。我国从东北到西南的狭长地带内均发现不同程度缺硒。其中黑龙江省克山县和四川凉山缺硒比较严重。

动物饲粮中含有 0.10～0.15mg/kg 的硒，则不会出现缺硒症；含有 5.8mg/kg 时，可发生慢性中毒，表现为消瘦、贫血、关节僵直、脱毛、脱蹄以及心脏、肝脏机能损伤，并影响繁殖等；摄入 500～1000mg/kg 时，发生急性中毒，患畜瞎眼、痉挛瘫痪、肺部充血，因窒息而死亡。

预防与治疗可用亚硒酸钠维生素 E 制剂，作皮下或深度肌内注射。或将亚硒酸钠稀释后，拌入饲粮中补饲。家禽可溶于水饮用。

5. 碘

（1）体内分布　动物体内平均含碘 0.2～0.3mg/kg，全身组织都有微量，其中 70%～80%存在于甲状腺内，血中碘以甲状腺素形式存在，主要与蛋白质结合，少量游离存在于血浆中。少部分碘在唾液中反复利用。肌肉仅含 0.01mg/kg。

（2）生理功能　碘是甲状腺素的成分。甲状腺素几乎参与机体所有的物质代谢过程，与动物的基础代谢密切相关，并具有促进动物生长发育、繁殖和红细胞生长等作用；体内一些特殊蛋白质（如皮毛角质蛋白）的代谢和胡萝卜转变成维生素 A 都离不开甲状腺素。

（3）缺乏与过量的危害　缺碘会降低动物基础代谢。碘缺乏症多见于幼龄动物，其表现为生长缓慢，骨架小，出现“侏儒症”。初生犊牛和羔羊甲状腺肿大，初生仔猪无毛、体弱、成活率低。母牛缺碘发情无规律，甚至不孕。雄性动物缺碘，精液品质下降，影响繁殖。

缺碘可导致甲状腺肿，但甲状腺肿不全是缺碘。十字花科植物中的含硫化合物和其他来源的高氯酸盐、硫脲或硫脲嘧啶等都能造成类似缺碘一样的后果。

各种动物对过量碘的耐受力不同。生长猪可耐受 400mg/kg，禽为 300mg/kg，牛、羊为 50mg/kg，马仅为 5mg/kg。超过耐受量可造成不良影响，猪血红蛋白含量下降，奶牛产奶量减少，鸡产蛋量降低。为防止碘中毒，饲料干物质含碘量以不超过 4.8mg/kg 为宜。

（4）来源与供应　主要从饲料和饮水中摄取。各种饲料含碘量不同，沿海地区植物的含碘量高于内陆地区植物。海洋植物含碘量丰富，如某些海藻含碘量高达 0.6%，海盐中含碘也丰富，故给动物饲喂粗盐为宜，如缺碘动物常用碘化食盐补饲。蛋鸡补饲碘酸钙有利于高碘蛋的开发，奶牛补碘可促进泌乳。

6. 锌

（1）体内分布　锌广泛地分布于动物体各个组织器官中，但分布不均衡。软组织以前列腺、肝、肾、胰的浓度最高。骨骼是锌的主要贮存器官，骨骼肌中约占体内总锌量的50%～60%，骨骼中约占 30%，皮毛含量也较高，但随动物种类不同而变化较大。锌主要在小肠吸收，吸收率低，单胃动物约为 10%，反刍动物为 20%～40%。锌在体内周转更新的速度较快。

(2) 生理功能　锌参与体内酶的组成，锌参与碳酸酐酶、碱性磷酸酶、胸腺嘧啶核苷激酶、胰腺羧基肽酶、乳酸脱氢酶等酶的合成，现已知体内200多种酶含锌；锌参与维持上皮细胞和皮毛的正常形态、生长和健康，其生化基础与锌参与胱氨酸和黏多糖代谢有关，缺锌使这些代谢受影响，从而使上皮细胞角质化和脱毛；锌是胰岛素的组分，并参与碳水化合物的代谢；锌维持生物膜的正常结构和功能，防止生物膜遭受氧化损害和结构变形，锌对膜中正常受体的机能有保护作用。

(3) 缺乏与过量的危害　动物缺锌最初表现食欲不振，生长受阻，表皮增厚，龟裂和不完全角质化。公畜生殖器官发育不良，母畜繁殖性能降低和骨骼异常。皮肤不完全角质化症是很多种动物缺锌的典型表现。出现此症的动物，皮肤变厚角化，但上皮细胞和核未完全退化。猪缺锌，在四肢下部、眼、嘴周围和阴囊最易出现此症。生长鸡缺锌，表现严重皮炎，脚爪特别明显，骨可能发育异常。小牛缺锌，口鼻部、颈、耳、阴囊和后肢出现皮肤不完全角化损害，也可出现脱毛、关节僵硬和踝关节肿大。羔羊缺锌，眼和蹄上部出现皮肤不完全角化症，有角羊角环消失，踝关节肿大。幼畜特别是8～12周龄的幼猪最易发生。症状表现为皮肤发炎、结痂、脱毛，少数出现下痢。公畜精液品质下降，母畜受胎率降低。高钙或高铜的日粮会加剧缺锌症的发生。

家畜对高剂量锌的耐受力颇强，在其需要量和中毒剂量间有很宽的安全带。但牛、羊的耐受力较低，当进食900～1700mg/kg的锌就能抑制食欲，并发生啃木头等异嗜癖的现象。

(4) 来源与供应　植物性饲料都含有一定量的锌，其中青草、干草、糠麸、饼类等均含有较多的锌，谷实类中的玉米、高粱含锌量较低。根茎类缺锌。动物性饲料如鱼粉等含锌量甚多。补锌可用硫酸锌、碳酸锌、氧化锌等含锌化合物。

7. 锰

(1) 体内分布　地壳上锰的含量较多，约为含硒量的1万倍，但家畜体内的含量却不多。体内锰以骨骼含量为最高，其次是肝、肾、胰。肝脏是主要的贮备器官。羊毛、羽毛、鸡蛋的含量，均随饲料供应多少而升降。锰主要在小肠吸收，吸收率很低。在小肠锰与铁、钴争夺吸收的通道，高锰可妨碍血红蛋白的生成，钙与磷的超量均降低锰的吸收。

(2) 生理功能　锰是骨骼有机基质形成过程中所必需的多糖聚合酶和半乳糖转移酶的激活剂；锰是二羧甲戊酸激酶为催化胆固醇合成所必需的元素，与动物繁殖有关；锰与造血机能密切相关，并维持大脑的正常功能；锰是精氨酸酶和脯氨酸肽酶的成分，又是肠肽酶、羧化酶、ATP酶等的激活剂，参与蛋白质、碳水化合物、脂肪及核酸代谢。

(3) 缺乏与过量的危害　动物缺锰时，采食量下降，生长发育受阻，骨骼畸形，关节肿大，骨质疏松。生长鸡患“滑腱症”，腿骨粗短，胫骨与跖骨接头肿胀，后腿腱从踝状突滑出，鸡不能站立，难以觅食和饮水，严重时死亡。产蛋母鸡缺锰，种蛋孵化时，鸡胚软骨退化，死胎多，孵化率下降，蛋壳不坚固。母畜发情异常，不易受孕，妊娠母畜初期易流产或产弱胎、死胎、畸胎。若妊娠期缺锰，新生仔猪麻痹，死亡率高。缺锰会抑制机体抗体的产生。

动物对过量锰具有耐受力，禽耐受力最强，可高达2000mg/kg；牛、羊次之，耐受力可达1000mg/kg。猪对过量锰敏感，只能耐受400mg/kg，生产中锰中毒现象非常少见。锰过量会损伤动物胃肠道，生长受阻，贫血，并致使钙、磷利用率降低，导致“佝偻症”、“软骨症”。

(4) 来源与供应　植物性饲料中锰含量较多，尤其是糠麸类、青绿饲料中含锰丰富。生产中用硫酸锰、氧化锰等补饲。补饲蛋氨酸锰效果更好。

8. 其他微量元素

（1）氟　为家畜必需元素之一，95%的氟参与骨骼和牙齿的构成，具有抗酸、防腐、保护牙齿的功能；氟能增强骨强度，预防成年动物的“软骨症”。氟的吸收率高，可达80%以上，一般不易缺乏。动物在氟摄入量很低时，可通过增加肾脏的重吸收、提高骨对氟的亲和力和减少排泄来保证体内的需要。常用饲料均可满足动物需要，但要注意防止氟中毒，某些含钙、磷的矿物质饲料含氟量超标，应注意脱氟，以防氟中毒。小牛、奶牛、种羊、猪、肉鸡和蛋鸡对氟的耐受量分别为40mg/kg、50mg/kg、60mg/kg、150mg/kg、300mg/kg和400mg/kg。超过此量可产生中毒，表现为牙齿变色，齿形态发生变化，永久齿可能脱落；种蛋孵化率降低，软骨内骨生长减慢，骨膜肥厚，钙化程度降低，血氟含量明显增加。氟中毒有明显的地区性。

（2）钼　是机体内黄嘌呤氧化酶、亚硫酸盐氧化酶、硝酸盐还原酶及细菌脱氢酶的成分，参与蛋白质、含硫氨基酸和核酸的代谢。钼为反刍动物消化道微生物的生长因子。常用饲料中均含足量的钼，可满足动物需要。牛对钼过量最敏感，饲料干物质中含量超过6mg/kg时，牛出现钼中毒，表现为腹泻、消瘦、贫血、生长受阻、关节僵硬、母畜不孕、公畜不育。

（3）硅　硅是动物机体结缔组织和生骨细胞的成分，是骨骼发育所必需的物质，并能使皮肤、羽毛具有弹性。缺乏时表现骨骼、羽毛发育不良。硅大量存在于植物性饲料和土壤中，一般不易发生缺乏。硅与钼有拮抗作用。

（4）铬　体内分较广，浓度很低，集中分布不明显。动物随年龄增加，体内铬含量减少。铬吸收率很低，约为0.4%～3%。铬的营养生理作用是：与烟酸、甘氨酸、谷氨酸、胱氨酸形成葡萄糖耐受因子，通过它协助和增强胰岛素作用，影响糖类、脂肪、蛋白质和核酸代谢。铬参与调节脂肪和胆固醇代谢，维持血中胆固醇正常水平，防止动脉硬化，影响氨基酸合成蛋白质，促进核酸合成。此外，铬有助于动物体内代谢，抵抗应激影响。

实验性缺铬，动物对葡萄糖耐受力降低，血中循环胰岛素水平升高，生长受阻，繁殖性能下降，甚至表现出神经症状。

各种动物对铬的耐受力都较强。耐受氧化铬为3000mg/kg，氯化铬为1000mg/kg。超过此量发生中毒，铬中毒的主要表现是：接触性皮炎、鼻中隔溃疡或穿孔，甚至可能产生肺癌。急性中毒主要表现是胃发炎或充血，反刍动物瘤胃或皱胃产生溃疡。

啤酒酵母、谷物类、胡萝卜、豆类、肉类、肝、奶制品等都富含铬。据报道，添加有机铬，可促进动物生长，提高繁殖性能，改善胴体品质，增强机体免疫力和抗应激能力。

（5）砷　以氧化剂、还原剂影响物质代谢，参与蛋白质和脂肪代谢。砷有抑菌作用和改善动物营养吸收的作用，并可促进动物生长。砷作为添加剂要慎用，有效剂量为45～90mg/kg，要严防对环境的污染。过量砷对人、动物具有致突变、致癌、致畸作用，是最危险毒物之一。一般中毒量为1000～1500mg/kg。

（6）铅　毒性大，少量对动物有促进生长作用。实验动物缺铅导致生长减慢，红细胞比容、血红蛋白和平均红细胞压积减少，补铅可消除。体内铅干扰铁的正常代谢。钙可降低铅的毒性。

第七节　维生素与动物营养

一、维生素的分类与需要特点

维生素是维持动物正常生理功能所必需的低分子的有机化合物。它既不是动物体能量的来源，也不是构成动物体组织、器官的物质，但它是动物体新陈代谢的必需参与者。它作为生物活性物质，在代谢中起调节和控制作用。维生素的作用是特定的，不能被其他养分所替代，而且每种维生素又有各自特殊的作用，相互间也不能替代，一旦缺乏，就会表现出特异性缺乏症。维生素一般存在于天然食物或饲料中，含量很少，易受光、热、酸、碱、氧化剂等破坏。动物体内的含量极少，除个别维生素在动物体内可自行合成外，大多数都必须从饲料中摄取。动物体组织或产品中维生素含量，在一定程度上随着饲粮中含量的增加而增加。

1. 维生素的分类

通常根据维生素的溶解特性，将其分为脂溶性维生素和水溶性维生素两大类。脂溶性维生素包括维生素A、维生素D、维生素E、维生素K等四种。水溶性维生素包括维生素B族和维生素C。

（1）脂溶性维生素的特点　它们的分子中仅含有碳、氢、氧三种元素，不溶于水，而溶于有机溶剂；它们的存在与吸收和脂肪有关；脂溶性维生素可以贮存在动物机体的脂肪组织中，其贮存量随着吸收量的增加而增加；一旦缺乏，有特异的缺乏症，但短期缺乏不易表现出临床症状；未被吸收的脂溶性维生素通常由胆汁分泌而随粪便排出体外，但排泄较慢，所以长期过量食入，易导致中毒；维生素K可在肠道内经微生物合成；动物皮肤中的7-脱氢胆固醇可经紫外线照射转变为维生素D_3。

（2）水溶性维生素的特点　它们的分子中含有碳、氢、氧、氮、硫、钴等元素；易溶于水，并可随水分很快地由肠道吸收；体内不贮存，未被利用的部分主要由尿液快速排出体外，所以短期缺乏易出现缺乏症，而长期过量食入也不易中毒；多数情况下，缺乏症无特异性，主要表现为采食量降低，生长和生产受阻等共同缺乏症状。成年反刍动物经瘤胃微生物可合成大量的维生素B族，所以不需要由日粮提供；动物体内可合成维生素C。

2. 维生素的需要特点

现代养殖业中，添加维生素不单纯是为了预防或治疗某种维生素缺乏症，而是作为饲料中的必需营养成分，保证动物的健康，促进动物生长和繁殖，增强动物抗病力或抗应激能力，提高动物产品的产量和质量，增加养殖业的经济效益。

动物对维生素的需要量在很大程度上取决于其种类、年龄、生理时期、健康与营养状况及生产水平等。饲料中含有某种维生素拮抗物时，其需要量也增加。各种应激因素均可增加维生素的需要量，尤其是维生素C。集约化饲养致使动物对维生素的需要量增加。例如，集约化生产使家禽生产性能不断提高，由于新陈代谢的加剧，肉鸡生产中常发生代谢异常疾病，如猝死综合征、腹水症、脂肪肝和腿病等，对此，目前仍没有很好的解决办法，但通过添加高水平维生素而具有一定的预防代谢疾病的作用。实践证明，快速生长的肉鸡的腿病，通过在日粮中加入高水平的生物素、叶酸、烟酸和胆碱，可部分得到纠正。

二、脂溶性维生素的营养

1. 维生素A

又称抗干眼病维生素。

（1）理化特性　纯净的维生素A为黄色片状结晶体，是不饱和的一元醇。它有视黄醇、视黄醛和视黄酸三种衍生物，每种都有顺、反两种构型，其中以反式视黄醇效价最高。

维生素A只存在于动物性饲料中，植物性饲料中含有维生素A原——胡萝卜素。胡萝卜素有多种类似物，它们在动物体内可转化为维生素A，其中以β-胡萝卜素活性最强。在动物肠壁中，1分子β-胡萝卜素经酶作用可生成2分子视黄醇。各种动物转化β-胡萝卜素为维生素A的能力也不同，猫和貂缺乏这种能力，家禽、鼠的转化能力为100%，狗为50%，猪、牛、羊、马和人只有30%左右。玉米黄素和叶黄素无维生素A活性，但可用作蛋黄、肉鸡皮肤及脚胫的着色。

维生素A和胡萝卜素在阳光照射下或空气中加热蒸煮时，或与微量元素及酸败脂肪接触时，极易被氧化破坏失去生理作用。

（2）营养功能与缺乏症　维生素A是构成视觉细胞内感光物质——视紫红质的成分。缺乏时，在弱光下，视力减退或完全丧失，患“夜盲症”；维生素A与黏液分泌上皮的黏多糖合成有关。缺乏时，上皮组织干燥和过度角质化，易受细菌侵袭而感染多种疾病。泪腺上皮组织角质化，发生“干眼症”，严重时角膜、结膜化脓溃疡，甚至失明（见图1-12、图1-13）。呼吸道或消化道上皮组织角质化，生长动物易引起肺炎或下痢。泌尿系统上皮组织角质化，易产生肾结石和尿道结石；维生素A促进幼龄动物的生长。维生素A能调节碳水化合物、脂肪、蛋白质和矿物质的代谢，缺乏时，影响蛋白质合成及骨组织的发育，造成幼龄动物精神不振，食欲减退，生长发育受阻；长期缺乏时肌肉脏器萎缩，严重时死亡。维生素A参与性激素的形成，缺乏时，繁殖力下降，种公畜性欲差，睾丸及附睾退化，精液品质下降，严重时出现睾丸硬化；母畜发情不正常，不易受孕；妊娠母畜流产、难产，产生弱胎、畸形胎、死胎或瞎眼仔畜（见图1-14）。维生素A与成骨细胞活性有关，维持骨骼的正常发育，缺乏时，破坏软骨骨化过程，骨骼造型不全，骨弱且过分增厚，压迫中枢神经，出现运动失调以及痉挛、麻痹等神经症状。维生素A具有抗癌作用，对某些癌症有一定的治疗作用；维生素A可增强机体免疫力和抗感染能力。维生素A对传染病的抗感染能力是通过保持细胞膜的强度，而使病毒不能穿透细胞，因此而避免了病毒进入细胞利用细胞的繁殖机制来复制自己。

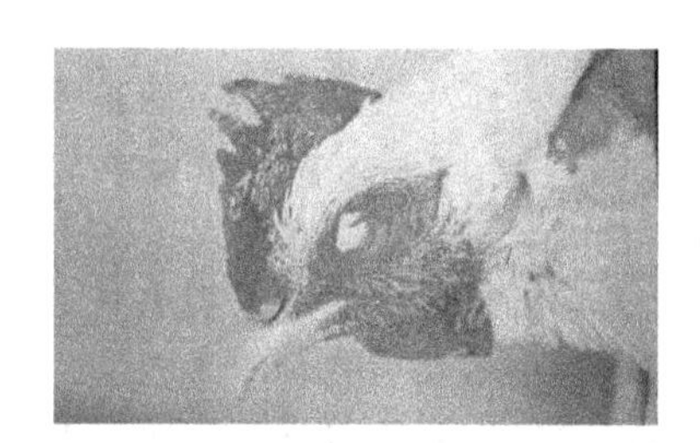

图1-12　干眼症

图1-13　犊牛眼瞎

（3）过量的危害　长期或突然摄入过量，可引起动物中毒。单胃动物和鱼类中毒剂量是需要量的4～10倍，反刍动物为需要量的30倍。中毒表现为精神抑郁，采食量下降或拒食，被毛粗糙，触觉敏感，粪尿带血，发抖，最终死亡。据报道，人一次服用（50～100）×10^4IU的维生素A可致死。

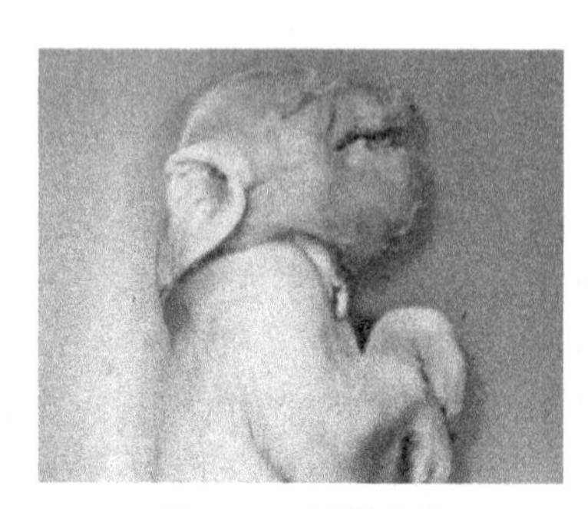

图1-14　仔猪畸形

（4）来源与供应　动物性饲料如鱼肝油、肝、乳、蛋黄、鱼粉中均含有丰富的维生素A。豆科牧草、青绿饲料和胡萝卜中胡萝卜素最多，幼嫩的比粗老的多。叶子的绿色程度是胡萝卜素含量多少的一种标志。红、黄心甘薯以及黄玉米中含量较多。优质干草和青贮饲料是胡萝卜素的良好来源。

动物对维生素A的需要和饲粮中维生素A的添加量受多种因素影响，如动物的品种、生理状况、胡萝卜素的转化效率、体内胆汁的适量与否、微量元素以及不饱和脂肪酸的氧化破坏、疾病和寄生虫的干扰、环境卫生及温湿条件以及饲粮中的脂肪、蛋白质和抗氧化剂等的含量都可影响动物对维生素 A 的需要。集约化的饲养方式、饲料的颗粒化及其贮存时间的延长都将增加维生素 A 的添加量。

2. 维生素 D

又称抗佝偻症维生素。

(1) 理化特性　纯维生素 D 为无色晶体，性质稳定，耐热，不易被酸、碱、氧化剂所破坏。但紫外线过度照射、酸败的脂肪及碳酸钙等无机盐均可破坏维生素 D。

(2) 营养功能及缺乏症　维生素 D 被吸收后并无活性，它必须首先在肝脏、肾脏中经羟化，如维生素 D_3 转变为 1,25-二羟维生素 D_3 具有增强小肠酸性、调节钙磷比例、促进钙磷吸收的作用，并可直接作用于成骨细胞，促进钙磷在骨骼和牙齿中的沉积，有利于骨骼钙化。1,25-二羟维生素 D_3 还可刺激单核细胞增殖，使其获得吞噬活性，成为成熟巨噬细胞。维生素 D 影响巨噬细胞的免疫功能。

缺乏维生素 D，导致钙磷代谢失调，幼年动物患“佝偻症”，成年动物患“软骨症”。家禽除骨骼变化外，喙变软，蛋壳薄而脆或产软蛋，产蛋量及孵化率下降。

(3) 过量的危害　鸡每千克饲粮中含 40×10^4IU 维生素 D，猪每天每头摄入 2.5×10^4IU 维生素 D 并持续 30 天，会使早期骨骼钙化加速，后期钙从骨组织中转移出来，造成骨质疏松，血钙过高，致使动物管壁、心脏、肾小管等软组织钙化。当肾肝严重损伤时，常死于尿毒症。短期饲喂，多数动物可耐受 100 倍的剂量。维生素 D_3 毒性比维生素 D_2 大 10～20 倍，由于中毒剂量很大，故生产中少见。

(4) 来源与供应　动物性饲料如鱼肝油、肝粉、血粉、酵母粉中都含有丰富的维生素 D。优质干草含有较多的维生素 D_2。加强日光浴，可促使动物被毛、皮肤、血液、神经及脂肪组织中的 7-脱氢胆固醇转化为维生素 D_3。对禽类而言，维生素 D_3 比维生素 D_2 生物学效价高 20～30 倍。因此，禽类更应强调日光照射。如果是密闭的鸡舍，可安装波长为 290～320nm 的紫外线灯，进行适当照射。病畜也可注射骨化醇。

3. 维生素 E

又称抗不育维生素。

(1) 理化特性　具有维生素 E 活性的酚类化合物有 8 种，其中以 α-生育酚效价最高。维生素 E 为黄色油状物，不易被酸、碱及热所破坏，但却极易被氧化。它可在脂肪等组织中贮存。

(2) 营养功能及缺乏症　维生素 E 是一种天然的抗氧化剂，可阻止过氧化物生成，保护维生素 A 和必需脂肪酸等，尤其是保护细胞膜免遭氧化破坏，从而维持细胞膜结构的完整和改善膜的通透性。维生素 E 可促进性腺发育，调节性机能，缺乏时，精子生成受阻，母畜性周期失常，不受孕；妊娠母畜分娩时产程过长，产后无奶或胎儿发育不良，胎儿早期被吸收或死胎；母鸡的产蛋率和孵化率均降低，公鸡睾丸萎缩。母猪妊娠期间补饲维生素 E 和硒，可提高产活仔猪数以及仔猪的初生重、断乳重及育成率；公猪补饲维生素 E，射精量和精子密度显著提高。维生素 E 能够保证肌肉的正常生长发育，缺乏时，肌肉中能量代谢受阻，肌肉营养不良，致使各种幼龄动物患“白肌病”，仔猪常因肝坏死而突然死亡（见图 1-15）；维生素 E 具有维持毛细血管结构的完整和中枢神经系统的机能健全的作用，缺乏时，雏鸡毛细血管通透性增强，致使大量渗出液在皮下积蓄，患“渗出性素质病”；肉鸡饲喂高能量饲料又缺少维生素 E 时，患“脑软化症”，表现为小脑出血或水肿，运动失调，伏地不起甚至麻痹，死亡率高（见图 1-16）。维生素 E 参与机体物质代谢，是细胞色素还原酶的辅助因子，参与机体内生物氧化，还参与维生素 C 和维生素 B_3 的合成，以及参与 DNA 合成

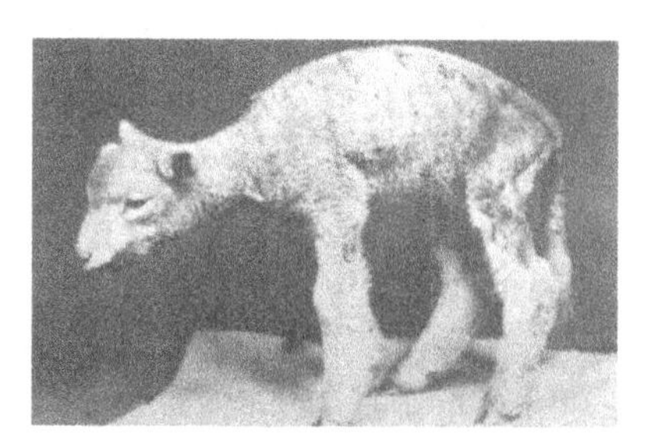

图 1-15　羔羊缺乏维生素 E 肌肉发育不良

图 1-16　维生素 E 缺乏雏鸡患脑软化症

的调节及含硫氨基酸和维生素 B_{12} 的代谢等。

（3）来源与供应　谷实类的胚果中维生素 E 含量丰富，青绿饲料、优质干草中较多，但谷实类在一般条件下贮存 6 个月后，维生素 E 可损失 30%～50%。维生素 E 添加剂已在生产中广泛应用。

4. 维生素 K

又称抗出血性维生素。

（1）理化特性　维生素 K 是一种类萘醌衍生物。其中最重要的是维生素 K_1、维生素 K_2 和维生素 K_3。前二者是天然产物，维生素 K_1 为黄色油状物，维生素 K_2 为黄色晶体；维生素 K_3 是人工合成的产品，大部分溶于水，效力高于维生素 K_2。维生素 K 耐热，但易被光、辐射、碱和强酸所破坏。

（2）营养功能及缺乏症　维生素 K 主要参与凝血活动。它可催化肝脏中凝血酶原和凝血活素的合成。凝血酶原能通过凝血活素的作用转变为具有活性的凝血酶，而将血液中可溶性纤维蛋白转变为不可溶性的纤维蛋白，致使血液凝固。维生素 K 与钙结合蛋白的形成有关，并参与蛋白质和多肽的代谢。维生素 K 还具有利尿、强化肝脏解毒功能及降低血压等作用。缺乏时，凝血时间延长，主要发生在禽类。雏鸡缺乏时皮下和肌肉间隙呈现出血现象，断喙或受伤时流血不止，并可在躯体任何部位发生出血，有的在颈、胸、腿、翅膀及腹膜等部位出现小血斑。母鸡缺少维生素 K，所产的蛋蛋壳有血斑，孵化时，鸡胚也常因出血而死亡。猪缺乏时，皮下出血，内耳血肿，尿血，呼吸异常。初生仔猪脐孔出血，或仔猪去势后出血，甚至流血不止而致死。有的关节肿大，充满瘀血造成跛行。

（3）来源与供应　维生素 K 遍布于植物性饲料中，尤其是青绿饲料中含量丰富。生产实践中常采取补饲维生素 K_3 的办法。高水平的维生素 K 对患球虫病的鸡有益处。

三、水溶性维生素的营养

1. 维生素 B 族

（1）共同特点　都是水溶性维生素；几乎都含有氮元素；都是作为细胞酶的辅酶或辅基的成分，参与碳水化合物、脂肪和蛋白质三种有机物的代谢过程；除维生素 B_{12} 外，很少或几乎不能在动物体内贮存。短期缺乏或不足会降低一些酶的活性，阻碍相应的代谢过程，影响动物的健康及生产力，必须经常供给。幼龄反刍动物因瘤胃发育不健全，合成能力差，猪和禽则因在大肠合成后大部分由粪便排出，因此，都必须由饲料来供给；饲料来源基本一致，除了维生素 B_{12} 只含在动物性饲料中外，其他 B 族维生素广泛存在于各种酵母、良好干草、青绿饲料、青贮饲料、籽实种皮和胚芽中。

（2）主要 B 族维生素概况　见表 1-2。

表 1-2 B族维生素概况表

维生素名称	理化特性	主要营养生理功能	主要缺乏症	易受影响的动物
维生素 B_1	在干热条件下及酸性溶液中颇为稳定，在碱性溶液中易被氧化	以羧化辅酶的成分参与丙酮酸的氧化脱羧反应；维持神经组织和心脏正常功能；维持胃肠正常消化机能；为神经介质和细胞膜组分，影响神经系统能量代谢和脂肪酸合成	心脏和神经组织机能紊乱，心肌坏死，雏鸡患“多发性神经炎”，头部仰，神经变性和麻痹；猪运动失调，胃肠功能紊乱，厌食呕吐，浮肿，生长缓慢，体重下降，仔猪体弱，畸胎增加	猪、鸡与幼年反刍动物及成年反刍动物出现应激或高产时均需补充
维生素 B_2	对光和碱均不稳定，极易溶于碱性溶液，对酸相当稳定	以辅基形式与特定酶结合形成多种黄素蛋白酶，参与蛋白质、脂类、碳水化合物及生物氧化；与色氨酸、铁的代谢及维生素C合成有关；与视觉有关；强化肝脏功能，为生长和组织修复所必需	幼畜食欲减退，生长停滞，被毛粗乱，眼角分泌物增多，伴有腹泻；猪患皮炎、白内障，妊娠母猪早产或畸胎；雏鸡患卷爪麻痹症，母鸡产蛋率、孵化率下降，鸡胚死亡率增高	猪、鸡、幼年反刍动物，尤其笼养鸡、种鸡
维生素 B_3	对氧化还原剂稳定，干热酸碱中加热被破坏	是辅酶A的成分，参与三大营养物质代谢，促进脂肪代谢和抗体合成，是生长动物所必需	猪生长缓慢，胃肠紊乱，腹泻和便血，运动失调。呈现“鹅行步”。雏鸡分泌物增多。母鸡产蛋率下降，鸡胚死亡	猪、禽与幼龄反刍动物
维生素 B_5	稳定，遇酸、碱、热及氧化剂均不易被破坏	以辅酶Ⅰ、Ⅱ的形式参与三大营养物质代谢；参与视紫红质的合成；维持皮肤的正常功能和消化腺分泌；参与蛋白质和DNA合成	猪患“癞皮病”，鸡患口腔炎、皮炎，羽毛蓬乱，生长缓慢。下痢，骨骼异常；母鸡产蛋率和孵化率下降	猪、鸡、幼龄反刍动物
维生素 B_6	酸性溶液中稳定，碱性溶液中极易破坏，怕光	以转氨酶和脱羧酶等多种酶系统的辅酶形式参与氨基酸、蛋白质、脂肪和碳水化合物代谢；参与抗体合成；促进血红蛋白中原卟啉的合成	皮炎，脱毛，心肌变性，贫血，动物失调，肝脏脂肪浸润，腹泻，被毛粗糙，阵发性抽搐或痉挛，昏迷，种蛋孵化率下降	高能高蛋白的日粮喂生长动物时，需要量增加；应激状态需补充
维生素 B_7	耐酸、碱和热，氧化剂可破坏之	以各种羧化酶的辅酶形式参与三大有机物代谢	贫血，生长缓慢，皮炎，痉挛，蹄开裂，皮肤干燥，鳞片和以棕色渗出物为特征的皮炎	猪应激时需补充
维生素 B_{11}	对空气和热稳定，能被可见光和紫外线辐射分解，在酸性溶液中加热易分解，室温保存易损失	以辅酶形式通过一碳基团的转移，参与蛋白质和核酸的合成及某些氨基酸的代谢，促进红细胞、白细胞的形成与成熟	贫血，生长缓慢，下痢，被毛粗乱，繁殖机能和免疫机能下降，猪患皮炎，脱毛，消化、呼吸及泌尿器官黏膜损伤，鸡羽毛脱色，孵化率降低，死胚骨骼畸形	一般可满足需要，猪应激时需补充
维生素 B_{12}	遇强酸、强碱、氧化剂及日光照射均可破坏	是几种酶系统中的辅酶，参与核酸、胆碱、蛋白质的合成与代谢；促进红细胞的形成与发育；维持肝脏和神经系统的正常功能	食欲下降，营养不良，贫血，神经系统损伤，皮炎，抵抗力下降，繁殖机能降低，雏鸡羽毛不丰满，肾损伤，出壳雏鸡骨骼异常，胚胎最后1周死亡	猪、禽与幼龄反刍动物

（3）B族维生素间的相互关系　各种B族维生素的作用，既有共同之处，也有各自的特点，但大多数的作用并不是单独孤立地进行，往往是几种B族维生素共同作用于一种或几种生理活动。生产实践中，通过观察动物的表现，联系每种维生素特有的作用，并结合饲粮中含量情况进行综合分析，从而确认究竟是缺少哪一种或哪几种维生素，以便有针对性地补饲。

一般而言，与生产性能关系密切的维生素有：维生素A、维生素D、维生素E、维生素B_1、维生素B_2、维生素B_{12}、维生素B_6、维生素C、维生素B_3、维生素B_{11}、维生素B_5、维生素B_7；

与抗应激有关的维生素有：维生素B_1、维生素E、维生素C、维生素A；

与繁殖有关的有：维生素A、维生素D、维生素E、维生素B_7、维生素B_2、维生素B_3、维生素B_6、维生素B_5、维生素B_{12}、维生素B_{11}；

与抗病力有关的有：维生素A、维生素E、维生素K、维生素C、维生素B_{11}；

与骨骼发育有关的有：维生素A、维生素D、维生素B_{12}、维生素C、维生素B_5、维生素B_7；

与蛋壳色泽有关的有：维生素K、维生素B_{11}、胆碱；

与蛋壳强度有关的有：维生素D、维生素C、维生素A；

与羽毛发育有关的有：维生素A、维生素D、维生素B_2、维生素B_5、维生素B_6、维生素B_3、维生素B_7；

与皮肤发育有关的有：维生素E、维生素B_2、维生素B_{12}、维生素B_5、维生素B_3、维生素B_7；

与消化道疾病有关的有：维生素A、维生素E、维生素B_1、维生素B_2、维生素B_6、维生素B_{11}、维生素B_3、维生素B_5。

（4）胆碱

① 化特性　胆碱是类脂肪的成分。分子中除含有3个稳定的甲基外，还有羟基，具有明显的碱性。胆碱对热稳定，但在强酸条件下不稳定，吸湿性强，胆碱可在肝脏中合成。

② 营养功能及缺乏症　胆碱是细胞的组成成分，它是细胞卵磷脂、神经磷脂和某些原生质的成分，同样也是软骨组织磷脂的成分。因此，它是构成和维持细胞的结构，保证软骨基质成熟必不可少的物质，并能防止骨粗短病的发生。胆碱参与肝脏脂肪代谢，可促进肝脏脂肪以卵磷脂形式输送或者提高脂肪酸本身在肝脏内的氧化利用，防止脂肪肝的产生；胆碱是甲基的供体并参与甲基转移；胆碱还是乙酰胆碱的成分，参与神经冲动的传导。

动物缺乏胆碱时，食欲丧失，精神不振，生长缓慢，贫血，无力，关节肿胀，运动失调，消化不良等。脂肪代谢障碍，易发生肝脏脂肪浸润而形成脂肪肝。鸡比较典型的症状是“骨粗短病”和“滑腱症”。母鸡产蛋量减少，甚至停产，蛋的孵化率下降。猪后腿叉开站立，行动不协调。

过量进食胆碱的症状是：流涎、颤抖、痉挛、发绀、惊厥和呼吸麻痹，增重与饲料转化率均降低。NRC认为，成年鸡按需要量的1倍添加胆碱是安全的。猪对胆碱耐受力较强。

③ 来源与供应　以绿色植物、豆饼、花生饼、谷实类、酵母、鱼粉、肉粉、蛋黄中最丰富。日粮中缺少动物性饲料或缺少叶酸、维生素B_{12}、锰或烟酸过多时，常导致胆碱的缺乏。饲喂低蛋白高能量饲粮时，常用氯化胆碱进行补饲，补充胆碱同时应适当补充含硫氨基酸和锰。饲喂玉米-豆饼型日粮的母猪补饲胆碱，可提高产活仔数。

2. 维生素C

又称抗坏血病维生素。

(1) 理化特性　维生素C是己糖衍生物。它有L型和D型两种异构体，仅L型对动物具有生理功效。维生素C是白色或微黄色粉状结晶，有酸味，除能溶于水外，微溶于丙酮或乙醇。在弱酸中稳定，遇碱或遇碱加热、遇光或金属离子或荧光物质都能促进其氧化分解，失去生物活性。动物均能在肝、肾脏、肾上腺及肠中利用单糖合成。

(2) 营养功能及缺乏症　维生素C参与细胞间质合成；在机体生物氧化过程中，起传递氧和电子的作用；在体内具有杀菌、灭毒、解毒、抗氧化作用，可缓解铅、砷、苯及某些细菌毒素的毒性，阻止体内致癌物质亚硝胺的形成，预防癌症及保护其他易氧化物质免遭氧化破坏；能使三价铁还原为二价铁，促进铁的吸收；可促进叶酸变为具有活性的四氢叶酸，并刺激肾上腺皮质激素等多种激素的合成；还能促进抗体的形成和白细胞的噬菌能力，增强机体免疫力和抗应激能力。

缺乏时，毛细血管的细胞间质减少，通透性增强，引起皮下、肌肉、肠道黏膜出血。骨质疏松易折，牙龈出血，牙齿松脱，创口溃疡不易愈合，患“坏血症”；动物食欲下降，生长缓慢，体重减轻，活动力丧失，皮下及关节弥漫性出血，阻止体内关节弥漫性出血，被毛无光，贫血，抵抗力和抗应激力下降；母鸡产蛋量减少，蛋壳质量降低。

(3) 来源与供应　青绿饲料、块根、鲜果中均丰富。动物体内又能自行合成，故一般不用补饲。但在高温、寒冷、运输等应激状态下，合成维生素C的能力下降，而消耗量增加，必须额外补充。日粮中能量、蛋白质、维生素E、硒、铁等不足时，也会增加对维生素C的需要量。维生素C可提高蛋鸡产蛋量、蛋壳质量及肉鸡增重，可使雏鸡生长均匀并提高成活率，还可增加公鸡精子活力，提高其授精力并防治疾病。猪日粮中适量添加，可提高幼畜成活率及生产性能，并明显提高公猪的精液品质。

第八节　水与动物营养

水对动物来说极为重要，动物体内含水量在50%～80%之间。动物绝食期间，几乎消耗体内全部脂肪、半数蛋白质或失去40%的体重时，仍能生存。但是，动物体水分丧失10%就会引起代谢紊乱，失水20%时死亡。

尽管水是一种重要的营养物质，但近年来有关禽畜的水营养方面的研究报道很少。将来，需要对禽畜的水营养进行更多的研究。这主要是因为在当今世界某些地区缺水现象正在增加，另一些地区则由于水的过度使用导致污水处理困难等问题。特别是现在禽畜养殖的规模化、大型化、一体化的推进，畜牧业给环境尤其是水带来的压力，需要我们更加关注水的营养及水质对禽畜的生产水平带来的影响。

一、水的营养生理功能与缺水的后果

1. 水的营养生理功能

(1) 水是动物体内重要的溶剂　各种营养物质的消化吸收、运输与利用及其代谢废物的排出均需溶解在水中方可进行。

(2) 水是各种生化反应的媒介　动物体内的所有生化反应都是在水中进行的，水也是多种生化反应的参与者，它参与动物体内的水解反应、氧化还原反应以及有机物质的合成等。

(3) 水参与体温调节　在体温调节方面，水发挥着重要作用，高比热容的水为机体驱

散代谢过程产生的多余的热量，并有助于深部组织热量的散失，有利于恒温动物体温的调节。如动物机体连续活动 20min 无水散热，其温度可使蛋白质凝固。无汗腺的动物，当环境温度较高或体内产生的热太多时，主要通过肺呼出水汽散热。另外水的蒸发对有汗腺的动物更为重要。水能吸收动物体内产生的热能，并迅速传递热能和蒸发散失热能。动物可通过排汗、呼气，蒸发体内水分，排出多余体热，以维持体温的恒定。猪脂肪层厚，汗腺不发达，但它可通过人为冲凉或在水中打滚，借助沾在体表水分的蒸发来散失多余的体热。

（4）水起润滑作用　如泪液可防止眼球干燥，唾液可湿润饲料和咽部，便于吞咽，关节囊液润滑关节，使之活动自如并减少活动时的摩擦。

（5）水是机体细胞的一种主要结构成分　水通过细胞充盈使机体维持一定的形态。动物体内的水大部分与亲水胶体相结合，成为结合水，直接参与活细胞和组织器官的构成，从而使各种组织器官有一定的形态、硬度及弹性，以利于完成各自的生理机能和免疫机能。

刚出壳的雏鸡体内水分含量高达 75%，随着年龄的增长虽然逐渐减少但到成年时含水量仍然高达 55%。禽畜在胎儿期含水量高达 90%以上，幼畜达 80%左右，成年动物 50%～60%。水是动物体内含量最多的组成成分。

（6）水是一种矿物源　水通常被看作是一种营养源，营养物质溶解在水中，经过计算表明，动物可从水中获得所需钠 20%～40%、镁 6%～9%、硫 20%～45%。因此矿物源缺乏的地区，就不能忽视水所提供的矿质元素。

（7）水在疾病防治中的作用　通常使用疫苗和药物进行防治是减小生产损失、保持家禽良好体况的关键。人们把药物加入水中让家禽饮水，这样做既快又容易，并且可以保证每只家禽都可以获得均匀的药量。病鸡会停止采食，但不会停止饮水。

（8）水有利于饲料转化率的提高　在华盛顿应用一种新系统为家禽提供一种含氧水，可使肉鸡的代谢率增加，饲料转化率增加 32%，饲料成本降低 12%。结果证明，在短期内对肉鸡进行育肥是可行的。

2. 缺水的后果

动物失水是连续的，饮水则是间断的。为维持正常生理功能，动物不得不通过饮水来弥补。适度地限制饮水，会明显影响采食量和生产成绩，粪、尿水分也显著下降，甚至造成动物脱水，体重下降，肾脏对氮和电解质排泄量增加，脉搏加快，血液浓稠，最后衰竭而死。据研究，家禽出雏后 24h 消耗体内水分 8%，48h 消耗 15%，因此初生雏及时饮水非常重要。缺水时，雏鸡体重减轻，脚爪干瘪，抽搐，羽毛无光泽，眼睛下陷；缺水过多时，雏鸡会因缺水而死亡。缺水 12h 以上对青年鸡的生长和产蛋鸡的产蛋有不良影响。缺水 24h，蛋鸡产蛋率下降 30%，蛋变小、变形，甚至产软壳蛋。恢复供水后，经 25～30 天后才能恢复正常。缺水 36h 以上时，家禽的死亡率明显增加。缺水 36～40h 后恢复供水可能会引起“醉酒综合征”（又名水中毒），并引起死亡。

总之，动物短期缺水，生产力下降，幼年动物生长受阻，肥育家畜增重缓慢，泌乳母畜产奶量急剧下降，母鸡产蛋量迅速减少，蛋重减轻，蛋壳变薄。动物长期缺水，会损害健康。动物体内水分减少 1%～2%时，开始有口渴感，食欲减退，尿量减少，水分减少 8%时，出现严重口渴感，食欲丧失，消化机能减弱，并因黏膜干燥降低了对疾病的抵抗力和机体免疫力。严重缺水会危及动物的生命。长期水饥饿的动物，各组织器官缺水，血液浓稠，营养物质的代谢发生障碍，但组织中的脂肪和蛋白质分解加强，体温升高，常因组织内积蓄有毒的代谢产物而死亡。实际上，动物得不到水比得不到饲料更难维持生命，尤其是高温季节。因此，必须保证供水。

二、动物体内水的来源与排泄

1. 水的来源

动物体内的水有三个来源，即饮水、饲料水和代谢水。饮水是动物水的主要来源。作为饮水，要求水质良好，无污染，符合饮水水质标准和卫生要求，总可溶固形物浓度是检查水质的重要指标。

各种饲料中均含有水，但因种类不同，含水量差异很大，变动范围在5%～95%。如青绿多汁饲料含水量较高，可达75%～85%，而干粗饲料含水量较低，为5%～12%。

代谢水是三种有机物在体内氧化分解和合成过程中所产生的水。氧化每克碳水化合物、脂肪、蛋白质，分别产生0.6mL、1.07mL和0.41mL的水（见表1-3）。每1个分子葡萄糖参与糖原合成产生1个分子水。甘油和脂肪酸合成1个分子脂肪时，可产生3个分子水。n个分子氨基酸合成蛋白质时，产生$n-1$个分子水。代谢水只能满足动物需水量的5%～10%，代谢水对于冬眠动物和沙漠里的小啮齿动物的水平衡十分重要，它们有的永远靠采食干燥饲料为生而不饮水，冬眠过程中不摄食、不饮水仍能生存。

表1-3 三大有机养分的代谢水

养　　分	氧化后代谢水/mL	每100g含热量/kJ	代谢水/(g/kJ)
100g淀粉	62	1673.6	0.036
100g蛋白质	42	1673.6	0.025
100g脂肪	100	3765.6	0.027

注：引自许振英，1987。

动物种类不同，代谢水的重要性不同。有汗腺的动物和蛋白质代谢尾产物主要以尿素形式排泄的动物，随着三大营养物质的摄入和代谢，产热量增加，水的需要量更大，体内营养素产生的代谢水明显不能满足失水的需要。经计算，干燥环境中，这些动物代谢产生的水仅能满足7%左右的失水量。猪、牛、羊等动物采食蛋白质越多需水量越大，否则可能因尿素在体内积蓄而引起中毒。蛋白质代谢尾产物主要以尿酸或胺形式排泄的动物，排泄这类产物需要的水很少，甚至代谢水已经满足需要。

2. 水的排泄

动物不断地从饮水、饲料和代谢过程中获取水分，并须经常排出体外，以维持体内水分平衡。其排泄途径有以下几种。

（1）通过粪便与尿排泄　一般动物随尿排出的水占总排水量的50%。动物的排尿量因饮水量、饲料性质、动物活动量以及环境温度等多种因素的不同而异。动物以粪便形式排出的水量，因动物种类不同而异，牛、马等动物排粪量大，粪中含水量又高，故排水量也多。绵羊、狗、猫等动物则粪便较干，由粪便排出的水较少。

（2）通过皮肤和肺脏蒸发　由皮肤表面失水的方式有两种。一是由血管和皮肤的体液中简单地扩散到皮肤表面而蒸发，二是通过排汗失水，皮肤出汗和散发体热与调节体温密切相关。汗腺发达的动物，由汗排出大量的水分，如马的汗液中含水量约为94%，排汗量随气温上升及肌肉活动量的增强而增加。汗腺不发达的动物，则体内水的蒸发多以水蒸气的形式经肺脏呼气排出。经肺呼出的水量，随环境温度的提高和动物活动量的增加而增加，无汗腺的母鸡，通过皮肤的扩散作用失水和肺呼出水蒸气的排水量占排水量的17%～35%。

（3）经动物产品排泄　泌乳动物泌乳也是排水的重要途径。牛乳平均含水量高达87%，每产1kg牛奶可排出0.87kg水，产蛋家禽每产1枚60g重的蛋可排出42g以上的水。

动物摄入的水与排出的水保持一定的动态平衡。动物对水的摄入是靠渴觉调节。渴觉主要是由于动物失水而引起细胞外液渗透压的升高，刺激下丘脑前区的渗透压感受区而产生，进而增加饮水。动物体内水足够，渗透压正常时，动物没有渴感而不饮水。此外，也可以由传入神经直接传入中枢而引起渴感。动物对水的排出，主要靠肾脏通过排尿量调节。肾脏排尿量又受脑垂体后叶分泌的抗利尿素控制，动物失水过多，血浆渗透压上升，刺激下丘脑渗透压感受器，反射性增强加压素的分泌。加压素促使水分在肾小管与收集管内的重吸收，使尿液浓缩，尿量减少，从而减少水由尿损失。相反，动物大量饮水后，血浆渗透压下降，加压素分泌减少，水分重吸收减弱，尿量增加。肾上腺皮质分泌的醛固酮激素在促进肾小管对Na^+重吸收的同时，也增加对水的重吸收。动物体内水的调节是一个综合生理过程，由调节水代谢的上述机制，共同维持体内的水量，使其保持正常水平。

三、动物需水量及影响因素

1. 动物需水量

在正常情况下，动物的需水量与采食的干物质量呈一定比例关系。一般采食每千克干物质需饮水2～5kg。对于保水能力差和喜欢在潮湿环境生活的动物需水量要多一些。例如，牛通常采食干物质与饮水之比为1∶4，羊接近于1∶(2.5～3)，初生动物单位体重需水量要比成年动物要高。活动会增加饮水量，紧张的动物又比安静的动物需要更多的水。动物生理状况不同需水量不同。高产奶牛、高产母鸡、重役马需水量比同类的低产动物多。如日泌乳10kg的奶牛，日需水量45～50kg；日泌乳40kg的高产奶牛，日需水量高达100～110kg。在适宜环境中，猪每摄入1kg干物质，需饮水2～2.5kg，马和鸡则为2～3kg，牛为3～5kg，犊牛则为6～8kg。妊娠也增加对水的需要，产多羔母羊比产单羔母羊多。在适宜环境中畜禽以干物质采食量来计算，畜禽预期需水量则不同（见表1-4）。

表1-4 适宜环境下畜禽对水的需要量 单位：L/d

动物	需水量	动物	需水量
肉牛	22～66	猪	11～19
奶牛	38～110	家禽	0.2～0.4
绵羊和山羊	4～15	火鸡	0.4～0.6
马	30～40		

2. 影响动物需水量的因素

（1）动物种类　不同种类的动物，其生理和营养物质特别是蛋白质终产物不同，机体水分流失和对水的需要量也明显不同。哺乳动物，粪、尿或汗液中流失的水比鸟类多，需水量相对较多。猪、牛、马等哺乳动物，蛋白质代谢终产物主要为尿素，这些物质大量存留在体内对动物有一定的毒害作用，需要大量水稀释，并使其适时排出体外。牛羊等反刍动物需要大量水分维持瘤胃微生物的正常代谢，这类动物需水量相对较大，且牛羊比猪需要更大。禽类体蛋白质代谢终产物主要是尿酸，经尿中排出的水较少，因此，禽类需水量相对较少。

（2）年龄　幼龄动物比成年动物需水量大。因为前者体内含水量大于后者，前者又处于生长发育时期，代谢旺盛，需水量多。幼年动物每千克体重的需水量约比成年动物高1倍以上，有试验表明，设法增加仔猪，特别是断奶仔猪饮水量，可提高成活率和日增重。

（3）生理状态　妊娠肉牛需水量比空怀肉牛高50%，泌乳期奶牛，每天需水量为体重的 1/7～1/6，而干奶期奶牛每天需水量仅为体重的 1/14～1/13。产蛋母鸡比休产母鸡需水量多 50%～70%。

（4）生产性能　生产性能是决定需水量的重要因素。高产奶牛、高产母鸡和重役马需水量比同类的低产动物多。

（5）饲料因素　在适宜环境条件下，饲料干物质采食量与饮水量高度相关，食入水分十分丰富的牧草时饲料中水分含量可能大于其需要量，动物则不饮水。食入含粗蛋白水平高的饲粮，尿素的生成和排泄需一定量的水，动物需水量增加。天气炎热时，尽管动物奶中含水 70%～88%，初生哺乳动物以奶为食，仍要额外饮水，原因在于高蛋白质含量使尿中排水量增加。饲粮中含粗纤维增加，因纤维的膨胀、酵解及未消化残渣的排泄，也同样需要提高需水量。另外，日粮的能量是决定饮水量的重要因素，采食能量高的日粮比能量低日粮对水的需要量要少，这主要是由于各种营养物质代谢过程中需水量不同。一般来说，氧化 1g 脂肪和淀粉大概分别需要 1.7g 和 0.56g 水。

大量证据还证明，饲粮中食盐类的增加、排水量的增加相应引起饮水量的增加。饲料中含有毒素，或动物处于疾病状态，需水量也增加。

（6）气温条件　高温是造成需水量增加的主要原因，一般当气温高于 30℃时，动物饮水量明显增加；低于 10℃时，需水量明显减少。气温在 10℃以上，采食 1kg 干物质需要供给 2.1kg 水；当气温升高到 30℃以上时，采食 1kg 干物质需要供给 2.8～5.1kg 水。乳牛在气温 30℃以上时，泌乳的需水量较气温 10℃以下提高 75%以上。产蛋母鸡当气温从 10℃以下升高到 30℃以上时，饮水量几乎增加 2 倍。猪在高温环境下需水量可增至 4～4.5kg。高温同样会增加饮水，原因在于动物体表或肺蒸发散热也因高温而增加。舍饲动物饮水器的设计和安装以及水源的卫生皆会影响饮水频率及饮水量。对于放牧动物，牧草离水源的距离也影响饮水频率及饮水量。动物饲养上必须考虑这些因素。

（7）水的品质　水中有一些对畜禽有害的元素和物质，其品质直接影响动物的饮水量、饲料消耗，以及健康和生产水平。

第九节　能量与动物营养

能量可定义为做功的能力。动物的所有活动，如呼吸、心跳、血液循环、肌肉活动、神经活动、生长、生产产品和使役等需要能量。动物所需的能量主要来源于饲料中的三大营养物质。能量是饲料的重要组成部分，饲料能量浓度起着决定动物采食量的重要作用，动物的营养需要或营养供给均可以能量为基础表示。饲料中的能量不能完全被动物利用，其中，可被动物利用的能量称为有效能。饲料中的有效能含量即反映了饲料能量的营养价值，简称为能值。

一、能量来源及能量单位

1. 能量的来源

饲料能量主要来源于碳水化合物、脂肪和蛋白质等三大营养物质。动物采食饲料后，三大营养物质经消化吸收进入体内，在糖酵解、三羧酸循环或氧化磷酸化过程中释放出能量，最终以 ATP 的形式满足机体需要。在动物体内，能量转换和物质代谢密不可分。动物只有通过降解三大营养物质才能获得能量，并且只有利用这些能量才能实现物质合成。

哺乳动物和禽类饲料能量的最主要来源是碳水化合物。因为在常用植物性饲料中碳水化合物含量最高，来源最广。脂肪的有效能值虽高，但在饲料中含量较少，不是主要的能量来源。蛋白质用作能源的利用效率比较低，并且蛋白质在动物体内不能完全氧化，氨基酸脱氨产生的氨过多，对动物机体有害，因而，蛋白质不宜作能源物质使用。

2. 能量单位

饲料能量含量只能通过在特定条件下，将能量从一种形式转化为另一种形式来测定。在营养学上，饲料能量基于养分在氧化过程中释放的热量来测定，并以热量单位来表示。传统的热量单位为卡（cal），国际营养科学协会及国际生理科学协会确认以焦耳（J）作为统一使用的能量单位。动物营养中常采用千焦（kJ）和兆焦（MJ）。卡与焦耳可以相互换算，换算关系如下：

1cal=4.184J，1kcal=1000cal，1Mcal=1000kcal，1Mcal=4.184MJ

二、能量的转化

动物摄入的能量伴随着养分的消化代谢过程，发生一系列转化，饲料能量可相应划分成若干部分（见图1-17）。每部分的能值可根据能量守恒和转化定律进行测定和计算。

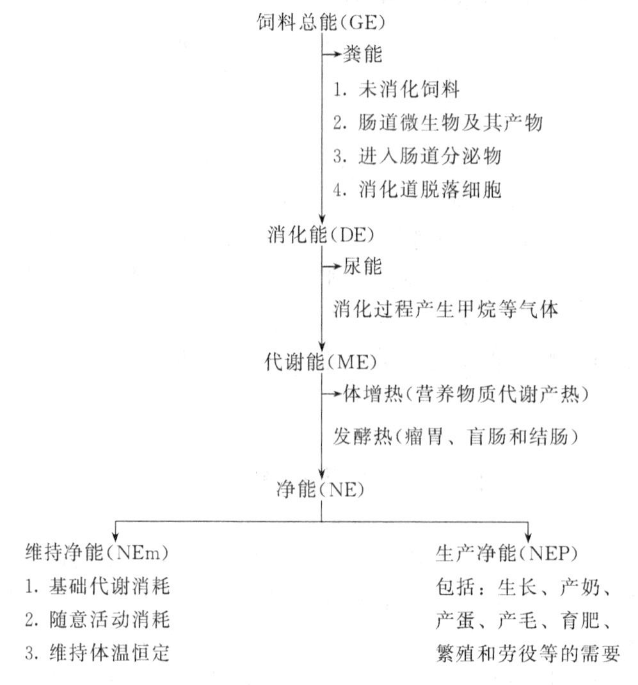

图1-17 饲料能量在畜体内的转化过程

1. 总能

总能（GE）是指饲料中有机物质完全氧化燃烧生成二氧化碳、水和其他氧化物时释放的全部能量，主要为碳水化合物、粗蛋白和粗脂肪能量的总和。总能可用氧弹式测热计测定。

饲料总能取决于三大营养物质的含量。三大养分能量的平均含量为：碳水化合物17.5kJ/g，蛋白质23.64kJ/g，脂肪39.54kJ/g，其能量含量不同与其分子中C/H比值和O、N含量不同有关，因为有机物质氧化释放能量主要取决于C和H同外来氧的结合，分子中C、H含量愈高，氧含量愈低，则能量愈高，C/H比值愈小，氧化释放的能量多，因每克碳氧化成CO_2释放的能量比每克氢氧化成H_2O释放的热量低。脂肪含氧最低（77%C，12%H，11%O），蛋白质其次（52%C，7%H，22%O以及其他），碳水化合物最高

(44%C，6%H，50%O)，因此，能值以碳水化合物最低，脂肪最高，约为碳水化合物的2.25倍，蛋白质居中。同类化合物中不同养分产热量差异的原因同样可用元素组成解释。如淀粉产热量高于葡萄糖，主要是每克淀粉的含碳量高于每克葡萄糖的含碳量。

2. 消化能

消化能（DE）是饲料可消化养分所含的能量，即动物摄入饲料的总能与粪能（FE）之差。即：

$$DE=GE-FE \tag{1-3}$$

按上式计算的消化能称为表观消化能（ADE）。式(1-3)中，FE为粪中养分所含的总能，称为粪能。正常情况下，动物粪便主要包括以下能够产生能量的物质：

① 未消化吸收的饲料养分。

② 消化道微生物及其代谢产物。

③ 消化道分泌物和经消化道排泄的代谢产物。

④ 消化道黏膜脱落细胞。

后三者称为粪代谢物，所含能量为代谢粪能（FmE）。FE中扣除FmE后计算的消化能称为真消化能（TDE），即：

$$TDE=GE-(FE-FmE) \tag{1-4}$$

用TDE反映饲料的能值比ADE准确，但测定较难，故现行动物营养需要和饲料营养价值表一般都用ADE。

正常情况下，粪能是饲料能量中损失最大的部分，粪能占总能的比例因动物种类和饲料类型不同而异，哺乳幼龄动物不到10%、马约40%、猪约20%，反刍动物采食精料时为20%～30%、采食粗饲料时为40%～50%、采食低质粗饲料时可达60%。

3. 代谢能

代谢能（ME）是指饲料消化能减去尿能（UE）及消化道可燃气体的能量（Eg）后剩余能量。即：

$$ME=DE-(UE+Eg) \tag{1-5}$$

尿能是尿中有机物所含的总能，主要来自于蛋白质的代谢产物，如尿素、尿酸、肌酐等。尿氮在哺乳动物中主要来源于尿素，禽类主要来源于尿酸。每克尿氮的能值为：反刍动物31kJ，猪28kJ，禽类34kJ。

消化道气体能来自动物消化道微生物发酵产生的气体，主要是甲烷。这些气体经肛门、口腔和鼻孔排出。反刍动物消化道微生物发酵产生的气体量大，含能量可达饲料GE的3%～10%。非反刍动物的大肠中虽然也有发酵，但产生的气体少，通常可以忽略不计。

上述公式计算的代谢能属于表观代谢能（AME）。因为尿中能量除来自饲料养分吸收后在体内代谢分解的产物外，还有部分来自于体内蛋白质动员分解的产物，后者称为内源氮，所含能量称为内源尿能，表观代谢能（AME）加上内源尿能为真代谢能（TME）。用TME反映饲料营养价值比用AME准确，但其测定更麻烦，故实践中常用AME。

正常情况下，尿能的损失量比较稳定。猪的尿能损失约占总能的2%～3%，反刍动物为4%～5%。影响尿能损失的因素主要是饲料结构，特别是饲料中蛋白质水平、氨基酸平衡状况及饲料中有害成分的含量。饲料蛋白质水平增高，氨基酸不平衡，氨基酸过量或能量不足导致氨基酸脱氨供能等，均可提高尿氮排泄量，增加尿能损失，降低代谢能值。若饲料含有芳香油，动物吸收后经代谢脱毒产生马尿酸，并从尿中排出，增加尿能损失。对于猪，代谢能、消化能和粗蛋白的关系为：

$$ME=DE\times(96-0.202\times CP)\div100 \tag{1-6}$$

即粗蛋白每增加1%，消化能转化为代谢能的利用率下降0.202%。

影响气体能的因素有动物种类和饲料性质及饲养水平。气体能损失在单胃动物较少，可忽略不计。对于反刍动物，气体能的损失量与饲料性质及饲养水平有关。低质饲料所产甲烷量较大，并且气体能占GE比例随采食量增加而下降，处在维持饲养水平时，气体能约占GE的8%，而在维持水平以上时，约占6%～7%。

4. 净能

净能（NE）是饲料中用于动物维持生命和生产产品的能量，即饲料的代谢能扣去饲料在体内的热增耗（HI）后剩余的那部分能量。即：

$$NE = ME - HI \tag{1-7}$$

HI过去又称为特殊动力作用或食后增热，是指绝食动物在采食饲料后短时间内，体内产热高于绝食代谢产热的那部分热能。热增耗以热的形式散失。

HI的来源有：消化过程产热，如咀嚼饲料、营养物质的主动吸收和将饲料残余部分排出体外时的产热；营养物质代谢做功产热；与营养物质代谢相关的器官肌肉活动所产生的热量；肾脏排泄做功产热；饲料在胃肠道发酵产热等。

事实上，在冷应激环境中，热增耗是有益的，可用于维持体温。但在炎热条件下，热增耗将成为动物的额外负担，必须将其散失，以防止体温升高，而散失热增耗，又需消耗能量。

净能包括维持净能（NEm）和生产净能（NEP）两部分。NEm是指饲料能量用于维持生命活动、适度随意运动和维持体温恒定的部分。该部分最终以热的形式散失掉。NEP是指饲料能量用于沉积到产品中的部分，也包括用于劳役做功的能量。因动物种类和饲养目的不同，生产净能的表现形式也不同，包括：增重净能、产奶净能、产毛净能、产蛋净能和使役净能等。

影响净能的因素包括影响代谢能、热增耗的因素及环境温度。如动物种类、饲料组成、饲养水平等均影响热增耗。反刍动物采食后热增耗比非反刍动物的更大和更持久。原因是反刍动物在咀嚼、反刍和消化发酵过程中消耗较多的能量。同时，瘤胃中产生的挥发性脂肪酸在体内产生的HI比葡萄糖多。如反刍动物利用禾本科籽实和饲草时，HI分别占ME的50%和60%。不同营养素热增耗不同，蛋白质热增耗最大，脂肪的热增耗最低，碳水化合物居中。饲料中蛋白质含量过高或氨基酸不平衡，会导致大量氨基酸在动物体内脱氨分解，将氨转化成尿素及尿素的排泄都需要能量，并以热的形式散失，同时氨基酸碳架氧化时也释放大量的热量。饲料中纤维素水平及饲料形状会影响消化过程产热及低级挥发性脂肪酸（VFA）中乙酸的比例，因此也影响HI的产生。饲料缺乏某些矿物质或维生素时，热增耗也会增加。当动物饲养水平提高时，动物用于消化吸收的能量增加，同时，体内的营养物质的代谢也增强，因而热增耗会增加。

总之，饲料能量在动物体内的转化和分配比例因动物和饲料类型以及饲养水平等而异。

三、动物能量需要的表示体系

动物的能量需要和饲料的能量营养价值常用有效能来表示。从消化代谢来看，不同层次的有效能包括消化能、代谢能、净能、维持净能、生产净能。不同的国家及不同的年代，对不同动物采用的有效能体系不同。

1. 消化能体系

消化是养分利用的第一步，粪能常是饲料能损失的最大部分，尿能通常较低，故消化能可用来表示大多数动物的能量需要，且对于代谢能和净能，消化能测定较容易。目前，世界各国的猪营养需要多采用消化能体系。

一般情况下，消化能只考虑粪能损失，未考虑气体能、热增耗损失，因而，不如代谢能和净能准确。用消化能评定动物尤其是反刍动物对饲料的利用时，与含低粗纤维、易消化的饲料相比，消化能体系往往过高估计高粗纤维饲料的有效能。

2. 代谢能体系

在消化能的基础上，代谢能考虑了尿能和气体能的损失，比消化能体系更准确，但测定较难。目前，代谢能体系主要用于家禽。

3. 净能体系

净能体系不但考虑了粪能、尿能与气体能损失，还考虑了体增热的损失，比消化能和代谢能准确。特别重要的是净能与产品能紧密联系，可根据动物生产需要直接估计饲料用量，或根据饲料用量直接估计产品量，因而，净能体系是动物营养学界评定动物能量需要和饲料能量价值的趋势。但净能体系比较复杂，因为任何一种饲料用于动物生产的目的不同，其净能值不同。为使用方便，常将不同的生产净能换算为相同的净能，如将用于维持、生长的净能换算成产奶净能，换算过程中存在较大误差。此外，净能的测定难度大，费工费时，生产上常采用消化能和代谢能来推算净能。目前，反刍动物的能量需要主要用净能体系来表示。

4. 能量价值的相对单位体系

动物的能量需要和饲料的能量价值除用消化能、代谢能和净能的绝对值来表示外，曾广泛应用能量价值的相对单位如淀粉价、总消化养分、大麦饲料单位和燕麦饲料单位等来表示。

(1) 总消化养分　总消化养分（TDN）于1910年在美国创建，以后在世界各国广泛应用，对全世界动物营养的研究影响颇大。目前，总消化养分有时仍被引用。总消化养分是可消化粗蛋白、可消化粗纤维、可消化无氮浸出物与2.25倍可消化粗脂肪的总和。其计算公式如下：

$$TDN = X_1 + X_2 \times 2.25 + X_3 + X_4 \quad (1\text{-}8)$$

式中　X_1——可消化粗蛋白，%或kg；

X_2——可消化粗脂肪，%或kg；

X_3——可消化粗纤维，%或kg；

X_4——可消化无氮浸出物，%或kg。

总消化养分体系将四项可消化养分合计为一个数值，测算和应用比较方便，这是总消化养分体系的优点。总消化养分实际上是以能量为基础计算的可消化碳水化合物当量，尽管以质量单位（kg）或相对单位（%）表示，但仍然具有能量的意义，属于表示能量价值的相对单位。公式中可消化脂肪的系数2.25，表示每克可消化粗脂肪的总能（37.656kJ）约为可消化碳水化合物（16.736kJ）的2.25倍。可消化粗蛋白的系数为1是因为1g蛋白质的总能为23.6396kJ，每摄入1g蛋白质将从尿中排出5.23kJ的尿能，蛋白质的消化率按92%计，则每克可消化粗蛋白的总能为（23.6396－5.23）×92%＝16.9368kJ，与可消化碳水化合物相当。总消化养分考虑了部分能量损失，如粪能和尿能损失，但未考虑气体能损失，因而具有消化能和部分代谢能的含义。总消化养分可换算为消化能或代谢能：

$$1kg\ TDN = 18.4MJ\ DE = 15.1MJ\ ME$$

由于总消化养分未考虑气体能损失，因此过高地估计了动物尤其是对反刍动物利用粗饲料的能量价值。

(2) 淀粉价体系　由德国的凯尔纳于1924年创建，曾广泛用于饲料营养价值的评定和动物营养需要的确定，与TDN体系一样对全世界动物营养的研究颇有影响。

淀粉价是通过氮碳平衡实验，测得所采食饲料在动物体内沉积的氮、碳数量，再推算出体内沉积脂肪量。已知1kg淀粉在阉公牛体内沉积248g脂肪（相当于9.858MJ净能）。将其他饲料沉积脂肪的数量或沉积的净能与淀粉比较，即可得出其他饲料与淀粉的等价量，简称淀粉价。如1kg饲料沉积的脂肪量与1kg淀粉相同，则该饲料的饲喂价值为1个淀粉价；如沉积的脂肪量仅为1kg淀粉的一半，则该饲料的饲喂价值为0.5个淀粉价。

淀粉价不以能量单位表示，但其计算以能量为基础，因而具有能量含义，属于能量价值的相对表示单位。淀粉价的建立基于氮碳平衡实验，故淀粉价体系属于净能体系，具有科学性、直观性，使用方便。因此，淀粉价体系对世界各国影响较大，一些国家直接采用淀粉价体系，一些国家则采用变相的淀粉价体系，如北欧的大麦饲料单位和前苏联的燕麦饲料单位。

四、饲料的能量利用效率

1. 饲料的能量利用效率的计算方法

饲料能量在动物体内经过一系列转化后，最终用于维持动物生命和生产。动物利用饲料能量转化为产品净能，投入能量与产出能量的比率关系称为饲料能量效率。常用的能量效率的计算方法如下所述。

（1）能量总效率　能量总效率是指产品中所含的能量与摄入饲料的有效能（消化能或代谢能）之比。计算公式如下：

$$总效率=\frac{产品能量}{摄入的有效能量(包括用于维持的能量)}\times 100\% \qquad (1\text{-}9)$$

（2）能量净效率　能量净效率是指产品能量与摄入饲料中扣除用于维持需要后的有效能的比值。计算公式如下：

$$净效率=\frac{产品能量}{摄入的有效能-维持需要的有效能}\times 100\% \qquad (1\text{-}10)$$

2. 影响饲料能量利用效率的因素

（1）动物种类、性别和年龄　动物种类、品种、性别和年龄影响饲料的能量利用效率。试验表明，代谢能用于生长育肥的效率，单胃动物高于反刍动物；同种饲料代谢能对于肉鸡的生长效率，母鸡高于公鸡。产生这些差异的原因在于各种动物有其不同的消化生理特点、生化代谢机制及分泌特点。

（2）生产目的　大量研究结果表明，能量用于不同的生产目的，能量效率不同。能量利用率的高低顺序为：维持>产奶>生长、育肥>妊娠和产毛。能量用于维持的效率较高，主要是由于动物能有效地利用体增热来维持体温。当动物将饲料能量用于生产时，除随着采食量增加，饲料消化率下降外，能量用于产品形成时还需要消耗大部分能量，因此，能量用于生产的效率较低。

（3）饲养水平　大量实验表明，在适宜的饲养水平范围内随着饲喂水平的提高，饲料有效能用于维持部分相对减少，用于生产的净效率增加。但在适宜的饲养水平以上，随采食量的增加，由于消化率下降，饲料消化能和代谢能值均减少。

（4）饲料成分　饲料成分对有效能利用率的影响在前面已讨论。饲料中的营养促进剂，如抗生素、激素等也影响动物对饲料有效能的利用。

【复习思考题】

1. 在各类动物日粮中应考虑哪些氨基酸的供给？为什么？
2. 在生产实践中，应采取哪些措施平衡饲粮的氨基酸？
3. 用尿素喂牛正确的给量方法及注意事项有哪些？
4. 根据所学的营养知识分析饲料与畜产品的品质关系。
5. 综合分析各种动物患营养性贫血的原因。
6. 综合分析动物患异嗜癖、佝偻症与软骨症的原因。
7. 试分析引起动物对维生素需要量增加的因素有哪些。
8. 动物在应激状态下应强调哪些营养素的补充。
9. 在动物生产中如何解决维生素营养的供给。
10. 单胃动物与反刍动物在营养素合成上有何不同？

第二章　饲料种类与加工利用

第一节　饲料的分类

饲料是指能被动物采食且能为动物提供多种营养物质、调控生理机制、改善动物产品品质且不发生有毒、有害作用的物质。

一、国际饲料分类

L. E. Harris 根据饲料的营养特性将饲料分为八大类：粗饲料、青绿饲料、青贮饲料、能量饲料、蛋白质补充料、矿物质饲料、维生素饲料和饲料添加剂。其分类的依据原则见表2-1。

表 2-1　国际饲料分类依据原则

饲料类别	饲料编码	划分饲料类别依据/%		
		水分(鲜样基础)	粗纤维(干物质基础)	粗蛋白(干物质基础)
粗饲料	1-00-000	<45	≥18	—
青绿饲料	2-00-000	≥60	—	—
青贮饲料	3-00-000	≥45	—	—
能量饲料	4-00-000	<45	<18	<20
蛋白质补充料	5-00-000	<45	<18	≥20
矿物质饲料	6-00-000	—	—	—
维生素饲料	7-00-000	—	—	—
饲料添加剂	8-00-000	—	—	—

注：资料来源：韩友文，饲料与饲养学，1998。

国际饲料分类的编码分 3 节，共 6 位数。首位数代表饲料归属的类别，后 5 位数则按饲料的重要属性进行编码。

二、我国饲料分类

为了适应饲料工业和养殖业的发展需要，我国于 1980 年初开始进行建立中国饲料数据库的工作。1987 年，我国农业部正式批准筹建中国饲料数据库。

我国饲料分类方法将国际饲料分类法与我国传统饲料分类习惯相结合，饲料分类编码分 3 节，共 7 位数。第一节由 1 位数字 1～8 组成，分别对应表 2-1 国际饲料分类依据原则的 8 大类编号，第二节由 2 位数字 01～17 组成，按饲料的来源、形态、生产加工方法等属性分为 17 个亚类编号，第三节由 4 位数字组成，代表饲料的个体编码。中国饲料分类编码见表2-2。

例如，NY/T 1 级玉米的饲料编码是 4-07-0278，4 代表能量饲料，07 代表谷实类，0278 则是 NY/T 1 级玉米的个体编码。

表 2-2 中国饲料分类编码

饲料类别	饲料编码	饲料类别	饲料编码
01. 青绿饲料	2-01-0000	10. 饼粕	5-10-0000 1-10-0000 4-08-0000
02. 树叶	2-02-0000 1-02-0000	11. 糟渣	1-11-0000 4-11-0000 5-11-0000
03. 青贮饲料	3-03-0000 4-03-0000	12. 草籽、树实	1-12-0000 4-12-0000 5-12-0000
04. 块根、块茎、瓜果	2-04-0000 4-04-0000	13. 动物性饲料	5-13-0000 4-13-0000 6-13-0000
05. 干草	1-05-0000 4-05-0000 5-05-0000	14. 矿物质饲料	6-14-0000
06. 农副产品	1-06-0000 4-06-0000 5-06-0000	15. 维生素饲料	7-15-0000
07. 谷实	4-07-0000	16. 饲料添加剂	8-16-0000
08. 糠麸	4-08-0000 1-08-0000	17. 油脂类饲料及其他	4-17-0000
09. 豆类	5-09-0000 4-09-0000		

第二节 粗 饲 料

粗饲料是指在自然状态下，天然含水分含量在 45%以下，绝干物质中粗纤维含量在 18%以上的饲料。粗饲料主要包括青干草和蒿秕类等农副产品。

粗饲料的共同特点是粗纤维含量高，体积大，消化能或代谢能低。尤其是收割较迟的劣质干草和作物秸秆，木质素和硅的含量增大，它们与纤维素类碳水化合物紧密结合，并共同构成植物的细胞壁，从而影响了微生物对纤维素的酶解和对细胞内容物的利用，这是粗饲料中能量和各种营养素消化率较低的重要原因。

粗饲料虽然营养价值低，但其种类多、来源广、数量大、价格低，是草食动物的主要饲料，充分开发利用粗饲料对发展草食动物具有重要意义。

一、粗饲料的种类与营养特点

1. 青干草

青草或其他青饲料作物在结籽实前刈割，经天然或人工干燥而成的一种粗饲料称为青干草。优质青干草具有叶片多、颜色青绿、气味芳香、制作简便、容易贮藏、来源广泛和营养较丰富等特点，是草食动物喜食的饲料。青干草是青饲料在枯草季节的一种延续利用形式，大量贮备青干草，在牧区和半农半牧区对保证家畜安全越冬和防止春季掉膘具有重要意义。

青干草的种类按原料的不同可分为天然草地青干草和栽培草地青干草两大类。

(1) 天然草地青干草 我国西北、东北地区的天然牧草中，可供调制青干草的原料主要是禾本科牧草中的芨芨草、冰草、垂穗披碱草、鹅观草、羊草，其次是豆科、莎草科、菊科等牧草。以绝干物质计算，天然草地青干草含消化能（猪）2.76～6.07MJ/kg，粗蛋白 5%～13%，粗纤维 30%～38%，无氮浸出物约为 40%，矿物质中钙多于磷。

(2) 栽培草地青干草 主要有豆科青干草及禾本科青干草两大类。

① 豆科青干草 以紫花苜蓿、草木樨、箭筈豌豆、毛苕子等为主。营养价值一般比禾本科青干草高，并含有各种必需氨基酸。以绝干物质计算，苜蓿青干草含消化能（猪）1.46～10.79MJ/kg，代谢能（鸡）3.22～8.16MJ/kg，粗蛋白 12.5%～30.1%；箭筈豌豆青干草粉含消化能（猪）6.65～10MJ/kg，代谢能（鸡）1.55～3.8MJ/kg，粗蛋白 18.4%～26%。

② 禾本科青干草 以青燕麦、青稞草、苏丹草为主。营养价值比豆科青干草低。以绝干物质计算，苏丹草青干草消化能（猪）3.39～4.09MJ/kg，粗蛋白 6.8%～8.6%。

2. 蒿秕类饲料

蒿秕类饲料主要包括秸秆、秕壳、蔓秧、树叶等。

(1) 秸秆饲料　是指农作物籽实成熟和收获以后，脱籽后的作物茎秆和秸叶，如玉米秸、稻草、谷草、各种麦类秸秆、豆秸和高粱秸等。这类饲料不仅营养价值低，消化率也低。

① 稻草　是我国南方农区主要的粗饲料来源，其营养价值低于谷草。水稻是我国第一粮食作物，因而稻草的利用尤其值得重视。稻草对牛、羊的消化率为50%左右，对猪的消化率一般在20%以下。据测定，稻草含粗蛋白质3%～5%，含粗脂肪1%左右，其消化能对牛为8.33MJ/kg、对羊为7.61MJ/kg、对猪为3.33MJ/kg。稻草灰分含量较高，但钙、磷所占比例较小。磷含量为0.02%～0.16%，低于反刍家畜生长和繁殖的需要（牛、羊对磷的需要约为日粮的0.3%）。稻草中缺钙，因此，在以稻草为主的日粮中应补充钙。

② 玉米秸　玉米秸具有光滑外皮，质地坚硬，粉碎不细用来喂猪，不仅难以消化，而且会扎破猪胃，造成死亡。反刍家畜对玉米秸粗纤维的消化率在65%左右，对无氮浸出物的消化率在60%左右。玉米秸青绿时，胡萝卜素含量较多，约为3～7mg/kg。

生长期短的春播玉米秸比生长期长的春播玉米秸粗纤维少，易消化。同一株玉米，上部比下部营养价值高。叶片较茎秆营养价值高，易消化。牛、羊较为喜食。玉米梢的营养价值又稍优于玉米芯，与玉米苞叶营养价值相仿。

由于饲喂需要或因生产季节的限制，在玉米籽粒未成熟时即行刈割的玉米，称之为青刈玉米。青刈玉米青嫩多汁，适口性好，适于作牛、猪的青饲料。青刈玉米可鲜喂，也可制成干草或青贮供冬、春饲喂。

③ 麦秸　麦秸的营养价值因品种、生长期不同而有所不同。其秸秆的数量在麦类秸秆中也最多。小麦秸秆粗纤维含量高，并含有猪难以利用的硅酸盐和蜡质。猪吃小麦秸秆易“上火”和便秘，喂量稍大，影响增重，耗料增加。饲喂时间长了，还易使猪患病死亡。所以不宜用小麦秸喂猪。

从营养价值和粗蛋白含量看，大麦秸比小麦秸好，春播小麦比秋播小麦好，大麦秸较易消化，可适当作猪饲料。在麦秸中，燕麦秸饲用价值最高，对牛、马、羊的消化能分别为9.71MJ/kg、8.87MJ/kg和11.38MJ/kg。

④ 豆秸　收获的大豆、豌豆、豇豆等茎叶，都是豆科作物成熟后的副产品，叶子大部已经凋落，即使有一部分叶子，也枯黄了，维生素已经分解，蛋白质减少，茎也木质化，质地坚硬。与禾本科秸秆比较，豆科秸秆的粗蛋白含量和消化率都较高。

风干大豆秸含消化能：猪为0.71MJ/kg、牛为6.82MJ/kg、绵羊为6.99MJ/kg，所以大豆秸等豆科秸秆适于喂反刍家畜，特别适于喂羊。大豆秸上如带豆荚（籽实脱出），营养价值提高。在大豆籽粒成熟前约10天，采摘豆叶晒干，可作良好饲料。当大豆植株下部茎叶快变黄时，把豆叶全部采摘下来，不影响产量。青刈的大豆茎叶，营养价值接近紫花苜蓿。在有条件的地方，可密植青刈大豆，以解决蛋白质饲料的不足。

在豆秸中，蚕豆秸和豌豆秸蛋白质含量最高。新鲜的豌豆秸水分较多，易变黑腐败，应及时晒干贮好。由于豆秸含粗纤维较多，质地坚硬，应适当加工调制，以保证充分利用。通常，豆秸要搭配其他粗饲料混合粉碎饲喂。豆秸喂猪，可占粗饲料的1/3。

⑤ 谷草　粟的秸秆俗称谷草，粟又称谷子，其脱粒后的副产物是有价值的粗饲料，质地柔软厚实，营养丰富，可消化粗蛋白、可消化总养分均较麦秸、稻草高。在禾谷类秸秆中，谷草的品质好，是马、骡的优良粗饲料，还可铡碎喂牛、羊，与野干草混喂，效果更好。

谷草主要的用途是制备干草，供冬、春两季饲用。在开始抽穗时收割的干草含粗蛋白9%～10%、粗脂肪2%～3%，质地柔软，适口性好。但单独喂羊效果不好，因有致泻作用。谷草是马的好饲料，但长期饲喂对马的肾脏有害，关节肿胀，跛行，骨质疏松，适量饲喂，无不良影响。

（2）秕壳饲料　农作物籽实成熟和收获以后，作物脱粒时分离出包被籽实的颖壳、荚皮与外皮、瘪谷和碎落的叶片等统称为秕壳。包括谷壳、高粱壳、花生壳、豆荚、棉籽壳、秕谷以及其他脱壳副产品。

① 营养特点　粗纤维含量高达30%～45%，其中木质素比例为6.5%～12%。体积大，适口性差，且消化率低。蛋白质含量一般为2%～8%，且品质差，缺乏必需氨基酸，一般豆科好于禾本科。粗灰分含量在6%以上，其中稻壳的粗灰分含量约20%，大部分是硅酸盐，而钙、磷含量较少。另外，除维生素D以外多种维生素的含量均低。

② 饲用价值　这类饲料营养价值较低，只适用于反刍动物及其他草食动物。同类作物的秸秆与秕壳相比，通常后者略好于前者（稻壳、花生壳例外）。

大豆荚是一种比较好的粗饲料。豆荚含无氮浸出物12%～50%、粗纤维33%～40%、粗蛋白5%～10%，饲用价值较高。谷类的皮壳营养价值仅次于豆荚，数量较大，来源广。稻壳的营养价值很差，对牛的消化能最低，仅能勉强用作反刍家畜的饲料，较适于养羊。稻壳经过适当处理，如氨化、碱化、高压蒸煮或膨胀软化可按10%的比例喂反刍家畜。大麦秕壳夹杂芒刺，易损伤口腔黏膜引起口腔炎，故需加工处理后使用。另外玉米芯、棉籽壳等经过适当粉碎，不仅可以喂一般反刍动物，也可以喂奶牛。棉籽壳含少量棉酚，喂时要防止棉酚中毒。

此外，蔓秧和树叶也可作为草食动物的饲料，但大多数营养价值低且适口性差，应注意采用适宜的加工方法，以改善其品质。

二、粗饲料的加工调制

1. 青干草的调制

（1）适时刈割　为获得品质优良的青干草，必须在牧草的营养物质产量最高时期进行刈割。一般多年生禾本科牧草的适宜刈割期应在抽穗-开花初期，一年生禾本科牧草及青刈谷类作物如无芒雀麦在孕穗-抽穗期刈割；而豆科牧草如苜蓿的适宜刈割期为现蕾-始花期（豆科牧草加工草粉宜在现蕾初期）。

（2）干燥

① 自然干燥法　采用田间干燥、草架干燥的方法进行自然晾晒或阴干，是目前最简便的一种青干草调制方法，但营养物质损失较多。

② 化学制剂干燥法　近几年来，国内外研究用碳酸钾、碳酸钾加长链脂肪酸混合液以及碳酸氢钠等化学制剂加速豆科牧草的干燥速度。其原理是这些化学物质能破坏植物体表面的蜡质层结构，促进植物体内的水分蒸发，加快干燥速度，减少豆科牧草叶片脱落，从而减少蛋白质、胡萝卜素和其他维生素的损失。其成本高于自然干燥法。

③ 人工干燥法　利用各种能源，如常温鼓风或热空气，进行人工干燥使饲料脱水。一般情况下，温度越高，干燥时间越短，效果越好。150℃干燥20～40min即可；温度高于500℃，6～10s即可。高温干燥的最大优点是时间短，不受天气影响，营养物质损失小，能很好地保留原料本色。但机器设备投资大，干燥过程中耗能较多。

2. 秸秆处理

由于秸秆类饲料粗纤维含量高，消化率低，坚硬，影响动物采食，利用率低。为了提高其采食量和消化率，生产中常采用化学的或物理的方法处理秸秆饲料。常用的方法有以下几种。

(1) 碱化处理

① 石灰水处理法　将配成的1%生石灰水溶液充分熟化和沉淀后，用上层澄清的石灰乳液处理秸秆。具体方法是每100kg秸秆，需3kg生石灰，加水300L，将石灰乳均匀喷洒在切短或粉碎的秸秆上，堆放在水泥地面，经1～2天后可直接饲喂牲畜。也可将切短或粉碎的秸秆放入缸等容器中，加入石灰乳至全部淹没秸秆，秸秆上压以石块，以保证秸秆全部浸在石灰乳中，经一昼夜后，取出沥去残存液即可直接饲喂家畜。

② 氢氧化钠处理法　具体方法是建造一个浸润池，一般用砖与水泥砌成的地下或地面的池子，池子大小根据秸秆数量而定。将要处理的秸秆放入含1.5%NaOH浸泡溶液的浸润池中，注意应让浸泡液完全浸没秸秆，一般浸润0.5～1h。然后，将秸秆捞出放入浸润池的上方滴沥0.5～2h。再将滴沥完的秸秆进行贮存"后熟"，在常温下一般后熟3～6天的时间。

(2) 氨化处理　即在秸秆中加入一定比例的氨水、无水氨（液氨）或尿素溶液进行封闭处理，以提高秸秆的消化率和饲用价值的处理方法。氨化处理的粗饲料叫氨化饲料。氨化饲料主要适用于饲喂牛、羊等反刍动物。生产实践中常采用堆垛法进行秸秆氨化，具体操作步骤如下。

① 清场和堆垛　整理场地，铲挖成锅底形坑，便于积蓄氨水，防止外流。铺上厚度为0.2mm以上的塑料薄膜，将秸秆放于其上。堆垛时，在塑料薄膜的四周要留出80cm的边，作折叠压封用。若用氨水处理的秸秆，可一次垛到顶，方形的垛，顶部呈馒头状，长方形的垛，顶部呈脊形。若用无水氨处理的秸秆，要随堆垛随填夹塑料注氨管。若用尿素溶液处理，要分层堆，每层厚度约50cm，并且垛一层喷洒一层尿素溶液。

② 注入氨或喷洒尿素溶液　氨水的注入量与浓度有关，不同浓度的氨水其用量也不同，见表2-3。

表2-3　不同浓度氨水的注入量

名称	氨浓度/%	注氨量占麦秸重/%	相当于氨/%	含氮量/%	相当于粗蛋白/%
无氨水	100	3	3.00	2.4750	15.47
1.5%氨水	1.5	100	1.50	1.2375	7.73
19%氨水①	19	12	2.28	1.8810	11.76
20%氨水①	20	10	2.00	1.6500	10.31
20%氨水①	20	12	2.40	1.9800	12.38

① 表示经常使用的浓度。

③ 密闭氨化　注入氨或喷洒尿素溶液后，可将塑料薄膜顺风打开盖在秸秆垛上，尽量排除里面的空气，四周可用湿土抹严，防漏气或被风吹雨淋，最后要用绳子捆好，压上重物。

④ 氨化的时间　氨水与秸秆中有机物质发生化学反应的速度与温度有很大的关系，温度高，反应速度加快；温度低，反应速度则慢。氨化的时间见表2-4。

表2-4　不同温度条件下氨化所需的时间

外界温度	30℃以上	20～30℃	10～20℃	0～10℃
需要天数	5～7	7～14	14～28	28～56

⑤ 放氨　氨化好的秸秆，开垛后有强烈的刺激性气味，牲畜不爱吃，应掀开遮盖物，经日晒风吹，放净氨味，待呈糊香味时，方可饲喂牲畜。

经氨化处理的粗饲料，比原来变得柔软，有一种糊香或酸香的气味，适口性及营养价值均显著提高，并且大大降低了粗纤维含量，提高了饲料的消化率；另外，饲喂效果好，有效地提高了粗饲料的饲用价值，从而降低了饲养成本，为解决饲料资源的紧缺提供了一条有效途径。

(3) 切短　秸秆切短后，可减少家畜咀嚼过程中的能量消耗，减少饲料浪费，提高采食量，并利于拌料改善适口性。切短的长度依家畜种类与年龄而异，一般牛 3～4cm，马、骡 2～3cm，绵羊 1.5～2.5cm，幼龄家畜可更短一些。

(4) 制粒或压块　秸秆粉碎后与其他辅料（少量精料、尿素等）混合制成颗粒饲料或块状饲料，适口性好，并能减少精料消耗。颗粒的直径因家畜种类而异，乳牛、马 9.5～16mm，犊牛 4～6mm。

第三节　青绿饲料

青绿饲料是指天然水分含量在 60%以上的野生牧草和人工栽培的牧草及饲用作物。主要包括天然草地牧草、人工栽培牧草、叶菜类、根茎类、鲜树叶、水生植物等。

青绿饲料是一类营养物质种类较齐全、数量和比例相对平衡的饲料，尤其是维生素和蛋白质含量高，幼嫩多汁、易于消化，适口性好，各种畜禽都喜欢采食。青饲料种类繁多，资源十分丰富，价格便宜，利用时间长，适用于饲喂多种畜禽，在养殖生产中具有重要作用。

一、青绿饲料的营养特点

(1) 含水量高　水分含量达 75%～95%，因而鲜草的干物质含量较低，热能值较低。

(2) 粗蛋白含量丰富　按干物质计算，一般禾本科牧草含粗蛋白 13%～15%，富含精氨酸并含有大量谷氨酸和赖氨酸，蛋氨酸和异亮氨酸含量不足。

(3) 无氮浸出物含量多，粗纤维含量少　碳水化合物中以无氮浸出物含量较多，粗纤维较少，故易被家畜消化吸收。按干物质计算，青草中无氮浸出物为 40%～50%，粗纤维含量不超过 30%，藤菜类无氮浸出物为 50%，粗纤维含量不超过 15%。

(4) 钙、磷含量丰富，比例适当　按干物质计算，青绿饲料中含钙 0.2%～2.0%，含磷 0.2%～0.5%，多为植酸磷。豆科牧草含钙量较多，且钙、磷比例接近平衡。青绿饲料中钙、磷主要集中于叶片。一般情况下，以青绿饲料为主的家畜不易出现钙、磷缺乏。

(5) 维生素含量丰富　维生素中胡萝卜素的含量高达 50～80mg/kg，高于其他饲料；还含有丰富的 B 族维生素（维生素 B_6 除外）及较多的维生素 E、维生素 K 和维生素 C 等，缺乏维生素 D，但含有其前体物质。

二、青绿饲料种类

1. 天然草地牧草

天然牧草种类很多，应用较多的是禾本科、豆科、菊科、莎草科四大类，干物质中无氮浸出物的含量约在 40%～50%，粗蛋白含量以豆科牧草较高，约为 15%～20%，莎草科次之，约为 13%～20%，菊科与禾本科为 10%～15%。粗纤维含量以禾本科牧草较高，达 30%，其他科牧草为 20%～25%；矿物质中钙的含量都高于磷。总的来看，豆科的营养价值较高，禾本科虽然营养价值较低，但一般适口性好，尤其是生长早期，幼嫩可口，采食量高，故也不失为优良牧草。此外，禾本科牧草的再生力强，较耐牧。菊科牧草有特异香味，除羊外，其他家畜不喜欢采食。

2. 人工栽培牧草与青饲作物

（1）人工栽培的豆科牧草

① 紫花苜蓿　是我国目前栽培最多的苜蓿属牧草，主要分布于北方各省区。苜蓿质地好，产量高而稳定，在良好的管理条件下，一年能收获3～5茬，水肥条件较好，可每年每公顷产青饲料75000kg以上，但管理粗放时一般每公顷产37500～45000kg，如以45000kg计，粗略估算约可获得粗蛋白2025kg，无论从产量或营养物质来看，都大大超过了粮食作物，是值得推广的优良饲料。

紫花苜蓿的营养价值与收割时期关系很大。幼嫩时含水分多，粗纤维少；收割过迟，茎增加，叶占比重下降，饲用价值降低，具体见表2-5。

表2-5　不同生长阶段紫花苜蓿营养成分的变化　　单位：%

不同生长阶段	DM含量	以鲜重计					以DM计				
		CP	EE	CF	NFE	灰分	CP	EE	CF	NFE	灰分
营养生长期	18.0	4.7	0.8	3.1	7.6	1.8	26.1	4.5	17.2	42.2	10.0
花前期	19.9	4.4	0.7	4.7	8.2	1.9	22.1	3.5	23.6	41.2	9.6
初花期	22.5	4.6	0.7	5.8	9.3	2.1	20.1	3.1	25.8	41.3	9.3
1/2盛花期	25.3	4.6	0.9	7.2	10.5	2.1	18.2	3.6	28.5	41.5	8.2
花后期	29.3	3.6	0.7	11.9	10.9	2.2	12.3	2.4	40.6	37.2	7.5

紫花苜蓿是各类家畜的上等饲料，不论青饲放牧还是调制成干草，适口性均好，营养丰富。青饲时紫花苜蓿是草食家畜的主要饲料。幼嫩苜蓿是猪、禽和幼畜的最好蛋白质饲料。粗老苜蓿上段可喂猪，下段喂牛、马。在放牧条件下，苜蓿对各种家畜的饲养效果都较高。但放牧时，要防止反刍家畜的臌胀病。

② 红豆草　品质优良，具有优异的饲用价值，是世界著名的牧草之一。盛花期到结荚初期刈割，粗蛋白15.12%，粗脂肪1.98%，无氮浸出物42.97%，钙和磷的含量也很高，是种畜、幼畜、泌乳家畜和病畜的好饲料。

③ 箭筈豌豆　也称春巢菜、春苕子等，我国种植较普遍，为优良牧草和重要青饲料。箭筈豌豆的营养价值高，茎枝柔嫩，生长茂盛，叶多，适口性好，是各类家畜喜食的优质牧草，可直接饲喂，也可调制成青干草及青贮饲料。鲜草中粗蛋白等养分含量与紫花苜蓿、三叶草相近。籽实中粗蛋白高达30%，但因含有生物碱和氰苷（氰苷经水解后释放出氢氰酸）易引起中毒，因此饲用前必须浸泡、淘洗、磨碎、蒸煮，同时要避免大量、长期、连续使用，以免中毒。

④ 紫云英　我国南方各地种植广泛，是水稻产区的冬季绿肥牧草。紫云英产草量高，蛋白质、矿物质、维生素含量丰富，幼嫩多汁，适口性好，是喂猪的好饲料。现蕾期的干物质中，粗蛋白含量可高达31.76%，粗纤维只有11.82%，开花期品质仍属优良，盛花期后则较差，但现蕾期产量仅为盛花期的53%，故就总营养物质而言，则以盛花期刈割为佳。紫云英青饲、青贮、制干草粉均可。

⑤ 草木樨　我国种植的主要是白花草木樨及印度草木樨。草木樨营养价值高，含粗蛋白23.35%。草木樨含有香豆素，初喂时家畜不习惯，可与苜蓿、谷草等混喂，使之逐渐适应。

（2）人工栽培的禾本科青饲作物　人工栽培的用于青饲的禾本科作物有青刈玉米、青刈高粱、苏丹草、燕麦等，主要用于饲喂草食家畜。本类饲料富含碳水化合物，蛋白质含量较低，粗纤维含量随生长阶段的进展而增加，一般适口性较好。

① 青刈玉米　习惯上通常是以玉米成熟后的籽实作为精料，而在玉米乳熟、蜡熟时刈割作青饲料。实际上玉米青刈在单位面积上所获得的总营养物质比成熟后收割者高15%，胡萝卜素高20倍以上；青刈使收割期提早20天左右，增加土地利用率，提高复种指数；青刈玉米的营养成分及消化率比成熟玉米高；青刈玉米产量高，播种期长。

青刈玉米的营养特点是：富含碳水化合物，有较多的易溶糖类，稍有甜味，家畜喜欢采食，如能与豆科青草混合饲喂，则效果更佳。青刈玉米可青饲，也可制成优质的青贮饲料。

② 青刈高粱　高粱青刈时由于茎矮分蘖多，营养价值好，在籽实成熟时，茎叶绿色部分含糖量仍有10%左右，适口性好，家畜喜采食。但新鲜高粱茎叶中含有氰苷配糖体，尤以出苗后2～4周含量较高，成熟时大部消失，生长期高温干燥时含量较高，土壤中氮肥多时含量也多。这些氰苷配糖体于堆放发霉或霜冻枯萎时，在植物体内特殊酶的作用下，被水解而形成氢氰酸，或在瘤胃微生物、胃酸（单胃家畜）的作用下，将其转变为氢氰酸而吸收中毒。所以利用新鲜青刈高粱作为饲料时应注意防止家畜中毒。高粱也是很好的青贮原料。

③ 青刈燕麦　燕麦在我国主要分布在西北、东北、华北的山区及高寒地带，青刈时可随割随喂，也可制成干草。青刈燕麦茎叶营养丰富，适口性好，各种家畜都喜采食，是营养价值较高的饲用作物。

④ 苏丹草　是一种很有价值的高产优质青饲料作物，适应性广，适口性好，再生能力强。苏丹草宜在抽穗到盛花期刈割。由于茎叶比玉米高粱柔软，故饲养效果好。但饲喂中应注意防止氢氰酸中毒。人工栽培牧草与青饲作物营养价值见表2-6。

表2-6　人工栽培牧草与青饲作物营养价值（干物质基础）

饲　料	干物质/%	产奶净能/(MJ/kg)	奶牛能量单位/NND	粗蛋白/%	粗纤维/%	钙/%	磷/%
青刈玉米	17.6	5.57	1.70	8.5	33.0	0.51	0.28
青刈燕麦	19.7	6.41	2.04	14.7	27.4	0.56	0.36
苏丹草	19.7	5.61	1.79	8.6	31.5	0.46	0.15
苜　蓿	25.0	5.90	1.88	20.8	31.6	2.08	0.24
三叶草	19.7	6.28	2.00	16.8	28.9	1.32	0.33
大　豆	25.0	6.20	1.97	21.6	22.0	0.44	0.12

3. 叶菜类饲料

(1) 苦荬菜　也称良麻、苦麻菜、山莴苣、八月老。苦荬菜适口性好，易消化，营养丰富。苦荬菜干物质中含粗蛋白17%～26%，粗脂肪约15.5%，粗纤维约14.5%。苦荬菜柔嫩多汁，味稍苦，能促进食欲，帮助消化；能防止猪的便秘，去毒泻火；能促进仔畜生长和母畜泌乳。主要是鲜喂。通常切碎或打浆后拌糠麸喂猪，采食量和消化率都很高。

(2) 聚合草　以产量高、生长快、蛋白质含量高而享有盛名。鲜草干物质中粗蛋白17%～23%，粗纤维只有10%～15%。牛、猪都可饲用。其缺点是灰分含量高，且茎叶多刚毛，适口性差。聚合草在开花时刈割，可单独或与禾本科饲草混合青贮，制成优质青贮料，亦可制成干草粉，作为蛋白质和维生素补充饲料。

(3) 苋菜　也称千穗谷、西番谷。茎叶比较柔软，营养价值较高，以株高1m左右的开花前刈割利用较好，否则消化率下降，很不经济。苋菜在现蕾期风干物质中含粗蛋白8.50%，粗脂肪1.80%，粗纤维38.70%，无氮浸出物35.30%。苋菜是猪的优良青绿多汁饲料，生喂熟喂均可。

（4）串叶松香草　也称松香草、法国香槟草、菊花草。串叶松香草营养价值高，其干物质中含粗蛋白23.6%左右，赖氨酸含量为0.4%～1.16%。叶的适口性好，但刈割太晚，茎秆粗硬。鲜喂、晒制干草、调制青贮料均可。

4. 根茎类饲料

（1）胡萝卜　产量高，易栽培，营养丰富，是各种畜禽冬春季的重要饲料。胡萝卜的营养价值很高，尤其是无氮浸出物含量多，并含有较多的蔗糖和果糖，故具甜味，蛋白质含量也较其他块根为多，胡萝卜素含量更高，少量喂给，便可满足各种畜禽对胡萝卜素的需要。胡萝卜适口性好，各种家畜都喜食，在奶牛的饲料中如有胡萝卜，则有利于提高产奶量和改善乳的品质，应生喂，贮存时应防冻害。

（2）甜菜　生产上用作饲料的甜菜有糖甜菜、半糖甜菜和饲用甜菜三种，糖甜菜含糖多，干物质含量为20%～22%，但总收获量低；饲用甜菜为大型种类，总收获量高，但干物质含量低，为8%～11%，粗蛋白含量较糖用甜菜高。

（3）菊芋　也称洋姜，是优质高产的饲料作物，其茎、叶和块茎都是好饲料。菊芋产量高，适应性强，营养价值高，富含蛋白质、脂肪和碳水化合物，尤其菊糖的含量在13%以上，其茎叶的饲用价值也高于马铃薯和向日葵茎叶，而块茎脆嫩多汁，营养丰富，适口性好，宜作肉畜、乳畜和猪的多汁饲料。

5. 鲜树叶

在林区及树木较多的地方，在不影响树木生长的前提下，可利用鲜树叶作饲料。常用的有槐树叶、榆树叶、柳树叶和杨树叶等。优质鲜树叶还是畜禽很好的蛋白质（槐树叶中占干物质的22.7%）和维生素饲料。其营养丰富，容易消化。树叶粉可代替部分精料喂猪和鸡。

6. 水生植物

水生植物的营养价值一般低于陆生青绿饲料。如以干物质计算，则粗蛋白和矿物质含量高，纤维素含量低，容易消化。水生植物主要用来喂猪，生喂或熟喂均可。常用的水生植物主要有水浮莲、水葫芦、水花生、绿萍及海藻类等。

三、青绿饲料的合理利用

1. 青绿饲料的利用特点

为了保证青饲料有良好的品质，必须适时收割，饲喂猪、鸡的豆科青饲料宜在孕蕾前收割；饲喂牛、羊、马的宜在盛花期收割。

青饲料的利用方式有青刈和放牧两种，前者适于人工栽培牧草及饲用作物，后者是草原、草山、草坡的主要利用方式。利用天然草地牧草时，应有计划地收割和划区轮牧，避免过度放牧而破坏牧草的再生力，使草原退化。青绿饲料在利用上最好采取青刈和放牧相结合的方法。在青绿饲料生产旺季注意加工贮藏。

2. 青绿饲料在动物日粮中的用量

青饲料在动物日粮中的用量通常受动物种类的限制。对反刍动物而言，青绿饲料可以作为唯一的饲料来源大量利用而并不影响其生产力（高产乳牛例外）。但青饲料不能作为单胃动物唯一的饲料来源，青绿饲料饲喂猪、鸡时，因消化道容积有限，食量不多，故应与籽实饲料配合饲喂，以满足其营养需要。

3. 利用青绿饲料的注意事项

（1）防止亚硝酸盐中毒　蔬菜、饲用甜菜、萝卜叶、芥菜叶、油菜叶中都含有大量硝酸盐，硝酸盐本身无毒或毒性很低，当青绿饲料堆放时间过长、发霉腐败或在锅里煮后焖在锅中过夜，在细菌的作用下，青绿饲料中的硝酸盐被还原为亚硝酸盐，动物采食这样的青绿饲料极易产生亚硝酸盐中毒。

亚硝酸盐中毒发病很快，多在1天内死亡，严重者可在半小时内死亡。发病症状表现为动物不安、腹痛、呕吐、流涎、吐白沫，呼吸困难、心跳加快、全身震颤、行走摇晃、后肢麻痹，体温无变化或偏低，血液呈酱油色。

(2) 防止氢氰酸中毒　青绿饲料中一般不含氢氰酸，但在高粱苗、玉米苗、马铃薯幼芽、木薯、亚麻叶、蓖麻籽饼、三叶草、南瓜蔓中含有氰苷配糖体。含氰苷的饲料经过堆放发霉或霜冻枯萎，在植物体内特殊酶的作用下，甚至无需特殊酶的作用，仍可使氰苷和氰化物分解而形成氢氰酸。玉米、高粱收割后的再生苗，经霜冻后危害更大。氢氰酸中毒的主要症状为腹痛或腹胀、呼吸困难，呼出气体有苦杏仁味，行走站立不稳，可见黏膜由红色变为白色或带紫色，肌肉痉挛，牙关紧闭，瞳孔放大，最后卧地不起，四肢划动，呼吸困难，麻痹死亡。

(3) 防止草木樨中毒　草木樨本身不含有毒物质，但含有香豆素，当草木樨发霉腐败时，在细菌的作用下，可使香豆素变为双香豆素。

双香豆素中毒主要发生于牛，通常饲喂草木樨2～3周后发病，中毒发生缓慢。牛中毒症状表现为机体衰弱，步态不稳，运动困难，有时发生跛行，体温低，发抖，瞳孔放大。该病特有症状是血凝时间变慢，在颈部、背部，有时在后躯皮下形成血肿，鼻孔可流出血样泡沫，奶里也可出现血液。

此病应加强预防，饲喂草木樨时应逐渐增加喂量，不能突然大量饲喂，不喂发霉变质的草木樨。

(4) 防止单宁中毒　苏丹草和高粱类幼嫩青草含有少量单宁，大量采食可中毒。

(5) 防止农药中毒　蔬菜园、棉花地、水稻田喷过农药后，与其相邻的杂草或蔬菜不能用作饲料，须等下过雨后或隔1个月后再割草利用。

(6) 防止其他有毒植物的中毒　如夹竹桃、嫩栎树芽、青枫叶等有毒植物的中毒。

(7) 防止牛羊瘤胃臌胀　幼嫩豆科青草适口性好，应防止牛、羊等反刍动物过量采食，以免造成瘤胃臌胀。

(8) 防止不良气味影响奶的品质　有些青绿饲料如芜菁、油菜等十字花科、鲜苜蓿等含有挥发性气味，应在挤奶前6h饲喂，以免对牛奶品质产生不良影响。

四、青绿饲料加工

(1) 切碎　青绿饲料（尤其是玉米、苏丹草、象草等高棵粗大植物）应切碎后再喂，以免动物只挑选叶片，造成浪费。切碎后便于动物采食、咀嚼，减少浪费，有利于和其他饲料均匀混合。切碎的长度可依家畜种类、饲料类别及老嫩状况而异。

(2) 打浆　青饲料经打浆后更加细腻，并能消除某些饲料的茎叶表面毛刺而利于采食，提高利用价值。打浆前应将饲料清洗干净，除去异物，有的还需切短，打浆时应注意控制用水，以免含水过多。

(3) 闷泡和浸泡　对带有苦涩、辛辣或其他异味的青饲料，可用冷水浸泡和热水闷泡4～6h后，去掉泡水，再混合其他饲料饲喂家畜，这样可改善适口性，软化纤维素，提高利用价值。但泡的时间不宜过长，以免腐败或变酸。

(4) 发酵　利用有益微生物（如酵母菌、乳酸菌）在适宜的温湿度下进行繁殖，从而软化或破坏细胞壁，产生菌体蛋白和其他酵解产物，把青饲料变成一种具有酸、甜、软、熟、香的饲料。经发酵可改善饲料质地或不良气味，并可避免亚硝酸盐及氢氰酸中毒。

(5) 热煮　一些含毒的青绿饲料喂前必须蒸煮。如马铃薯生喂时，其中的龙葵素就会引起家畜呕吐、消化障碍、便秘和下痢，孕畜食后可导致流产。草酸含量高的野菜类，经加热可将草酸破坏，从而提高干物质及无氮浸出物的消化率，同时也有利于钙的吸收和利用。

(6) 调制青干草和加工青贮饲料

第四节　青贮饲料

青绿饲料虽有许多优点，但因水分含量高不易保存，尤其在我国北方，青绿饲料的生产集中在夏秋季，故不易做到青绿饲料的全年均衡供应。青贮是贮存和调制青饲料并保持其营养特性的一种最好方法。青贮饲料是草食家畜冬春维持高产不可缺少的饲料。

青贮饲料是指青饲料在密闭的青贮窖中，经过乳酸菌发酵，或采用化学制剂调制，或降低水分，以抑制植物细胞呼吸及其附着微生物的发酵损失，而使青饲料养分得以保存。常用的有玉米青贮饲料、燕麦青贮饲料、高粱青贮饲料等。

一、青贮饲料的营养特点

1. 有效保存青绿饲料的营养成分

据试验，青干草在调制过程中，养分损失达 20%～40%，而加工青贮饲料，干物质仅损失 0～15%，可消化蛋白质仅损失 5%～12%。特别是胡萝卜素的保存率，青贮方法高于其他任何方法。

2. 延长青饲季节

我国西北、东北、华北各地区，青饲季节不足半年，冬、春季节缺乏青绿饲料。采用青贮的方法可以做到青绿饲料四季均衡供应，使家畜常年保持高水平的营养状态和生产水平，保证了草食家畜特别是乳牛养殖业的优质高产和稳定发展。

3. 适口性好，易消化

青贮饲料不仅营养丰富，而且气味芳香，柔软多汁，适口性好，且有刺激家畜消化腺分泌和提高饲料消化率的作用。因此，可视为家畜的保健性饲料。

4. 调制方便，耐久藏

青贮饲料调制简便，不太受气候条件限制。取用方便，随用随取，饲料制成后，若当年用不完，只要不漏气，可保存数年不变质。

5. 扩大饲料资源

① 有些植物，如菊科类植物及马铃薯茎叶等在青饲时有异味，且适口性差，利用率低。经过青贮发酵后，气味改善，柔软多汁，提高了适口性。

② 有些农副产品（如干薯叶、萝卜叶、甜菜叶等），收集期集中而量大，一时用不完或不宜大量饲喂，可又不易直接存放，或因天气条件限制，不能晒干，而又无其他方法保存，往往不能充分利用而废弃。若及时调制青贮饲料，则可解决这一矛盾。块根、块茎及瓜类饲料，如甘薯、胡萝卜等，单独贮存时，要求条件很高，且费功，还不能久贮。如及时切碎，添加适量干草粉青贮，既不会腐烂，又不会在天暖后发芽，消耗养分。

6. 消灭农作物中的害虫

很多危害农作物的害虫及虫卵多寄生在收割后的秸秆上越冬，将秸秆铡碎进行青贮，由于青贮料中缺乏氧气，酸度较高，可将许多害虫的幼虫及虫卵杀死。

青贮饲料能保持青饲料的营养特性，养分损失较少，是解决家畜常年均衡供应青饲料的重要措施。青贮饲料在世界范围内广泛应用，在畜牧业生产实践中具有重大的经济意义。

二、青贮方法与原理

制作青贮饲料的方法很多，常用的有一般青贮、半干青贮、黄贮、添加剂青贮等。

1. 一般青贮

（1）一般青贮原理　一般青贮是利用乳酸菌对原料进行厌氧发酵，产生乳酸，使酸度降到 pH4.0 左右时，达到青贮的目的。青贮原料从收割、切短、封埋到启窖，大体经过以下四个阶段。

① 植物的呼吸阶段　刚装窖后的植物，由于细胞尚未死亡，仍在利用窖内残留的氧气进行有氧呼吸，分解植物体内的糖类，产生二氧化碳和水，同时释放出大量的热。如果窖内残留的氧气过多，就会造成大量糖分分解，同时也会使窖内的温度过高，达 60℃左右，从而妨碍乳酸菌与其他微生物的竞争能力，破坏各种养分，降低其消化率和利用率。

② 微生物的竞争阶段　收割的青饲料上附着有各种细菌、酵母菌和霉菌，乳酸菌为数甚少，占统治地位的是枯草菌、变形菌等好氧性腐生菌。装窖后，随着窖内氧气逐渐被耗尽，窖内不断滋生厌氧菌，而好氧菌则被抑制。其中乳酸菌是一种厌氧菌，并能在 pH 较低的情况下生长繁殖，以致后来者居上。乳酸菌通过乳酸发酵能将葡萄糖转化为乳酸。乳酸能起到防腐作用。随着青贮饲料中乳酸的不断积累，pH 值也不断下降，达到 4.0 左右时就可抑制各种杂菌生长和繁殖。丁酸菌是一种不耐酸的厌氧菌，它能促使葡萄糖、乳糖发酵产生丁酸、氢和二氧化碳。丁酸菌比乳酸菌要求的温度高。若在青贮原料中糖分过少，则可引起丁酸菌发酵，不仅会分解糖和乳酸，同时还会分解氨基酸，产生胺、氨等，形成恶臭，降低青贮品质。腐生菌是一类有害菌，它们几乎不受温度、有氧或无氧等条件的限制，但都不耐酸。如果酸度不够，腐生菌迅速繁殖，破坏青贮饲料中的蛋白质和氨基酸，使其分解为胺、氨、硫化氢和甲烷等，青贮饲料的品质明显下降。霉菌、醋酸菌等都属于好氧性不耐酸菌，在厌氧条件下则不能繁殖。在有氧条件下，能把青贮饲料中的乳酸变成醋酸，使青贮的品质降低。

③ 青贮的完成阶段　青贮封埋后，窖内酸度达 pH4.0 时，除乳酸菌以外的其他微生物都停止活动，当 pH 降到 3.8 时，乳酸菌也停止活动，青贮基本制成。青贮完成时间与原料性质有关，如多糖的饲料所需时间短、多蛋白质的饲料所需时间长，一般需要 1 个月左右的时间。

④ 青贮启窖后的二次发酵　二次发酵又称好气性败坏。它是指经过乳酸菌发酵的青贮饲料，在启窖后，由于温度上升，霉菌丛生而引起品质败坏的现象。引起二次发酵的微生物主要是酵母菌和霉菌。防止二次发酵的方法有两种：一是隔绝空气，控制厌氧条件；二是喷洒药剂，常用的有丙酸、甲酸、甲醛和甲酸钙等。

（2）一般青贮技术　一般青贮为乳酸青贮。有利于乳酸菌繁殖的条件主要有：原料的糖分、厌氧环境和适宜的水分。青贮制作过程主要包括原料的适时收割、切短、装填和封项。在调制时最关键的技术要点如下所述。

① 原料的糖分　乳酸菌形成乳酸的主要养分是可溶性糖。禾本科青饲作物可溶性糖的含量高于豆科类。青贮原料的适时收割可提高可溶性糖的含量。可溶性糖含量少的饲料不易单独青贮，应与含糖多的饲料混贮。

② 厌氧环境　尽快排除窖内的空气，缩短植物呼吸时间，创造厌氧环境，减少营养损失，是做好青贮的重要因素。为此，在实际操作中主要采取以下措施：

a. 原料切短　青贮原料的切短，便于压紧，也可使汁液溢出，扩大与细菌接触面积，同时便于取用。一般切短到 3～5cm。

b. 快装压实　集中力量，抓紧时间，装窖越快越好。要求边装边压，尤其注意四角或周边的压紧，以防留有空隙，发霉腐烂。下部可少压，因原料下沉重量同样起到压力作用。压得过紧，下部温度太低于发酵不利，越接近上层越要压实。一般小窖用人工踩实，大型窖则应从窖的一端开始压制，每天压制窖长方向 3～6m 并及时封口。在装满后也可用链轨式拖拉机压实，当所装原料高出窖口 60cm 以上时，即可封窖。

c. 窖顶封严　装完窖后，应及时封顶，隔绝空气，以防止上层发霉。可先铺一层藁秆或塑料薄膜，塑料薄膜宜覆盖到窖口四周 1m 左右，使窖顶呈馒头状或屋脊状，以利排水，然后在塑料薄膜上盖一层湿土，最后拍压紧实。封口时，撒上些尿素或碳铵，可减少表层饲料的霉败损失。封窖后一周内，应注意检查窖顶，及时填补窖顶下陷处及裂缝处，防止漏水漏气。

③ 适宜水分　青贮饲料适宜含水量为 65%～75%。过干不易压实，窖温上升，有利于丁酸菌发酵；过湿会渗透到底部，如窖底渗水，就会流失可溶性氨化物、糖类和矿物质盐等，严重时可丢失干物质的 25%～30%。若窖底不渗水，则下部积水，会造成腐烂或酸度过大，家畜不喜欢采食。

饲料中水分过多或过少时，应进行调节。水分多时，应适当萎蔫，或添加一些干料如麸子、玉米面、干草等，再进行青贮；水分少时，可适当喷洒些水再进行青贮。

2. 半干青贮

半干青贮又称低水分青贮。它是将原料先晾晒到含水量为 45%～55%，然后装入金属制造的密闭式青贮窖中进行青贮。半干青贮饲料由于含水量低，干物质含量比一般青贮饲料多 1 倍，有效能、粗蛋白、胡萝卜素的含量均较高。味微酸或不酸，呈深绿色、湿润状态，适口性好。

半干青贮与乳酸发酵青贮的原理不同。它主要是利用植物水分含量降低，使植物细胞的渗透压达到 5066～6080kPa。在这种状态下，各种微生物如腐败菌、丁酸菌甚至乳酸菌由于受到水分的限制，处于生理干燥状态而使生命活动被抑制，使养分保持下来。因此，原料中糖分或 pH 高低对于半干青贮技术已无关紧要。霉菌能适应这个湿度，但无氧又不能生长，相对一般青贮来说，半干青贮需要高度厌氧。因此，原料的切碎、压实以及密封是半干青贮过程中最重要的条件。

由于半干青贮是使微生物处于生理干燥状态，在其生长繁殖受到限制的情况下进行青贮，原料中的含糖量已不再是限制因素，从而扩大了青贮原料范围，使一些不易制作一般青贮的原料可制作半干青贮。半干青贮兼有一般青贮和干草的特点，其干物质含量较一般青贮高 1 倍左右，具有较多的营养物质，其味不酸或微酸，适口性好，养分损失也较少。半干青贮的制作方法是：原料收割后不立即切碎，就地摊开晾晒，晴朗的天气一般晾晒 24～36h，使水分降到 45%～55%（豆科草为 55%，禾本科草为 45%），然后收集，收集后切碎并装窖，其余各步骤与一般青贮过程相同。

3. 黄贮

将收获了籽实的作物秸秆切碎后喷水（或边切碎边喷水），使秸秆含水量达到 40%。为了提高黄贮质量，可按秸秆重量的 0.2%加入尿素、3%～5%加入玉米面、5%加入胡萝卜。胡萝卜可与秸秆一块切碎，尿素可制成水溶液均匀地喷洒于原料上。然后装窖、压实，覆盖后贮存起来，密封 40 天左右即可饲喂。

4. 添加剂青贮

为保证青贮顺利成功和增强青贮饲料的粗蛋白和矿物质营养效果，实践中也采用在青贮的同时加入各种添加剂。常用的添加剂有以下几类。

(1) 促进乳酸菌发酵的添加剂　如糖蜜、麸皮、甜菜渣和乳酸菌制剂。糖蜜的残糖量达50%，每吨原料加入20kg即可大大促进乳酸发酵，效果显著。加乳酸菌制剂是人工扩大青贮原料中乳酸菌群体的方法。值得注意的是菌种选择应是那些盛产乳酸而少产乙酸和乙醇的同质型的乳酸杆菌和球菌。

(2) 抑制不良发酵的添加剂　如甲酸、丙酸、甲醛和其他防霉抑制剂。其作用主要是防霉抑菌和改善饲料风味，提高饲料营养价值，减少有害微生物活动。在美国，每吨青贮原料添加85%的甲醛3.6kg。甲酸和丙酸可按每吨青贮原料加0.5～1.0kg，要求均匀喷入，可抑制梭菌和霉菌的生长，降低蛋白质分解。

(3) 改善青贮饲料营养价值的添加剂　常用的有尿素和氨水、碳酸钙、石灰石、碳酸镁等。如果在玉米青贮原料中用尿素，可按每吨加2～5kg。

三、青贮设备与青贮制作过程

1. 青贮设备

(1) 青贮设备类型　主要有青贮窖、青贮壕、青贮塔和青贮塑料袋。

① 青贮窖　有地下式和半地下式两种。生产中多采用地下式（图2-1）。在地下水位高的地方采用半地下式（图2-2），窖底须高出地下水位0.5m以上。

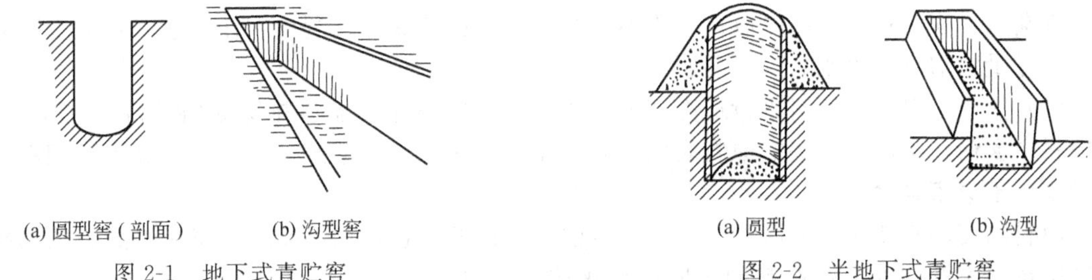

(a) 圆型窖（剖面）　(b) 沟型窖

图2-1　地下式青贮窖

(a) 圆型　(b) 沟型

图2-2　半地下式青贮窖

② 青贮壕　是水平坑道式结构，适于短期内大量保存青贮饲料。大型青贮壕长30～60m、宽10m、高5m左右。在青贮壕的两侧有斜坡，便于运输车辆通行。底部为混凝土结构，两侧墙与底部接合处修一沟，以便排泄青贮料渗出液。青贮壕的地面应倾斜以利排水。青贮壕最好用砖石砌成永久性的，以保证密封和提高青贮效果。

青贮壕的优点是便于人工或半机械化机具装填、压紧和取料，又可以一端开窖取用，对建筑材料要求不高，造价低；缺点是密封性较差，养分损失较大，耗费劳力较多。

③ 青贮塔　为用砖和水泥建成的圆形塔，高12～14m或更高，直径3.5～6m。在一侧每隔2m留一窗口（0.6m×0.6m），以便装取饲料。塔内装满饲料后，发酵过程中受饲料自重的挤压而有汁液沉向塔底。由于汁液量大，底部应留有排液结构和装置。青贮塔耐压性好，便于压实饲料。具有耐用、贮量大、损耗少、便于装填与取料的机械自动化等优点。但青贮塔的成本较高。青贮塔有地上式和半地上式两种。

④ 青贮塑料袋　当前塑料袋广泛用于饲料青贮，优点是省工、投资少、操作方便、存放地点灵活、养分损失少以及可以商品化生产。供调制青贮用的塑料袋应采用无毒农用聚乙烯双幅塑料薄膜制成，长200cm、宽100cm、厚0.8～1mm。塑料袋的颜色通常为黑色。装填原料以每袋不超过150kg为宜，以便于运输和饲喂。

(2) 确定青贮设备大小的依据

① 窖式或塔式青贮建筑　一般高度不小于直径的2倍，也不大于直径的3.5倍。其直径应按每天饲喂青贮饲料的数量计算，深度或高度由饲喂青贮饲料的长短而定。

$$\text{圆形青贮窖容积}=3.1416\times\text{半径}^2\times\text{高} \tag{2-1}$$

② 青贮壕的适宜宽度与长度　宽度应取决于每天饲喂的青贮饲料的数量，长度由饲喂青贮料的天数决定。每日取料的挖进量以不少于15cm为宜（表2-7）。

$$\text{青贮壕的长度(cm)}=\text{计划饲喂天数}\times15\text{(cm/天)} \tag{2-2}$$

$$\text{青贮壕的容积}=\text{长}\times\text{宽(上、下宽的中数)}\times\text{高} \tag{2-3}$$

$$\text{青贮饲料质量}=\text{青贮建筑设备的容积}\times\text{每立方米青贮料的平均质量} \tag{2-4}$$

表2-7　每立方米青贮饲料的质量　　单位：kg

原料种类	玉米秸秆	全株玉米	禾本科牧草	甜菜叶、芜菁	红薯蔓秧
质量	400～500	500～550	550～600	600～650	500～600

2. 青贮制作过程

一般青贮制作过程包括原料选择与适时收割、切碎、装填与压实、密封和管护5个步骤。

（1）原料选择与适时收割　青贮原料通常以青刈玉米、青刈高粱、禾本科牧草为主，其他原料包括冬黑麦、大麦、向日葵茎叶、马铃薯茎叶，此外，还有灰菜、苦荬菜等野菜，水葫芦、水花生、红绿萍等水生植物，秕谷、糠麸、啤酒糟等农副产品均可作为青贮原料。

青刈玉米应在籽实蜡熟时收割，禾本科牧草在抽穗期收割。利用农作物茎叶作为青贮原料，应尽量争取提前收割。

（2）切碎　对青贮原料进行适度切碎是为了青贮时便于压实以排除原料缝隙中的空气，使原料中含糖汁液渗出，湿润原料表面，有利于乳酸菌的迅速繁殖和发酵，提高青贮饲料的质量，便于家畜采食。

原料的切碎常使用青贮联合收割机、青贮料切碎机，也可用滚筒式铡草机。原料的切碎程度按饲喂家畜的种类和原料的不同质地来确定，对牛、羊等反刍动物，一般将禾本科牧草、豆科牧草及叶菜类等原料切成2～5cm长度，玉米和向日葵等粗茎植物切成0.5～2cm。一般含水量多、质地细软的原料可以切得长一些，含水量少、质地较粗的原料可以切得短一些。

（3）装填与压实　在装填青贮原料之前，要将青贮设施清理干净。在青贮窖或青贮壕底，铺一层10～15cm厚的切短秸秆或软草，以便吸收青贮汁液。窖壁四周铺一层塑料薄膜，以加强密封性，避免漏气和渗水。

青贮原料切碎后，一层一层地装填，一层一层地踩实。要特别注意靠近墙角的地方不能留有空隙，小型青贮窖由人工踩实，大型青贮窖宜采用履带式拖拉机压实。压实是保证青贮料质量的关键，越压实越易造成厌氧环境，越有利于乳酸菌的活动和繁殖。在压实过程中，不要带进泥土、油垢和铁钉、铁丝等，以免污染青贮原料，避免牛、羊食后造成瘤胃穿孔。

一个青贮设施要在2～3天内尽快装填完毕，装填时间越短越好，以避免原料在装满和密封之前腐败。

（4）密封　青贮原料装满后，须及时密封和覆盖，目的是造成青贮窖内的厌氧状态，抑制好氧菌的发酵。一般应将青贮原料装填至高出青贮窖或青贮壕沿30～60cm处，在原料的上面盖一层10～20cm切短的秸秆或牧草，覆上塑料薄膜后，再覆上30～50cm的土，踩踏成馒头形或屋脊形，以免雨水流入窖内。

（5）管护　在密封覆土后，要注意后期管护。要在青贮窖四周挖好排水沟，防止雨水渗入；要注意覆土层变化，发现流失、下陷或裂纹及时加土修补；要注意鼠害，发现老鼠盗洞要及时填补；我国南方多雨地区，应在青贮窖或青贮壕上搭棚；最好能在青贮窖、青贮壕周围设置围栏，以防牲畜践踏，踩破覆盖物。经过30～60天，即可开窖使用。

四、青贮饲料的合理利用

1. 取用方法

青贮饲料制完后，就可以使用了。一般用禾本科植物制作的青贮，在装窖20天以后就可以开窖，纯豆科植物青贮，40天以后才可以开窖。一旦开窖启用，则需每天取用，防雨淋或冻结。取用时应逐层逐段挖取，长方形窖应从背风的一头开窖，每天水平切取4cm以上，小窖可将顶部揭开，每天水平取料5cm以上，切取的厚度以9cm为宜。每天按畜禽实际采食量取出，切勿全面打开或掏洞取用，尽量减少与空气接触，以防霉烂变质。及时拣出霉烂部分，以免引起大面积腐烂。取完料后再用塑料膜盖住，防止日晒雨淋和二次发酵损失。取出的青贮料，冬季应放在室内或圈舍，以免冰冻后饲喂引起母牛流产。

2. 喂法及喂量

(1) 喂法　青贮饲料的质量明显影响奶牛的产奶量和乳品质，青贮pH值偏低，会抑制牛的食欲，会使瘤胃pH值下降，造成纤维素消化率下降，尤其单一青贮和高精料日粮下，常造成奶牛瘤胃慢性酸中毒，表现为牛拉稀，产奶量下降。并由于奶牛对纤维素消化率下降引起瘤胃乙酸生成减少，使牛奶中脂肪含量与干物质含量下降，奶质变劣。所以，奶牛日粮不宜单一依靠青贮作为唯一粗饲料来源，最好与干草、秸秆和精料搭配使用。开始喂青贮饲料时，要有一个适应过程。喂量由少到多逐渐增加。奶牛临产前10～12天和产后10～15天停止使用，以后正常饲喂。

(2) 喂量　动物种类不同、年龄不同，喂量也不同。成年产奶母牛15～25kg/(天·头)；断奶犊牛5～10kg/(天·头)；种公牛15～20kg/(天·头)；成年绵羊5kg/(天·头)；成年马10kg/(天·头)。

3. 青贮饲料感官鉴定

青贮饲料的品质是通过色、香、味和质地来评定的。品质优良的青贮饲料颜色呈黄绿色或青绿色，具有酸香味或水果香味，无异味，手感松散柔软，略湿润，不粘手，茎、叶、花保持原状，容易分辨。品质差的青贮饲料颜色呈黑色或黑褐色，酸味淡，有刺鼻腐臭味，手感黏滑或干燥、粗硬、腐烂。

第五节　能量饲料

能量饲料是指天然含水量低于45%，干物质中粗纤维含量小于18%，粗蛋白含量小于20%的饲料，主要包括谷实类、糠麸类、块根块茎瓜果类和其他加工副产物。

一、能量饲料的营养特点

1. 谷实类饲料

谷实类饲料指禾本科植物成熟的种子，主要有玉米、高粱、大麦、燕麦等。谷实类饲料的营养特点如下。

① 能量含量高　无氮浸出物占干物质的70%～80%（燕麦为66%），其中主要是淀粉，占无氮浸出物的82%～92%，故其消化能很高。

② 粗纤维含量低　一般在5%以内，只有带颖壳的大麦、燕麦、稻和粟粗纤维可达10%。

③ 蛋白质和必需氨基酸含量不足　蛋白质约为8%～11%，赖氨酸、蛋氨酸、色氨酸、

胱氨酸较少。

④ 矿物质中钙、磷比例不符合畜禽需要　钙含量在0.1%以下，磷含量为0.31%～0.45%，多半以植酸磷的形式存在，单胃动物利用率很低。

⑤ 维生素　黄色玉米维生素A原较为丰富，其他谷实饲料（如白玉米）含量则极微。谷实类饲料富含维生素B_1和维生素E，但所含维生素B_2、维生素C和维生素D少，所有谷实类饲料均不含维生素B_{12}。

⑥ 脂肪含量少　谷实类饲料含脂肪3.5%左右，以不饱和脂肪酸为主，亚油酸和亚麻酸的比例较高，对于保证猪、鸡的必需脂肪酸供应有一定好处。

2. 糠麸类饲料

一般谷实的加工分为制米和制粉两大类。制米的副产物称作糠，制粉的副产物则为麸。糠麸类饲料主要由籽实的种皮、糊粉层与胚组成，其营养价值的高低随加工方法而异。糠麸类饲料的营养特点如下。

① 无氮浸出物比谷实少，约占40%～50%，与豌豆和蚕豆相近。

② 粗纤维含量比籽实高，约占10%。

③ 粗蛋白的数量与质量均介于豆科与禾本科籽实之间。

④ 米糠中粗脂肪含量达13.1%，其中不饱和脂肪酸含量高。

⑤ 矿物质中磷多（1%以上）、钙少（0.11%），且磷多以植酸磷的形式存在。

⑥ 维生素B_1、烟酸及泛酸含量较丰富，其他均缺少。生长快或生产水平高的畜禽应少用或不用这类饲料。

3. 块根块茎及瓜果类饲料

常见的有甘薯、马铃薯、木薯、甜菜、胡萝卜、南瓜等，其营养特点介绍如下。

这类饲料的最大特点是水分含量高达75%～90%。干物质中无氮浸出物达60%～80%，粗纤维占3%～10%，粗蛋白仅为5%～10%，矿物质为0.8%～1.8%。适口性好，消化率高。缺乏B族维生素，除胡萝卜和红心甘薯及南瓜外，都缺乏胡萝卜素（表2-8）。

表2-8　常用块根块茎类饲料营养价值（以干物质计）

饲　料	干物质/%	产奶净能/(MJ/kg)	奶牛能量单位/NND	粗蛋白/%	粗纤维/%	钙/%	磷/%
甘　薯	25.0	7.45	15.40	4.3	3.6	0.52	0.20
木　薯	27.3	7.58	16.94	3.3	2.4	—	—
马铃薯	22.0	7.37	14.77	7.3	3.2	0.09	0.14
甜　菜	15.0	6.57	13.51	13.3	11.3	0.40	0.27
胡萝卜	12.0	7.66	15.31	9.2	10.0	1.25	0.75
芜　菁	10.0	8.00	13.64	10.0	13.0	0.60	0.20

其他加工副产品如油脂、糖蜜、乳清等也是动物常用的能量饲料，其利用特点见下文。

二、能量饲料的合理利用

1. 常用的谷实类饲料

① 玉米　含无氮浸出物74%～80%，每千克干物质中消化能14.27MJ（猪）、代谢能13.56MJ（鸡），是玉米-大豆饼粕型饲粮中用量最大的原料组分。玉米粗蛋白含量为7.2%～8.9%，缺少赖氨酸和色氨酸。粗脂肪含量高达4.7%，多为不饱和脂肪酸。作为肥育家畜的主要精料，会使胴体脂肪变软。新鲜黄玉米含有较多胡萝卜素和叶黄素，有助于蛋黄、奶

油和鸡皮肤着色。玉米含钙仅为0.02%、磷0.3%。所以，玉米作为一种有效能值高而养分不全的饲料，主要用来为饲粮提供能量，必须搭配其他饲料和添加剂才能达到营养平衡。

用玉米喂猪时应粉碎以利于消化。喂马和乳牛时，不宜磨得过细，宜压扁。粉碎的玉米易霉变，不宜久贮。特别是当黄曲霉菌污染后所产生的黄曲霉毒素是一种致癌性强毒素，对人畜危害极大，应引起高度重视。

② 高粱　高粱籽实去壳后与玉米一样，主要成分为淀粉，粗纤维少，可消化养分高，每千克干物质含消化能13.18MJ（猪）、代谢能12.30MJ（鸡），粗蛋白与其他谷物相似，但质量较差。含钙量少，含磷量较多。胡萝卜素及维生素D的含量少，维生素B族含量与玉米相当，烟酸含量多。

高粱种皮中含有较多的单宁，对单胃动物可降低蛋白质和矿物质的利用率。高粱有苦涩味，适口性不及玉米，在配合饲料中比例不宜过大，应控制在15%以下，否则易引起便秘。

高粱对于乳牛有近似玉米的饲用价值，粉碎后饲喂效果较好。饲喂肉牛，可以带穗粉碎，效果良好，其饲用价值相当于玉米的90%～95%。

③ 大麦　每千克干物质含消化能13.56MJ（猪）、代谢能11.21MJ（鸡），带皮大麦的粗纤维含量为5.5%左右、粗蛋白12.6%，总的营养价值低于玉米。烟酸含量较玉米高2倍，钙磷含量也较玉米高。脂肪含量较低，故用大麦饲喂肥育猪，可使肉质细致紧密，脂肪色白坚硬，能获得优质硬脂胴体。大麦有皮壳，适口性和利用率较差。

大麦经粉碎后喂猪，其饲用价值与玉米相近。用大麦喂鸡，效果不如玉米。大量饲喂会使鸡蛋着色不佳。

乳牛、肉牛可大量饲喂大麦，饲喂时稍加粉碎即可，粉碎过细，影响适口性，整粒饲喂不利于消化，造成浪费。

④ 燕麦　是我国高寒地区种植的主要作物之一，每千克含消化能11.08MJ（猪）、代谢能7.94MJ（鸡）、粗纤维8.9%、粗蛋白10%左右。燕麦蛋白质及其氨基酸的含量与比例均优于玉米，但由于粗纤维含量高，容积大，有效能值低和植酸磷含量高，营养价值低于玉米，蛋鸡和肉鸡应少用或不用，育成猪用量应低于日粮的1/4～1/3，种猪可酌量使用10%～20%。燕麦是饲喂乳牛、肉牛的极好饲料，是饲喂马属动物的标准饲料，喂前适当粉碎可提高其消化率。

⑤ 荞麦　荞麦籽实外面有一层粗糙的外壳，约占重量的30%。粗纤维含量12%左右，蛋白质品质较好，含赖氨酸0.73%、蛋氨酸0.25%。其他方面的营养特性与谷实类饲料相似。能量较高，牛的消化能为14.64MJ/kg，猪的消化能为14.31MJ/kg。荞麦籽实含有一种光敏物质，当动物采食以后白色皮肤部分受到日光照射可引起皮肤过敏性红斑，严重时能影响生长及肥育效果。

2. 常用的糠麸类饲料

① 稻糠　稻谷脱壳后精磨制米的副产物，也称米糠。其营养价值依加工程度而异。加工的精米越白，则进入米糠的胚乳越多，其能值越高。米糠约含13%的粗蛋白和17%的粗脂肪，有效能值仅低于稻谷；含有较多的含硫氨基酸，且含铁、锰、锌丰富；含磷量是钙的20倍。

米糠适于饲喂各种家畜，但由于其油脂含量较高，易氧化酸败不宜贮存，在饲粮中配比过高会引起腹泻及体脂肪发软。一般米糠喂鸡，用于粉料中以3%～8%为宜，猪应控制在20%以下；乳牛和肉牛饲粮中可用20%左右。

② 小麦麸　俗称麸皮，是面粉加工过程的副产物。每千克干物质含消化能9.37MJ

（猪）、代谢能 6.82MJ（鸡）、粗蛋白 12%～16%、粗纤维 10%左右，并含有较多的 B 族维生素（如维生素 B_1、维生素 B_2、烟酸和胆碱等）和维生素 E。麸皮质地膨松，适口性好，具有轻泻性。因能量水平低，作育肥和仔猪饲料时用量不宜大；蛋鸡和种公鸡饲料中控制在 10%以下；乳牛饲料用量在 30%左右。

③ 其他糠麸　主要有高粱糠、玉米皮等。高粱糠消化能高于小麦麸。对猪、鸡的喂量应限制；饲喂奶牛和肉牛效果较好。玉米皮因粗纤维含量较高，对猪和鸡的有效能值较低，不宜喂仔猪，但可作为乳牛和肉牛饲料。

3. 常用的块根块茎及瓜果类饲料

① 甘薯　干物质达 25%～30%。干物质中淀粉占 85%以上，高于其他块根类。甘薯最宜喂猪，生熟均可，但熟喂时其蛋白质的消化率较高，且饲料利用率也较高，采食量增加 10%～17%。甘薯保存不妥时，碰伤处易受微生物侵染而出现黑斑或腐烂。黑斑甘薯有毒，家畜食后有腹痛和喘息症状，重者致死。将甘薯切片晒干和粉碎后可作为配合饲料组分，替代部分玉米等籽实。

② 马铃薯　干物质含量 25%，其中淀粉占干物质的 80%左右，鲜马铃薯中维生素 C 丰富，但其他维生素缺乏。马铃薯对反刍家畜可生喂；对猪熟喂较好。马铃薯的幼芽、芽眼及绿色表皮含有龙葵素，大量采食可导致家畜消化道炎症和中毒。饲用时必须清除皮和幼芽或蒸食。

③ 南瓜　干物质中含粗蛋白 12.90%，粗脂肪 6.45%，粗纤维 11.83%，无氮浸出物 62.37%。南瓜营养丰富，是猪、奶牛、肉牛、羊、鸡的好饲料。南瓜肉质致密、富含淀粉质，适宜作育肥猪的饲料，或代替部分精料。南瓜可粉碎后饲喂家畜；南瓜藤叶切短后直接饲喂牛、羊，也可打浆后喂猪。南瓜及其藤叶，适宜与豆科牧草、青玉米秸、各种野青草和叶菜等混合、切碎后青贮。

④ 胡萝卜　每千克鲜胡萝卜含胡萝卜素 80mg，可作为某些畜禽维生素 A 的来源之一。胡萝卜素多汁味甜，各种家畜都喜食，对种公畜和繁殖母畜有很好的调养作用。

4. 其他加工副产品

（1）油脂　对于单胃动物而言，油脂中饱和脂肪酸与不饱和脂肪酸的比值及亚油酸的含量都是重要指标。油脂类饲料可提供大量的脂肪酸，特别是必需脂肪酸，如亚油酸是猪、禽生命活动和机体健康所必需。油脂的能量浓度很高，并且容易被动物利用。

日粮中添加油脂具有以下作用：减少饲料因粉尘而致的损失及动物呼吸道疾病；减少热应激带来的危害；提高粗纤维的使用价值；提高饲料风味；改善饲料外观；提高制粒效果；减少混合机等机器设备的磨损；用脂肪作能源饲料时，可降低体增热，减少动物炎热气候下散热负担，由于添加油脂的互补作用及延长饲料在消化道停留的时间，因而具有"额外热能效应"。

饲料油脂来自植物油脂和动物油脂。植物油的代谢能高达 37MJ/kg，用于肉仔鸡的增重效果好于动物油脂。常用的有大豆油、玉米油等。动物油脂的代谢能略低于植物油，约为 35MJ/kg。这类油脂多由胴体的某些部分熬制加工而来，如猪油脂、牛油脂和鱼油。动物吃了酸败的脂肪，将会引起动物消化代谢紊乱，甚至中毒。因此，在使用时应在脂肪中添加抗氧化剂，如二丁基羟基甲苯（BHT）或丁基羟基茴香醚（BHA），可按每吨 200g 的量加入，并注意检查油脂的酸度、碘值等指标。另外，为预防疯牛病，奶牛饲料中禁止添加动物油脂。

为了使用方便，人们把油脂用固体粉状物吸附制成脂肪粉。另外压榨和浸提得到的植物油中往往含有各种磷脂、色素、固醇、胆碱和游离脂肪酸等，经水洗和精炼后，副产品俗称

"油脚"。大豆油脚中残留油脂达15%左右，其余为磷脂等成分。油脚也可以适量地用于配合饲料生产，但要注意其质量。加油脂时可采用预拌方式添加，即先用豆粕类等吸附后，再逐步扩大混入饲料中，或采用直接喷雾法，即先将油脂加热至60～90℃变成液态，再以喷嘴直接喷雾到饲料中。

(2) 糖蜜　是甘蔗和甜菜制糖的副产品。糖蜜中仍残留大量蔗糖，含碳水化合物53%～55%。含有相当多的有机物和无机盐，还含有20%～30%的水分。干物质中粗蛋白含量很低，约4%～10%，其中非蛋白氮比例较大。糖蜜的灰分较高，占干物质的8%～10%。糖蜜具有甜味，对各种畜禽适口性均好，但糖蜜具有轻泻性，日粮中糖蜜量大时，粪便发黑变稀。猪、鸡饲料中适宜添加量为1%～3%，肉牛为4%，犊牛8%。糖蜜可作为颗粒饲料的黏合剂，提高颗粒饲料的质量。喂牛时，若在糖蜜中添加适量尿素，制成氨化糖蜜，效果更好。

(3) 乳清　是乳制品加工工厂生产乳制品后的液体副产品。主要成分是乳糖，残留的乳清蛋白和乳脂所占比例很少。乳清含水量大，不适合直接作为配合饲料原料。乳清经喷雾干燥后得到的乳清粉则是哺乳期幼畜的良好调养饲料，成为代乳料中不可缺少的部分。乳清粉中含乳糖67%～71%，含乳蛋白不低于11%，维生素B、维生素B_3及钠、钾丰富。

三、能量饲料的加工调制

1. 谷实类饲料的加工调制

(1) 粉碎　谷实类饲料经粉碎后饲喂畜禽，可增加其与消化液的接触面积，有利于消化。如大麦有机物质的消化率在整粒、粗磨和细磨后分别为67.1%、80.6%和84.6%，差别很大。谷实类饲料的粉碎程度可根据饲料的种类、家畜种类、年龄以及饲喂方式等来确定。

(2) 压扁　将玉米、大麦、高粱等去皮（喂牛不去皮），加水，将水分调节至15%～20%，用蒸汽加热到120℃左右，再以对辊压片机压成片状后，干燥冷却，即成压扁饲料。压扁可明显提高消化率。主要用于喂马、奶牛及肉牛（见表2-9）。

表2-9　加工方法及饲料的消化率（牛）

处理方法	有机物消化率/%	淀粉消化率/%	粪中谷物/%
粉碎玉米	52.7	70.8	24.1
压扁	60.9	99.9	7.7

(3) 浸泡　谷实类饲料经水浸泡后，膨胀柔软，容易咀嚼，便于消化。有些饲料含单宁、皂角苷等微毒物质，并具异味，浸泡后毒质与异味可减轻，从而提高适口性和可利用性。浸泡一般用凉水，料水比为1∶1～1∶5，浸泡时间随季节及饲料种类而异。

(4) 焙炒　谷实类饲料经焙炒后，一部分淀粉转变成糊精，不仅可以提高淀粉利用率，还可消除有毒物质、杂菌和病虫，变得香脆、适口，可用作仔猪开食料。

2. 块根块茎及瓜果类饲料的加工调制

(1) 切片、粉碎　将甘薯、马铃薯切片喂猪、牛，便于动物采食、咀嚼，减少浪费，或切片晒干和粉碎后添加到配合饲料中替代部分玉米。

(2) 打浆　块根块茎及瓜果类饲料经打浆后能消除饲料茎叶表面毛刺而利于采食，提高利用价值。

(3) 蒸煮　马铃薯生喂时，其中的龙葵素会引起家畜呕吐、消化障碍、便秘和下痢，孕畜食后可导致流产。将甘薯、马铃薯蒸煮后可将毒素破坏，提高饲喂效果。

（4）加工青贮饲料　块根、块茎及瓜果类饲料适宜与豆科牧草、青玉米秸、各种野青草和叶菜等混合、切碎后加工为青贮饲料。

第六节　蛋白质饲料

蛋白质饲料是指天然含水量低于45%，绝干物质中粗纤维含量小于18%、粗蛋白含量在20%以上的饲料。

蛋白质饲料主要包括植物性蛋白质饲料、动物性蛋白质饲料、单细胞蛋白质饲料和非蛋白含氮饲料四大类。在生产实践中大量使用的是植物性蛋白质饲料与动物性蛋白质饲料，这两类饲料对于提高动物的生产性能具有十分重要的作用。

一、植物性蛋白质饲料

植物性蛋白质饲料主要包括豆类籽实、饼粕类及其加工副产品。

1. 豆类籽实

大豆、豌豆及蚕豆等多为油料作物，除大豆以外，一般较少直接用作饲料。

（1）豆类籽实的营养特点　蛋白质含量高，约20%～40%，赖氨酸丰富，而蛋氨酸等含硫氨基酸相对不足。无氮浸出物明显低于能量饲料。大豆和花生的粗脂肪含量很高，超过15%，因此在配合饲料中补充大豆籽实可提高日粮的有效能值，但同时也会给畜产品带来不饱和脂肪酸所具有的软脂性影响。豆类的矿物质和维生素含量与谷实类饲料相似。

未经加工的豆类籽实中含有多种抗营养因子，最典型的是胰蛋白酶抑制因子、脲酶、凝集素、抗原等。因此，生喂豆类籽实不利于动物对营养物质的吸收。对豆类籽实进行蒸煮、适度加热或者膨化，可以钝化或破坏这些抗营养因子，消除大豆对幼龄动物的抗原性，适口性及蛋白质消化率明显改善，在肉用畜禽和幼龄畜禽日粮中，使用效果较好。

（2）常用豆类籽实

① 大豆　无氮浸出物及脂肪含量较多，蛋白质含量丰富，以干物质计算，大豆含消化能12.30～15.98MJ/kg、代谢能7.20～13.18MJ/kg、粗蛋白34.9%～50%，营养价值很高。氨基酸中蛋氨酸、色氨酸、胱氨酸含量较少，故最好与禾本科籽实饲料混合饲喂，以增强互补性。

大豆在饲喂前应进行蒸煮、适度加热或者膨化，破坏其所含的胰蛋白酶抑制因子，改善适口性，提高蛋白质的消化率及利用率。

② 豌豆　以干物质计算，豌豆含消化能13.85～15.40MJ/kg、代谢能9.67～12.30MJ/kg、粗蛋白20.6%～31.2%。蛋白质及无氮浸出物含量与蚕豆接近，是仔猪和种用家畜最好的蛋白质补充料。因脂肪含量低，饲喂育肥猪能获得硬脂猪肉。

此外，蚕豆、黑豆和秣食豆等在我国一些地区也是良好的畜禽饲料，应因地制宜，加以充分利用。

2. 饼粕类

饼粕是豆类籽实被提取油脂后的副产品。用压榨法得到的副产品叫饼，用浸提法得到的副产品称为粕。

（1）饼粕类的营养特点与合理利用　饼粕类由于原料种类、品质及加工工艺不同，其营养成分差别较大。饼粕类饲料通常含蛋白质较多（30%～45%），且品质优良；脂肪含量由于加工方法不同差别较大，通常土榨、机榨、浸提的含油量分别为10%、6%、1%，因而，同一豆类籽实粕中粗蛋白含量一般高于饼；含磷较多，富含B族维生素，缺乏胡萝卜素。

饼粕类有两个主要不足：a. 氨基酸含量不平衡；b. 含有抗营养因子或毒素。在进行饲料配方设计时，应尽量使多种饼粕搭配使用、补充氨基酸，棉籽饼粕、菜籽饼粕应进行脱毒处理并限制使用量。

(2) 常用饼粕类饲料

① 大豆饼（粕） 大豆饼（粕）是我国最常用的一种植物性蛋白质饲料，粗蛋白含量为40%～45%，蛋白质消化率达80%以上，含赖氨酸2.5%～2.9%、蛋氨酸0.50%～0.70%、色氨酸0.60%～0.70%、苏氨酸1.70%～1.90%，氨基酸平衡较好。大豆饼粕的代谢能也很高，达10.5MJ/kg以上。大豆饼粕的适口性很好，各种动物都喜欢采食。大豆饼粕可作为畜禽的唯一蛋白质饲料，也可与其他饼粕及少量动物性蛋白质饲料混合使用，提高氨基酸的平衡性，从而提高蛋白质的利用效率。

生大豆饼粕中含有抗营养因子（如胰蛋白酶抑制因子、大豆凝集素、脲酶等），它们影响大豆饼粕的营养价值。这些抗营养因子不耐热，适当的热处理（110℃，3min）即可灭活，但如果长时间高温加热，反而会降低大豆饼粕的营养价值（赖氨酸的有效性降低），通常以脲酶活性大小衡量大豆饼粕的加热程度。

② 花生仁饼粕 蛋白质含量高达47%，适口性极佳。赖氨酸和蛋氨酸等含量不及大豆饼粕，精氨酸含量高达5.2%。饲喂畜禽时，可与大豆饼粕、菜籽饼粕、鱼粉或血粉等配伍使用。产蛋鸡和育成鸡可用至5%～10%，肉猪10%左右。奶牛、肉牛均可多使用。不宜作为蛋白质的唯一来源。花生仁饼粕在高温高湿季节容易滋生黄曲霉菌，产生黄曲霉毒素，严重危害动物和人类的健康，使用中应高度注意。

③ 棉籽饼（粕） 是指棉花籽实被提取油脂后的副产品。完全脱壳的棉籽仁被提取油脂后的副产品称为棉仁饼（粕）。棉籽饼（粕）与棉仁饼（粕）因加工工艺不同，营养价值相差很大，粗蛋白含量40%～46%，代谢能10MJ/kg左右。

棉籽饼（粕）的主要特点是：赖氨酸不足，精氨酸过高，蛋氨酸含量低，约为0.4%；矿物质中磷多钙少，多为植酸磷；粗纤维11%左右。

棉籽饼（粕）中含有游离棉酚，对动物有很大的危害，饲喂前应脱毒处理或控制喂量。一般产蛋鸡可用到6%，肥育猪和肉鸡后期可用到10%。种用畜禽应避免使用。反刍动物对游离棉酚毒性的忍耐性较强，棉籽饼（粕）是反刍家畜良好的蛋白质来源，犊牛用量可占精料的20%，奶牛占精料的50%。

④ 菜籽饼（粕） 粗蛋白含量约为36%，氨基酸比较齐全，蛋氨酸含量高于豆饼，赖氨酸含量2.0%～2.5%，在饼粕类中仅次于大豆饼粕。

菜籽饼（粕）具有辛辣味，适口性不好。菜籽饼粕中含有硫葡萄糖苷、芥酸、异硫氰酸盐和噁唑烷硫酮等有毒成分，猪、禽较为敏感。一般在单胃动物日粮中限量饲喂，用量不超过10%。

⑤ 葵花籽饼 粗蛋白含量一般在28%～32%，粗纤维含量较高，赖氨酸含量高于花生饼、棉籽饼和大豆饼。优质葵花籽饼粕对于牛的适口性好，对乳牛的饲用价值接近大豆粕。产蛋鸡用量在5%以下。

⑥ 芝麻饼 粗蛋白含量达40%以上，蛋氨酸含量在所有植物性饲料中排在第一位。色氨酸、精氨酸含量也较高，赖氨酸含量低。钙、磷含量较高，其中磷以植酸磷为主。芝麻饼有苦涩味，适口性较差。雏鸡和仔猪应尽量避免使用，育肥猪使用量应控制在10%以下，并须同时补充赖氨酸。反刍动物使用量可适当增加。

⑦ 亚麻饼（粕） 也称胡麻饼（粕），粗蛋白含量32%～36%，粗纤维7%～11%，蛋白质品质不如大豆饼粕和棉籽饼粕，赖氨酸和蛋氨酸含量只有1.2%和0.45%，但色氨酸较

高。亚麻饼粕中含有亚麻苷、乙醛糖酸等抗营养因子。

二、动物性蛋白质饲料

动物性蛋白质饲料主要有初乳、常乳、脱脂乳、鱼粉、肉骨粉、乳清粉、血粉、羽毛粉、蚕蛹粉、皮革粉等。

1. 动物性蛋白质饲料的营养特点

① 干物质中粗蛋白含量可达50%～80%，蛋白质所含必需氨基酸种类齐全，比例接近畜禽的需要，是为各类畜禽配制平衡日粮的优质蛋白质补充饲料。

② 除乳外，其他类饲料含碳水化合物极少，且一般不含纤维素，消化率高。

③ 含能量略低于能量饲料。

④ 钙、磷含量较高，比例适当，利用率也高，如秘鲁鱼粉含钙达4%以上、磷3%左右。还含有丰富的硒等微量元素及一定量食盐。

⑤ 富含B族维生素，其中核黄素、维生素 B_{12} 为最多。其品质一般优于植物性蛋白质饲料。

2. 常用动物性蛋白质饲料

（1）鱼粉　鱼粉是鱼类加工食品剩余的下脚料或全鱼加工的产品。一般国产鱼粉粗蛋白含量为40%～60%，而优质鱼粉的粗蛋白可达63%以上。秘鲁鱼粉的品质属上乘，蛋白质含量可达62%或更高。含粗脂肪7%～10%，水分10%，食盐4%以下。好的鱼粉是优质蛋白质补充料，不仅蛋白质含量高，而且赖氨酸、含硫氨基酸和色氨酸等必需氨基酸含量均丰富；富含B族维生素，特别是维生素 B_{12}、核黄素、烟酸以及维生素A、维生素D和“未知生长因子”。鸡饲料中加入适量鱼粉，能显著提高饲料转化率及日增重。各类畜禽饲粮中鱼粉用量宜控制在0～3%，使用时应注意鱼粉是否掺假，感官性状是否正常，脱脂效果以及蛋白质含量等。鱼粉带入配合饲料中的氯化钠应视为添加的食盐。对生长后期或非生长期的畜禽可少用或不用鱼粉。鱼粉用量过多或使用劣质鱼粉，不仅抑制畜禽生长，降低产品产量，引起疾病，而且使畜产品质量降低。另外，与其他动物性饲料一样，鱼粉并非必须使用的饲料。

（2）肉骨粉和肉粉　这类饲料是由不能用作食品的畜禽下水及各种废弃物或畜禽尸体经高温、高压脱脂干燥而成的产品。含骨量大于10%的称为肉骨粉，其蛋白质含量随骨的比例提高而降低。一般肉骨粉含粗蛋白35%～40%，进口肉骨粉粗蛋白含量可达50%以上。每千克干物质消化能为11.72MJ（猪），并含有一定量的钙、磷和维生素 B_{12}。肉粉的粗蛋白含量为50%～60%，牛肉粉可达70%以上。赖氨酸和色氨酸含量低于鱼粉，适口性也略差。某些肉粉由于高温熬制使部分蛋白质变性，消化率降低，尤其赖氨酸受影响较严重。

肉骨粉和肉粉作为饲料的组分可替代部分或全部鱼粉。但在操作时须注意：为平衡移去鱼粉后所缺乏的那部分养分，肉骨粉用量可略高于鱼粉，并适量添加调味剂，以防畜禽出现厌食现象。

（3）乳清粉　为乳清经浓缩、干燥而成的粉末。其主要成分为乳糖和灰分。乳糖能提高钙、磷的吸收率。故多用作代乳品或仔畜早期补料的组分。仔猪用量一般为5%，效果较佳。犊牛代乳料可用到20%。用量过高会造成下痢及生长障碍并增加饲养成本。

（4）血粉　是由各种家畜的血液经消毒、干燥、粉碎或喷雾干燥而制成的产品，粗蛋白含量达80%以上，氨基酸的组成不平衡。蛋氨酸、色氨酸和异亮氨酸相对不足。血粉含铁特别高，适口性不如鱼粉和肉骨粉，利用率也较低。低温干燥制得的血粉或血清粉质量较好，可作为幼畜代乳料的良好原料。经处理（如发酵）的血粉可在饲粮中替代部分鱼粉。

(5) 羽毛粉　羽毛经高压、水解、烘干和磨碎而成，含粗蛋白高达86%。其中胱氨酸含量达4%，居所有饲料之首。氨基酸含量极不平衡，利用率较低。产蛋鸡用量可占饲粮的0.5%～3%，肉猪补充赖氨酸时用量可达5%。近年来，水解猪毛粉也可作为蛋白质补充料。值得注意的是，目前这类饲料的加工原料多不新鲜，且加工技术落后，适口性较差，消化率也偏低。在不少地方，仍被视为非常规饲料资源。

(6) 蚕蛹　蚕蛹含蛋白质约55%，粗脂肪20%～30%。蛋白质品质较好，氨基酸组成接近鱼粉，赖氨酸等必需氨基酸含量高。脱脂蚕蛹的品质更优，可作为鸡的蛋白质补充料，饲喂效果好。但应用不广泛。

三、单细胞蛋白饲料

单细胞蛋白饲料是由各种微生物体制成的饲用品，包括酵母、细菌、真菌、蓝藻、小球藻等。粗蛋白含量可达到50%，B族维生素含量较丰富。

液态发酵分离干制的纯酵母粉含粗蛋白40%～50%，而固态发酵制得的酵母混合饲料因培养底物不同而有较大的差别，一般含粗蛋白在20%～40%。

目前，饲料生产中常用的是饲料酵母。常用啤酒酵母制作饲料酵母。这类饲料含有丰富的蛋白质（50%～55%），包括各种必需氨基酸以及维生素，蛋白质含量与品质都高于植物性蛋白质饲料。因此，适当利用酵母饲料（1%～5%）可以补充畜禽日粮中蛋白质和维生素的不足，并使不含鱼粉的饲粮品质得以提高。使用时要注意酵母蛋白的含量，谨防假冒伪劣的饲料酵母产品。

单细胞蛋白饲料具有一般常规饲料所没有的优越性。酵母和细菌繁殖速度比动物生长要快千倍以上，生产周期短，它可以实现工业化生产，不与农业争地，也不受气候条件限制。因此，大力开发单细胞蛋白饲料具有非常诱人的前景。

四、非蛋白含氮饲料

非蛋白含氮饲料泛指供饲料用的氨、铵盐、尿素、双缩脲及其他合成的简单含氮化合物。这类化合物不含能量，只能借助反刍动物瘤胃中共生的微生物活动，作为微生物的氮源而间接地起到为反刍动物补充蛋白质营养的作用。目前，非蛋白含氮饲料已在全世界得到普遍采用，为节约常规蛋白质饲料做出了积极的贡献。

目前应用较广泛的非蛋白含氮饲料有尿素、硫酸铵、碳酸氢铵、氯化铵和氨水等，主要用于反刍家畜的日粮中以及秸秆的加工调制。

五、蛋白质饲料的加工调制

1. 膨化

对于大豆等豆类籽实可添加适量水分或蒸汽，并于100～170℃高温及$(2\sim10)\times10^6$Pa高压下，加工成膨化大豆粉。膨化大豆粉多用于肉用畜禽，不仅具有较高的能值，还可替代部分饼粕，效果很好。

2. 蒸煮

豆类饲料含有胰蛋白酶抑制因子，影响家畜对蛋白质的消化。另外，豆类饲料还含有豆腥味，影响适口性。加热处理能改善黄豆的特性和适口性，但加热时间不宜过长。一般情况下，在130℃的温度下进行蒸煮，时间以不超过20min为宜。

3. 焙炒

对于豆类，焙炒或其他热处理可以破坏其对热不稳定的生长抑制因子，并有助于提高蛋白质的利用率。焙炒可以使饲料中的淀粉部分转化为糊精而产生香味，用作诱食饲料。

4. 粉碎

对于各种饼类饲料，在使用前需进行粉碎。粉碎粒度因畜种不同而异，猪为 1mm、牛羊为 1～2mm、马为 2～4mm，禽类粉碎粒度可大一些。

5. 脱毒

(1) 棉籽饼脱毒

① 硫酸亚铁溶液浸泡法　按硫酸亚铁与游离棉酚 5：1 的重量比，把 0.1%～0.2%的硫酸亚铁水溶液加入棉籽饼中混合均匀并浸泡，搅拌几次，一昼夜后即可饲用。

② 膨化脱毒法　棉籽饼中游离棉酚含量在 0.08%以下时，可不加脱毒剂直接膨化，脱毒率可达 50%～60%；游离棉酚含量在 0.08%以上时，加入脱毒剂后再进行膨化，脱毒率可达 60%～90%。

(2) 菜籽饼脱毒　挖一土坑，大小视菜籽饼用量和周转期而定，坑内铺放塑料薄膜或草席。先将粉碎的菜籽饼按 1：1 加水浸泡，而后按每立方米 500～700kg 将其装入坑内，接着在顶部铺草或覆以塑料薄膜，最后在上部压土 20cm 以上。2 个月后，即可饲喂。

第七节　矿物质饲料

矿物质饲料是指用来提供常量元素与微量元素的天然矿物质及工业合成的无机盐类，也包括来源于动物的贝壳粉和骨粉。

一、补充钙、磷的矿物质饲料

1. 补充钙的饲料

(1) 石灰石粉　简称石粉，主要成分为碳酸钙，含钙 34%～39%，是补钙来源最广、价格最低的矿物质原料。

使用注意事项：①石粉中镁、铅、汞、砷、氟含量应在卫生标准范围之内；②猪用石粉的细度为 0.36～0.61mm（32～36 目），禽用石粉的粒度为 0.67～1.30mm（26～28 目）。

(2) 贝壳粉　各类贝壳外壳（牡蛎壳、蚌壳、蛤蜊壳等）经加工粉碎而成的粉状或颗粒状产品，主要成分为碳酸钙，一般含钙不低于 33%。贝壳砂（直径 2～3mm）作为产蛋鸡的钙源，使用效果好于石粉。贝壳内部残留有少量的有机物，使用时应注意检查贝壳粉有无发霉、腐败情况。

(3) 蛋壳粉　由蛋品加工厂或大型孵化场收集的蛋壳，经灭菌、干燥、粉碎而成，蛋壳粉含粗蛋白 12.4%，钙 24%～27%，孵化后的蛋壳钙含量极少。新鲜蛋壳制粉时应注意消毒，避免蛋白质腐败，甚至带来传染病。

2. 补充钙、磷的饲料

(1) 骨粉　动物骨骼加热加压、脱脂和脱胶后，经干燥粉碎而成。含钙 30%～35%，含磷 8%～15%，钙、磷比例为 2：1，是钙、磷较平衡的矿物质饲料。使用骨粉时应充分考虑其质量的不稳定性，要注意检查氟含量，以及有无腐败、变质情况。

(2) 磷酸钙盐　畜禽饲料中最常用的是磷酸氢钙。我国饲料级磷酸氢钙的标准为：含磷不低于 16%，钙不低于 21%，砷不超过 0.003%，铅不超过 0.002%，氟不超过 0.18%。水产动物对磷酸二氢钙的吸收率比其他含磷饲料高，因此磷酸二氢钙常用作水产动物饲料的磷源。

二、补充钠、氯的矿物质饲料

1. 食盐

氯含量为60.65%，钠为38.35%。植物性饲料中钠和氯的含量很少，而含钾很丰富。为了保证动物的生理平衡，以植物性饲料为主的动物应补充食盐。食盐可以改善口味，增进食欲，促进消化。

补饲食盐时应注意：①补饲食盐应考虑动物体重、年龄、生产力、季节，不可过量，否则畜禽饮水量增加，粪便稀软，重则导致食盐中毒；②要保证充足的饮水；③确定食盐添加量时，要注意饲料原料（特别是鱼粉）中的含盐量。

2. 碳酸氢钠

俗称小苏打。畜禽对钠的需要量一般高于对氯的需要量。食盐中氯多钠少，采用食盐供给动物钠与氯时，对产蛋家禽可用碳酸氢钠补充钠的不足。碳酸氢钠除提供钠离子外，还是一种缓冲剂，可缓解热应激，改善蛋壳强度，维持反刍动物瘤胃中pH的正常。

三、其他矿物质饲料

1. 沸石

属铝硅酸盐类，是一种天然矿石，含有25种矿物元素，其分子结构为开放型，有许多空隙与通道，其内有金属阳离子和水分子，这些阳离子和水分子与阴离子骨架联系较弱。沸石每克表面积极大，使它具有较强的吸附气体（如氨气）能力以及离子交换和催化作用，因此有很多饲料厂使用沸石作为畜禽的生长促进剂，有的直接添加于日粮，有的用作饲料添加剂的载体和稀释剂。日粮中使用少量沸石，可以提高动物的生产性能，减少肠道疾病，降低畜舍臭味。反刍动物日粮中含非蛋白含氮饲料时，添加沸石粉，可提高非蛋白含氮饲料的安全性和利用率。沸石用作畜禽饲料时，粒度一般为0.216～1.21mm。

2. 麦饭石

主要含氧化硅和氧化铝，含矿物元素达18种以上。麦饭石有多孔性，具有很强的吸附性，与活性炭一样有一定的收敛作用，能吸附氨、硫化氢等有害、有臭味的气体和一些肠菌，如大肠杆菌、痢疾杆菌等。在消化道内，麦饭石能释放出铜、铁、锌、锰、钴、硒等微量元素，延长饲料在消化道滞留时间，提高饲料中营养物质的消化吸收率，改善畜禽的生产性能。

3. 海泡石

属特种稀有非金属矿石，具有特殊的层链状晶体结构，对热稳定，有很好的阳离子交换、吸附和流变性能，可吸附氨，消除排泄物臭味。常用作微量元素的载体、稀释剂及颗粒饲料黏合剂。

4. 膨润土

以蒙脱石为主要组分的黏土，具有阳离子交换、膨胀和吸附性，能吸附大量的水和有机质。膨润土中含磷、钾、钙、锰、锌、铜、钴、镍、钼、钒、锶、钡等动物所需的常量及微量元素，常用作微量元素的载体或稀释剂，也可作颗粒饲料的黏合剂。

第八节　饲料添加剂

饲料添加剂是指在配合饲料中添加的各种少量或微量成分的总称。饲料添加剂的主要功能有：改善饲料的营养价值，提高饲料利用率，提高动物生产性能，降低生产成本；增进动物健康，改善畜产品品质；改善饲料的物理特性，增加饲料耐贮性。

一、饲料添加剂的种类

饲料添加剂种类很多，一般分为两大类，一类是给畜禽提供营养成分的物质，称为营养性添加剂，主要是氨基酸、矿物质与维生素等；另一类是促进畜禽生长、保健及保护饲料养分的物质，称为非营养性添加剂，主要有抗生素、酶制剂、防霉剂等。

1. 营养性添加剂

主要用于平衡畜禽日粮的营养。

（1）氨基酸添加剂

① 赖氨酸　目前常用的是L-赖氨酸盐酸盐，含量为98.5%，其生物活性只有L-赖氨酸的78.8%。还有一种DL-型赖氨酸盐酸盐，其中的D-型赖氨酸是发酵或化学合成工艺中的半成品，利用率较低，价格便宜，使用时应引起注意。除优质鱼粉外，多数饲料缺乏赖氨酸。近年来有少用或不用鱼粉的趋势，因此赖氨酸成为畜禽饲料加工中必需的添加剂。

② 蛋氨酸　蛋氨酸有两类，一类是DL-蛋氨酸，另一类是DL-蛋氨酸羟基类似物（液体）及其钙盐（固体）。目前国内使用最广泛的是粉状DL-蛋氨酸，含量一般为99%。蛋氨酸在饲料中的添加量，一般按配方计算后，补差定量供给。D-型与L-型蛋氨酸的生物利用率相同。

（2）微量元素添加剂　此类添加剂多为各种微量元素的无机盐类或氧化盐。常用的微量元素添加剂有硫酸铜、硫酸亚铁、硫酸锌、硫酸锰、亚硒酸钠、碘化钾和氯化钴等。使用时应注意三个问题：①微量元素化合物的可利用性。②微量元素化合物活性成分含量。③微量元素添加剂的规格（包括细度、卫生指标、结晶水数量等）。

（3）维生素添加剂　常用的维生素添加剂有维生素A、维生素D_3、维生素E、维生素K_3、维生素B_1、维生素B_2、维生素B_6、维生素B_{12}、烟酸、泛酸钙、叶酸、生物素、维生素C、胆碱、肌醇等。

维生素A添加剂的商品形式为维生素A醋酸酯或其他酸酯，常见的粉剂每克含维生素A为50×10^4IU，也有65×10^4IU和25×10^4IU的。

商品型维生素D含量为50×10^4IU/g或20×10^4IU/g。

商品型维生素E粉一般是以α-生育酚醋酸酯或乙酸酯为原料制成，含量为50%。

商品型维生素K_3添加剂的活性成分是甲醛醌的衍生物，主要有三种：一是活性成分占50%的亚硫酸氢钠甲萘醌；二是活性成分占25%的亚硫酸氢钠甲萘醌复合物；三是含活性成分为22.5%的亚硫酸嘧啶甲萘醌。

维生素B_1添加剂的商品形式有盐酸硫胺素和单硝酸硫胺素两种。活性成分一般为96%，也有5%的，使用时应注意其活性成分含量。

维生素B_2添加剂通常含96%或98%的核黄素，因具有静电作用和附着性，故需进行抗静电处理，以保证混合均匀度。

维生素B_3的商品形式有两种：一是D-泛酸钙，二是DL-泛酸钙。后者有活性，商品添加剂中，活性成分一般为98%。

维生素B_5的商品形式有两种：一是烟酸，二是烟酰胺，两者的营养效用相同。商品添加剂的活性成分为98%～99.5%。

维生素B_6添加剂的商品形式是一种盐酸吡哆醇制剂，一般活性成分多为98%。

维生素B_7添加剂也叫维生素H或生物素添加剂，其活性成分为1%或2%。

维生素B_{11}添加剂的商品活性成分为3%或4%，也有95%的。

维生素 B_{12} 添加剂的商品形式活性成分常见的有 0.1％、1％和 2％。

维生素 B_4 添加剂商品名叫胆碱添加剂或氯化胆碱添加剂，市场上有含活性成分为 70％的液态氯化胆碱和活性成分为 50％的固态粉粒型氯化胆碱。

维生素 C 添加剂的商品形式有抗坏血酸钠、抗坏血酸钙以及包被的抗坏血酸等。

多数维生素不稳定，在光、热、潮湿以及微量元素和酸败脂肪存在的条件下容易氧化或失效，在配合饲料中应尽量选用经过“微囊”包被的维生素制剂。

在确定饲粮中维生素用量时，仅考虑畜禽的实际需要是不够的，还应充分考虑到以下方面：

① 维生素的稳定性及使用时实存的效价；

② 在预混和饲料加工过程（尤其制粒）中的损失；

③ 成品料在贮存过程中的损失；

④ 炎热环境可能引起的额外损失。因此，饲料中原有的维生素应视为安全裕量，应根据畜禽的实际需要量、环境因素、生产水平适当增加使用量。

饲料生产中，预先按各类动物对维生素的需要，拟制出实用型配方，按配方将各种维生素与抗氧化剂和疏散剂加到一起，再加入载体和稀释剂，经充分混合均匀，制成复合维生素预混剂，使用十分方便。

2. 非营养性添加剂

非营养性添加剂主要起调节代谢、促进生长、驱虫、保健、改善产品质量以及保护饲料中养分的作用。

（1）饲料药物添加剂　是指为预防、治疗动物疾病而与载体或稀释剂混合后加入饲料中的兽药预混剂。

① 抗生素　又称抗菌素，是微生物（细菌、真菌、放线菌等）的发酵产物，对特异性的微生物具有抑制或杀灭作用。对维护动物健康、提高生产性能具有极大的作用。

近年来，使用抗生素带来的抗药性与畜产品中药物残留问题，已越来越引起人们的注意。世界上许多国家已限制或禁止在饲料中使用链霉素、四环素、泰乐菌素等多种抗生素。我国农业部于 2001 年颁布的《饲料药物添加剂使用规范》中也明确规定了我国允许使用的饲料药物添加剂品种。

② 抗球虫药　球虫病是严重危害养禽业的疾病之一。在本病易发生阶段，应连续或经常投药。但多数药物长期使用易引起球虫产生抗药性，故应实行穿梭式或轮换式用药，以改善药物使用效果。常用的抗球虫药物有氨丙啉、马杜拉霉素、尼卡巴嗪等。

③ 驱蠕虫药　按药物的驱虫谱可分为驱线虫药、抗吸虫药和抗绦虫药。目前，我国批准使用的驱蠕虫药为越霉素 A，进口的越霉素 A 预混剂的商品名为“得利肥素”。

④ 中草药添加剂　中草药添加剂种类很多，功能各异。中草药资源丰富、来源广、价格低廉，与抗生素药物相比，具有毒性低、无残留、副作用小、不易产生耐药性等优点，是今后饲料药物添加剂的发展方向。如能解决其有效成分的提取问题，则中草药添加剂可望在生产中广泛使用。

（2）益生素　又称生菌剂。畜禽体表和体内携带有大量微生物，其中约有 35％的微生物群对宿主具有营养、免疫、刺激生长和生物拮抗等作用。大量应用抗生素或化学药品，不仅抑制了病原微生物，同时也破坏了正常生物群的生态环境，不利于畜禽生长，有时还会降低抗病能力。将肠道菌进行分离和培养所制成的活菌制剂，作为添加剂使用可抑制肠道有害菌繁殖，起到防病保健和促进生长的作用。这类产品主要有乳酸杆菌制剂、链球菌制剂、双歧杆菌制剂、枯草杆菌制剂等。

益生素不会使动物产生耐药性，不会产生残留，也不会产生交叉污染，因此，是一种可望替代抗生素的绿色添加剂。

（3）酶制剂　酶是生物体内代谢的催化剂，种类很多，作用选择性专一。常用的酶制剂有纤维素酶、蛋白酶、α－淀粉酶、植酸酶等单一酶制剂或复合酶制剂。主要用于消化机能尚未发育健全的幼畜和提供消化道缺少的酶类以分解饲料中的某些特殊成分。如植酸酶已用于猪和蛋鸡饲粮中。

酶本身是一种特殊的蛋白质，贮存和使用酶制剂时必须注意影响酶活力的各种因素，如环境最适 pH、温度、金属离子、光照等，选用酶制剂时需考虑到动物种类、动物年龄、日粮类型、添加量等。

（4）饲料保存剂

① 防腐防霉剂　在高温潮湿季节，饲料在保存过程中易发霉变质。霉变的饲料，不仅适口性变差，营养价值降低，而且霉菌毒素危害畜禽健康和生产，甚至引起死亡。因此，必须在配合饲料中添加适量防腐防霉剂。为了防止青贮饲料霉变，加入防腐防霉剂，可控制青贮窖内的 pH，抑制霉素繁殖，并增加乳酸产量，有利于正常发酵。常用的防腐防霉剂有丙酸、丙酸钠、丙酸钙、苯甲酸钠、柠檬酸、乳酸钙、山梨酸与山梨酸钾等，其中最常用的是丙酸及其盐类。

② 抗氧化剂　在饲料加工与贮存过程中，为防止饲料中的油脂及某些维生素等接触空气后的自动氧化，必须在配合饲料或某些原料饲料中添加抗氧化剂。常用的抗氧化剂有乙氧基喹啉、二丁基羟基甲苯、丁羟基茴香醚、没食子酸丙酯及维生素类抗氧化剂（如维生素 E、维生素 C）等。乙氧基喹啉（EMQ）又称乙氧喹、山道喹，是公认的首选饲料抗氧化剂，各国普遍将乙氧基喹啉用作动物性油脂、苜蓿、鱼粉及配合饲料的抗氧化剂，其对脂溶性维生素的保护是其他抗氧化剂无法比拟的。

（5）饲料诱食剂　又称引诱剂、食欲增进剂，包括香味剂和调味剂两类。添加饲料诱食剂可改善饲料适口性、增强动物食欲、提高饲料的消化吸收及利用率。香味剂有两种来源，一种是天然香料，如葱油、大蒜油、橄榄油、茴香油、橙皮油等；另一类是化学合成的可用于配制香料的物质如酯类、醚类、酮类、芳香族醇类、内酯类、酚类、醚类等。调味剂又称风味剂，包括鲜味剂、甜味剂、酸味剂、辣味剂等。

（6）饲用着色剂　饲用着色剂有两种，一种是人工合成的色素如柠檬黄、胭脂红等，其作用是改变饲料的外观颜色，刺激动物的食欲；另一种是天然色素，主要是类胡萝卜素及叶黄素类，其作用是为了改善畜禽产品的外观，提高畜产品的商品价值。

着色剂（尤其是人工合成色素）的安全问题是人们关心的主要问题，使用饲用着色剂必须对人类无毒无害，必须遵守国家药物管理部门的有关规定，正确选择使用着色剂。

（7）饲料调制剂

① 流散剂　又称抗结块剂，其主要作用是使饲料和饲料添加剂具有较好的流动性，防止饲料加工及贮藏过程中结块。食盐和尿素最易吸湿结块，使用流散剂可以使它们容易流动、不结块。当配合饲料中含有吸湿性较强的乳清粉、干酒糟或动物胶原时均需加入流散剂。流散剂有天然的和人工合成的硅酸化合物和硬脂酸盐类，如硬脂酸钙、硬脂酸钾、硬脂酸钠、硅藻土、脱水硅酸、硅酸钙等。

② 黏结剂　也称黏合剂、制粒剂，目的是减少粉尘损失，提高颗粒饲料的牢固程度，减少制粒过程中压模受损，是加工工艺上常用的添加剂。常用的天然黏结剂有膨润土、α-淀粉、玉米面、动物胶、鱼浆、糖蜜等。人工合成的黏结剂有木质素磺酸盐、羟甲基纤维素及其钠盐、陶土、藻酸钠等。

(8) 其他类饲料添加剂

① 缓冲剂　最常用的是碳酸氢钠（小苏打），还有石灰石、氢氧化铝、氧化镁、磷酸氢钙等。这类物质可增加机体的碱贮备，防治代谢性酸中毒，饲用后可中和胃酸，溶解黏液，促进消化，应用于反刍动物可调整瘤胃 pH，平衡电解质，增加产乳量和提高乳脂率，也可防止产蛋鸡因热应激引起蛋壳质量下降。

② 除臭剂　具有抑制畜禽排泄物臭味的特殊功能。常用的除臭剂有硫酸亚铁、丝兰植物提取物、腐殖酸钙及沸石等。

二、饲料添加剂的合理利用

① 严格执行国家有关法律、法规的规定。饲料添加剂在畜产品中残留量不超过规定标准，不影响畜产品质量和人体健康。

② 选择合适的饲料添加剂。饲料添加剂种类很多，应根据饲料添加剂的特性、动物类型、基础日粮特性等，选用适合的饲料添加剂。

③ 准确掌握饲料添加剂的使用量、中毒量和致死量，注意使用期限，防止动物产生生理障碍和不良后果。

④ 饲料添加剂加到配合饲料中一定要混合均匀。添加剂一般只能混合于干饲料中，不能混于湿料或水中饲用。

⑤ 准确掌握饲料添加剂之间的配伍禁忌，注意矿物质、维生素及其相互间的拮抗关系。

⑥ 饲料添加剂应贮存于干燥、低温及避光处。

三、添加剂原料的预处理

对添加剂原料进行预处理的目的：一是保护原料的生物学活性，减少维生素受到的氧化以及与微量元素混合时受到的破坏；二是对极易吸湿返潮而结块的矿物盐进行处理，提高设备的使用寿命及产品的均匀度和流动性；三是对用量微小的添加剂进行稀释，使其均匀分布到预混料中。

1. 微量元素添加剂原料的预处理

(1) 硫酸盐的预处理

① 干燥　硫酸铜、硫酸亚铁、硫酸锌、硫酸锰、硫酸钴等硫酸盐类常含有 5～7 个结晶水。作为矿物添加剂存在的主要问题是：

a. 不易粉碎与吸湿结块；

b. 本身的化学稳定性（易氧化）；

c. 影响维生素、酶制剂、微生物制剂等成分的活性。

通常用矿物盐干燥设备对硫酸盐进行干燥处理，使其游离水和结晶水的含量达到有关标准的要求。

② 添加防结块剂　常用的有二氧化硅、硅酸钙、硅酸镁、硅酸铝钙、硅酸铝钾、沉淀碳酸钙及碳酸镁等。

③ 涂层包被　通常采用矿物油包被的方法。将占预混料总量 3% 的矿物油加到搅拌机内搅拌混匀，可起到阻挡水分的屏障作用，使已干燥的硫酸盐微粒不再吸湿返潮。矿物油具有的黏滞性以及绝缘性，可防止粉尘污染和微粒产生静电作用。

④ 螯合或络合

a. 制成多糖复合物　多糖复合物是一种溶解性盐与多糖溶液所形成的特殊金属复合物。如铜的多糖复合物、铁的多糖复合物、锌的多糖复合物等。这种复合物不仅将微量元素完全包被，且在消化道中更有利于动物的利用，还可防止它们与维生素、益生素及其他矿物质元素之间的相互影响。

b. 制成矿物元素蛋白盐　无机矿物盐在动物体内利用率低，且在使用上有很多缺点，将矿物元素与氨基酸或小肽进行络合，形成矿物质蛋白盐。矿物质蛋白盐稳定性好，加工与贮存方便，生物学效价高，对环境污染小。

(2) 碘化钾和氯化钴的预处理

① 硬脂酸钙法　用球磨机将碘化钾、氯化钴细粒化，然后用硬脂酸钙作保护剂形成一种包合物，保护剂与碘化钾或氯化钴的用量比例为 2∶98。

② 吸收剂平衡法　将碘化钾、氯化钴等分别准确称量，然后各以 1∶15～1∶20 的比例溶解于水中，再分别按 1∶500 的比例喷洒在石粉等吸收剂上进行预混合。

③ 添加抗结块剂　碘化钾结晶粉在潮湿空气中可轻微潮解，因此可向原料中加入 10% 的抗结块剂以防止结块。

(3) 亚硒酸钠的预处理　将含硒 45%的亚硒酸钠加入 81.4℃的热水中，经过 5min 完全溶解后制成 10kg 水溶液，然后再喷洒在搅拌机内的砻糠粉上，混合均匀，制成硒稀释剂，再与其他原料混合制成硒含量为 0.02%的预混剂。

(4) 微量元素细粒化预处理　将微量元素添加剂进行细粉碎预处理，其目的在于提高混合均匀度，有利于微量元素添加剂在动物胃肠道中的溶解和吸收。

2. 维生素添加剂原料的预处理

(1) 维生素 A

① 乳化　先在乳化器内加入一定量的基质（阿拉伯胶或明胶，也可用蔗糖或淀粉）和一定量的抗氧化剂（如乙氧基喹啉、BHT 或 BHA），然后加入维生素 A 酯进行乳化，使之形成微粒并均匀地分散于基质中。

② 包被　将乳化后的细粒移至反应罐中，加入明胶水（或可溶性变性淀粉）溶液，利用电荷作用使乳化液微粒和明胶发生反应，形成被明胶包被的微粒，随后加入糖衣、疏水剂，再用淀粉包被，制成微型胶囊。

③ 吸附　在经过乳化工艺处理制成的细粒中，加入干燥小麦麸和硅酸盐等吸附剂，制成粉剂。

经过预处理的维生素 A 酯，在正常贮存条件下，如果是在维生素预混料中，每月损失 0.5%～1%；如果在维生素、矿物质预混料中，每月损失 2%～5%；在全价的粉料或颗粒料中，温度在 23.9～37.8℃，每月损失 5%～10%。

(2) 维生素 D　维生素 D 对光敏感，微耐酸，不耐碱，能被矿物质和氧化剂破坏。将维生素 D_3 酯化，然后用明胶、糖、淀粉进行包被，稳定性会大大提高。在常温 20～25℃下，被包被的维生素 D_3 酯与其他维生素添加剂混合时，可贮存 1～2 年而不失活。但温度过高时，如达 35℃，其活性会降低 35%。所以，应将维生素 D_3 贮存在干燥阴凉处，并注意防湿防热。

(3) 维生素 E　通常用以下几种工艺对维生素 E 进行预处理。

① 吸附　将油液状的维生素 E 与二氧化硅混合，混合后将维生素 E 吸附于其中。

② 喷射包被　先将维生素 E 油制成极细的微粒，然后喷射到乳制品、明胶或糖等基质中。喷射包被的维生素 E 比吸附工艺制成的维生素 E 效果好，稳定性高。

③ 固化处理

a. 乳化　将 1kg 大豆卵磷脂、25g 抗氧化剂和 3.975kg 饱和脂肪加入到 50kg 脂溶性维生素油剂中，使其乳化和稳定化。

b. 粉化　在以上经乳化处理的55kg维生素E中加入115kg麦麸粉（载体）、30kg硅酸盐或膨润土（吸附剂）进行预混合，制成粒度为0.1～1.0mm的粉剂。

(4) 维生素K　处理方法有两种：一是用明胶包被，再进行微囊化处理。二是制成维生素K衍生物，包括硫酸氢钠甲萘醌复合物（MSBC）、亚硫酸氢钠嘧啶甲萘醌（MPB）和亚硫酸氢钠烟酰胺甲萘醌（MNB）。MPB的稳定性要好于MSBC，MNB是目前使用最为稳定的维生素K。

(5) 维生素B_{12}　维生素B_{12}在饲料中的添加量极小，处理的方法主要是用载体或吸附剂进行稀释。

(6) 生物素　生物素的预处理方法如下。

① 细磨　生物素在饲料中的添加量很少，故对其粒度要求极细。

② 稀释　加入稀释剂，进行稀释混合。

③ 加吸附剂　将生物素直接喷洒在吸附剂上，混合均匀。

(7) 维生素C　维生素C的预处理方法有：

① 制成维生素C钙钠结晶盐。

② 包被：采用乙基纤维包被、脂肪包被和微胶囊包被。

③ 将维生素C酯化，制成维生素C衍生物；目前主要酯化产物有维生素C多聚磷酸酯、维生素C单聚磷酸酯和维生素C硫酸酯。

(8) 胆碱　固体氯化胆碱的预处理方法有：

① 干燥　将液体氯化胆碱喷洒到吸附剂上，同时加入抗结块剂，制成固体粉粒状氯化胆碱。

② 吸附　使用符合粒度的二氧化硅或硅酸盐等吸附剂平衡氯化胆碱的水分以达到固化的目的。

3. 酶制剂和微生物制剂的预处理

酶制剂和微生物制剂的预处理方法主要有包被技术、微囊化技术和后喷涂技术三种。包被技术和微囊化技术成本较高，因此，目前应用较为普遍的方法是将酶制剂或微生物制剂先制成液体，然后采用后喷涂技术将其均匀地喷洒到颗粒饲料表面。

【复习思考题】

1. 国际饲料分类法的依据是什么？我国对饲料是如何分类的？
2. 粗饲料碱化处理的方法有哪些？
3. 青绿饲料具有哪些营养特点？请列举出10种当地常用的青绿饲料。
4. 制作青贮饲料的关键技术条件有哪些？使用青贮料时应注意哪些问题？
5. 常用的能量饲料有哪几种，它们有哪些营养特性？
6. 常用的蛋白质饲料有哪几种，在饲喂动物时应注意什么问题？
7. 非蛋白含氮饲料适宜饲喂哪些畜禽，饲喂时应注意哪些问题？
8. 当地常用的矿物质饲料有哪几种，在饲喂时应注意哪些问题？
9. 如何正确使用饲料添加剂？

第三章　动物营养需要与饲料配合技术

第一节　动物营养需要与饲养标准

一、营养需要与饲养标准的基本概念

1. 营养需要

营养需要又称营养需要量，是指每日每头（只）动物对能量、蛋白质、矿物质和维生素等营养物质的需要量。动物在生存和生产过程中必须不断地从外界摄取营养物质。动物种类、生理状态、生产水平以及饲养的环境条件不同对养分的需要量也不同，因此需要对特定动物的营养需要量做出规定，以便指导生产。

营养需要量是一个群体平均值，是通过大量的试验研究得出的，所以营养需要中规定的营养物质定额只是一个参考值，一般不适宜直接在动物生产中应用。为了保证生产应用和参考的可靠性以及科学、经济、有效地饲养动物，营养物质的定额按最低需要量给出。在最适宜的环境条件下，同品种或同种动物虽然可能处于不同地区或不同国家，但是对特定营养物质需要量不存在明显差异，这样就使营养需要量在世界范围内可以相互借用和参考。如上所述，由于动物的种类、品种、生理阶段、饲养环境等不同，动物的营养需要量也不同，所以生产过程中要对具体的饲养标准进行适时调整，切勿照搬标准。

营养需要包括两部分，一是维持的营养需要，简称维持需要；二是生产的营养需要，简称生产需要。

2. 饲养标准

早期的饲养标准基本上是直接反映动物在实际生产条件下摄入营养物质的数量，标准的适用范围比较窄。现行饲养标准则更为确切和系统地表述了经实验研究确定的特定动物（不同种类、性别、年龄、体重、生理状态、生产性能、不同环境条件等）能量和各种营养物质的定额数值。广义上，饲养标准是指根据大量饲养实验结果和动物生产实践的经验总结，对各种特定动物所需要的各种营养物质的定额做出的规定，这种系统的营养定额及有关资料统称为饲养标准。狭义概念认为饲养标准就是指特定动物系统成套的营养定额。这里的特定动物指的是种类、品种、生理阶段、生产性能、饲养管理的环境与方式等不同的动物。

家畜的饲养标准是在经验性的饲料定额以及随后发展的饲料化学评定和家畜消化代谢试验等的基础上逐步产生和完善的。最早的标准应归功于德国学者 A. 泰尔于 1810 年在爱因霍夫协助下提出的干草等价学说。他把各种饲料都折合为相当于 1kg 草地干草的比值（如 0.91kg 三叶干草，或 2kg 马铃薯，或 6.25kg 鲜饲用甜菜等于 1 个干草等价），从而订出饲喂家畜的等价定额。此后，随着对蛋白质、脂肪和碳水化合物的化学分析的常规化，1859 年格洛文以对上列成分的化学分析为依据，提出了第一个饲养标准——格洛文标准。1864 年，德国人沃尔夫又提出可消化营养成分概念，即一定体重的家畜每日应饲喂的干物质中含可消化蛋白质、可消化脂肪和可消化糖的量，称为沃尔夫饲养标准。1894 年经 G. 莱曼修

订，改名沃尔夫-莱曼标准。另一德国人 O. 克尔纳则提出反映饲料净能值的淀粉等价体制，并按可消化蛋白质和淀粉等价两个指标规定家畜需要，称为克尔纳标准。1915 年，美国人亨利对沃尔夫-莱曼标准作了增订。此后，其继承人 H. 莫理森又作了再一次的修订。以干物质、可消化粗蛋白、总消化养分和营养比 4 项为主要指标，为马、牛、羊、猪制订了日需要量。20 世纪中期以来，由于有关家畜能量代谢、蛋白质和氨基酸营养、维生素和微量元素营养以及中间代谢等方面的知识日益丰富，饲养标准也日趋完善。现在许多国家都将标准建立在动物最低营养需要量的基础上，以达到提高饲料效率、节约饲料成本和发挥畜禽最大生产潜力的目的。20 世纪 40 年代以前，用饲养标准这一名称概括动物对营养物质的需要和供给的科学研究总结，普遍被接受和采用。美国 NRC 在 1944 年把饲养标准改为营养供给量，1953 年又改成营养需要。由名称的变化，可以看出人们对以动物为饲养主体的认识以及动物营养学科的发展变化。

饲养标准的制订首先需要通过消化试验与平衡试验，取得有关饲料消化与利用方面的数据。饲料可消化养分的总能量为蛋白质、脂肪与糖类 3 种养分的能量之和。据此即可求得消化能（饲料总能量×消化率）、代谢能（消化能×代谢率）和产品能（代谢能×转化率），其中蛋白质因有特殊的生理功能，故在饲养标准中单独列出，猪与家禽现已改用组成蛋白质的必需氨基酸表示；反刍家畜过去一直用粗蛋白表示，现开始改用降解蛋白质与非降解蛋白质新体系。由于不同家畜种类的消化结构与生理功能全然不同，家畜营养需要千差万别，计算也要因地制宜。饲料标准的制定常需借助于数理统计处理，采用析因法等剖析测定。

饲养标准根据制订与指导应用的情况，一般可分为序言、研究综述、营养定额、饲料营养价值、典型饲粮配方和参考文献等六个组成部分。序言主要说明制订和修订“标准”的意义和必要性、饲养标准所涉及到的内容以及“标准”中使用研究资料的情况。修订“标准”中必须注明本次修订的主要变化和与前一版显著不同的地方。研究综述部分详细地归纳总结迄今为止的相关研究资料，它能够体现标准制订或修订后的科学性和先进性的基本依据，是制定营养定额的基础。营养定额是饲养标准的具体体现形式。为方便查找和参考一般是以表格的形式列出每一个营养指标的具体数值。饲料的营养成分和营养价值表中列出常用饲料的常规营养成分及其含量。典型饲料配方可以为初学饲料配方的人员提供良好的参考。参考文献列出了制订或修订饲养标准所涉及到的可靠资料来源以及确定营养定额数值相关的文献。

二、营养需要的测定

测定动物营养需要的方法一般分为综合法和析因法两类。

1. 综合法

综合法是研究营养需要最常用的方法，它是指为满足一个目的和数个目的的某一营养物质在某一种生理状态时的总需要量，此过程不剖析构成此需要量的营养物质组分。综合法的测定常采取饲养试验、消化试验、代谢试验、平衡试验、屠宰试验等。常用于测定各种动物对能量、蛋白质、矿物质、维生素等营养物质的需要量。

2. 析因法

析因法是将研究的总体内容分为多个部分，如用于维持、产乳、产毛、产蛋、产肉、使役等方面的需要，然后分别对每个部分进行试验，将各个部分的试验结果综合进而得到动物的总养分需要量。

$$总营养需要=维持需要+生产需要+体重变化需要 \tag{3-1}$$

$$R=aW^{0.75}+cX+dY+eZ+\cdots \tag{3-2}$$

式中，R 表示某一营养物质的总需要量；$W^{0.75}$ 表示代谢体重，kg；a 为常数，即每千克代谢体重该营养物质需要量；X、Y、Z 分别代表不同产品中某一营养物质的数量；c、d、e 分别代表某营养物质的利用系数。

三、维持的营养需要

动物不能把食入饲料中的营养物质完全转化为动物产品，其中的一部分会随着粪便、尿液以及消化道产气而被损耗掉。所以饲养畜禽的维持需要既包括呼吸、心跳、胃肠等脏器的运动、体温的恒定，同时也包括营养物质的损耗。不同种类动物，其生物学特性和营养要求不同，维持需要也不同，但维持基本生存的方式和维持代谢的基本过程相似。

1. 维持需要的概念与意义

（1）维持　维持是指动物生存过程中保持体重不变，体内营养物质的种类和数量相对恒定，分解代谢和合成代谢过程处于动态平衡的一种基本状态，所以维持又称维持状态。在此状态下，虽然动物的分解代谢能力和合成代谢能力不变，但不能保持体组织成分之间的比例恒定不变，例如生长动物在维持代谢过程中可导致体蛋白增加，体脂肪减少，但维持代谢过程中体成分之间的动态变化仍可使体重保持不变。

（2）维持需要　维持需要是指动物在维持状态下对能量和其他营养物质的需要量。动物的维持需要仅能满足基本生命活动中的代谢过程，如内脏器官的运动、保持体温恒定、随意运动等的营养需要。

① 维持的能量需要　在了解维持的能量需要之前，首先了解基础代谢。基础代谢是指在理想条件下，健康的动物维持自身生存所必要的最低限度的能量代谢。基础代谢是维持能量需要中比较稳定的部分。由于理想条件包括适宜的环境温度、空腹、绝对安静以及完全放松的状态，这对于动物来说很难准确测定。因此，在实际研究中，基础代谢常以绝食代谢代替。

绝食代谢（饥饿代谢或空腹代谢）指动物处于绝食状态下维持自身生存所必要的最低限度的能量代谢。绝食代谢动物的体重和体表面积呈现一定的相关性。由于动物的体表面积受环境的影响很大，所以绝食代谢通常用动物的体重表示。测定动物维持能量需要时，通常采用绝食代谢试验、能量平衡试验及饲养试验等方法。动物绝食代谢的水平一般比基础代谢略高。

在绝食代谢的基础上，根据具体情况如性别、活动量、温度等，酌情增加一定的安全系数，一般为 20%～100%不等，就可得出其维持的能量需要，再根据净能与代谢能或消化能间的关系求出相应形式的能量需要量。

$$\text{维持的能量需要}=\text{绝食代谢}\times(1+a) \tag{3-3}$$

式中，a 代表非生产性活动的能量损耗率，一般舍饲畜禽为 20%～30%、笼养家禽为 37%、散养家禽为 50%。

② 维持的蛋白质、氨基酸需要　维持的蛋白质需要主要包括内源尿氮（EUN）、代谢粪氮（MFN）和体表氮损失三个部分。内源尿氮是指动物在维持自身生存过程中，必要的最低限度体蛋白质净分解代谢经尿中排出的氮。它是评定维持蛋白质需要的重要组成部分。代谢粪氮是指动物采食无氮饲粮时经粪中排出的氮。它主要来源于脱落的消化道上皮细胞、胃肠道分泌的消化酶和消化道中的微生物及其代谢产物等含氮物质，也包括部分体内蛋白质氧化分解经尿素循环进入消化道的氮。体表氮损失是指动物在基础氮代谢条件下，经皮肤表面损失的氮。主要是皮肤表皮细胞和毛发衰老脱落损失的氮。

通过基础氮代谢或饲养试验法可估计维持蛋白质需要。研究表明，内源氮日排出量与能量需要量间呈一定的比例关系，通过此关系式就可计算出维持蛋白质需要量。例如，牛的维持可消化粗蛋白需要量（g/d）＝2.84·$W^{0.75}$。资料报道，成年猪每千克代谢体重的维持赖氨酸、蛋氨酸、色氨酸及苏氨酸的需要量依次为6mg、12mg、2mg、24mg。

③ 维持的矿物质需要　仔猪内源钙损失每天每千克体重为23mg，20kg以上的生长肥育猪为32mg，磷的内源损失平均每天每千克体重为20mg。维持需要钙的利用率，仔猪可达到0.65，到最后肥育期下降到0.5左右，相应磷的维持利用效率从0.8下降到0.6。猪每天每千克体重对钠的维持需要为1.2mg。生长牛每天每千克体重损失内源钙16mg、磷24mg、钠11mg、镁4mg。成年奶牛每天钙、磷维持需要为22～26g，钠、镁分别为7～9g和11～13g。

④ 维持的维生素需要　反刍动物和其他草食动物维生素A的维持需要大约是每天每千克体重0.025～0.035IU，奶牛需要较高，平均是0.035IU。

(3) 维持需要的意义　维持需要的研究不仅可以深入剖析影响动物代谢的有关因素、阐明维持状态下营养素的利用特点，同时可以探求动物体内营养物质的代谢规律和提高营养素利用效率的手段和方法；为特定动物的营养需要及其营养特点的确定具有重要意义和作用。合理平衡维持需要与生产需要之间的关系，不但可以减少维持的营养消耗，同时可提高生产效率，降低生产成本，从而获取最大可能的经济效益。

2. 影响维持需要的因素

(1) 动物　动物种类、品种、年龄、性别、健康状况、生产性能、生理阶段、被毛等不同，用于维持的营养需要也会不一样。不同种类的动物，如产蛋鸡的维持能量需要比肉鸡高10%～15%，奶用种牛比肉用种牛高10%～20%。不同生长阶段的动物，维持需要差异也很明显，2～9kg的仔猪比20kg以上猪的维持能量需要高15%左右。动物遗传类型不同对维持需要同样有影响。瘦肉型猪比脂用型猪的维持需要高10%以上。健康状况良好的动物维持需要明显比处于疾病状态下的动物低。被毛厚重的动物，在冷环境条件下维持需要明显低于被毛少的动物。

(2) 饲粮组成和饲养的影响　饲粮组成是否平衡，是否满足畜禽对营养的需要，会直接影响用于维持的营养需要量。饲粮组成不均衡，部分营养物质不能满足动物的需要，可能就会增加其他营养物质的代谢，从而导致其他营养物质维持的增加。反刍动物由于瘤胃特殊的营养生理作用，不同饲粮用于维持的代谢效率不同，而代谢率与饲粮代谢能用于维持的利用效率成正相关，因此饲粮组成变化引起代谢率变化，最终将影响维持能量需要。饲料种类不同对蛋白质维持需要同样有很大影响。秸秆饲料比含氮量相同的干草产生的代谢粪氮更多，相应增加维持总氮需要。

(3) 饲养水平与饲养方式　鸡在傍晚喂料，让其在晚上消化代谢，饲料利用效率更高，用于维持的部分相应减少。反刍动物适当增加粗纤维素的比例，经发酵后可提高饲粮代谢能的含量，自然减少维持需要，相反过量饲喂或瘤胃过度发酵，因食糜通过消化道的速度加快或瘤胃pH值下降而降低饲粮代谢能的含量，会增加维持需要。非反刍动物可因饲养水平提高、生长加快或生产水平提高，使体内营养物质周转代谢加速，增加维持需要。

粗放型的饲养由于畜禽的活动量加大，维持的需要会显著高于集约型的饲养。一般舍外散养家禽的维持需要略大于平养，平养家禽的维持需要大于笼养。

(4) 环境因素　环境中温湿度的变化对维持需要的影响最大。环境温度每变化10℃，动物营养物质代谢强度将增加2倍。环境温度每增加10℃，牛耗氧量将增加62%，绵羊增加41%。肉牛在环境温度20℃基础上，每变化1℃，NE_M需要相应变化0.91%。母猪在低于临界温度以下，每降低1～2℃，代谢能的摄入量增加418.6kJ才能满足维持需要。体重20～100kg的生长猪，环境温度在低于适温以下，每降低1℃将增加采食量25g左右。

四、生产需要

1. 动物繁殖及其营养需要

繁殖是动物种族繁衍的重要生理机能。动物的生产水平和效益与动物繁殖性能密切相关。繁殖的营养需要一般低于快速生长的营养需要，如果能够合理有效地满足繁殖动物的营养需要就能最大限度提高动物的繁殖成绩。繁殖家畜包括种公畜和种母畜两部分。

（1）种母畜的营养需要　种母畜的繁殖周期可分为配种准备期及配种期、妊娠期和哺乳期三个阶段。

① 营养对种母畜繁殖的影响　动物初情期的出现时间与动物种类和品种有关。一般来说，同一品种的动物生长愈快，初情期就愈早。影响猪初情期的主要因素是年龄、品种。初情期年龄一般为5～6月龄，地方猪种的初情年龄早于外种猪，杂交猪早于纯种猪。营养水平对初情年龄也有影响。营养水平过低或过高均会推迟小母猪的初情年龄。

营养水平可以影响促性腺激素的分泌，进而影响母畜的排卵数。据报道，后备期母猪代谢能摄入量从16.8MJ/(头·大）提高到26.3MJ/(头·天）时，排卵数则从12.9枚提高到14枚；发情期代谢能摄入量从15.9MJ/(头·天）提高到28.4MJ/(头·天）时，排卵数从12.4枚提高到13.8枚。为了提高产仔数，生产上常常为配种前的母猪进行“短期优饲”，即在配种前10～14天开始为繁殖母猪提供较高能量水平（一般在维持能量需要基础上提高30%～100%）饲粮以促进排卵，由于此种饲喂方式能够提高血浆雌激素的水平，促进排卵，所以又称“催情补饲”。短期优饲的效果与母猪的体况和优饲时间有关，对经产、体况较差、产仔数高、泌乳力强和在哺乳期失重严重的母猪效果更好。此法也适用于一些其他的繁殖母畜，例如母绵羊体重下降到最低体重前，或在繁殖季节开始前2～3周起，用高能高蛋白质饲料饲喂，可使排卵数和产羔数增加，产羔率可提高10%～20%。虽然母牛每次只排一个卵，不必进行催情补饲，但对奶牛和肉用母牛，从泌乳70天起提高营养水平可保证下一繁殖周期顺利配种受孕。

营养对母畜受胎率、胚胎成活率及胎儿的初生重有一定影响。初产母猪在后备期和发情周期内，给予高水平营养会提高胚胎死亡率。妊娠前期（0～30天）供给高能饲粮会降低胚胎成活率。妊娠后期母畜的营养水平明显影响胎儿的生长和初生重，但对多胎动物的产仔数没有影响。提高母猪妊娠后期的能量摄入量，可使仔猪初生重和成活率增加。饲粮蛋白质水平对胚胎成活率影响不大，对仔猪初生重影响也较小，只有当蛋白质严重不足时，初生重才会下降。

母畜产后或断奶后至下次发情的间隔时间和受胎率是影响母畜繁殖性能的重要因素，缩短发情间隔，提高受胎率有利于提高母畜的繁殖成绩。提高初产母猪饲粮蛋白质中的赖氨酸水平对缩短间隔时间效果明显。母畜繁殖周期中的营养状况不仅影响现期繁殖成绩，也会影响后期甚至一生的繁殖成绩。

② 营养对繁殖母畜体重的影响　繁殖周期中母畜体重变化的基本规律是妊娠期增重，哺乳期失重，但从配种到断奶，母畜体重有净增加。且随胎次而增加。母猪在繁殖周期中的体重变化程度受营养水平的影响。

妊娠期，在高营养水平下，母畜增重与失重表现明显，妊娠期增重越多，哺乳期失重就越多，其净增重较低；低营养水平下，母畜增重和失重均较小，而净增重较高。

妊娠期母畜体重的变化与胎儿发育情况一致：胎重的增长是前期慢，后期快，最后更快。胎重的2/3是在妊娠最后1/4期内增长的。如母牛、母羊的胎儿增重在妊娠最后2个月内最迅速，妊娠后期，绵羊胎儿的增重约占初生重80%～90%。

妊娠期间母畜的增重由两部分组成，一是子宫及其内容物的增长，二是母体本身营养物质的沉积。随胎儿的生长发育子宫也在增长。怀孕母畜子宫的肌纤维加大，肌肉层急剧增长，结缔组织和血管扩大，胎衣和胎水迅速增长。营养物质在子宫、胎儿和乳腺内的沉积也随之增加，妊娠期约有50%的蛋白质和50%以上的能量、钙、磷是在最后1/4时期沉积的。母体增重以前期为主，至妊娠中、后期，由于胎儿发育超过母体增重，此时母体能量和营养物质的沉积量显著下降。

③ 繁殖母畜的营养需要特点　种母畜的繁殖过程可分为配种前和妊娠后两个阶段。配种前母畜的营养水平不必过高，在体况较好的情况下，可按维持需要的营养供给，对体况较差的经产母畜可采用“短期优饲”。对于后备母畜应适当限制营养，使其体况保持适中，既不过肥也不过瘦。对于发情不正常的母畜，应注意维生素A、维生素E等的补充，也可饲喂优质青饲料。

a. 妊娠母畜营养需要高于空怀母畜。妊娠前期是胎儿的各种器官分化形成时期，增重速度较慢，故日粮营养应保证质量。而妊娠后期的胎儿生长速度快，日粮营养应既全价又充足。我国饲养标准规定：母猪妊娠前期消化能的需要量在维持的基础上增加10%；妊娠后期则在前期的基础上增加50%。乳牛在妊娠最后4个月的能量需要量比维持需要量高10%～50%，其他家畜也大体相似。

b. 妊娠母畜对蛋白质的需要受多种因素影响。我国肉脂型猪的实验表明，妊娠母猪饲粮粗蛋白为11.35%时，除繁殖增重较差外，未影响其他繁殖指标。但是为获得良好的繁殖性能，必须给予一定数量的蛋白质，同时需要考虑粗蛋白品质。我国肉脂型猪饲养标准规定，妊娠母猪每千克饲粮粗蛋白含量为：前期11.0%，后期12.0%。饲粮赖氨酸、蛋氨酸、苏氨酸和异亮氨酸推荐量分别为：前期0.35%、0.19%、0.28%和0.31%，后期0.36%、0.19%、0.28%和0.31%。我国奶牛饲养标准（1986）尚未规定瘤胃降解蛋白质和非降解蛋白质的需要，但提出了建议量。对粗蛋白需要作了规定，体重550kg的妊娠母牛，在妊娠最后的6、7、8、9四个月的饲粮中要求粗蛋白分别含602g、669g、780g和928g。妊娠第六个月如未干奶还应加产奶需要，每产1kg含脂4.0%的标准奶需供给粗蛋白85g。体重60kg妊娠后期的内蒙古细毛羊，对于粗蛋白的需要量在怀单羔时为172.6g/天、怀双羔时为203.2g/天。

c. 妊娠母畜钙的需要随胎儿生长而增加。以猪为例，从妊娠第11周起，母猪子宫内容物中钙的日沉积量大量增加，达1.05g，至妊娠16周时每日约沉积4.29g。一头体重40kg的初生犊牛，体内约含540g钙，约有75%的钙是妊娠最后两个月内沉积的。考虑到维持动物的正常繁殖机能，一般钙、磷比为（1.5～2）∶1时，繁殖效果较好。我国肉脂型猪饲养标准规定：钙、磷需要量分别为0.61%和0.49%。我国奶牛饲养标准规定：体重550kg妊娠母牛，在妊娠6、7、8、9最后四个月的饲粮中钙、磷含量分别为39g、27g，43g、29g，49g、31g和57g、34g，钙磷比为（1.44～1.68）∶1。

研究表明，饲粮中0.3%的氯化钠不能满足妊娠母猪的需要。妊娠母猪饲粮氯化钠从0.5%降到0.25%时，仔猪初生重和断奶重会下降。NRC（1998）推荐妊娠母猪氯化钠需要量为0.4%。

我国饲养标准规定：妊娠母猪维生素A的需要量为每千克饲粮3200～3300IU或10.5～11.4mg，体重550kg母牛每日需42000IU或105mg；维生素D为160IU/kg饲粮；当饲喂维生素E的量为44～66IU/kg饲粮时可以获得最大产仔数。NRC（1998）推荐妊娠母猪维生素A、维生素D每日的用量分别为：4000IU/kg饲粮、200IU/kg饲粮。

（2）种公畜的营养需要　饲养种公畜的目的是生产量高质优的精液，以便提高母畜的受精率。这就要求饲养的种公畜应具有健壮的体况、旺盛的性欲以及良好的配种能力。

① 能量需要　后备期公畜能量供给不足时，影响性器官的发育，推迟性成熟的时间。能量水平过高会降低后备公畜的性活动。能量不足可使成年公畜性器官机能降低和性欲减退，能量过高会使成年公畜体况偏肥，性机能减弱。一般种公畜合理的能量供给是在维持需要的基础上增加20%。我国肉脂型猪饲养标准规定，种公猪每日每头的消化能需要按三级体重（90kg以下、90～150kg和150kg以上）供给，分别为12.57MJ、23.85MJ和28.87MJ；每千克饲粮含消化能17.55MJ、23.85MJ和28.87MJ。为保证种公牛的正常采精和种用体况，我国奶牛饲养标准规定，种公牛的能量需要（产奶净能，MJ）按$0.398W^{0.75}$估算。

② 蛋白质需要　研究表明，种公畜每生产1亿个精子平均需要1g蛋白质。饲粮中蛋白质水平低下，会影响精子形成和减少射精量。青年公牛特别敏感，易引起睾丸发育不良和出现无精子等症状。饲粮中蛋白质过多，会导致种公畜体况过肥，不利于精液品质的提高，影响性欲。合理的蛋白质供给量是在维持需要的基础上增加60%～100%。我国肉脂型猪饲养标准规定了种公猪粗蛋白的需要量（按体重计算）：体重在90kg以下时为14%，体重在90kg以上时为12%。NRC（1998）营养需要中规定：种公猪的蛋白质需要量为13%。我国奶牛饲养标准规定：种公牛对粗蛋白的需要量按$6.15W^{0.75}$（g）估算。

③ 矿物质需要　影响种公畜精液品质的矿物质元素有钙、磷、钠、氯、锌、锰、碘、钴和铜等，应注意添加。经研究发现，为了满足繁殖需求，后备公猪饲粮中钙含量为0.90%，成年公猪为0.75%，种公牛为0.4%。钙磷比例一般以（1.25～1.33）∶1为宜。公畜精液成分内还含有钠、钾、镁、氯、锰、锌等矿物元素。在公猪饲粮中，硒、锰、锌含量应分别不少于0.15mg/kg、10.0mg/kg和50.0mg/kg。

④ 维生素需要　维生素A、维生素E与种公畜的性成熟和配种能力有密切关系。研究表明，种公猪按每千克体重添加250～1000IU维生素A，可以显著提高受精率。我国肉脂型猪饲养标准（按大、中、小型划分）规定：成年公猪每日维生素A的需要量分别为4943IU、6709IU和8121IU，或每千克饲粮含3531IU。我国奶牛饲养标准规定：体重700kg的种公牛每日需要维生素A 30000IU或胡萝卜素74mg。

2. 动物泌乳及其营养需要

（1）乳的成分与形成　泌乳是哺乳动物的重要生理机能，乳汁主要由水、无机元素、含氮物质、乳糖、脂类、酶和维生素等组成。每形成1L的乳大约需要流经乳房的血液有500L。

各种动物乳成分含量差异较大。兔乳的水分含量最低，干物质中蛋白质、脂肪、灰分含量高，能值最高，而乳糖含量最低。水牛乳与兔乳相近。驴乳水分含量最高，脂肪、蛋白质、灰分和能值最少，而乳糖却最高。

① 脂肪　乳脂肪呈球状，由含有4～8个碳原子的饱和脂肪酸和以油酸为主的不饱和脂肪酸构成。其中甘油三酯占99%，其余的1%大部分是磷脂（卵磷脂、脑磷脂及神经磷脂）和微量的胆固醇及其他脂类。其中也含有少量亚油酸和亚麻酸。

乳脂中脂肪酸的来源有两个方面：一是直接来自血液，二是在乳腺上皮细胞内合成。反刍动物乳脂中近一半的十六碳脂肪酸和全部更长碳链的脂肪酸是来自血液，约占乳脂中脂肪酸的60%（按重量计）。乳腺合成脂肪酸的碳源随动物种类不同而异。反刍动物的主要碳源是乙酸（瘤胃中约40%～70%的乙酸被乳腺利用合成乳脂）和β-羟丁酸（乳腺中60%的脂肪酸来自β-羟丁酸），非反刍动物则主要是葡萄糖。在非反刍动物乳腺细胞中，来自血液的葡萄糖首先在胞液中酵解生成丙酮酸。丙酮酸进入线粒体后氧化脱羧产生乙酰辅酶A，再与草酰乙酸缩合生成柠檬酸，转运至胞液，在柠檬酸裂解酶的作用下，分解为乙酰辅酶A和草酰乙酸。前者直接用于合成脂肪酸，后者通过苹果酸转氢循环生成NADPH，参与脂肪酸的合成。反刍动物胞液中柠檬酸裂解酶的活性极低，因而不能利用葡萄糖合成脂肪酸。形成乳脂的甘油主要来自葡萄糖的酵解作用，而葡萄糖则是乳腺细胞从血液吸收的。葡萄糖酵解产生的磷酸丙糖经还原生成α-磷酸甘油，占母猪乳脂中甘油的40%、占兔乳中的95%，牛乳中占70%。其余的甘油来自于血浆中的乳糜微粒和前β-脂蛋白中的甘油三酯的水解产生的。在乳腺细胞中的粗面内质网上，脂酰辅酶A和α-磷酸甘油合成甘油三酯，进而发生脂类聚集形成乳脂小球，然后乳脂小球被释放到乳腺腺泡腔中，在乳脂小球从细胞排出的过程中形成了乳脂小球的膜。

② 蛋白质　乳中所含氮的95%为真蛋白质，其余5%是非蛋白含氮化合物。乳蛋白主要由酪蛋白和乳清蛋白组成。乳中酪蛋白可分为α-酪蛋白、β-酪蛋白、γ-酪蛋白，所占比例因动物种类而异，反刍动物占82%～86%，单胃动物占52%～80%，人占40%。乳清蛋白由β-乳球蛋白、α-乳清蛋白、血清蛋白和免疫球蛋白组成，约占全乳蛋白的18%～20%。β-乳球蛋白主要存在于反刍动物乳中，是常乳中的主要蛋白质；α-乳清蛋白存在于所有动物的乳中，但其浓度较低；乳中血清蛋白质的浓度一般仅占全乳蛋白的1%～2%；免疫球蛋白主要存在于初乳中，在常乳中含量较少。

乳中的蛋白质按其来源可分为两类：一类是乳腺中特有的蛋白质，在乳腺腺泡上皮细胞中合成，其中包括酪蛋白、β-乳球蛋白、α-乳清蛋白，合成蛋白质所需的能量主要从乳腺中葡萄糖氧化所产生的ATP获得，合成1L奶中的蛋白质（30g）需7g葡萄糖氧化供能；另一类是来自血液中的蛋白质，主要有免疫球蛋白和血清清蛋白。血清清蛋白存在于牛乳乳清中，与血液中的血清蛋白完全相同。另一种是免疫球蛋白，初乳中的免疫球蛋白大部分来自血液。免疫球蛋白包括IgG、IgM和IgA三种成分，分别占免疫球蛋白总量的85%～90%、10%和5%左右。

③ 乳糖　乳糖是多数哺乳动物乳中的主要碳水化合物，它是乳腺合成的特有化合物。乳糖在所有动物乳中的含量都很高，是维持渗透压的主要成分之一。另外乳中还含有葡萄糖、半乳糖和低聚糖等。

④ 矿物质　乳中矿物质主要来自于血液，约占0.75%，除常量元素外，还存在25种微量元素。乳腺吸收矿物元素具有很大的选择性。与血液相比，乳中含有较高的钙、磷、钾、镁和碘，较低的钠、氯和碳酸氢盐，铁、铜虽可进入乳腺，但提高母畜铁、铜供给量并不能增加乳中的含量。

⑤ 维生素　乳腺不能合成维生素，乳中的维生素来自于血液，乳中含有动物体所需要的各种维生素。脂溶性维生素A、维生素D、维生素E和维生素K都和脂肪球在一起。乳中维生素A和β-胡萝卜素含量丰富，维生素C、维生素D含量很少，维生素E、维生素K含量甚微。B族维生素的含量变异很大，主要受饲料含量的影响。

（2）影响乳成分含量的因素

① 动物　动物种类不同，其乳成分含量存在明显差异。例如奶牛品种不同，乳的品质就不同。一般而言，产奶量越高，乳的品质就越差。品种内不同品系间的乳成分含量也存在较大差异。

② 泌乳期　母畜分娩后，最初几天分泌的乳汁称初乳，约5天后转化为常乳，初乳与常乳的成分含量有很大不同。除乳糖外，初乳中的各种成分含量均高于常乳，最明显的是免疫球蛋白，在初乳中含量高达5.5%～6.8%，占乳蛋白总量的38%～48%，而常乳中只有0.09%，占总蛋白的2.7%。初乳中的维生素含量也明显高于常乳。同一泌乳期内，牛乳成

分含量的变化规律一般是分娩后的前两周非脂固形物和乳脂含量高，两周后逐渐下降，6～10周时降到最低，以后又逐渐上升。乳蛋白在泌乳初期和后期较高。乳糖在第40～50天时升至最高，以后缓慢下降。

③ 胎次　乳牛第一胎时乳脂率较高，以后随年龄增长、胎次增加而渐减。非脂固形物也随年龄增加而下降（蛋白质下降很少，主要是乳糖下降）。

④ 营养水平　营养不仅影响产奶量，而且对乳成分含量也有明显影响。

（3）标准乳　牛乳的成分含量因各种因素的影响存在很大差异。其中，变化最大的成分是乳脂，其余成分均随乳脂的变化而变化。通常将乳脂含量为4%的乳称为标准乳。为了比较不同状态下的乳的质量和计算不同条件下产乳的营养需要，通常将不同乳脂含量的乳校正到乳脂率为4%的标准状态，校正后含乳脂4%的乳称乳脂校正乳（FCM）。校正公式如下：

$$\mathrm{FCM}=0.4M+15F \tag{3-4}$$

式中，FCM表示乳脂校正乳的质量，kg；M 表示非标准乳的质量，kg；F 表示非标准乳的含脂量，kg。

【例1】 1kg含乳脂3.6%、非脂固形物8.6%的乳按上式折算，等于0.94kg标准奶。

$$\mathrm{FCM(kg)}=0.4\times1+15\times0.036=0.94$$

当乳脂率低于2.5%时，上式校正不够准确。此时可根据乳脂（F）及非脂固形物（SNF）含量折算成固形物校正奶（SCM，亦即含乳脂4%、非脂固形物8.9%的奶）。计算公式如下：

$$\mathrm{SCM(kg)}=12.3F+6.56\mathrm{SNF}-0.0752M \tag{3-5}$$

【例2】 1kg含乳脂3.6%、非脂固形物8.6%的乳按上式折算，等于0.93kg固形物校正奶。

$$\mathrm{SCM(kg)}=12.3\times0.036+6.56\times0.086-0.0752\times1=0.93$$

固形物校正奶与标准奶的有机成分含量和能值基本相等。1kg标准乳含脂肪40g，蛋白质34g，碳水化合物47g，热值3138kJ。

（4）泌乳的营养需要

① 能量需要　通常能量需要采用净能体系表示。奶牛的产奶和维持或增重的能量需要都以产奶净能表示。奶牛的能量需要是维持、产奶、体重变化、妊娠等需要之和。我国乳牛饲养标准规定：在中等温度舍饲条件下，成年泌乳牛的维持能量需要为$356W^{0.75}$kJ，处于第一和第二泌乳期的奶牛由于正在生长发育，所以要在维持基础上分别增加20%和10%；放牧奶牛维持的能量需要，也根据行走距离和速度分别作了规定。我国奶牛饲养标准的能量体系采用的是产奶净能，以奶牛能量单位（NND）表示，即1kg含乳脂为4%的标准乳中所含的产奶净能为3.138MJ规定为一个"奶牛能量单位"。我国奶牛饲养标准规定：体重增加1kg相应增加8NND，失重1kg相应减少6.56NND。哺乳母猪能量需要由维持需要、产奶需要和体重变化的需要三部分构成。哺乳母猪维持能量需要与妊娠母猪相同，其中，维持的代谢能需要为$443.5W^{0.75}$kJ/天，或消化能为$460.24W^{0.75}$kJ/天。据报道，哺乳母猪的维持能量需要应在此基础上提高5%～10%为宜。

② 蛋白质需要　各国饲养标准都是以粗蛋白和可消化粗蛋白表示蛋白质的需要。蛋白质需要计算方法与能量需要相同，包括维持、产奶和增重三个方面的需要。试验表明，泌乳牛的维持净蛋白消耗为$2.1W^{0.75}$（g），按粗蛋白消化率75%和生物学价值70%折合，乳牛维持的饲粮粗蛋白需要为$4W^{0.75}$（g），可消化粗蛋白需要则为$3W^{0.75}$（g）。我国奶牛饲养标准对奶牛维持的饲粮粗蛋白需要规定为$4.6W^{0.75}$（g），可消化粗蛋白为$3W^{0.75}$（g）。

泌乳期乳牛体重变化，可按每千克增重内容物中含组织蛋白160g、饲料粗蛋白消化率

75%和可消化蛋白用于合成体组织的利用率为67%估计。每千克增重需要粗蛋白319g，可消化粗蛋白239g。反刍动物若采用粗蛋白或可消化蛋白体系，不能正确反映饲料蛋白质在动物体内的真实代谢情况。近年来，世界上许多国家相继提出了新的蛋白体系。考虑到反刍动物的蛋白质需要，实质上是由饲料中非降解蛋白和瘤胃微生物蛋白提供的，这些国家的奶牛饲养标准中的蛋白质需要列出了非降解蛋白和降解蛋白的需要量。为保证泌乳动物的产奶量和奶的品质，还要进行各种氨基酸的补给。高产奶牛，需额外补充必需氨基酸或提高饲粮中非降解优质蛋白质的比例。增加饲料中缬氨酸的含量有利于提高奶产量和仔猪窝重。当饲料赖氨酸水平超过0.8%时，缬氨酸将成为哺乳母猪饲料的第一限制性氨基酸。最适缬氨酸需要量为赖氨酸水平的1.2倍。色氨酸不足将明显影响母猪采食量。

③ 矿物质需要　每千克牛奶平均含钙1.28g、磷0.95g。我国奶牛饲养标准钙和磷的规定值分别为171g、117g。母畜从乳中分泌出较多的钠和氯，必须注意对泌乳母畜食盐的供给。食盐不足产奶量和体重下降。产奶牛的食盐供给量可按钠占饲料干物质的0.18%或氯化钠占饲料干物质的0.45%计，一般是在混合精料中配入0.5%～1.0%的食盐，或让奶牛自由采食。种猪对钠和氯的需要量尚未准确测定。有实验表明，当妊娠和哺乳母猪的食盐用量从0.5%降到0.25%时，仔猪初生重和断奶体重均下降。猪乳中含钠0.03%～0.04%，因此泌乳母猪饲料钠需要量应比妊娠猪高。一般在妊娠母猪饲料中加0.4%、哺乳母猪饲料中加0.5%的食盐。奶牛钾的需要量为饲料干物质的0.8%，泌乳牛饲料中粗料多时不致缺钾，精料用量多时有缺钾的可能。在高温应激条件下，饲料钾应增加到1.2%。

牛乳中含镁0.015%，奶牛对镁的利用率平均为17%，每千克奶的生产需供给0.07g镁，或镁占饲料干物质的0.2%。当饲料中玉米青贮料用量多或饲料中非蛋白氮作主要氮源时，应注意硫的供给。犊牛饲料干物质中含铁100mg/kg足以预防贫血。奶牛饲料中含铜10mg/kg可满足需要，饲料中含钼和硫酸盐多的地区，铜的需要量应提高2～3倍。每100kg食盐中加入60g硫酸钴或40～50g碳酸钴，对缺钴地区奶牛饲养有益。饲料中含碘0.6mg/kg，能满足奶牛碘的需要。

④ 维生素需要　奶牛瘤胃内微生物可以合成维生素B族、维生素C和维生素K，但不能合成维生素A、维生素D和维生素E，所以需要补给维生素A、维生素D和维生素E。山羊、绵羊和猪能将几乎全部胡萝卜素转化成维生素A，故乳中胡萝卜素量少。牛转化胡萝卜素的能力很弱，所以牛奶中胡萝卜素含量较多。繁殖和泌乳牛每100kg体重需要维生素A 7600IU或β-胡萝卜素19mg。按饲粮浓度表示，乳牛每千克饲粮需要维生素A 3200IU。

3. 动物生长及其营养需要

生长发育是动物生命过程中的重要阶段，不同的动物、同一动物不同的生长阶段，生长发育的规律不尽相同，对营养物质的需要也不同。准确地确定动物的营养需要，对提高生长肥育的效率具有重要意义。生长是极其复杂的生命现象，从物理的角度看，它是动物体重和体积增加的过程；从生理的角度看，它是以细胞增殖和增大的量变过程；从生物化学的角度看，生长又是机体化学成分，即蛋白质、脂肪、矿物质和水分等的积累过程。最佳的生长体现在动物有一个正常的生长速度和成年动物具有功能健全的器官。为了取得最佳的生长效果，必须供给动物各种营养物质平衡的饲粮。从动物出生到性成熟的这段时间称为生长期，动物处于生长期的体重变化最大。发育是机体组织器官功能完善的过程，它是以细胞分化为基础的质变过程，是生长的发展与转化，生长是发育的基础，发育对生长起到促进作用，两者不能混淆。

(1) 生长的一般规律

① 总的变化规律　机体体尺的增大与体重的增加密切相关。一般以体重反映整个机体

的变化规律。在动物的整个生长期中，生长速度不一样。绝对生长速度——日增重，取决于年龄和初始体重的大小，是体重随年龄变化的绝对生长曲线，总的规律是慢—快—慢。在生长转折点以下，日增重逐日上升；过了转折点后，日增重逐日下降；转折点在性成熟期内。一般考虑到增重与饲料投入的矛盾关系，肉畜的饲养要做到适时出栏，以获取最大的经济效益。

② 各个组织器官的变化规律　各个组织器官的变化，主要以骨骼、肌肉和脂肪组织的变化为主。动物各种组织的生长速度不尽相同，从胚胎开始，最早发育和最先完成的是神经系统，之后依次为骨骼系统、肌肉组织，最后是脂肪组织。早熟品种和营养充足的动物生长速度快，器官生长发育完成早，但骨骼、肌肉和脂肪生长发育强度的顺序不变，即动物生长早期主要是骨的生长，中期以肌肉的生长为主，生长后期主要是沉积脂肪。所以，在饲养的过程中要针对动物各个组织器官的变化规律合理进行营养的补给。动物生长早期是拉架子阶段，这时注意矿物质的补给；生长中期适当提高饲料中蛋白质的水平；生长后期为了沉积脂肪的需要和防止软质肉的发生，需要增加可溶性碳水化合物的补给。

(2) 影响动物生长的因素　动物的生长受动物、营养、环境等多种因素的影响。

① 动物　动物的种类、品种、性别不同对动物的生长的影响也不一样。例如现代瘦肉型猪在达到屠宰体重以前，瘦肉的日沉积量都超过脂肪；而20世纪40年代的猪，体重达60kg左右瘦肉的日沉积量开始下降，70kg左右脂肪日沉积超过瘦肉。随着体重的增加，各种牛日沉积能量均增加，但小型牛日沉积能量最多，其次为中型牛，大型牛最少；母牛大于阉牛，公牛最少，即瘦肉沉积比例最大。对于猪，在同样饲养情况下，幼公猪最瘦，母猪次之，阉猪最肥。肉用家禽性别对胴体品质的影响较小，但雄禽的生长速度大于雌禽，胴体也较瘦。

② 营养水平　动物的营养水平很大程度上决定着动物的生长速度和增重效果。随着营养水平的升高，生长速度加快、肥育期缩短、营养物质的沉积增加，但蛋白质增加幅度比脂肪小。营养水平过低，对生长速度、每千克增重耗料量以及蛋白质沉积都是不利的。短期的营养不足可以通过营养的补给得到改善，而长期的营养不足则难以弥补，严重的会导致动物的生长停滞。饲粮中各种营养物质的比例失调对生长也会有影响。生长前期，蛋白质、氨基酸比例偏低对生长速度影响较大，动物愈小影响愈明显。

③ 环境　环境的温度、空气湿度、气流、饲养密度（即每个动物所占面积和空间）及空气清洁度也影响动物的生长速度。环境温度过高或过低都会降低蛋白质和脂肪的沉积而使生长速度下降。高温对肥育畜禽的影响大，而低温对幼小的畜禽影响大。研究表明，对于50kg体重猪，有效温度超过临界温度上限1℃，采食量将减少5%，增重降低7.5%。畜舍的空气湿度增加和降低会强化环境温度的影响，使动物感觉更加闷热或更加寒冷，从而影响动物的生长。畜禽圈舍的清洁程度、空气的污浊度都会影响到畜禽的健康，进而影响动物的生长。另外，圈舍内空气的流速、饲养的密度大小无疑也会影响动物的生长速度和健康状况。

④ 初生重　初生重明显影响动物出生后的生长速度，这主要表现在多胎和头胎动物。对于多胎动物，每胎产仔的个数愈多，初生体重愈小，初产母畜产仔的平均个体重也较经产母畜轻。初生重愈小，死亡率愈高，28日龄和以后的日增重愈低。

(3) 动物生长的营养需要

① 能量需要　生长动物所需能量是用于维持生命、组织器官的生长及机体脂肪和蛋白质的沉积。生长动物对能量的需要因用途不同而异。一般用于肥育的动物能量需要均高于种用的。我国瘦肉型生长肥育猪的能量需要与NRC标准接近，但每千克饲料DE或ME的含

量均较 NRC 低 1MJ 左右。后备公母猪一般在 60kg 体重以后要限制采食，减少日增重，以免沉积脂肪过多，影响以后的繁殖成绩。后备公牛生长期日增重保持中等水平，体重 160～600kg 小型牛平均日增重控制在 1100g，大型牛为 1300g，分别为各自原有水平的 70%左右。我国肉鸡的饲粮能量浓度比 NRC 低 10%左右，而蛋用生长鸡差异不大；蛋用生长鸡比肉用生长鸡饲粮能量浓度也低 10%。一般种用家禽在生长期（4 周龄后）都限食，只给予正常营养的 75%左右；或者视体况而定，任食两天或三天，禁食一天，以保证日后的产蛋量及繁殖性能。

② 蛋白质需要　动物对蛋白质的需要实际上是对氨基酸的需要，猪禽已开始采用可消化（可利用）氨基酸体系，反刍动物则多为瘤胃降解与未降解蛋白质体系。动物年龄越小，肌肉组织相对发育越早，瘦肉率越高，所需粗蛋白与氨基酸比例越高。

各国饲养标准对动物蛋白质、氨基酸需要的规定不尽相同，原因是各国用于研究蛋白质、氨基酸需要的典型饲粮的不同以及实验条件和氨基酸分析测定的差异。我国标准推荐的粗蛋白需要量一般比 NRC（1988）标准高 5%左右，而赖氨酸却低 20%左右；与 NRC（1998）标准相比，粗蛋白需要低 10%，赖氨酸低 30%左右。其原因是 NRC 基于较优良的猪种、较理想的饲养条件和蛋白质质量较好的玉米-豆粕型饲粮。而在我国，由于蛋白质饲料严重不足，部分饲料中的蛋白质质量较差，采用可消化氨基酸体系比较合适。在生产实践中，添加合成氨基酸（赖氨酸、蛋氨酸）时，粗蛋白水平可降低 2%～3%。补充第一和第二限制性氨基酸是提高饲料蛋白质和氨基酸利用率最有效的途径。生长、肥育牛蛋白质、氨基酸需要英国采取瘤胃可降解蛋白质（RDP）和未降解饲粮蛋白质（UDP）体系，它把动物对蛋白质的需要分为 RDP 和 UDP 两个部分。NRC 采用吸收蛋白质体系，测定降解食入蛋白质（DIP）和未降解食入蛋白质（UIP）的需要量，在此体系中，将进食饲料的粗蛋白分为 DIP、UIP 和不可消化的食入蛋白质（IIP）。

对于生长鸡，能量与蛋白质、氨基酸保持适宜的比例是很重要的。肉鸡生长快，对蛋白质和氨基酸的需要较生长期蛋鸡多。对于生长期的种用鸡在 4 周龄后限制采食，目的是控制能量摄入，减少脂肪沉积。对于家禽，一般是蛋氨酸较赖氨酸更易缺乏，常为第一限制性氨基酸，但使用机榨菜籽饼时需注意可利用赖氨酸可能不足。

4. 动物产肉及其营养需要

动物产肉的过程就是生长肥育的过程，即饲料转化的过程，转化的效率越高，获取的经济效益就越大。肥育是指肉用畜禽生长后期经强化饲养而使瘦肉和脂肪快速沉积的过程。动物肥育根据年龄划分，可分为幼年肥育和成年肥育。幼年肥育指的是出生或断奶后的畜禽经一定时间的饲养，体重达到出栏标准进行上市销售的饲养方式。一般的肉用畜禽如肉猪、肉牛、肉羊、肉兔、肉禽等的肥育都是采取幼年肥育，而淘汰的种用畜禽、役畜大多在屠宰前经过一段时间的优饲，使其体内快速地沉积脂肪的肥育方式就是成年肥育。

（1）产肉动物肥育的变化与特点　生长畜禽体组织的成分，在早期主要是蛋白质的沉积；生长后期或成年的淘汰畜禽主要是脂肪的沉积。畜禽体组织沉积肉脂的规律是随着体内水分的下降，蛋白质的沉积率也相对下降，而脂肪的沉积量则相对增加。所以现代畜牧业生产中，根据体组织变化规律，提供给畜禽各种全价配合饲料，来达到多产肉或增重的目的。

以羊为例，羊从出生到 1.5 岁，肌肉、骨骼和各组织器官的发育较快，需要沉积大量的蛋白质和矿物质，尤其是初生至 8 月龄，是羊出生后生长发育最快的阶段，对营养的需要量较高。羔羊在哺乳前期（0～8 周龄）主要依靠母乳来满足其营养需要，而后期（9～16 周龄），必须给羔羊单独补饲。哺乳期羔羊的生长发育非常快，每千克增重需母乳 5kg 左右。羔羊断奶后，日增重略低一些，在一定的补饲条件下，羔羊 8 月龄前的日增重可保持在

100～200g左右。绵羊的日增重高于山羊。羊增重的可食成分主要是蛋白质（肌肉）和脂肪。在羊的不同生理阶段，蛋白质和脂肪的沉积量是不一样的，例如，体重为10kg时，蛋白质的沉积量可占增重的35%；体重在50～60kg时，此比例下降为10%左右，脂肪沉积的比例明显上升。

（2）肥育营养需要

① 能量需要　肥育的目的对羊而言，就是要增加羊肉和脂肪等可食部分，改善羊肉品质。羔羊的肥育以增加肌肉为主，而对成年羊主要是增加脂肪。肥育畜禽日粮中的营养物质，除要供给维持需要外，多余的部分则用于肥育。因此肥育畜禽日粮中要有较高的能量饲料。

② 蛋白质需要　幼年畜禽肥育时，蛋白质的需要量约较成年畜禽多1倍左右。成年畜禽肥育时蛋白质给量过多，会造成蛋白质浪费。

③ 维生素和矿物质需要　肥育畜禽对维生素的需要一般只要稍高于或相当于维持需要量。矿物质的需要对成年畜禽除食盐需要补充外，饲料本身的钙磷含量即可满足需要。但幼年畜禽由于骨骼的生长，可按生长畜禽标准供给。

（3）影响动物肥育效率的因素

① 畜禽种类　猪的肥育效果是最高的，能量回收率可达25%。肉鸡的蛋白质回收率最高。近年来肉驴的饲养和肥育成为新宠，肥育效果的提升非常明显。

② 品种及品种间的杂交优势　天府肉鸭等大型肉鸭的肥育效果大大强于地方品种如北京鸭。三元杂交猪的瘦肉回报率大于国内本地猪。

③ 营养水平　营养水平对肥育效率有显著影响。过高或过低的营养水平均不利于提高饲料的转化率。生长肥育畜禽全期的高营养可缩短肥育期，并提高饲料转化率，从而获得最大日增重；对成年肥育家畜，高营养可达到在短时间内迅速催肥。

④ 去势　进行阉割后，内分泌受到抑制，性机能消失，可以节省能量消耗，增加育肥效果，还可以提高肉的品质。

⑤ 其他因素　肥育时的活动量、舍内的温度高低影响肥育效果。此外，在肥育后期使用具有特殊气味的饲料或含脂肪酸高的饲料能降低肥育效果。另外，供水情况、防病能力等饲养技术在一定程度上也影响着肥育的效果。

5. 家畜产毛及其营养需要

用于产毛的动物主要是绵羊、山羊，其次是家兔、骆驼、牦牛等。产毛动物的饲养主要在于尽可能地开发利用毛的经济价值。被毛的生长发育有其特殊规律，根据毛的营养、生理特点，合理供给营养、适宜饲养及提供良好的环境条件是充分发挥产毛的遗传潜力，提高毛的产量和质量的主要因素。

（1）毛的结构和化学组成

① 毛的结构　毛是动物皮肤毛囊长出的纤维，有真毛、粗毛和死毛三种。根据有无髓层又可分为无髓毛纤维和有髓毛纤维。死毛是髓层极发达的粗毛纤维。在电子显微镜下，可见羊毛纤维的鳞片、皮质、髓和细胞膜复合体。鳞片、皮质和细胞膜复合体分别占毛纤维的10%、86.7%、3.3%。皮质构成毛纤维的主要部分。刚剪下的羊毛称为污毛，污毛中含有毛纤维、羊毛蜡、羊毛粗脂肪和水。羊毛蜡是皮脂腺分泌的脂肪族己醇、固醇和有8～26个碳原子的脂肪酸等物质。羊毛粗脂肪是汗腺分泌的无机盐、皂钾和低级脂肪酸的钾盐等物质。

② 毛的化学组成　羊毛的化学组成随纤维种类不同而差别很大。羊毛主要含角蛋白质，并含少量脂肪和矿物质。羊毛角蛋白质含20种以上的α-氨基酸，这些氨基酸以酰胺键方式

连接成肽链，构成的肽链至少有七条以上。肽链横向交联键有二硫键、盐键和氢键，这些键将多条肽链连接成网状大分子结构。根据硫含量或氨基酸含量不同，羊毛角蛋白质分为高硫蛋白质、低硫蛋白质和高酪氨酸蛋白质三类。在羊毛蛋白质中，低硫蛋白质、高硫蛋白质和高酪氨酸蛋白质含量分别为60%、18%～35%和1%～12%。低硫蛋白质存在于微原纤维中，含有羊毛中全部的蛋氨酸和大部分赖氨酸；高硫蛋白质是包围微原纤维的主要蛋白质，富含胱氨酸、脯氨酸和丝氨酸；高酪氨酸蛋白质主要存在于纤维皮质细胞间质中，酪氨酸和谷氨酸含量高。羊毛蛋白质中各种氨基酸含量因品种不同而有差异。新疆一级细羊毛、一级改良毛、64支美利奴羊毛的胱氨酸含量分别为10.84%、11.67%、11.3%，而58支羊毛仅含9.8%。新疆一级毛的角蛋白质中酪氨酸含量为2.62%，而美利奴羊64支毛含量高达6.4%。

山羊绒毛化学组成与细毛绵羊品种相似。绒毛纤维角蛋白质中α-角蛋白质、β-角蛋白质和γ-角蛋白质含量分别为8.48%～62.25%、9.86%～13.70%和25.45%～31.14%。绒毛纤维角蛋白质中含硫量较高，高达3.39%，而含氮量仅为14.44%～14.81%，低于蛋白质的平均含氮水平。

兔毛含蛋白质93%，几乎全是角蛋白质。1kg兔毛蛋白质含量相当于4.56kg兔胴体或6～7kg兔活体中的所含蛋白质总量。兔毛蛋白质中胱氨酸含量为13.84%～15.50%，比羊毛的含量高。兔毛含脂率约为羊毛的5倍。

（2）毛的形成　毛纤维在胚胎发育到第57～70天时，皮肤表皮生发层出现毛纤维的原始体，原始体从周围血管获得营养物质使细胞增殖而形成毛囊，毛囊中的皮脂腺细胞沿毛囊颈部增生。汗腺部位于皮肤最下层，仅挨着竖毛肌。毛囊管状物下端与毛乳头相联形成毛球。毛球从毛乳头血管中吸收养分而分化，分化的边沿细胞形成毛鞘、中间细胞形成毛根。新细胞急剧增生，从毛鞘的生发层继续向上生长，并在毛球上部逐渐角化。不断通过角质化的细胞沿毛鞘增长形成毛纤维伸向体表，伴随毛囊周期性有规律运动，穿过表皮伸出体外，前后共需30～40天。毛囊分初生毛囊和次生毛囊两种类型。初生毛囊有汗腺、皮脂腺和竖毛肌，而次生毛囊只有皮脂腺。初生毛囊在动物出生以前已发育形成纤维，即绵羊毛囊的外层粗毛纤维。次生毛囊在出生后4～18周内形成并发育成毛纤维，靠近初生毛囊的毛纤维，产生底层细毛纤维。毛纤维数量由次生毛囊决定，即次生毛囊很大程度上决定了羊毛的产量。通常衡量毛纤维数量增长的指标之一就是次生毛囊与初生毛囊的比值。羔羊次生毛囊与初生毛囊的比值愈大，说明次生毛囊愈多，毛密度及产毛潜力愈大。

（3）产毛的营养需要

① 能量需要　能量需要主要包括维持需要、体重变化需要以及产毛的需要。产毛的能量需要包括合成毛消耗的能量和毛含有的能量。每克净毛含能量22.18～24.27kJ。体重50kg，年产毛4kg的美利奴绵羊，每天基础代谢为5024.16kJ，沉积于毛中的能仅为230.12kJ。美利奴羊平均每产1g净毛需耗代谢能628.024kJ。年产毛量为800g的毛兔，每产1g净毛约需消化能711.28kJ。能量摄入不足严重影响产毛量，对羊毛生长的影响在几天内就可以表现出来，但明显的影响一般需要9～12周。母羊泌乳期能量优先用于泌乳，因此能量不足，明显影响羊毛生长。未经选育的低产毛羊，能量不足严重影响毛的生长，而经选育的高产美利奴羊可动用其他组织的能量用于羊毛生长，短时间的能量不足对产毛量的影响较小。

② 蛋白质和氨基酸需要　饲料中蛋白质不足，羊毛虽仍在继续生长，但产毛量和毛的品质会受到影响。断奶后放牧绵羊每天或每2～3天补饲蛋白质饲料，羊毛生长较快。同时降低蛋白质在瘤胃中的降解率，也可以提高羊毛的生长。用甲醛处理向日葵饼，保护蛋白质

过瘤胃可大幅度提高绵羊羊毛生长速度。含硫氨基酸对产毛量影响最大，而其他的氨基酸影响较小，如从皱胃、腹腔或静脉注入 L-胱氨酸、半胱氨酸、L-和 DL-蛋氨酸，羊毛生长显著增加，产毛量高的羊群更显著。饲粮中补充胱氨酸和蛋氨酸，羊毛产量和毛中含硫量增加。饲粮中添加赖氨酸可促进毛囊的生长。含硫氨基酸是限制羊毛生长的主要氨基酸之一。绵羊常用饲料中含硫氨基酸含量仅为羊毛角蛋白质中含量的三分之一。饲料蛋白质的产毛利用率低与饲料中含硫氨基酸含量不足有关。实验表明，绵羊在蛋白质喂量充足时，补饲胱氨酸，可大幅度地提高产毛量。母羊在妊娠和哺乳期分别补饲 1.8g 和 2.5g 蛋氨酸，产毛量提高 11%。瘤胃功能尚未健全的羔羊，每千克代谢体重供给 0.9g 赖氨酸，毛囊及毛纤维生长正常，少于 0.9g 则生长异常。长毛兔饲粮含硫氨基酸由 0.4%提高到 0.6%～0.7%，产毛量提高 15%～27%。

③ 微量元素需要　缺铜的羊除表现贫血、瘦弱和生长发育受阻外，羊毛弯曲变浅，被毛粗乱，直接影响羊毛的产量和品质。但是绵羊对铜的耐受力非常有限，每千克饲料干物质中铜的含量达 5～10mg 已能满足羊的各种需要；超过 20mg 时有可能造成羊的铜中毒。缺铜羊毛延伸力、弹性、染料亲和力和胱氨酸含量下降。锌和叶酸缺乏，毛易脱落、断裂和强度下降。成年绵羊和羔羊锌需要量为 40mg/kg 干物质（20～80mg/kg 干物质）。铁与铜一样，对动物毛品质有影响。酪氨酸转化为黑色素的催化酶需要铁为辅助因子。缺铁毛的光泽下降，质量变差。铁的需要为每千克饲粮 30mg。钴缺乏的绵羊产毛量下降，毛变脆易断裂。成年绵羊需 0.11mg/(头・天)，或 0.07mg/kg 干物质。缺碘羊毛粗短，毛稀易断或无毛。据实验，妊娠和哺乳母羊碘的供给量由 0.5mg/(头・天) 增加到 10mg/(头・天)，两年剪毛量增加 0.192kg/头。缺碘地区需补充碘 0.1～0.2mg/kg 干物质。角蛋白质中硫最集中。羊毛含硫量占羊体内硫总量的 40%。为了有效利用 NPN，要求适宜的硫氮比例（S∶N）。绵羊 S∶N 以 1∶(10～13) 为宜。补硒有利于羊毛的生长，放牧的美利奴羊和羔羊注射硒或经瘤胃投硒丸，产毛分别增加 9%、17%。硒的需要一般为每千克饲粮 0.10mg。

④ 维生素需要　饲粮缺乏维生素 A 或胡萝卜素，皮肤表皮及附着的器官萎缩退化，表皮脱落及毛囊过度角质化，汗腺、皮脂腺机能失调，分泌减少使皮肤粗糙而影响产毛。夏秋季一般不易缺乏，而冬春季则应适当补充，其主要原因是牧草枯黄后，维生素 A 已基本上被破坏，不能满足羊的需要。对以高粗料日粮或舍饲饲养为主的羊，应提供一定的青绿多汁饲料或青贮饲料，以弥补维生素的不足。绵羊维生素 E 容易缺乏，必须注意供给。当供给绵羊大量青草时，可获得丰富的胡萝卜素。核黄素、生物素、泛酸、烟酸、叶酸和吡哆醇等维生素靠瘤胃微生物可以大量合成，但瘤胃尚未完全发育的羔羊必须注意供给这些维生素。

6. 家畜使役及其营养需要

(1) 役用家畜的工作原理　主要包括马、驴、骡、牛等，家畜使役过程是靠骨骼肌收缩而作功的过程。作功需要的能量主要来源于体内有机营养物质释放的化学能。不同营养物质释放能量的途径不同，供能的程度和强度明显不同。因此动物作功对营养物质的要求有其特殊性。役用动物在劳役过程中，以骨骼为支架，通过肌肉收缩而作功。骨骼肌收缩是肌纤维兴奋后所发生的机械性反应。自然条件下每块骨骼肌收缩都同时发生张力变化和长度变化。长度变化可以完成各种运动功能，张力变化可以负荷一定的重量。骨骼肌产生的张力亦叫骨骼肌的力量，其大小决定于肌肉内肌纤维的数量和粗细。一般哺乳动物骨骼肌收缩产生的力量与肌肉的生理直径成正比。在役用动物骨骼肌紧张收缩的同时，整个机体各器官系统都处于紧张状态，如呼吸系统、血液循环系统、排泄系统等的活动加快，整个机体物质代谢增强，能量消耗增多。

役用动物的挽力与体重成正相关。牛和马的经常挽力约为体重的 15%。马的瞬间挽力可达体重的70%以上，甚至超过体重。通常按役用动物挽力大小和劳动时间长短，将其劳役量分为轻役、中役、重役三个级别。牛在劳役中，消耗热能比马多，据报道，牛担负中役或重役时，热能需要比休闲时提高1.5～2.5倍。

近20年来，随着马役用价值的降低，我国关于马的科学研究也随之减少，有些方面如马的饲料、营养方面的研究几乎是空白。

（2）役用动物的营养需要　我国还没有制订马的饲养标准，马营养需要的研究相对欧美及国内其他家畜都要滞后，在具体教学、科研、生产中，我国主要参照国外饲养标准，其中，影响最大的当属美国NRC标准。1973年，美国公布了马的营养标准；1989年，美国NRC对马的营养需要进行了修订。目前，NRC第6次修订了马的饲养标准并出版《马的营养需要》。新的标准规定了能量、粗蛋白、赖氨酸、钙、磷、维生素等22种营养指标的需要量。在生产阶段上也更加细化，分成年马、种公马、工作或训练马、哺乳马、怀孕马及生长马6种不同类型，每种类型又根据不同情况划分不同阶段或强度，如训练马分轻度、中度、繁重和严酷4个层次，生长马具体到1～36月龄，更便于在生产中应用。

① 能量需要　能量主要来自碳水化合物、脂肪和蛋白质，玉米、燕麦、大麦、小麦及其副产品等饲料是马的能量来源。能量不足，会造成马体重下降，体况不佳，母马发情延迟，幼年马生长不良，外貌表现不健康等；能量过多，往往出现肥胖，易发生应激，患跛行，降低繁殖率和缩短寿命等。能量需要可以分为维持、生长、妊娠、泌乳、做工等几个不同生产阶段。马的能量需要随着体重、年龄、生产时期及所处环境的不同而变化，且差别很大。NRC（2007）建议的500kg成年马低度活动状态下的维持能量需要为63.39MJ/天，而做工状态或严酷训练条件下的能量需要为144.31MJ/天。

② 蛋白质需要　役畜的生长、肌肉发育、繁殖、哺乳、组织修复及皮肤和被毛的更新都离不开蛋白质。蛋白质不足可使成年马体重下降，幼年马生长缓慢，发育不良，还可造成不育，产乳量降低等。大豆粉是马最常用的蛋白质饲料，亚麻仁粉、棉籽、脱脂奶粉都可以作为蛋白质添加剂。与能量相比，训练或增加训练的马并不需要增加太多的蛋白质给量。如轻度训练比严酷训练蛋白质需要只增加43.63%，而相同训练强度，能量需要要增加72.57%。实验证明，役用动物工作时，蛋白质需要并不随工作量的增加而增加。但是在工作量增大情况下，由于饲粮营养浓度增加，相应地也增加了蛋白质食入量。美国NRC（1978）提出饲粮能量与蛋白质二者间的比例保持每兆焦消化能5g可消化蛋白质或6.6g粗蛋白的比例即可。

③ 矿物质需要　役畜在劳役中由汗和粪、尿排出大量的水和无机盐，为了维持正常的代谢、维持体液平衡和消除疲劳，需提供充足的无机盐。饲粮中常量元素特别是钙和磷，不但影响骨骼的发育，同时对役用动物全部运动过程也起着重要作用。例如，神经的兴奋、肌肉的收缩，需要提供充足的磷酸盐。挽马工作时随汗也排出较多的矿物质，其中钠排出最多，所以，工作马匹需食盐较多。

④ 维生素需要　马的盲肠不能合成维生素A和维生素D，而维生素K合成有限，所以这些维生素易缺乏，应注意补充。成年马对维生素A的维持需要为每千克饲粮1600IU。马转化胡萝卜素为维生素A的效率低，仅为老鼠的1/10（1mg β-胡萝卜素相当于167IU维生素A）。所以工作马1kg饲粮应含胡萝卜素10mg。维生素D与钙、磷代谢密切相关，1kg体重供给606IU。马的肠道微生物可合成足够数量的维生素K和B族维生素，一般情况下不必另外供给，但紧张工作或竞赛马匹有可能缺乏维生素B_1、维生素B_2和泛酸。NRC（1978）推荐1kg饲粮中含维生素B_1 3mg、维生素B_2 2.2mg和泛酸15mg。

7. 产蛋及其营养需要

蛋在生殖系统中的形成是一个周期性的连续过程。但是，产蛋则是一个间断的生理过程，处于产蛋高峰期的禽，也不可能天天产蛋。每产一枚蛋的间隔时间和蛋大小明显受营养影响。对种禽而言，产蛋就意味着生命繁衍。

（1）蛋的成分　全蛋由蛋壳、蛋清和蛋黄三部分组成。各类禽蛋蛋壳、蛋清和蛋黄的百分含量非常相近。蛋壳从内到外由两层蛋壳膜、真壳和一层蛋白质透明薄膜组成。两层蛋壳膜主要由角蛋白质和少量的糖类组成，富含胱氨酸、羟脯氨酸和羟赖氨酸。真壳又叫钙化壳，是由乳头或海绵体组成，其干物质含有2%左右的有机物，其余是碳酸钙，也含有少量的镁、磷酸盐、柠檬酸盐、钾和钠。蛋清中蛋白质与水分之比约为1∶8。蛋清由多种蛋白质组成，主要为糖蛋白质，卵清蛋白质是糖蛋白质主要的组成成分，富含必需氨基酸，蛋氨酸尤其丰富。在孵化时，卵清蛋白质可供胚胎发育用。蛋黄中的黄色物质由饲粮中的类胡萝卜素等色素沉积而成。蛋黄的主要成分是甘油三酯和磷脂，其中的脂肪酸主要是不饱和脂肪酸，也含一定量的饱和脂肪酸。不饱和脂肪酸主要是油酸，饱和脂肪酸主要是棕榈酸。蛋黄中的脂类大多数以脂蛋白质形式存在，并富含磷，且常与钙和铁形成复合物。

蛋壳形成需要大量的钙，必须从循环的血液中摄取钙。在产蛋前10天，受雌激素影响，血中钙浓度从10mg/100mL上升到25mg/100mL。在蛋壳形成过程中，血浆总钙水平下降约20%，约10h后又恢复正常。钙离子转运至蛋壳膜可能需要载体——钙结合蛋白参与。产蛋鸡钙离子的周转率很大，鸡不能从饲料中摄取足够的钙满足蛋壳形成的需要，往往要动员骨中的钙。家禽性成熟前或产蛋间歇期，将饲粮中摄入的钙大量贮存在骨里，以供产蛋时用。因此，在产蛋前和产蛋间歇期保证钙的供应非常重要。在蛋壳形成期，所有进入子宫部的钙都由血液提供，血液中的钙来自饲粮和骨组织。如果产蛋鸡饲粮中的钙为3.6%时，蛋壳中80%的钙由饲料提供，20%的钙由骨组织提供；当饲粮中的钙只有1.9%时，30%～40%的钙由骨组织提供。因此，饲粮缺钙时，会影响蛋壳的形成，蛋壳变薄，产蛋量下降。

（2）产蛋的营养需要

① 能量需要　产蛋禽的能量需要分为维持、产蛋和体增重几部分。能量的摄入量是影响蛋重的主要因素。蛋禽可根据饲粮能量浓度调节采食量，一般不会出现能量过量，但能量不足，开始会导致蛋变小，长期不足导致产蛋量下降，饥饿会造成停产。能量摄入过量或自由采食会使肉用种鸡体组织脂肪沉积过多，降低产蛋量和受精率。

根据正常的采食量确定适宜的能量浓度。我国的饲养标准规定：产蛋鸡饲粮代谢能浓度为11.51kJ/kg。NRC（1994）规定：商品产蛋鸡、种蛋鸭和产蛋火鸡的饲粮代谢能浓度为12.13kJ/kg。采食量可以根据产蛋率调整。

产蛋鸡的能量需要是根据蛋中的能量、维持能量以及饲料能量用于产蛋的效率进行估算的，并可根据不同的产蛋时期调整日粮营养水平。产蛋鸡的生产性能分为若干时期，在这些时期内采取不同的饲喂方法来满足鸡的需要，生产出更多产品，这种饲喂方法叫阶段饲养法。实践中有三段饲养法和二段饲养法。三段饲养法是：将产蛋鸡产蛋阶段分为产蛋前期、产蛋中期和产蛋后期。产蛋前期是指开产到40周龄（或产蛋率80%以上）的时期，此时蛋重增加，鸡的体重也增加，应注意提高日粮各种营养水平，保证能量供应，使产蛋快速达到高峰并维持较长时间；产蛋中期是指母鸡40～60周龄（或产蛋率70%以下）的时期；60周龄后（或产蛋率70%以下时期）为产蛋后期。为充分发挥鸡的生产潜能，中后期的饲养管理重点是保证产蛋率平稳，下降缓慢。由于产蛋后期母鸡沉积脂肪较多，可适当降低日粮营养水平。

影响产蛋能量需要的主要因素有：①家禽产蛋率不同，能量需要不同。若蛋重不变，母鸡产蛋率每改变10%，对饲粮的能量需要量相应改变4%，在自由采食条件下，家禽对不同营养浓度的饲粮可根据生理需要调节采食量，能量浓度每增加或减少1%，对饲粮的采食量相应减少或增加0.5%。②限制饲养程度不同，能量需要不同。限制程度为自由采食的5%～10%，可提高产蛋的饲料利用率，降低能量需要。③外界环境温度和羽毛状况明显影响蛋禽的能量需要。外界环境温度每变化10℃，蛋鸡的维持ME需要改变约每天每千克代谢体重8kJ。在天热时，产蛋家禽消耗的能量很少；在天冷时，能量的消耗比在适宜温度时提高20%～30%。环境温度对羽毛不丰满家禽的影响大于羽毛丰满的家禽。

② 蛋白质需要　产蛋家禽的蛋白质需要量可分为维持需要和体成熟前的生长需要、羽毛生长与更新需要、产蛋需要等。饲粮蛋白质、氨基酸长期缺乏，产蛋量下降，蛋重减轻，严重缺乏时则产蛋停止。饲粮中氨基酸或蛋白质过量导致其他养分需要增加，同时尿酸生成增多，能量利用率降低。

1枚蛋重50～60g，蛋中含蛋白质12%，那么1枚鸡蛋含蛋白质6.0～7.2g，饲料蛋白沉积为鸡蛋蛋白的效率为50%，这样，每产1枚蛋需饲料蛋白质12～14.4g。一般轻型产蛋鸡日需蛋白质17～18g。火鸡、北京鸭、日本鹌鹑产蛋期蛋白质的需要分别为14%、15%和24%。

影响蛋白质需要量的因素包括蛋禽的品种、体型、生产阶段、环境温度、饲养方式、空间、饲粮的能量浓度等。体型大的家禽比体型小的家禽维持需要多，体重2.5kg的鸡比体重1.5kg的鸡每天多需要2g维持蛋白质。产蛋前期、后期的蛋白质需要量有明显差异，外界环境温度对产蛋禽的蛋白质需要有明显影响，主要通过影响采食量而影响的。由于产蛋家禽具有根据饲粮的能量浓度调节采食量的能力，为了满足鸡的蛋白质需要量，必须根据饲粮能量浓度调整蛋白质水平，即调整蛋白质能量比，一般在夏季加大蛋白质能量比，在冬季减少蛋白质能量比。产蛋率越高的家禽，其蛋白质需要量也越大。产蛋家禽的必需氨基酸有蛋氨酸、赖氨酸、色氨酸、精氨酸、组氨酸、异亮氨酸、亮氨酸、苯丙氨酸、缬氨酸和苏氨酸，前三个一般为家禽常用饲料限制性氨基酸。

当饲粮蛋白质不足或氨基酸受到限制时，蛋中氨基酸的比例不变，但产蛋量和饲粮利用率下降。补加合成氨基酸可提高产蛋量和饲粮利用率。饲粮氨基酸过量也有不利影响。保证饲粮氨基酸的平衡非常重要。

③ 矿物质需要　产蛋家禽对钙的需要特别高。一枚蛋约含2.2g钙，中等体型年产蛋300枚的蛋鸡由蛋排出的钙约680g，碳酸钙约1700g，相当于母鸡全身钙的30倍。蛋中钙来自饲料和体组织两个方面，但家禽因骨量小、骨壁薄，体内贮存钙的能力有限。如果饲粮供钙不足，母鸡短期内动用体内38%的钙也只能产6枚蛋，因此保证钙的供给非常重要。饲料钙的利用率以50%～60%计，每产1枚蛋需要3～4g钙。产蛋禽钙的需要量很高，一般为非产蛋禽的4～5倍。1个鸭蛋壳含钙2.9～3.02g，蛋鸭对钙的利用率约为65%，因此产1个蛋需钙4.8～5.12g。合理补钙能减少蛋的破损率。如果饲料中钙不足，就会动用骨骼中的钙形成蛋壳，骨骼中的钙被动用形成蛋壳的时间越长，蛋壳强度越差，不但会出现软壳蛋或无壳蛋，而且会促进吃料，增加饲料消耗，促进肝与肌肉中脂肪沉积，严重影响产蛋率。反之，供钙过多，则使蛋鸭食欲减弱，明显影响产蛋量。正常情况下，蛋鸭钙的合理需求量为：产蛋率在65%以下时，钙为2.5%；产蛋率在65%～85%时，钙为3%；产蛋率达80%以上时，钙为3.21%～3.5%。表3-1列举了各种产蛋禽钙、磷的需要量。

表 3-1 各种产蛋禽钙、磷的需要量 单位：%

产蛋禽种类、品种	钙	非植酸磷	产蛋禽种类、品种	钙	非植酸磷
来航产蛋鸡	4.00	0.31	北京产蛋种鸭	2.75	0.30
来航产蛋种鸡	3.25	0.25	环颈雉	2.50	0.40
肉用产蛋种鸡	4.00	0.35	日本鹌鹑	2.50	0.35
产蛋火鸡	2.25	0.35			

注：引自蔡辉益等译，1994。

影响钙需要量的因素包括：

a. 产蛋率　产蛋率越高，需钙越多；

b. 体型大小　体型越大，维持需要越多，饲料消耗越多；

c. 环境的温度　在适中环境之外，温度越高，鸡采食量越少，饲粮中钙的含量应相应增加；

d. 饲粮的能量浓度　代谢能浓度越高，家禽采食饲料越少，饲粮钙含量应高；

e. 家禽的年龄：40 周龄以上的产蛋鸡，需要较多的饲粮钙；

f. 家禽的种类与品种　重型产蛋家禽因采食量高，其饲粮钙含量应少于轻型蛋禽。

蛋壳质量受产蛋阶段、母鸡行为、设备、环境和营养等多种因素影响。在光照条件下，鸡可以从饲粮中获取蛋壳形成需要的钙，但在黑暗期间，鸡不采食，只能动员骨骼钙来形成蛋壳，来自饲粮的钙有利于提高蛋壳质量，而来自骨骼的钙不利于提高蛋壳质量。为获得优质蛋壳，应提供足够的饲粮钙，选择适宜的钙来源，控制饲粮磷水平。蛋壳中含磷较少，约20mg，蛋内容物中较高，约120mg。据研究：0.3%的有效磷和4.0%的钙可使蛋鸡获得最大产蛋量和最佳蛋壳质量；我国蛋鸡和种鸡总磷的需要为0.6%，与饲粮钙的需要量3%～4%结合考虑，钙磷比为（5～6）∶1。饲粮中的维生素D可促进钙、磷的利用，产蛋家禽接触阳光，可增加维生素D的合成量。笼养鸡由于不能从排泄物中获得磷，所以对磷的需要量高于平养鸡。

产蛋母鸡颗粒状的钙源性饲料在其腺胃和肌胃贮留的时间主要取决于其颗粒的大小，大的时间长，小的时间短。产蛋母鸡石灰石颗粒标准为3350μm，而小母鸡的颗粒为1400～2000μm，均比粉状钙源性饲料的生物学价值高。

另外，饲粮中的微量元素平衡与否也影响蛋壳质量。高水平氯和磷均为酸性，不利于蛋壳质量。高氯引起的代谢性酸性会抑制碳酸酐酶活性，妨碍碳酸盐形成，促使碳酸氢盐从肾脏排出；亦可抑制肾中1-羟化酶活性，妨碍25-羟-维生素D_3转变成活性形式1,25-二羟维生素D_3，影响钙磷代谢。添加碳酸氢钠可降低血磷，改善蛋壳质量。锌影响碳酸酐酶活性而影响蛋壳质量。铜和锰缺乏，影响蛋壳膜的形成、蛋壳的形态、厚度和鸡蛋产量。在含钙3.2%的饲粮中，添加30～90mg/kg锰，可显著提高蛋壳中氨基己糖和糖醛酸含量，有效改善蛋壳质量。高钙饲粮中添加有机锌和锰，因其生物利用率高，可显著改善蛋壳质量。在夜间饲喂可保证消化道持续释放钙，从而提高蛋壳质量。

钠、钾、氯能够维持体内酸碱平衡和促进蛋壳形成。在不含食盐的饲粮中加入0.5%的食盐，产蛋鸡每日氮沉积由4g增至4.4g，且获得最大产蛋率。消除啄羽、啄冠、啄肛等伤害，降低经济损失。饲粮微量元素能否满足需要，应根据饲料微量元素含量和利用率进行考虑。

④ 维生素需要　维生素具有减轻热应激、抵御寒冷、增强卵巢功能、强健雏禽体质、预防疾病、防治消化不良和促进营养物质吸收的作用。

秋冬季节气温低，会导致蛋鸡卵巢功能减退，产蛋减产甚至停产。炎热高温季节，蛋鸡常因散热困难、易受外界高温应激的影响，导致体温升高、呼吸加快、采食及产蛋率下降。

维生素C具有抗感染、解毒与抗应激等作用，可增强鸡对热应激和疾病的抵抗力，提高鸡的耐热性，增进食欲，提高产蛋率。每100kg饲料中添加5g维生素C，饲料消耗可降低8%，产蛋率可提高7.6%。尤其是在高温时节，每千克日粮中添加维生素C 200～300mg，产蛋率可提高6%～8%。

雏鸡每日添喂维生素C 100mg，有改善鸡体代谢的作用，能增强体质、增进食欲，促进生长发育，提高成活率。

在搞好鸡舍防寒保暖，增补能量、蛋白质及矿物质饲料的同时，添加维生素E，可促使鸡性腺发育，增强卵巢代谢机能，使卵巢细胞顺利进行代谢，提高产蛋率。

冬春季天气寒冷，会导致鸡体抗病力减弱，免疫力低下，容易患上呼吸道传染病，鸡饲料中及时添加维生素A，也可增强鸡体的免疫力和对疾病的抵抗力，起到未病先防、减少疾病的作用。

鸡体缺钙，用钙剂治疗时，加服维生素D，可促进钙磷吸收和利用，有助于骨骼和蛋壳形成，使疾病早愈。在冬季，鸡体内维生素D的合成数量不能满足鸡正常生长发育和产蛋所需，因此，及时补充维生素D，对蛋鸡强身防病、安全过冬至关重要。在蛋鸡饮水中加入适量维生素D，可使鸡少产软壳蛋，减少破蛋率。

维生素B_1能维持神经、心肌和消化系统的正常机能，用于周围神经炎、消化不良等有辅助治疗作用。鸡患胃肠等疾病，在治疗药中加服维生素B_1片，可防治消化不良引起的食欲缺乏、厌食等症。表3-2、表3-3列举了产蛋鸡维生素需要量的判断指标和各种产蛋禽的维生素需要量。

表3-2 产蛋鸡维生素需要量的判断指标

维生素种类	判断指标	维生素种类	判断指标
维生素A	产蛋量、孵化率	维生素B_{12}	孵化率
维生素D	产蛋量、蛋壳品质	胆碱	产蛋量
维生素E	孵化率	生物素	产蛋量
维生素K	孵化率	叶酸	产蛋量、孵化率
核黄素	产蛋量、孵化率和雏鸡质量	硫胺素	孵化率
泛酸	产蛋量、孵化率和后代的生活力	吡哆醇	产蛋量、孵化率
烟酸	产蛋量、孵化率		

注：引自NRC（1994）。

表3-3 各种产蛋禽的维生素需要量

维生素种类	产蛋鸡	种鸡	种火鸡	北京鸭	日本鹌鹑
维生素A/(IU/kg)	4000	4000	5000	4000	3300
维生素D_3/(IU/kg)	500	500	1100	900	900
维生素E/(mg/kg)	5	10	25	10	25
维生素K/(mg/kg)	0.5	0.5	1	0.5	1
维生素B_1/(mg/kg)	0.8	0.8	2	4	2
维生素B_2/(mg/kg)	2.2	3.8	4	11	4
泛酸/(mg/kg)	2.2	10	16	55	15
烟酸/(mg/kg)	10	10	40	3	20
维生素B_6/(mg/kg)	3	4.5	4		3
生物素/(mg/kg)	0.10	0.15	0.20		0.15
胆碱/(mg/kg)	500	500	1000		1500
叶酸/(mg/kg)	0.25	0.35	1		1
维生素B_{12}/(mg/kg)	0.003	0.003	0.003		0.003

五、饲养标准的指标和表示方式

1. 饲养标准的指标

饲养标准是指导畜禽生产的科学依据，其中规定了干物质、有效能（畜禽种类不同有效能的表达形式也不同，如猪的消化能、鸡的代谢能、牛的净能等）、蛋白质、氨基酸及其他营养指标如采食量、脂肪酸、维生素、矿物元素含量等。

（1）干物质或风干物质　干物质（DM）或风干物质的采食量（DMI）是一个综合性指标，用千克（kg）表示。饲养标准中规定的采食量，是根据动物营养原理和大量试验结果，科学地规定了动物不同生理阶段的采食量。一般 DMI 占动物体重的 3%～5%。动物年龄越小，生产性能越高，DMI 占体重的百分比越高。DMI 越高，一般来说要求日粮的养分浓度也越高。若饲料条件太差，养分浓度较低，可能因受 DMI 的限制，而造成主要营养分摄食不足。因此，配制动物日粮时应正确协调 DMI 与养分浓度间的关系。饲养标准中给出的采食量仅仅是定额，它是根据动物营养原理和大量动物实验结果而确定的理论值，为动物不同生产阶段的平均采食量。

（2）能量　能量是动物的第一营养需要，没有能量就没有动物体的所有功能活动，甚至没有机体的维持，因此充分满足动物的能量需要具有十分重要的意义。净能可与产品直接相关，可以根据饲料净能的食入量准确预测畜产品的产量，因此，用净能衡量动物的能量需要是营养学发展的必然趋势。由于测定净能费时费工，目前我国饲养标准中奶牛常采用净能、猪采用消化能或代谢能、家禽采用 ME 表示其能量需要，单位是兆焦（MJ）。我国的奶牛饲养标准中为了突出实用性，也采用奶牛能量单位表示奶牛的能量需要（NND 或 DCEU），对肉牛采用肉牛能量单位（RND 或 BCEU）。

（3）蛋白质、氨基酸　猪、禽用粗蛋白，牛用粗蛋白或可消化粗蛋白表示其蛋白质的需要，单位是克（g）。配合饲粮时用百分数表示。粗蛋白实质上是作为氨基酸的载体使用，非反刍动物（尤其是禽）对日粮中必需氨基酸有着特殊的需要。随着“理想蛋白”概念的提出与应用，平衡供给氨基酸，可在降低动物日粮粗蛋白浓度的情况下，提高动物的生产性能和经济效益。饲养标准中列出了必需氨基酸（EAA）的需要量，其表达方式有用每天每头（只）需要多少表示，有用单位营养物质浓度表示。对于单胃动物而言，蛋白质营养实际是氨基酸营养，用可利用氨基酸表示动物对蛋白质的需要量也将是今后发展的方向。必需氨基酸是猪、禽饲养标准中不可缺少的主要指标之一。用总可消化、表观可消化或真可消化氨基酸表示饲料蛋白质营养价值或动物的蛋白质需要量是总的发展趋势。当大量使用杂饼（粕）或非常规饲料时，利用有效氨基酸指标配合日粮的效果十分显著。随着反刍动物蛋白质营养研究的深入，为了更加准确地评定牛羊的蛋白质需要，预计不久将用降解蛋白（RDP）和非降解蛋白（UDP）来衡量牛羊的蛋白质需要，甚至可能用小肠可吸收有效氨基酸表示蛋白质需要。反刍动物蛋白质饲养新体系的不断完善，必将使反刍动物更加合理、有效地利用饲料蛋白质。

猪、鸡饲养标准中列出了必需氨基酸的需要量常以日粮的百分比或每天每头（只）需要多少克表示。要想获得最佳的生产性能，日粮中就必须提供数量足够的必需氨基酸。反刍动物由于瘤胃微生物可以合成微生物蛋白，因此对必需氨基酸的需要不像猪、鸡那样重要。

（4）维生素　猪、禽所需的维生素全部应由饲料提供。年龄越小生产性能越高，所需维生素的种类与数量越多。猪、鸡体内合成的维生素 C，一般可满足需要，只有在应激状况下才补充维生素 C，而维生素 A、维生素 D、维生素 E、维生素 K、维生素 B_1、核黄素、泛酸、胆碱、烟酸、维生素 B_6、生物素、叶酸、维生素 B_{12} 都要进行补充。

一般情况下，反刍动物仅需由饲料提供维生素 A，有时还需考虑维生素 D 和维生素 E。因为瘤胃微生物可以大量合成维生素 K 和 B 族维生素，因此除幼龄反刍家畜动物，一般不会缺乏这些维生素。如果反刍动物的日粮中有相当数量的优质牧草及干草，一般不会缺乏维生素 A、维生素 D、维生素 E。如果饲喂青贮饲料或缺乏阳光照射，就需要添加这类维生素。

(5) 矿物质元素　钙、磷及钠是各类动物饲养标准中的必需营养素，用克（g）表示，对于猪、禽强调有效磷的需要量。我国饲养标准中，还规定了猪、禽对铁、铜、锌、锰、硒、碘等微量元素的需要量。给动物补充各种微量元素已普遍应用于饲养实践，并产生了良好的效果和效益。微量元素是近年动物营养研究最活跃的内容，并发现过去认为非必需，甚至有毒或剧毒的元素（如砷、氟、铅等）也是动物生产所必需的，因此，动物所需的微量元素种类还将增加，但实际添加时应十分慎重，严格掌握用法和用量。

猪、鸡的饲养标准中列出了 12 种矿物质，包括钙、磷、钠、氯、钾、镁、铜、碘、铁、锰、硒和锌。反刍动物还需要硫、钴和钼。日粮中钙过多会干扰磷、镁、锰、锌等元素的吸收利用，对于非产蛋鸡来说，钙和非植酸磷（有效磷）的比例在 2∶1 左右较合适，但产蛋鸡对钙的需要量高，钙和非植酸磷的比例应达到 12∶1。猪以玉米-豆粕为主的日粮中，钙、磷的比例为（1～1.5）∶1。

(6) 其他指标　亚油酸已作为家禽的必需脂肪酸被列入饲养标准，其单位是克（g）；或一般占日粮的 1%，对种用家禽可能更高些。对猪一般要求亚油酸占日粮 0.1%即可。

2. 饲养标准的表示方式

(1) 按每头动物每天需要量表示　这是传统饲养标准表述营养定额所采用的表达方式。需要量明确给出了每头动物每天对各种营养物质所需要的绝对数量。对动物生产者估计饲料供给或对动物进行严格计量限饲很适用。现行反刍动物饲养标准一般以这种方式表达各种营养物质的确切需要量。非反刍动物，特别是猪的饲养标准也并列这种表示方法。如 NRC (1998) 20～50kg 阶段的生长猪，每天每头需要消化能 26.4MJ，钙 11.13g，总磷 9.28g，维生素 A 2412IU。产蛋鸡的“标准”也常用这种方式表示产蛋的营养物质需要。

(2) 按单位饲粮中营养物质浓度表示　这是用相对单位表示营养需要的方法，该表示法又可分为按风干饲粮基础表示或按全干饲粮基础表示。标准中一般给出按特定水分含量表示的风干饲粮基础浓度，如 NRC 标准是按 90%的干物质浓度给出营养指标定额。按单位浓度表示营养需要，对自由采食的动物、饲粮配合、饲料工业生产全价配合饲料十分方便。猪、禽饲养标准一般都列出按这种方式表示的营养浓度。不同饲养标准，相对表示营养需要的方法基本相同，能量用 MJ 或 J/kg 表示，粗蛋白、氨基酸、常量元素用百分数表示。维生素用 IU 或 μg/kg 或 mg/kg 表示，其中维生素 A、维生素 D、维生素 E 用 IU，维生素 B_{12} 用 μg，其他 B 族维生素用 mg 表示。矿物元素中，常量元素一般用 g，微量元素一般用 mg 表示。

(3) 其他表达方式

① 按单位能量浓度表示　这种表示法有利于衡量动物采食的营养物质是否平衡。我国鸡的标准采用了这种表示方法。

② 按体重或代谢体重表示　此表示法在析因法估计营养需要或动态调整营养需要或营养供给中比较常用。按维持加生长或生产制定营养定额的标准中也采用这种表达方式。标准中表达维持需要常用这种方式，例如产奶母牛维持的粗蛋白需要是 $4.6g/W^{0.75}$，钙、磷、食盐的维持需要分别是每 100kg 体重 6g、4.5g、3g。

③ 按生产力表示　即动物生产单位产品（肉、奶、蛋等）所需要的营养物质数量，例

如奶牛每产1kg标准奶需要粗蛋白58g。母猪带仔10～12头，每天需要消化能66.9MJ。反刍动物饲养标准还可能有其他表示方法，如NRC牛的需要中，能量常列出可消化总养分(TDN)，我国奶牛饲养标准中能量指标列出了奶牛能量单位（NND)。

第二节 配合饲料与配方设计

配合饲料是根据动物的营养需要，将多种饲料原料按照饲料配方和加工工艺的要求，依一定比例均匀混合，经工厂化生产的饲料。发展配合饲料，可以最大限度地发挥动物生产能力，提高饲料报酬，降低饲养成本，使饲养者取得良好经济效益。

一、配合饲料的种类和特点

配合饲料按照营养成分、饲喂对象、饲料的料型不同来进行分类。

1. 按饲料中营养成分分类

① 全价配合饲料　是由能量饲料和浓缩饲料按一定比例混合搭配而制成的均匀混合料。该混合料除水分外，能满足动物所需要的全部营养物质（包括蛋白质、能量、维生素、矿物质等)。其特点是使用方便，营养齐全。

② 浓缩饲料　由蛋白质饲料、矿物质饲料、维生素饲料、饲料添加剂等按照一定比例组成的均匀混合料，属于半成品，饲喂时应混合一定比例的能量饲料。由于浓缩饲料中蛋白质饲料含量占多数，所以又称蛋白质浓缩饲料。其特点是由于不含占全价饲料中比例最大的能量饲料，所以便于运输、节约成本。

③ 精料补充饲料　是为满足反刍家畜因青粗饲料等的不足，而将多种饲料原料按照一定比例混合搭配而制成的配合饲料。主要由能量饲料、蛋白质饲料、矿物质饲料等组成。其特点是添加量少，能够补充能量、蛋白质、矿物质以及维生素等的不足。

④ 添加剂预混合饲料　简称添加剂预混料，是指将一种或以上的饲料添加剂按照一定比例与载体或稀释剂混合在一起的配合饲料。属于配合饲料的半成品不能单独作为饲料直接饲喂，一般在全价配合饲料中占0.5%～5%。

2. 按照饲喂对象的种类分类

① 猪用配合饲料　一般可按不同的生长阶段和生产性能进行划分。

a. 母猪料　妊娠前期、妊娠后期、哺乳期。

b. 种公猪料　配种期、非配种期。

c. 仔猪料　体重1～5kg、5～10kg、10～20kg或1～20kg。

d. 后备猪料　多指体重20～70kg的青年猪。

e. 生长肥育猪料　按生长阶段分为体重20～35kg、35～60kg、60～90kg或20～55kg、55kg以上。

② 蛋鸡用配合饲料　一般可分为：

a. 生长期鸡料　有0～6周龄、7～14周龄、15～20周龄等三个阶段饲料。

b. 产蛋鸡及种母鸡料　有21～35周龄、36～48周龄、49～72周龄（或三种产蛋率：80%以上、65%～80%、65%以下）等三个阶段饲料。

③ 肉鸡配合饲料　一般分0～4周龄及5周龄以上或0～3周龄、4～5周龄、6周龄以上。

④ 牛、羊用精料混合料　又按用途、生长期分为产奶牛料、犊牛料、生长牛料、肉牛料、役牛料、产奶羊料等。

⑤ 其他用配合饲料　分为兔（各生长期）、鱼、虾、实验动物、特种动物等用料，每种动物的配合饲料中又分为多种。

3. 按饲料的料型分类

可分为粉状配合饲料、颗粒配合饲料、膨化配合饲料、液体配合饲料。

① 粉状配合饲料　是各种饲料原料经过粉碎后直接进行混合而得到的，可以是全价配合饲料，也可以是浓缩饲料或是添加剂预混合饲料。其特点是加工方便，成本较低。

② 颗粒配合饲料　是粉状配合饲料经过颗粒压制后所形成的，一般为全价配合饲料。其特点是营养素分布均匀，动物采食方便，长途运输及搬运过程不出现自动分级现象。

③ 膨化饲料　是指把混合好的粉状配合饲料加水、加温变成糊状，同时在10～20s内加热到120～150℃，通过高压喷嘴挤压干燥，饲料膨胀，发泡成饼干状，然后切成适当大小的饲料。其特点是适口性好，易于消化吸收，是幼龄动物的良好开食饲料；同时膨化饲料密度小，多孔，保水性好，是水产养殖的最佳浮饵。

④ 液体饲料　一般是以糖蜜作为载体，加入尿素（反刍动物专用）、脂肪、维生素、微量元素以及其他天然原料精制而成，可以针对不同动物需要或集中补充一般饲料所缺乏的养分。其产品主要有高蛋白、高脂肪等不同种类，适用于饲喂各种动物。液体饲料是一种针对性极强的改良型饲料产品，可以直接饲喂动物。但是由于油脂、糖蜜等黏性物质，低温时易黏附在设备表面及仓壁，会造成交叉污染及饲料变质；部分浓度较高的液体溅在身上会造成身体伤害，所以添加多种液体时，存在交叉污染或发生化学反应的可能。

二、配合饲料的优越性

第一，根据动物不同的生长阶段和生产要求的营养需要设计饲料配方，其设计科学、合理，各种营养成分的比例适当，各种原料的计算较为精准，某些原料的计算精度达到了百万分之一以上。因而，可降低饲料成本，缩短饲养周期，提高饲料转化率，增加养殖生产效益。

第二，可以充分合理地利用各种自然饲料资源，如各种农副产品、牧草和林业资源、肉制品和食品工业下脚料、粮食油脂加工业和制药工业的废弃物。通过对工业副产品的合理转化和利用，既减缓了人畜争粮的矛盾，又为饲料工业开发了大量的原料资源。

第三，配合饲料中添加具有预防疾病、保健促生长、防霉防腐作用的饲料添加剂，既增加了饲料的附加功能，又提高了饲料的稳定性。

第四，配合饲料是由专业化的饲料加工厂，经专门的饲料加工生产设备，通过一定的加工工艺生产出来的，这些加工企业均有专业的质量检验机构，实现了产品的标准化生产，所以产品质量有保证。

第五，配合饲料的专业化和标准化生产，节约了养殖企业在饲料加工方面的固定资产投资和劳动力支出的费用，为节约化、现代化的畜牧业生产提供了方便。

三、全价配合饲料配方的设计

1. 全价配合饲料配方设计的原则

(1) 营养性原则　营养性原则是配合饲料配方设计的基本原则。必须按相应的营养需要，首先保证能量、蛋白质及限制氨基酸、钙、有效磷、地区性缺乏的微量元素与重要维生素的供给量，根据当地饲养水平的高低、家禽品种的优劣和季节等条件的变化，对选用的饲养标准作10%左右的增减调整，最后确定实用的营养需要。

在设计配合饲料时，一般把营养成分作为优先条件考虑，同时还必须考虑适口性和消化性等方面。例如，观赏动物首先考虑的是适口性；鳗鱼饲料和幼龄鱼饲料，则以食性优先考虑；幼畜人工乳的适口性与消化性都是优先考虑的。

饲料配方的营养性，表现在平衡各种营养物质之间错综复杂的关系，调整各种饲料之间的配比关系，以及配合饲料的实际利用效率和发挥动物最大生产潜力等诸多方面。配方的营养受制作目的（种类和用途）、成本和销售等条件制约。

① 设计饲料配方的营养水平，必须以饲养标准为基础　世界各国有很多饲养标准，我国也有自己的饲养标准。由于畜禽生产性能、饲养环境条件、畜禽产品市场变换，在应用饲养标准时，应对饲养标准进行研究，如把它作为一成不变的绝对标准是错误的，要根据畜禽生产性能、饲养技术水平与设备、饲养环境条件、产品效益等及时调整。特别要考虑外界环境与加工条件等对饲料原料中活性成分的影响。设计配方时要特别注意各种养分之间的平衡。有时即使各种养分的供给量都满足甚至超过需要量，但由于没有保证有拮抗作用的营养素之间的平衡，就会出现营养缺乏症或生产性能下降。设计配方时应重点考虑能量与蛋白质、氨基酸之间、矿物元素之间、抗生素与维生素之间的相互平衡。

a. 能量优先满足原则　在营养需要中最重要的指标是能量需要量，只有在优先满足能量需要的基础上，才能考虑蛋白质、氨基酸、矿物质和维生素等养分的需要。

b. 多养分平衡原则　能量与其他养分之间和各种养分之间的比例应符合营养需要，如果饲料中营养物质之间的比例失调，营养不平衡，必然导致不良后果。饲料中蛋白质与能量的比例关系用蛋白能量比表示，即每千克饲料中蛋白质质量（g）与能量（MJ）之比。日粮中能量低时，蛋白质的含量需相应降低；日粮能量高时，蛋白质的含量也相应提高。此外，还应考虑氨基酸、矿物质和维生素等养分之间的比例平衡。

② 正确处理配合饲料配方设计值与配合饲料保证值的关系　配合饲料中的某一养分往往由多种原料共同提供，且各种原料中养分的含量与其真实值之间存在一定的差异，此外，饲料加工过程中存在着偏差，生产的配合饲料产品往往有一个合理的贮藏期，贮藏过程中某些营养成分还要因受外界各种因素的影响而损失，所以配合饲料的营养成分设计值通常应略大于配合饲料保证值，以保证商品配合饲料营养成分在有效期内不低于产品标签中的标示值。

③ 控制粗纤维的含量　不同畜禽具有不同的消化生理特点，对饲料中粗纤维的利用程度不同，因此，在设计各种畜禽饲料配方时要因地制宜，选择合理的饲料。家禽对粗纤维的消化力很弱，饲料配方中不宜采用含粗纤维较高的饲料，而且饲料中的粗纤维含量也直接影响其能量浓度。设计家禽的饲料配方时一般将粗纤维含量控制在4%以下。

④ 合理选择饲料原料，正确评估和决定饲料原料营养成分含量　在条件允许的情况下，应尽可能多地选择原料种类，以保证配方中养分的平衡。设计饲料配方时，对饲料原料营养成分含量及营养价值必须做出正确评估和决定。饲料配方营养平衡与否，在很大程度上取决于设计时所采用的饲料原料营养成分值。原料营养成分值尽量有代表性，避免极端数字，原料成分并非恒定，因收获年度、季节、成熟期、加工、产地、品种等不同而异。要注意原料的规格、等级和品质特性。对重要原料的重要指标最好进行实际测定，以提供准确参考依据。选择饲料原料时除要考虑其营养成分含量和营养价值，还要考虑原料的适口性、原料对畜产品风味及外观的影响、饲料的消化性及容重等。

设计饲料配方应熟悉所在地区的饲料资源现状，根据当地饲料资源的品种、数量以及各种饲料的理化特性和饲用价值，尽量做到全年比较均衡地使用各种饲料原料。应选用新鲜无毒、无霉变、质地良好的饲料。黄曲霉和重金属砷、汞等有毒有害物质不能超过规定含量。含毒素的饲料应在脱毒后使用，或控制一定的喂量。要注意饲料的体积尽量和动物的消化生理特点相适应。通常情况下，若饲料的体积过大，则能量浓度降低，不能满足动物的营养需要；反之，饲料的体积过小，即使能满足养分的需要，但动物达不到饱感而处于不安状态，影响动物的生产性能或饲料利用效率。

饲料的适口性会直接影响动物的采食量。应选择适口性好、无异味的饲料。若采用营养价值高，但适口性差的饲料须限制其用量，如血粉、菜籽饼粕、棉籽饼粕、芝麻饼粕、向日葵饼粕等，特别是为幼龄动物和妊娠动物设计饲料配方时更应注意。对味道不良的饲料也可采用适当搭配适口性好的饲料或加入调味剂以提高其适口性，促使动物增加采食量。

⑤ 饲料配方分型　一是地区的典型饲料配方，以利用当地饲料资源为主，发挥其饲养效率，不盲目追求高营养指标；二是优质高效专用饲料配方，主要是面对国外同类产品的竞争以及适应饲养水平不断提高的市场要求。在实际工作中，经常以特定的重量单位，如100kg、1000kg或1t为基础来设计饲料配方。也可用百分比来表示饲料的用量配比和养分含量。

（2）经济性原则　饲料原料的成本在饲料企业生产及畜牧业生产中均占有很大比重（约70%），在追求高质量的同时，往往会付出成本上的代价。喂给高效饲料时，必须考虑畜禽的生产成本是否为最低或收益是否为最大。因此，在设计饲料配方时，应注意达到高效益低成本，为此要求：

① 适宜的配合饲料的能量水平，是获得单位畜产品最低饲料成本的关键：制作肉仔鸡配合饲料，加油脂比不加油脂能够提高饲料转化率。但是，是否加油脂视油脂价格而定，改进饲料转化效率所增加的产值能否补偿添加油脂提高的成本。

② 不用伪品、劣品，不以次充好：盲目追求饲料生产的高效益，往往饲料厂的高效益会导致养殖业的低效益，因此饲料厂应有合理的经济效益。

③ 原料应因地因时制宜，充分利用当地的饲料资源，降低成本。

④ 设计饲料配方时应尽量选用营养价值较高而价格低廉的饲料：可利用几种价格便宜的原料进行合理搭配，以代替价格高的原料。生产实践中常用禾本科籽实与饼类饲料搭配，以及饼类饲料与动物性蛋白质饲料搭配等均能收到较好的效果。

⑤ 饲料配方是饲料厂的技术核心：饲料配方应由通晓有关专业的技术人员制作并对其负责。饲料配方正式确定后，执行配方的人员不得随意更改和调换饲料原料。

⑥ 饲料加工工艺程序和节省动力的消耗等，均可降低生产成本。

（3）市场性原则　产品设计必须以市场为目标，配方设计人员必须熟悉市场，及时了解市场动态，准确确定产品在市场中的地位，明确用户的特殊要求，同时，还要预测产品的市场前景，不断开发新产品，以增强产品的市场竞争力。必须考虑畜禽产品的市场状况和一般经济环境。过去曾认为，使用的原料种类越多，就越能补充饲料的营养缺陷，或者在配方设计时，用电子计算机就可以方便地计算出应用多种原料、价格适宜的饲料配方，但实际上，饲料原料（非添加剂部分）种类过多，将造成加工成本提高的缺点。此外，即使是可能使用的原料，但因库存、购入、价格关系等常限制了使用的可能性，所以，在配方设计时，掌握使用适度的原料种类和数量是非常重要的。不断提高产品设计质量、降低成本是配方设计人员的责任，长期的目标是为企业追求最大收益。

产品的目标是市场。设计配方时必须明确产品的定位，例如，应明确产品的档次、客户范围、现在与未来市场对本产品可能的认可与接受前景等。另外，还应特别注意同类竞争产品的特点。农区与牧区、发达地区与不发达地区和欠发达地区、南方与北方、动物的集中饲养区与农家散养区，产品的特性应有所差别。

（4）安全性原则与合法性原则　配合饲料对动物自身必须是安全的，发霉、酸败、污染和未经处理的含毒素等饲料原料不能使用。动物采食配合饲料而生产的动物产品对人类必须既富营养而又健康安全。

市场出售的配合饲料，必须符合有关饲料的安全法规。选用饲料时，必须安全当先，慎重从事。这种安全有两层基本含义：一是这种配合饲料对动物本身是安全的；二是这种配合饲料产品对人体必须是安全的。做安全性评价必须包括“三致”，即致畸、致癌和致突变。因发霉、污染和含毒素等而失去饲喂品质的大宗饲料及其他不符合规定的原料不能使用。设计饲料配方时，某些添加剂（如抗生素）的用量和使用期限（停药期）要符合安全法规。实际上，安全性是第一位的，没有安全性为前提，就谈不上营养性。为了提高微量养分在全价饲料中的均匀度，原则上讲，凡是在成品中的用量少于1%的原料，均首先进行预混合处理。如预混料中的硒，就必须先预混，否则混合不均匀就可能会造成动物生产性能不良，整齐度差，饲料转化率低，甚至造成动物死亡。值得注意的是，随着我国饲料安全法规的完善，避免了法律上的纠纷。这里的安全性还有另外一层意思，即如何处理饲养标准与配合饲料标准之间的关系问题。如为使商品配合饲料营养成分（指标）不低于商标上的成分保证值，在制作时，应考虑原料成分变动、加工制造中的偏差和损失以及分析上的误差等因素，必须比规定的营养指标稍有剩余。

按配方设计出的产品应严格符合国家法律法规及条例，如营养指标、感官指标、卫生指标、包装等。尤其违禁药物及对动物和人体有害物质的使用或含量应强制性遵照国家规定。企业标准应注册并遵照执行。

随着社会的进步，饲料生物安全标准和法规将陆续出台，配方设计要综合考虑产品对环境生态和其他生物的影响，尽量提高营养物的利用效率，减少动物废弃物中氮、磷、药物及其他物质对人类、生态系统的不利影响。

（5）可行性与适用性原则　所设计的饲料配方必须具有可操作性。设计饲料配方时，还要考虑机械设备能否加工出理想的产品。如果现有的机械设备不能加工，多么好的配方也是无法使用的。配方在原材料选用的种类、质量稳定程度、价格及数量上都应与市场情况及企业条件相配套。产品的种类与阶段划分应符合养殖业的生产要求，还应考虑加工工艺的可行性。

2. 饲料配方设计的步骤与方法

（1）饲料配方的步骤　饲料配方设计的方法包括对角线法、代数法、试差法、计算机辅助设计法。饲料配方设计的步骤基本类似，一般按以下5个步骤进行。

第一步：明确目标。不同的目标对配方要求有所差别。目标可以包括整个产业的目标、整个产业中养殖场的目标和养殖场中某批动物的目标等不同层次。

主要目标包含以下方面：单位面积收益最大；每头上市动物收益最大；使动物达到最佳生产性能；使整个集团收益最大；对环境的影响最小；生产含某种特定品质的畜产品。随着养殖目标的不同，配方设计也必须作相应的调整，只有这样才能实现各种层次的需求。

第二步：确定动物的营养需要量。国内外的猪、鸡、牛的饲养标准可以作为营养需要量的基本参考。但由于养殖场的情况千差万别，动物的生产性能各异，加上环境条件的不同，因此在选择饲养标准时不应照搬，而是在参考标准的同时，根据当地的实际情况进行必要的调整，稳妥的方法是先进行试验，在有了一定把握的情况下再大面积推广。

动物采食量是决定营养供给量的重要因素，虽然对采食量的预测及控制难度较大，但季节的变化及饲料中能量水平、粗纤维含量、饲料适口性等是影响采食量的主要因素，供给量的确定不能忽略这些方面的影响。

第三步：选择饲料原料。即选择可利用的原料并确定其养分含量和对动物的利用率。原料的选择应是适合动物的习性并考虑其生物学效价。

第四步：饲料配方。将以上三步所获取的信息综合处理，形成配方配制饲粮，可以用手工计算，也可以采用专门的计算机优化配方软件。

第五步：配方质量评定。饲料配制出以后，要确定配制的饲粮质量情况必须取样进行化学分析，并将分析结果和预期值进行对比。如果所得结果在允许误差的范围内，说明达到饲料配制的目的。反之，如果结果在这个范围以外，说明存在问题，问题可能是在加工过程、取样混合或配方，也可能是在实验室。为此，送往实验室的样品应保存好，供以后参考用。

配方产品的实际饲养效果是评价配方质量的最好尺度，条件较好的企业均以实际饲养效果和生产的畜产品品质作为配方质量的最终评价手段。随着社会的进步，配方产品安全性、最终的环境和生态效应也将作为衡量配方质量的尺度之一。

（2）饲料配方的方法

① 对角线法　也称四角形法、四边形法、十字交叉法、方块法，此法简单、易于掌握，适用于饲料原料种类及营养指标较少的情况，生产中最适合于求浓缩饲料与能量饲料的比例。

【例 3】 现有玉米和豆饼两种原料，玉米中蛋白质含量为 8%，豆饼中蛋白质含量为 40%，欲将两者配制成蛋白质含量为 16%的混合饲料，玉米与豆饼在配方中所占的比例各为多少？

第一步：先画一方框，将玉米和豆饼中蛋白质的含量分别写在方框的左上角和左下角，将目标含量写在方框对角线中央，然后将对角线上的两数值相减，将差值的绝对值分别写在方框的右上角和右下角。具体方法见图 3-1。

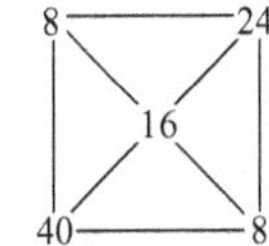

图 3-1　计算对角线法过程图

第二步：计算玉米与豆饼在配方中所占的比例。

$$\text{豆粕在配方中所占的比例}=\frac{8}{24+8}\times 100\%=25\%$$

$$\text{玉米在配方中所占的比例}=\frac{24}{24+8}\times 100\%=75\%$$

对于三种或三种以上的原料，首先要对原料进行分类，同时还要具有一定的生产经验。

【例 4】 用玉米、高粱、小麦麸、豆饼、棉仁饼、菜籽饼和矿物质饲料，为体重 35～60kg 的生长猪配成含粗蛋白为 14%的混合料。

第一步：查饲料的营养成分表，见表 3-4。

表 3-4　所选各种原料的粗蛋白含量

原料名称	粗蛋白含量/%	原料名称	粗蛋白含量/%
玉米	8.2	棉仁饼	41.4
高粱	8.5	菜籽饼	36.4
小麦麸	13.5	矿物质饲料	0
豆饼	41.6		

第二步：根据经验和养分含量把以上饲料分成比例已拟定好的三组饲料，即能量混合饲料、蛋白质混合饲料和矿物质饲料，并分别算出能量混合饲料和蛋白质混合饲料中粗蛋白的平均含量。

能量混合饲料拟由 60%玉米、20%高粱、20%麦麸组成，经计算能量混合料含粗蛋白为：60%×8.2%+20%×8.5%+20%×13.5%=9.3%。

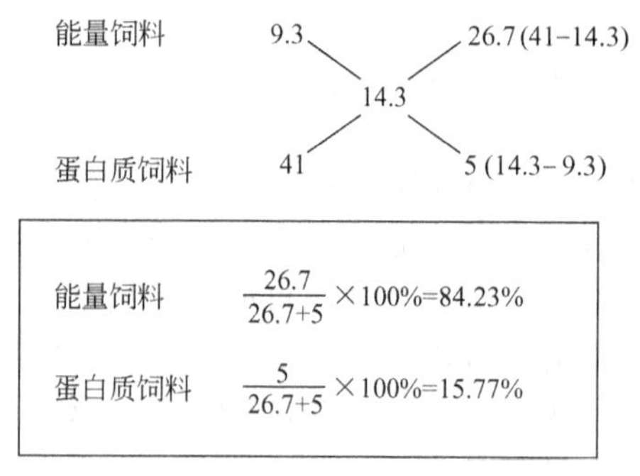

图 3-2 计算对角线法过程图

混合蛋白质饲料拟由70%豆饼、20%棉仁饼和10%菜籽饼组成，经计算蛋白质混合料含粗蛋白为：70%×41.6%+20%×41.4%+10%×36.4%=41%。

矿物质饲料占全价料的2%，其组成为骨粉和食盐，按饲养标准食盐宜占混合料的0.3%，则骨粉占1.7%。

第三步：算出未加矿物质饲料前混合料中粗蛋白的应有含量。

因为配合好的混合料再掺入矿物质饲料，等于变稀，其中粗蛋白就不足14%了，所以要先将矿物质饲料用量从总量中扣除，以便按2%添加混合料的CP仍为14%。100%－2%＝98%，那么未加矿物质料前混合料的CP应为14/98＝14.3%。

第四步：将混合能量料和混合蛋白料当作两种饲料，然后用方块法求各自百分比例。具体计算方法见图3-2。

第五步：计算出混合料中各成分应占的比例。

玉米：60%×84.23%×98%＝49.53%　　高粱：20%×84.23%×98%＝16.51%

小麦麸：20%×84.23%×98%＝16.51%　　豆饼：70%×15.77%×98%＝10.82%

棉仁饼：20%×15.77%×98%＝3.09%　　菜籽饼：10%×15.77%×98%＝1.55%

矿物质饲料：2%

第六步：列出饲料配方，见表3-5。

表 3-5 饲料最终配方

原料名称	配合率/%	原料名称	配合率/%
玉米	49.53	棉仁饼	3.09
高粱	16.51	菜籽饼	1.55
小麦麸	16.51	矿物质饲料	2
豆饼	10.82		

② 代数法　又称联立方程法，是利用数学上联立方程求解法来计算饲料配方。结果即为配合饲料配方比例。优点是条理清晰，方法简单。缺点是饲料种类多时，计算较复杂。原则上说，代数法可用于任意种饲料配合的配方计算，但是饲料种数越多，手算的工作量越大，甚至不可能用手算。而且求解结果可能出现负值，无实际意义。所以常用两种饲料的代数法求解方法。具体设计步骤如下。

第一步：选择一种营养需要中最重要的指标作为配方计算的标准，如粗蛋白。

基于代数法求解的特点，N 种饲料的配方求解，必须建立 N 个方程。其中一个方程代表配合比例，另外 $N-1$ 个方程代表配合的营养指标要求。因此，两种饲料求解，只有一个方程代表营养素，所以只能选择一个营养指标。

第二步：确定所选两种饲料的相应营养素含量。

第三步：根据已知条件列出二元一次方程组，方程组的解即为此两种饲料的配合比例。

【例5】 某猪场要配制含15%粗蛋白的混合饲料。现有含粗蛋白9%的能量饲料（其中玉米占80%，大麦占20%）和含粗蛋白40%的蛋白质补充料，其方法如下所述。

解：设混合饲料中能量饲料占 $x\%$，蛋白质补充料占 $y\%$。

列联立方程：

$$\begin{cases}x+y=100\\0.09x+0.40y=15\end{cases}$$

解联立方程，得出：

$$\begin{cases}x=80.65\\y=19.35\end{cases}$$

求玉米、大麦在配合饲料中所占的比例：

玉米占比例＝80.65％×80％＝64.52％

大麦占比例＝80.65％×20％＝16.13％

因此，配合饲料中玉米、大麦和蛋白质补充料各占 64.52％、16.13％及 19.35％（1－64.52％－16.13％）。

③ 试差法　又称凑数法，是根据经验和饲料营养成分含量，先大致确定各类饲料在日粮中所占的比例，然后通过计算得到与饲养标准的差值再进行调整的配方设计方法。试差法的具体步骤如下。

第一步：查饲养标准计算动物的营养需要。查饲喂对象的饲养标准时主要参考本国的饲养标准，必要时可根据具体情况进行适当调整。

第二步：确定选用各种饲料原料的各种营养成分的含量。从饲料营养成分与营养价值表中查出所要选用各种饲料原料的各种营养成分的含量，为了使所设计配方中各项指标更加科学、真实地体现饲料原料的各种营养成分含量，有条件的情况下应进行营养指标的检测。

第三步：根据设计者经验初拟配合饲料的配方。能量饲料一般占 75％～80％，蛋白质饲料占 15％～30％，矿物质饲料占 1％～10％（产蛋禽占比例更高些，约 10％左右），而添加剂预混料占 1％～5％。

第四步：调整配方。根据初拟配方营养成分含量与饲养标准要求之差额，适当调整部分原料配合比例，使配方中各种营养成分含量逐步符合饲养标准。方法是用一定比例的某一原料替代同比例的另一原料。通常首先考虑调整能量和粗蛋白的含量，其次再考虑钙、磷以及其他指标。如果蛋白质低，能量高，就减少能量饲料的比例，相应增加蛋白质饲料的比例。相反则增加能量饲料，减少蛋白质饲料比例。如果蛋白质和能量同时偏高或偏低，可能是糠麸类饲料不足或过多。

第五步：列出最终配方，并附加说明。最终配方一般包括两部分，一是含量配方，即以百分数（配合率）表示的配方；一是生产配方，即为了方便工人加工生产，列出单批配合时各种饲料原料重量的配方。

第六步：进行成本核算。生产成本是养殖企业、饲料企业赖以生存和发展的关键，设计配方时在满足动物营养需要的情况下，应该尽可能地降低生产成本。

【例 6】 为产蛋率 65％～80％的蛋鸡配合全价日粮。现有饲料种类为：玉米、高粱、麦麸、大豆粕、鱼粉、骨粉、贝壳粉、食盐、添加剂等。

第一步：查蛋鸡饲养标准表，列出产蛋率为 65％～80％蛋鸡营养需要量（表 3-6）。

表 3-6　产蛋率为 65％～80％蛋鸡的营养需要量

营养指标	代谢能/(MJ/kg)	粗蛋白/％	蛋白能量比/(g/MJ)	钙/％	总磷/％	有效磷/％	食盐/％	蛋氨酸/％	赖氨酸/％
营养需要	11.50	15	13	3.4	0.60	0.32	0.37	0.33	0.66

第二步：查饲料营养成分及价值表，列出所用各种饲料的营养成分含量（表 3-7）。

表 3-7 所用饲料成分及营养价值

指标	代谢能/(MJ/kg)	粗蛋白/%	蛋白能量比/(g/MJ)	钙/%	总磷/%	有效磷/%	食盐/%	蛋氨酸/%	赖氨酸/%
玉　米	14.06	8.6	—	0.04	0.21	0.06	—	0.13	0.27
高　粱	13.01	8.7	—	0.09	0.28	0.08	—	0.08	0.22
小麦麸	6.57	14.4	—	0.18	0.78	0.23	—	0.15	0.47
大豆粕	10.29	47.2	—	0.32	0.62	0.19	—	0.51	2.54
鱼　粉	10.25	55.1	—	4.59	2.15	2.15	—	1.44	3.64
骨　粉	—	—	—	36.4	16.4	16.4	—	—	—
贝壳粉	—	—	—	33.4	0.14	0.14	—	—	—

第三步：试配。初步拟定各种饲料在配方中的重量百分比，列表计算配方中各项营养指标合计值，并与饲养标准比较。一般先按代谢能和蛋白质的需要量试配（表 3-8）。

表 3-8 试配日粮及主要营养指标的计算

饲料种类	配比/%	代谢能/(MJ/kg)	粗蛋白/%
玉　米	54	14.06×0.54=7.59	8.6×0.54=4.64
高　粱	7	13.01×0.07=0.91	8.7×0.07=0.609
小麦麸	5.5	6.57×0.055=0.36	14.4×0.055=0.792
大豆粕	19.0	10.29×0.190=1.96	47.2×0.190=8.968
鱼　粉	5	10.25×0.05=0.51	55.1×0.05=2.755
空　白	9.5		
合　计	100	11.33	17.764
饲养标准	100	11.50	15.00
与标准比较	0	−0.17	+2.764

第四步：调整。首先，调整代谢能和粗蛋白的需要量。与饲养标准比较结果是，能量略低于标准，粗蛋白高于标准。因此，需要进行调整。可增加玉米比例，减少粗蛋白含量高的大豆粕的比例。标准规定粗蛋白需要量为 15%。上述混合饲料可提供粗蛋白 17.764%，较标准高出 2.764%，如用玉米进行调整，1kg 玉米代替 1kg 大豆粕，可净减粗蛋白 0.386kg (0.472−0.086)。因此，可用 7%(2.764/0.386) 的玉米代替等量比例的大豆粕。调整后营养成分计算见表 3-9。

表 3-9 调整后日粮中营养成分计算

饲料	配比/%	代谢能/(MJ/kg)	粗蛋白/%	钙/%	磷/%	有效磷/%
玉　米	61	14.06×0.61=8.58	8.6×0.61=5.246	0.04×0.61=0.025	0.21×0.61=0.129	0.06×0.61=0.037
高　粱	7	13.01×0.07=0.91	8.7×0.07=0.609	0.09×0.07=0.006	0.28×0.07=0.02	0.08×0.07=0.006
小麦麸	5.5	6.57×0.055=0.36	14.4×0.055=0.792	0.18×0.055=0.010	0.78×0.055=0.043	0.23×0.055=0.013
大豆粕	12.0	10.29×0.120=1.23	47.2×0.120=5.664	0.32×0.120=0.038	0.62×0.120=0.074	0.19×0.120=0.023
鱼　粉	5	10.25×0.05=0.51	55.1×0.05=2.755	4.59×0.05=0.23	2.15×0.05=0.108	2.15×0.05=0.108
空　白	9.5					
合　计	100	11.59	15.066	0.309	0.374	0.187
与标准比较		+0.09	+0.066	−3.09	−0.226	−0.133

其次，调整钙、磷的需要量。与饲养标准相比，磷的含量低0.226%，每增加1%骨粉，可使磷的含量提高0.164%，因此，可加0.226/0.164=1.38%骨粉。与此同时，钙的含量净增加了0.502%（0.364×1.38），这样与饲养标准相比，钙的含量低2.589%（3.4－0.309－0.502），用贝壳粉来补充钙，则需要7.75%（2.589÷0.334）的贝壳粉。另外，加0.37%食盐。

最后，调整微量元素、维生素和氨基酸的需要量。微量元素和维生素在基础饲料中的含量一般被看作是安全裕量，不予计算。日粮中的添加量按饲养标准中的需要量添加。可直接选用蛋鸡用微量元素和维生素添加剂，并按产品说明书规定的量添加。鸡需要13种必需氨基酸，计算起来比较麻烦，有些氨基酸通过饲料可以满足需要。因此，在实际饲养中主要考虑蛋氨酸、赖氨酸、胱氨酸和色氨酸的供给。饲料中的氨基酸计算方法同粗蛋白和钙、磷的计算。计算结果与饲养标准比较，如果某一项不足，可用商品性氨基酸添加剂来补充。

上述日粮经计算，赖氨酸、色氨酸、胱氨酸都符合标准需要，且都较标准略高些。只有蛋氨酸较标准低0.104%，蛋氨酸又是鸡的第一限制性氨基酸，因此须补加蛋氨酸0.104%，用98%的蛋氨酸添加剂来补充，每100kg日粮需要添加106.12g（0.104÷98%×1000）。

至此，产蛋率65%～80%的蛋鸡平衡日粮已配成。其饲料组成（%）如下：

黄玉米61，高粱7，小麦麸5.5，大豆粕12，鱼粉5，骨粉1.38，贝壳粉7.75，食盐0.37。另外每100kg饲粮补加蛋氨酸106.12g。维生素和微量元素添加剂按产品说明书添加。

④ 计算机辅助设计法　运用计算机设计全价配合饲料配方方法较多，包括线性规划法、多目标规划法、参数规划法、专家系统法等，目前用得最普遍的是线性规划法。线性规划的数学模型由目标因数和约束条件两部分构成，或者说是n元的线性方程组，即约束条件可以用线性方程组或线性不等式组来表示，目标函数也用线性方程组来表示。线性规划是根据各种限制条件来求函数的最大值或最小值的数学方法。在配方设计中是寻求满足符合营养需要的最低成本饲料配方（求最小值）。

运用计算机设计饲料配方的优点是：可克服手工法设计配方时指标的局限性，简化设计人员的计算过程，全面合理平衡饲料营养、成本和经济效益的关系，最大限度降低饲料成本，大大提高配方设计的工作效率和配方准确性。另外，应用计算机设计饲料配方，还能够提供更多的参考信息，保证生产、经营、决策的科学性。合理地选择饲料配方软件，科学地建立数学模型，有效地制定约束条件和目标函数；正确处理运用计算机设计饲料配方常出现的“无解”情况。造成这种情况的主要原因包括原料营养成分含量间相互矛盾；认真作好善后调整工作。运用计算机计算出配方后，并非工作已经完成，还要认真研究配方，必要时还要作适当调整，以更加适应当地生产和市场情况，更加符合设计目标。

3. 动物配合饲料配方设计的特点

（1）猪饲料配方设计特点

① 饲养标准的选用　猪配合饲料中各种养分的含量，应以饲养标准为依据。还必须考虑猪的品种、体型、环境温度及猪群生长状况等因素。我国已制订了肉脂型和瘦肉型猪饲养标准，某些地区也根据当地品种和饲养条件制订了地方猪饲养标准。从国外引进的优良瘦肉型品种，可参照国外的NRC标准、ARC标准和日本的猪饲养标准，进行全价配合饲料的设计。

我国瘦肉型猪行业饲养标准（2004）中，列有生长肥育猪、妊娠母猪、泌乳母猪和配种公猪的饲养标准，均以每头每日营养需要量或每千克饲粮养分含量形式表示。

② 仔猪饲料配方设计的特点　考虑到仔猪消化生理的特点，尤其是早期断奶仔猪，其消化道内消化酶分泌系统发育不完善，要求饲料原料品质优良，易于消化吸收，适口性好。尽量使用动物性蛋白质饲料，尤其是乳清粉、乳糖或脱脂奶粉等；日粮中应使用一些动物血浆蛋白粉、鱼粉、优良加工的血粉等；注意植物性蛋白质饲料原料含量不能过高，或者采用去除抗原性的植物蛋白质饲料原料、加工良好的膨化大豆粉或分离大豆蛋白等，膨化大豆以其适口性好、消化率高、抗原物质和抗营养因子含量低等优点被用于早期断奶仔猪饲粮组成成分；添加油脂补充能量需要时，应选用纯度高，并使用抗氧化剂的油脂，一般配合使用效果更好；日粮中添加一定的酶制剂、酸化剂，可提高仔猪生长速度及饲料利用率；仔猪的味觉和嗅觉较灵敏，喜食甜味和乳香味的饲料，在日粮中添加甜味剂，可显著提高饲料的采食量。

研究发现，仔猪日粮可采取三个阶段饲养体系，第一阶段（体重在6kg以下）饲喂含40%乳产品（如15%～25%乳清粉+10%～25%脱脂奶粉）和1.5%赖氨酸的日粮；第二阶段（体重6～10kg），日粮基本上属于谷物-豆粕型，含有约10%的乳清粉，鱼粉3%～5%；第三阶段（体重10～20kg）采用谷物-豆粕型日粮，鱼粉约5%。3周龄前乳猪配合饲料中玉米、糙米等能量饲料一般为15%～50%、大豆粕为12%～27%，一般不用其他植物性蛋白质饲料原料；脱脂奶粉为15%～40%；乳清粉为0～20%；鱼膏为2.5%左右；蔗糖为5%～10%；稳定脂肪为0～2.5%；矿物质、复合预混料（含药物添加剂）为1%～4%。3周龄后仔猪配合饲料中玉米、糙米、麸皮等能量饲料一般为50%～65%，其中麸皮用量一般不超过5%；植物性蛋白质饲料原料一般只选用豆粕，用量为20%～40%；杂饼（粕）总用量不超过5%；进口鱼粉用量为1%～5%；乳清粉为0～20%；矿物质、复合预混料（含药物添加剂）为1%～4%；有条件的可补充酸化剂1%～2%、油脂1%～3%，以及复合酶制剂等。

③ 生长肥育猪饲料配方设计的特点　饲料原料选择范围广，除使用玉米、豆粕外，可以选择非常规能量饲料原料如大麦、稻谷、高粱及其加工副产品。尽可能地少用动物性饲料，适当增加杂粕类饲料如棉籽粕、菜籽粕等，可少量补充优质青粗饲料；注意所选饲料的适口性、抗营养因子或有毒有害物质的含量，尤其是非常规能量饲料及其加工副产品中，一般含有水溶性非淀粉多糖以及植酸等抗营养因子，可通过原料的适当加工处理，或者在配方设计时限制用量的方法解决这些问题。生长肥育后期还应特别注意饲粮对肉质的影响，由于生长育肥猪后期沉积脂肪的能力很强，其饲粮中如较多地使用某些油脂含量很高的植物性饲料，可使猪胴体脂肪变软，降低肉的品质。

饲料配方设计必须考虑到不同生长阶段应有不同侧重。50kg以下的生长猪，在全面考虑日粮营养平衡时，主要注意满足粗蛋白、赖氨酸、钙、磷、维生素A、维生素D、铁、锌、胆碱等营养指标，注意饲料的适口性和饲料质量；还可以采用高铜日粮（每千克日粮160mg铜）以促进仔猪生长。50kg以上的育肥猪，应侧重于满足消化能、钙、磷、锌、维生素A、维生素D、维生素E等指标。肥育后期还应特别注意饲粮对肉质的影响，并注意饲粮的成本。生长肥育猪能量饲料一般占配合饲料的65%～75%，且可广泛使用谷物籽实，如玉米用量可占配合饲料的0～75%、糙米占0～75%、大麦占0～50%、高粱占0～10%、麸皮占0～30%；蛋白质饲料用量一般占配合饲料的15%～25%，而以植物性蛋白质饲料为主，豆粕占配合饲料的10%～25%，棉籽粕、菜籽粕总用量可控制在10%以下（前期不超过8%），其他饼粕一般为5%以下；动物性蛋白质饲料一般不超过5%；此外，配合饲料中可补充适量的优质粗饲料，如干草粉、树叶粉等，用量以不超过5%为宜；矿物质、复合预混料占1%～4%。

④ 种猪饲料配方设计特点　种猪要注意防止生长速度过快，体况过肥。原料选择上要适当考虑粗饲料或营养浓度较低的饲料原料。主要选择以下原料：含有一定量粗纤维的饲料，不仅可使种猪保持良好的体况，维持较高的繁殖性能，同时可以减少便秘的发生，一般糠麸类、草粉和叶粉类饲料常常被用作种猪的饲料原料；应适当增加矿物质微量元素和维生素的供给量，除了以添加剂形式补充外，可使用富含微量元素和维生素的天然饲料原料。但是，促生长类饲料添加剂，一般不能用于种猪日粮中；要求饲料品质优良，适口性好并具有调养性。饲料组成要多样化，按母猪妊娠不同阶段调整日粮中精料、粗料及多汁饲料的比例。妊娠前期可适当增加糠麸及青、粗饲料用量。妊娠后期则因胎儿生长发育迅速，哺乳阶段需要分泌大量乳汁，要求饲料中的蛋白质品质好且氨基酸平衡；钙、磷比例应为（1.2～1.5）∶1；粗纤维含量最好达到4%～5%；供给充足的维生素和微量元素。

在设计种猪饲料配方时，注意日粮中维生素和矿物质元素及与胚胎发育有关营养物质的供给；适时控制日粮的能量水平，以免种猪过肥或过瘦而影响其繁殖性能，后备种猪、空怀母猪和母猪妊娠前期日粮能量水平不宜过高，妊娠后期和哺乳期则需供给较高的能量水平；保证日粮适宜的粗纤维水平；日粮粗蛋白水平与氨基酸平衡；配合妊娠母猪日粮时应考虑日粮体积，一般每100kg体重给2.0～3.5kg干物质；后备母猪玉米、糙米等谷实类能量饲料原料一般占配合饲料的20%～45%，统糠占粗饲料的10%～20%，麸皮占20%～30%，饼粕类等植物性蛋白质饲料用量一般占配合饲料的15%～25%，矿物质、复合预混料占1%～3%；妊娠母猪配合饲料中玉米、大麦、糙米等谷物籽实类饲料占45%～75%，优质牧草类饲料占0～10%，矿物质、复合预混料等占2%～4%；哺乳母猪配合饲料中玉米、大麦、糙米等谷物籽实类能量饲料占45%～65%，麸皮等糠麸类饲料占5%～30%，饼粕类饲料占15%～30%，优质牧草类占0～10%，矿物质、复合预混料占1%～4%；种公猪配合饲料可以参照妊娠母猪饲料进行设计。

(2) 家禽全价饲料配方设计的特点　我国蛋用鸡的行业饲养标准（2004）中分为生长蛋鸡和产蛋鸡营养需要。标准规定了代谢能、粗蛋白、氨基酸、钙、磷及食盐需要量，还规定了维生素、亚油酸及微量元素需要量。生长蛋鸡按周龄分为0～8周龄、9～18周龄、19～开产阶段；产蛋鸡按产蛋率分为开产～高峰期、高峰后及种鸡营养需要量。地方黄羽肉鸡品种可参考各个品种推荐的营养标准，一般可以参考以下主要营养指标的水平：0～5周、6～11周、22周以上的代谢能水平分别为11.72MJ/kg、12.13MJ/kg和12.55MJ/kg，粗蛋白水平分别为20%、18%和16%，重要的限制性氨基酸水平可按蛋白质水平的比例进行调整。

NRC（1994）推荐的饲养标准建议北京鸭主要营养指标的水平：0～2周龄、2～7周龄、种用阶段代谢能水平分别为12.13MJ/kg、12.13MJ/kg和12.13MJ/kg；粗蛋白水平分别为22.00%、16.00%、15.00%；蛋氨酸水平分别为0.40%、0.30%、0.27%；鹅的主要营养指标的水平：0～4周龄、4周龄以上、种鹅阶段代谢能水平分别为12.13MJ/kg、12.55MJ/kg和12.13MJ/kg；粗蛋白水平分别为20.00%、15.00%、15.00%；蛋氨酸和胱氨酸水平分别为0.60%、0.50%、0.50%。

肉用仔鸡具有生长速度快、饲料转化效率高等特点，设计饲料配方时，在遵循“高能量、高蛋白”的原则上还要按照饲养标准配合日粮以满足其营养需要，并注意日粮中能量与蛋白质的比例及氨基酸平衡；选用能量、粗蛋白含量较高的优质原料，如黄玉米、大豆粕、进口鱼粉、饲料酵母等，不用或少用粗纤维含量较高的原料；为了满足肉仔鸡对能量的需要，还需添加5%以下的油脂，牛、羊等动物油脂中饱和脂肪酸含量高，雏鸡不能很好地吸收利用；地面平养肉仔鸡要重视预混合饲料中抗球虫剂如盐酸氨丙啉、盐霉素钠、莫能菌素钠等的使用，并经常轮换用药以免长期使用产生抗药性。卫生条件欠佳时，要考虑应用控制肠道感染性疾病的添加剂；适当增加维生素A、维生素E、维生素C、生物素及维生素B_{12}等的用量；注意饲养环境与饲养管理措施对肉鸡营养与健康的影响，在气温低的情况下，鸡舍为了保温往往通风换气不够，此时鸡易发生腹水症，可通过提高氨基酸的平衡性、添加酶制剂等，来降低日粮粗蛋白水平，减少肉鸡氮的排泄，提高鸡舍空气质量，降低腹水症的发生率；盐的添加量适当低些，可减少鸡的饮水量，使其排泄物干燥些，有利于提高空气质量。

设计产蛋鸡的饲料配方，除考虑鸡的生产性能外，还要考虑鸡的品种、体重、蛋的大小、蛋壳的质量、蛋黄的色泽、每天采食量以及鸡舍的温湿度、鸡的饲养管理条件等。在设计蛋用鸡饲料配方时，一般按蛋用鸡饲养阶段划分为雏鸡料（0～6周龄）、育成鸡料（7～14周龄和14～18周龄）、开产前饲料（18周龄～产蛋率5%）、产蛋鸡1号料（21周龄～产蛋率80%以上）和2号料（产蛋率80%～65%）及3号料（60周龄～淘汰）。考虑到雏鸡生长速度快，但消化系统发育不健全等生理特点，设计饲料配方时应选用粗纤维含量低、营养价值较高、品质优良、容易消化的饲料。育成鸡生长较快，发育旺盛，为了达到育成鸡适宜的体重、良好整齐度及保证适时性成熟的培育标准，通常采用限制饲喂的方式进行饲养。设计饲料配方时，为降低日粮中能量水平，可适量选用糠麸类、优质的植物茎叶及杂粕类饲料，减少精饲料的用量，以控制育成鸡体重增长、避免蛋鸡过肥，减少饲料成本。产蛋鸡配方中必须有较高的钙水平，钙磷比一般为6∶1～5∶1，常使用骨粉、石粉或磷酸盐类补充。添加一定比例的着色剂可增加蛋黄的颜色。蛋种鸡配方中必须提供充足的维生素、微量元素和必需脂肪酸。产蛋前期（指开产至产蛋率达80%以上的高峰期）为获得持续时间较长而平稳的产蛋高峰期，除注意饲料配方原料的相对稳定外，其营养水平应酌情调整，一般日粮中粗蛋白水平随产蛋率上升而提高，以发挥母鸡的最大生产潜力，同时根据蛋壳质量调整钙的水平，以增强硬度，减少破损，蛋白质、氨基酸、维生素等营养指标也应适量提高。产蛋中期（产蛋率由80%以上下降至70%的高峰期过后的阶段）产蛋率开始下降，但蛋重增加，可采用试探性降低配方中蛋白质水平，以免因饲粮中的粗蛋白水平降得太快而对产蛋造成不良影响。产蛋后期（产蛋率降至65%以下的阶段）由于产蛋鸡对饲料中营养物质的消化和吸收能力下降，蛋壳质量变差，因此饲粮中应适当增加矿物质饲料的用量，以提高钙的水平。

各品种鸭的营养需要基本相同，鸭的原料选择范围比鸡宽些，如糠麸等农副产品均可喂鸭。设计饲料配方时可参考鸡的配方程序。鹅是草食禽类，比较耐粗饲，我国地方品种鹅的生长阶段以白天放牧采食天然青绿饲料和植物籽实为主；早、中、晚补饲以糠麸为主的混合饲料，精饲料用量很少。引进肉用品种鹅，为其设计饲料配方时可参照鸡的配方选择原料，饲喂配合饲料时可搭配30%～50%的青绿饲料或配入一定量的青干草粉、植物叶粉等。鸭、鹅饲料配方设计方法与鸡的基本相同。

（3）反刍动物精料补充饲料配方设计的特点　我国奶牛饲养标准将奶牛的产奶、维持、增重、妊娠和生长所需要的能量统一用产奶净能表示，并且以奶牛能量单位（NND）表示能量价值。蛋白质需要同时列出可消化粗蛋白和小肠可消化粗蛋白。我国肉牛饲养标准采用综合净能体系，并用肉牛能量单位（RND）表示能量价值。蛋白质使用小肠可消化粗蛋白。我国肉牛行业饲养标准（2004）中规定，哺乳母牛每千克4%标准乳中的养分含量为：肉牛能量单位0.32、综合净能2.57MJ/kg、脂肪40g、粗蛋白85g、钙2.46g、磷1.12g。

初生犊牛瘤胃容积很小，其对养分的消化吸收主要靠真胃及其下部消化道来完成。随着年龄的增长，牛瘤胃逐渐发达，大约在6周龄时可达到类似成年牛的状态，依靠瘤胃内微生物发酵饲料；约在3月龄时，能达到成年牛的水平。因此，哺乳牛的配合饲料一般可按日龄分为前期、后期两个阶段，分别饲喂两种不同饲料。同时，随着日龄增长和采食量的增加，后期所用饲料的养分应较前期低。

犊牛人工乳配方可供选用的原料主要有脱脂奶粉或乳品加工副产品、乳糖或单糖、油脂及饲料添加剂等。初生牛犊对大豆蛋白的利用能力较低，比例过高可导致腹泻。早期代乳料中添加一定比例的乳化剂非常重要。6～12月龄生长奶牛，应以优质牧草、干草、多汁饲料为主，辅助少量精料。12～18月龄时，粗料可占饲粮干物质的75%，18～24月龄时，粗料可占饲粮干物质的70%～75%，精料占饲粮干物质的25%～30%。

泌乳奶牛的配合饲料所用原料应含有高质量的青绿多汁饲料及豆科干草，所有青粗饲料应占饲粮干物质的60%左右，而精料补充量以产奶量高低来确定。为保持瘤胃内正常发酵，维持正常的产奶量和乳脂率，粗饲料的质量和数量非常重要。研究表明，根据产奶阶段和产奶量的不同，一般年产奶量为5000～6000kg的奶牛饲粮中精粗料比例为（40～50）∶（60～50），高产奶牛的泌乳高峰期精粗料比例可达60∶40，饲粮干物质中的粗纤维应该在15%以上，为提高奶品质特别是乳脂率，可添加乙酸钠等物质。另外，日粮中可添加小苏打，以缓解瘤胃酸碱度。高产奶牛精料补充料中，各种饲料原料所占比例为：高能量饲料50%、蛋白质饲料25%～30%、矿物质饲料2%～3%。除豆粕（饼）外，在奶牛饲料中可以利用其他各种植物性饼粕类。反刍动物可以利用非蛋白氮化合物（NPN）合成微生物蛋白质，但是，必须注意使用方法，以防发生氨中毒。在选择精料原料时，要考虑原料对乳品质的影响。例如，菜籽粕、糟渣等饲料应严格限制用量，否则，可能使牛乳产生异味，而影响奶的品质。

育肥肉牛精料补充料配方设计一般采用高能、高精料饲喂育肥肉牛。一般肉牛饲粮中粗饲料占45%～55%，精料中粗纤维含量大于10%，可采用含尿素的精料补充料配方。肥育肉牛饲粮的主要原料组成为：糟渣、糖渣、粉渣、氨化秸秆、玉米青贮、精料，冬季可以添加一定量的白菜、胡萝卜等青绿饲料。肉牛饲喂大量精饲料时，以加工处理的谷物类最为理想。饲喂高粱、大麦，均可获得优质脂肪，尽可能多用大麦，少用玉米、小麦。国外肉牛料中广泛添加油脂，以提高饲料的能量浓度，但大量饲喂会影响瘤胃发酵，降低纤维素消化和非蛋白氮饲料利用，其添加量必须限制在5%以内，一般以2%～3%为宜。为了防止肉牛脂肪变为黄色，在肥育末期尽可能地减少苜蓿草粉的使用。

第三节　浓缩饲料与配方设计

一、浓缩饲料的配方设计方法

浓缩饲料配方设计方法主要有两种：一种是由全价配合饲料配方推算浓缩饲料配方；另一种是由浓缩饲料与能量饲料的已知搭配比例设计浓缩饲料配方。

1. 由全价配合饲料配方推算浓缩饲料配方

由全价配合饲料配方推算浓缩饲料配方的基本步骤为：

① 首先设计全价配合饲料的配方。

② 根据浓缩饲料的定义从全价配合饲料中减去全部能量饲料的比例。

③ 由剩余饲料占原全价配合饲料的总百分比及各自百分比计算出浓缩饲料的配方。

④ 标明浓缩饲料的使用方法。

【例 7】 设计体重 20～50kg 生长育肥猪的浓缩饲料配方。

第一步，按全价配合饲料配方设计方法设计出体重 20～50kg 生长育肥猪的全价配合饲料的配方。配方为：玉米 71.04%，麸皮 5.00%，鱼粉 1.00%，豆粕 13.84%，棉籽粕 3.00%，菜籽粕 3.00%，磷酸氢钙 0.43%，石粉 1.05%，赖氨酸 0.34%，食盐 0.30%，预混料 1.00%。

第二步，从 100%中扣除全价配合饲料配方中的所有能量饲料比例 76.04%，剩余的比例为浓缩饲料占全价饲料的比例 23.96%。

第三步，将鱼粉、豆粕、棉籽粕、菜籽粕、磷酸氢钙、石粉、赖氨酸、食盐及添加剂预混料在全价料中的比例分别除以 23.96%，即得生长育肥猪的浓缩饲料配方。即：鱼粉 4.17%，豆粕 57.76%，棉籽粕 12.52%，菜籽粕 12.52%，磷酸氢钙 1.80%，石粉 4.38%，赖氨酸 1.43%，食盐 1.25%，预混料 4.17%。

第四步，说明：使用本产品配合全价饲料时，在产品说明书上注明每 24 份浓缩饲料加上 71 份玉米、5 份麸皮混合均匀即成为 20～50kg 生长育肥猪的全价配合饲料。

2. 由浓缩饲料与能量饲料的已知的搭配比例设计浓缩饲料配方

具体步骤如下。

① 查饲喂对象的饲养标准及所用饲料的成分表。

② 根据实践经验确定全价饲料中浓缩饲料与能量饲料的比例以及能量饲料的组成。一般浓缩饲料与能量饲料的比例为（30～40）∶（60～70）。

③ 由能量饲料的组成计算其中所含营养成分含量，并与饲养标准相比，计算出需由浓缩饲料补充的营养成分的含量。

④ 根据由浓缩饲料补充的营养成分量和浓缩饲料所占日粮的比例，计算浓缩饲料中各种营养成分的含量。

⑤ 用试差法或交叉法来设计浓缩饲料的配方。浓缩饲料常由蛋白质饲料、矿物质饲料、添加剂预混料组成。

⑥ 标明使用方法。

此方法适用于专门从事浓缩饲料生产的厂家。该法原料选择的余地较宽，有利于饲料资源的开发利用和降低饲料成本，便于饲料厂规模化生产，但在设计时需要有一定的实践经验，对浓缩饲料的使用比例、方法有一定了解。

二、反刍动物浓缩饲料配方设计

反刍动物浓缩饲料配方设计的方法，根据选用的蛋白质饲料原料种类不同，可分为常规蛋白质饲料原料配制方法和以尿素补充蛋白质配制方法。

1. 利用常规蛋白质饲料原料的配制方法

一般首先设计反刍动物精料补充料配方，然后推算出浓缩饲料配方。设计奶牛精料补充料配方的方法同全价配合饲料配方设计。浓缩饲料配方的推算也与单胃动物的推算方法相同。

2. 利用尿素代替部分蛋白质饲料原料的配制方法

用尿素代替部分蛋白质饲料，能提高低蛋白饲料中纤维的消化率，增加动物的体重和氮素沉积量，降低饲料成本，提高养殖业的经济效益。所以配制反刍动物浓缩饲料时，可用一定量的尿素或其他高效非蛋白氮饲料替代浓缩饲料中的常规蛋白质饲料，但使用时应严格按照反刍动物对非蛋白氮的利用方法及原则进行。

三、浓缩饲料的使用

近几年来，我国饲料工业的迅速发展和浓缩饲料推广应用日趋广泛，对养禽业的发展和科学饲养水平的提高起到了良好的促进作用。实践证明，推广使用浓缩饲料不仅可以减少农村中能量饲料的重复运输，节省运输费用，降低生产成本，而且还可以弥补当前农村养禽户的蛋白质饲料短缺问题。目前，我国生产浓缩饲料的厂家很多，品种不少，质量也有差别，有的甚至是不合格的伪劣产品，因此，一定要选购产品质量可靠的厂家生产的浓缩饲料，同时应根据家禽的不同种类、品种、用途等选购相应的产品，不能把猪用的浓缩饲料用于家禽，也不能把肉禽的浓缩饲料用于蛋禽。根据国家对饲料产品质量监督管理的要求，凡质量可靠的合格浓缩饲料，一是要有产品标签。标签内容包括产品名称、饲用对象、产品登记号或批准文号、主要饲料原料类别、营养成分保证值（通常要求蛋白质含量30%以上，水分含量13%以下，粗纤维8%以下，粗脂肪2%以上，还有钙、磷含量指标）、用法与用量、净重、生产日期、厂名和厂址。二是要有产品说明书。内容包括推荐饲喂方法、预计饲养效果、保存方法及注意事项等。三是必须有产品合格证，并必须加盖检定人员印章和检验日期。四是要有注册商标，并应标志在产品标签、说明书和外包装上。只有掌握这些基本知识，才能选购到合格的产品。此外，一次购买的数量不宜过多，以保证其新鲜度和适口性。浓缩饲料是由蛋白质饲料、矿物质饲料、微量元素、维生素和非营养性添加剂等按一定比例配制而成的均匀混合物，再与一定比例的能量饲料配合，即成为营养基本平衡的配合饲料。家禽用浓缩饲料一般粗蛋白在30%以上，矿物质和维生素含量也高于家禽需要量的2倍以上，因此不能直接饲喂，而必须按一定比例与能量饲料相互配合才可饲喂，才能发挥浓缩饲料的真正效果和作用。配合时不需要再添加任何添加剂。饲喂时要与粉碎的能量饲料搅拌均匀，采用生干粉投喂，并供足清洁的饮水。

在使用浓缩饲料时，要注意以下几方面：要选购信誉高、质量好的厂家产品；购买时要货比三家，确保质优价廉；选择浓缩饲料时，要仔细了解产品的适用对象，根据饲养的畜禽对号选购适宜的浓缩料，以达到最佳饲喂效果，不同种类、不同型号的浓缩料不能通用，不可相互替代；要严格按说明书规定的比例进行，不能随意改动，也不要加入别的添加剂。如再加入别的添加剂，不但造成浪费，甚至还可能引起中毒，造成经济损失；浓缩饲料与玉米等能量饲料混合一定要均匀；饲喂时应生料干喂或拌湿后饲喂，切忌加热饲喂；浓缩饲料不宜长久存放，存放过长会使浓缩饲料中的蛋白质、维生素、氨基酸等成分效价逐渐降低，甚至发霉变质，贮藏时要存放在避光、干燥、通风的地方，避免营养物质受到破坏。

第四节　预混料与配方设计

一、预混料的分类

1. 根据预混料中的活性成分种类分类

（1）单项性预混料　它是由一类添加剂原料与适当比例的载体或稀释剂配制而成的均匀混合物。例如多种维生素预混料、微量元素预混料等。

（2）综合性预混料　亦称复合预混料，即由两类或两类以上添加剂原料与适当比例的载体或稀释剂配制成的均匀混合物，例如由氨基酸、微量元素、维生素及抗生素等类中的两种或两类以上添加剂原料配制成的预混料。为了加强管理和使用安全，又按其中是否含有药物分为一般预混料和加药预混料。

2. 按照预混料在全价饲料中的用量分类

全价饲料生产厂或预混料用户的加工工艺不同，对预混料在配合饲料中的添加量也不同。一般大中型饲料厂预混料在全价饲料中的比例为0.1%～0.5%，而对于设备较差、工艺简单、技术力量薄弱的饲料厂以及广大的自配饲料的饲养场（户），预混料在全价饲料中的比例较高，一般为1%～5%。预混料在饲料中的添加量不同，会导致预混料含有的添加剂种类的不同。

二、预混料中活性成分添加量的确定

预混合饲料中活性成分主要是指维生素、微量矿物质元素和药物成分等。活性成分需要量主要是指动物对维生素、微量矿物质元素、氨基酸和药物成分的需要量，包含最低需要量和最适需要量。

最低需要量是指在试验条件下，为预防动物产生某种维生素或微量矿物质元素缺乏症，对该维生素或微量矿物质元素的需要量。

现行的饲养标准中推荐的维生素或微量矿物质元素需要量都是指最低需要量。最低需要量未包括生产实际情况下各种影响因素所致的需要量的提高，但是在实际生产条件下并不完全适宜。

最适需要量是指能取得最佳的生产效益和饲料利用率时的活性成分供给量。确定预混合饲料中活性成分添加量的原则是依据动物饲养标准，考虑动物生产特点，结合各种活性成分的理化特性，科学合理地确定预混合饲料中活性成分的添加量。维生素添加剂的稳定性相对较差，且各种维生素的稳定性差别较大，影响其添加量的因素多而复杂，所以维生素添加量变化很大。一般是忽略基础饲料中维生素的含量，而直接以NRC标准推荐的最低需要量作为添加量，更多的是在最低需要的基础上增加一定量。微量矿物质元素添加量的确定，理论上添加量应该是动物需要量与基础饲料中含量的差值。考虑到生产情况及动物对微量矿物质元素的最高耐受量与需要量间有一定的差值，所以常常忽略基础饲料中的微量矿物质元素含量，而直接以动物的需要量作为添加量，一般不会超过安全限度。但确定毒性较大的微量矿物质元素（如硒、砷等）添加量时，需考虑基础饲料中的含量，尤其是富含这些元素的地区，更应如此。药物添加剂必须严格遵守国家有关的药物添加剂的用量和使用方法的规定，同时要注意药物的配伍禁忌。

三、预混料配方的设计

1. 原料与载体的选择

维生素原料的选择主要考虑原料的稳定性和生物学效价。经过包被处理的维生素稳定性优于未包被处理的。选择微量矿物质元素的原料时，应处理好生物学利用率、稳定性和生产成本三者的关系。国内普遍使用铁、铜、锌、锰的硫酸盐，亚硒酸钠、碘化物和碘酸盐等，对于某些特殊微量矿物质元素，如铬、砷等，多用其有机螯合物。尽管微量元素的有机螯合物的生物学利用率和稳定性高于无机化合物，但成本远高于无机化合物，目前仍以使用无机化合物为主。药物饲料添加剂的选择，要求选用高效、低毒、低残留的药物饲料添加剂，严禁使用任何国家违禁药物。

载体是保证预混料均匀混合的重要条件，因而载体选择是否恰当，直接影响到预混料的加工质量和使用效果。作为预混料载体，应满足以下几个条件：含水量应低，粒度要细，容重应与微量组分相接近，载体表面粗糙或具有小孔，吸水性要弱，不易结块，流动性应适中，酸碱度近于中性，来源广泛，有一定的营养价值，能与添加剂均匀混合，不易分级等。

预混料厂常用的载体如玉米粉、脱脂米糠、麸皮等，易吸湿而导致饲料霉变，而石粉的黏附性强，分离现象严重，影响钙磷平衡，且与硫酸亚铁起反应，降低铁的利用率。

载体和稀释剂在预混料中占有相当大的比例，而载体和稀释剂本身对动物生产性能无直接的影响。因此在选择时，一定要因地制宜，尽量选用物美价廉的载体和稀释剂。但必须保证质量，以降低成本，获取最好的经济效益。另外，还应尽量保持载体和稀释剂色泽的一致，使产品具有良好的外观，增强产品竞争力。选择适合的载体和稀释剂，要根据自己的物料特性、设备特点，不断地总结和摸索，还必须关注国际国内的先进科学测试方法。当然，最好的测试办法，就是在加工过程中进行检验各种技术指标，查看动物的生产成绩、肉质情况、生长均匀度，在运输过程中是否分级，分布状态是否受到影响等。

维生素预混合饲料的载体宜选择含水量少、容重与维生素原料接近、吸附性较好、酸碱度近中性、化学性质稳定的载体。一般以有机载体为好，常选用的有淀粉、乳糖、脱脂米糠和麸皮、次粉、玉米芯粉等。其中脱脂米糠含水量低，容重适中，不易分级，表面多孔，承载能力较好，是维生素添加剂预混合饲料的首选载体；麸皮、次粉的承载能力仅次于脱脂米糠，且稳定性较好，来源广，价格合理，也常用作载体。

微量矿物质元素预混合饲料的载体要求不能与微量矿物质元素活性成分发生化学反应，不易变质，流动性好。常用的载体有：轻质碳酸钙（石粉）、白陶土粉、沸石粉、硅藻土粉等。国内主要以轻质碳酸钙作载体。若生产用量为0.1%～0.2%的预混合饲料时，其中轻质碳酸钙中的钙的含量一般可以忽略不计，高于此用量的要注明其中轻质碳酸钙用量或钙的含量，以保证全价饲料配方设计时钙磷平衡。在实际生产中复合预混合饲料的载体往往根据维生素、微量矿物质元素和药物等分别选用不同的载体和稀释剂，分别预混合后再混合在一起。

2. 预混料配方设计的方法

（1）维生素预混合饲料配方设计

① 配方设计的步骤

第一步，确定维生素预混合饲料在全价配合饲料中的添加比例。

第二步，确定单体维生素的种类及其在全价配合饲料中的添加量。查动物的饲养标准确定对维生素的需要量，并考虑预混料生产过程、混入饲料的加工过程以及饲喂过程中可能的损耗和衰减量来决定实际加入量。

第三步，选择所需的维生素饲料添加剂，明确添加剂产品规格。

第四步，根据维生素在全价配合饲料中的添加量和预混合饲料的添加比例，计算每千克预混合饲料中维生素的用量。

第五步，根据预混合饲料中维生素的含量及添加剂产品规格，计算每千克维生素预混合饲料中各商品维生素添加剂的用量。

第六步，选择载体并计算载体在维生素预混合饲料中所占的比例，必要时需添加抗氧化剂。

第七步，计算出维生素预混合饲料的配方。

② 维生素预混合饲料配方设计示例

【例8】 为体重10～20kg瘦肉型生长肥育猪设计在全价饲料中含量为0.1%的维生素预混合饲料配方。

第一步，查阅中国瘦肉型生长肥育猪饲养标准，确定单体维生素的种类及其在全价配合饲料中的添加量，见表3-10。

表 3-10 体重 15～20kg 仔猪维生素的需要量

维生素种类	需要量	维生素种类	需要量
维生素 A/(IU/kg)	1700	维生素 B_{12}/(μg/kg)	15
维生素 D/(IU/kg)	200	烟酸/(mg/kg)	18
维生素 E/(IU/kg)	11	泛酸/(mg/kg)	10.80
维生素 K/(IU/kg)	2.20	叶酸/(mg/kg)	0.59
维生素 B_1/(IU/kg)	1.10	生物素/(mg/kg)	0.10
维生素 B_2/(IU/kg)	2.90		

第二步，选择所需的维生素饲料添加剂，明确添加剂产品规格，见表 3-11。

目前，市场上维生素添加剂的种类很多，可根据维生素的稳定性、原料中有效成分的含量、生物学效价、加工工艺及价格等因素综合考虑。

表 3-11 选取商品维生素的种类与规格

维生素种类	规 格	维生素种类	规 格
维生素 A	50×10^4IU/g	维生素 B_{12}	1%
维生素 D_3	50×10^4IU/g	烟酸	99%
维生素 E	50%	泛酸钙	98%
维生素 K_3	50%	叶酸	80%
维生素 B_1	98%	生物素	2%
维生素 B_2	96%		

第三步，计算维生素预混料配方，见表 3-12。

表 3-12 体重 15～20kg 仔猪维生素预混料配方

维生素种类	每毫克商品原料含纯品维生素的量/(IU/mg)或(mg/mg)	每千克饲粮中商品原料添加量/mg	预混料中商品原料百分比/%	每吨预混料中商品原料用量/kg
维生素 A	500IU/mg	3.40	0.34	3.40
维生素 D_3	500IU/mg	0.40	0.04	0.40
维生素 E	0.5mg/mg	22.00	2.2	22.00
维生素 K_3	0.5mg/mg	4.40	0.44	4.40
维生素 B_1	0.98mg/mg	1.12	0.112	1.12
维生素 B_2	0.96mg/mg	3.02	0.302	3.02
维生素 B_{12}	0.01mg/mg	1.50	0.15	1.50
烟酸	0.99mg/mg	18.18	1.818	18.18
泛酸钙	0.98mg/mg	11.02	1.102	11.02
叶酸	0.80mg/mg	0.74	0.074	0.74
生物素	0.02mg/mg	5.00	0.5	5.00
载体	—	—	92.922	929.22
合计	—	—	100	1000

(2) 微量元素预混料配方设计

① 设计的方法与步骤

第一步，查阅饲养标准，确定微量元素的添加量。预混料中微量元素的添加量应根据动物的营养需要量与基础饲料中微量元素的含量确定，即添加量等于动物的需要量减去基础饲料中的含量。但实际生产中，由于基础饲料中微量元素的含量变化很大且难以测定，所以，一般按饲养标准规定的需要量添加，而基础饲料中的含量则作为安全裕量。对于某些中毒剂量小（如硒）或特殊用途的微量元素（如铜、锌等），应严格控制添加量。

第二步，微量元素原料的选择。根据设计对象、饲养标准等，确定实际添加微量矿物质元素的种类和规格，同时，查明其中杂质和其他元素的含量。

第三步，计算出商品原料的用量。计算方法如下：纯原料量＝微量元素需要量/纯品中元素含量，商品原料量＝纯原料量/商品原料纯度。

第四步，计算载体用量。根据预混料在全价配合饲料中的比例，计算载体用量。一般认为预混料占全价配合饲料的0.5%～1.0%为宜。载体用量为预混料量与商品原料量之差。

第五步，列出微量元素预混料配方。常以每吨预混料的组成形式表示。

② 微量元素预混料配方设计示例

【例 9】 为体重10～20kg瘦肉型生长肥育猪设计在全价饲料中含量为0.5%的微量元素预混合饲料配方。

第一步，查阅饲养标准，确定微量元素的添加量，见表3-13。

表 3-13 体重 10～20kg 仔猪微量元素的需要量 单位：mg/kg

微量元素的种类	铁	锌	铜	锰	碘	硒
需要量	78	78	4.90	3.00	0.14	0.14

第二步，选择准备提供微量元素的商品原料，见表3-14。

表 3-14 所选商品原料的种类与规格

商品微量元素化合物	分子式	元素含量/%	商品原料纯度/%
硫酸铜	$CuSO_4 \cdot 5H_2O$	Cu:25.5	96
碘化钾	KI	I:76.4	98
硫酸亚铁	$FeSO_4 \cdot 7H_2O$	Fe:20.1	98
硫酸锰	$MnSO_4 \cdot H_2O$	Mn:32.5	98
亚硒酸钠	$NaSeO_3 \cdot 5H_2O$	Se:30.0	95
硫酸锌	$ZnSO_4 \cdot 7H_2O$	Zn:22.7	99

第三步，计算商品原料量，商品原料量＝微量元素需要量÷元素含量÷商品原料纯度。经计算得出6种商品原料在每1kg全价配合饲料中的添加量，见表3-15。

表 3-15 每 1kg 全价配合饲料中商品原料用量

商品原料	计算方法	商品原料量/mg	商品原料	计算方法	商品原料量/mg
硫酸铜	4.90÷25.5%÷96%	20.02	亚硒酸钠	0.14÷30%÷95%	0.49
碘化钾	0.14÷76.4%÷98%	0.19	硫酸锌	78÷22.7%÷99%	347.08
硫酸亚铁	78÷20.1%÷98%	395.98	合计		773.18
硫酸锰	3÷32.5%÷98%	9.42			

第四步，列出最终微量元素预混料配方，见表3-16。

表 3-16 0.5%微量元素预混料配方

商品原料	每吨全价料用量/g	每吨预混料用量/kg	配合率/%
硫酸铜	20.02	4.004	0.4004
碘化钾	0.19	0.038	0.0038
硫酸亚铁	395.98	79.196	7.9196
硫酸锰	9.42	1.884	0.1884
亚硒酸钠	0.49	0.098	0.0098
硫酸锌	347.08	69.416	6.9416
载体	4226.82	845.364	84.5364
合计	5000.0(1000000×0.5%)	1000.00	100

（3）复合预混料配方设计　先分别设计出维生素、微量矿物质元素预混合饲料配方，生产出相应预混合饲料；而后再将维生素预混合饲料、微量矿物质元素预混合饲料及其他组分按照全价配合饲料中的添加量和复合预混合饲料在全价配合饲料中的用量，计算出各组分在复合预混合饲料中的比例，即得复合预混合饲料的配方。

四、预混料的使用

1. 正确认识预混料的功效

要配制一种全价配合饲料，预混料必不可少，应首先考虑日粮中各项营养指标，再配合科学、合理的预混料，只有这样才能发挥其提高动物生产水平、降低饲料消耗及保健等作用。

2. 合理选择预混料

严格按照推荐配方选择原料，在选购时必须从实际出发，根据自己拥有的饲料原料状况，因地制宜地选择使用预混料。

3. 明确使用对象

在使用预混料时，应针对畜禽种类以及不同生长阶段来选择专用的预混料，应仔细验看标签上注明的畜种和适用阶段。

4. 用量准确、充分混合

应按照说明与其他饲料充分混合饲喂，一般预混料用量占配合饲料总量的0.5%～6%，使用时应准确称量。因为用量过少达不到理想效果；用量过大不仅浪费，而且易引起中毒。一定要与能量饲料、蛋白质饲料等充分混合均匀才能饲喂，并且最好随配随喂，配合好的饲料应一次用完。超过有效期的预混合饲料不能使用。

5. 正确存放、减少搬运

注意掌握预混料的贮藏时间和条件，保持其新鲜。未开袋的预混料要存放在通风、阴凉、干燥处，并且要分类保管；开袋后应尽快使用，切勿长时存放。使用期间应注意密封，避免潮湿，否则会导致有效成分含量降低。减少搬运，以防止出现分级现象。

总之，合理的全价配合饲料配方是预混料使用效果的确切保证。动物种类不同、养殖环境不同、管理制度不同以及健康状况等不同，饲料配方应有所不同或者应适当调整。

【复习思考题】

1. 如何理解动物的营养需要？它与饲养标准间存在怎样的关系？
2. 动物生产的营养需要包括哪些方面？各种生产需要对动物生产过程具有怎样的指导意义和作用？
3. 饲养标准的指标有哪些？饲养标准表达方式有几种？
4. 设计饲料配方时应遵循的基本原则要求是什么？
5. 设计饲料配方的方法有哪些？
6. 如何确定预混料中活性成分的添加量？

第四章　配合饲料生产工艺及其质量管理

饲料工业是现代饲养业发展的重要基础，原料质量、配方设计、生产加工过程和饲料产品的贮存、饲喂方式以及方法是保证配合饲料产品质量，从而使动物生产性能得以充分发挥的重要环节。在饲料生产中，影响产品质量的因素综合起来可归纳为三方面：一是原、副料的质量高低；二是饲料配方的科学性；三是加工技术的优劣。三者互相影响，相辅相成。饲料配方确定以后，生产加工工艺及质量控制技术就成为保证配合饲料质量的重要因素。

第一节　配合饲料生产工艺

饲料加工机械设备是饲料加工生产过程的生产工具，是饲料制造技术的载体，也是现代饲料工业最重要的物质技术基础。机械设备保证了先进的饲料加工工艺的准确实施，采用加工工艺来改善饲料的品质，已成为现代饲料企业提高产品质量的重要手段之一。随着动物营养和饲料科技的进步，一些较先进的加工技术已用于饲料加工中，如制粒、膨化技术、颗粒制粒后喷涂等，极大地提高了饲料的饲用价值，促进了饲料工业和养殖业的发展。确定配合饲料加工设备和工艺主要是根据目标产品的类型、原料的状态（粉状、粒状、液体料等），以及企业的生产能力等。

一、粉碎设备与工艺

粉碎是利用粉碎工具（锤片粉碎机的锤片、筛片、齿板，辊式粉碎机的压辊，球磨机的钢球等）对物料施力，当其作用力超过物料颗粒之间的内聚力（结合力）时物料被破碎的过程。随着粉碎过程的进行，物料的比表面积不断地增加，固体饲料破裂成小块或细粉数随之增多。粉碎是制造饲料中最重要的工序之一，其直接影响到配合饲料的质量、产量、电耗和成本，此工段的动力配备约占饲料厂总动力配备的30%～40%。粉碎的目的是使粉碎后的饲料颗粒表面积增大以利于动物消化吸收，粉碎后更细碎而均匀的饲料颗粒还更利于后续工序的加工。粉状配合饲料是目前仍普遍使用的一种配合饲料的料型，其优点是生产加工工艺简单，加工成本较低，易与其他饲料种类搭配使用。缺点是在生产粉状饲料时，由于粉料的粒度小，粉尘也较大，重量损失较大。

1. 粉碎方法

粉碎谷物和饼粕等饲料，常采用击碎、磨碎、压碎或锯切碎等方法。

（1）击碎　击碎是利用安装在粉碎室内的工作部件（如锤片、冲击锤、磨块、齿爪或销柱等）高速运转，对物料实施打击碰撞，依靠工作部件对物料的冲击力使物料颗粒碎裂的方法，它是一种无支承粉碎方式。其优点是适用性好、生产率较高，可以达到较细的产品粒度，且产品粒度相对比较均匀。缺点是工作部件的速度要求较高，能量浪费较大。锤片粉碎机、爪式粉碎机就是利用这种方法工作的。

（2）磨碎　磨碎是利用两个刻有齿槽的坚硬磨盘表面对物料进行切削和摩擦而使物料破碎的方法。这种方法主要是靠磨盘的正压力和两个磨盘相对运动的摩擦力作用于物料颗粒而达到破碎的。此法适用于加工干燥且不含油的物料，它可根据需要将物料颗粒磨成各种粒度的产品，但含粉末较多，产品温升也较高。利用这种方法进行工作的有钢磨和石磨，不过后者很少用于工业生产。钢磨的制造成本低、工作时所需动力较小、单位能耗的产量大，但加工的成品中含铁量偏高。这种方法目前在配合饲料加工中应用很少。

（3）压碎　压碎是利用两个表面光滑的压辊以相同的转速相对转动，对夹在两压辊之间的物料颗粒进行挤压而使其破碎的方法。这种方法主要是依靠两压辊对物料颗粒的正压力和摩擦力，它不能充分粉碎物料，在配合饲料加工中应用较少，主要用于饲料的压片。

（4）锯切碎　锯切碎是利用两个表面有锐利齿的压辊以不同的转速（$v_1<v_2$）相对转动，对物料颗粒进行锯切而使其破裂的方法。它适用于粉碎谷物饲料，可以获得各种不同粒度的成品，而且粉末量也较少，不适于加工含油饲料或含水量大于18%的饲料。

在实际粉碎过程中很少是仅有一种方法单独存在。一台粉碎机粉碎物料往往是几种粉碎方法联合作用的结果。选择粉碎方法时，对于特别坚硬的物料，击碎和压碎方法很有效，对韧性物料用磨研为好，对胶性物料以锯切和劈裂为宜。谷物饲料粉碎以击碎及锯切碎为佳，对含纤维的物料（如砻糠）以盘式磨为好。总之，要根据物料的物理特性正确地选择粉碎方法。

2. 粉碎机的类型

根据粉碎物料的粒度可分为：普通粉碎机、微粉碎机、超微粉碎机。根据粉碎机的结构可分为销连锤片式、劲锤式、对辊式和齿爪式。一般的动物料通常采用普通的锤片粉碎机或对辊粉碎机。饲喂幼小动物、普通的水产饲料可采用微粉碎机、水滴式锤片粉碎机、爪式粉碎机。而特种水产饲料和水产的开口饲料需要采用超微粉碎机，有的甚至需要用胶体磨才能达到开口饲料所需要的粒度要求。

（1）普通锤片粉碎机　锤片粉碎机一般由供料装置、机体、转子、齿板、筛片、操作门、排料装置以及控制系统等部分组成。锤架板和锤片等构成的转子由轴承支承在机体内，机体安装有齿板和筛片，齿板和筛片呈圆形包围转子，与粉碎机侧壁一起构成粉碎室。锤片用销轴连在锤板架的四周，锤片之间安有隔套（或垫片），使锤片之间彼此错开，按一定规律均匀沿轴向分布。更换筛片或锤片时须开启操作门，筛片靠操作门来压紧，或采用独立的压紧机构。粉碎机工作时操作门通过某种装置被锁住，保证转子工作时操作门不能被开启，以防止发生事故。粉碎机工作时，物料在一定的供料装置作用下进入粉碎室，受高速回转锤片的打击而破裂，并以较高的速度飞向齿板和筛片，与齿板和筛片撞击进一步破碎，通过如此反复打击，物料被粉碎成小碎粒。在打击、撞击的同时，物料还受到锤片端部及筛面的摩擦、搓擦作用而进一步粉碎。在此期间，较细颗粒由筛片的筛孔漏出，留在筛面上的较大颗粒再次受到粉碎，直到从筛孔漏出，最后从底座出料口排出。

（2）水滴型粉碎机　针对普通锤片粉碎机结构特点，将粉碎室从圆形变为水滴形，这样既增大了粉碎室筛板的有效筛理面积，又能破坏物料在粉碎室形成环流，有利于粉碎后物料排出粉碎室，粉碎效率提高15%。另外水滴型粉碎机有主粉碎室和再粉碎室，物料在粉碎室内可形成二次打击，同一台粉碎机就能实现粗、细、微细3种粉碎形式，粉碎后的物料平均粒度为100～500μm。适应畜、禽、鱼对物料粉碎粒度的不同要求。综合性饲料厂粉碎工艺中应用水滴型粉碎机有独特的优势。

（3）立轴式粉碎机　它是锤片粉碎机的一种，粉碎过程可分成预粉碎和主粉碎2个区域，其特征是采用了360°环筛，还有底面的筛板，筛理面积大，有助于粉碎后物料快速排料。同时由于物料的重力作用，环筛的垂直筛面上黏附物料少，筛孔通过能力强。粉碎机转子可产生一定的风压，促进粉碎后物料的快速排出，有效提高了整个粉碎室的筛落能力，无需在排料中设置独立吸风系统，既省去吸风系统的设备投资，又解决了长期困扰饲料厂因吸风系统故障而产生的粉碎效率低下的问题，且减少了物料在粉碎过程中的水分损失。

(4) 对辊粉碎机　主要由对辊的剪切、挤压作用产生，外力的作用绝大部分用于物料的粉碎，物料的粉碎效率比较高，大大降低了粉碎的能耗（没有物料的旋转、过度粉碎，物料的温度升高较小），可减少粉尘产生和维持费用，降低噪声。粉碎过程中物料水分损失少，粉碎产品的粒度均匀性好，产品的物理特征极佳，有利于物料流动和混合。在物料的粗粉碎中能取得较好的粉碎效果。但对辊式粉碎机不适用于细粉碎，对多种物料的通用性也较差，尤其是各种物料混合以后的粉碎性能就更差，轧辊的维修需要专用设备，这些特性限制了对辊粉碎机在饲料生产中的广泛应用。

(5) 微粉、超微粉碎机　一般用于配合饲料中添加量很小，为提高颗粒总数及其散落性有利于混合均匀的添加剂，或者是对精细配合饲料制品，如代乳饲料、微囊与微黏饲料、鱼虾开口饲料的原料粉碎。通常由超微粉碎机、气力输送、分级机配套来完成，粉碎物料粒度由气流速度控制。对于要求粒度分布在 500μm 以下时，应该考虑使用专用的微粉碎机来进行粉碎。

对粉碎机的基本要求是：

① 粉碎成品的粒度可根据需要能方便地调节，适应性好；

② 粉碎成品的粒度较均匀，粉末少，粉碎后的饲料不产生高热；

③ 可方便地连续进料及出料；

④ 单位成品能耗低；

⑤ 工作部件耐磨，更换迅速，维修方便，标准化程度高；

⑥ 配有吸铁装置、安全室等安全措施，避免发生事故；

⑦ 作业时粉尘少，噪声不超过环卫标准。

3. 粉碎工艺的设计

合理的粉碎工艺能使粉碎粒度符合要求和生产量合理，同时可节省粉碎过程中的能量消耗。粉碎工艺的选择应由产品质量、粉碎粒度、加工成本、投资额大小等来确定。

(1) 从粉碎的次数上划分　有一次粉碎、二次粉碎两种。

① 一次粉碎工艺　就是将物料一次性地粉碎成配合用的粉状饲料。此项工艺简单，设备少。但是粉碎的成品粒度不均匀，产量相对较低。产生此种现象的主要原因是物料在粉碎机中滞留时间较长，合格产品不能及时排出，造成重复粉碎。因此在粉碎机工作一段时间后应定期检查筛孔的破损现象，防止不合格产品产生。

② 二次粉碎工艺　就是将第一次粉碎后的物料进行筛分，将合格的产品输出，未达到标准粒度的物料再进行第二次粉碎，从而弥补了一次粉碎的不足，减少了物料在粉碎室中停留的时间，产品的粉碎粒度一致，并且耗能低。缺点是制造成本相对较高。二次粉碎有三种工艺形式，即单一循环二次粉碎工艺、阶段二次粉碎工艺和组织二次粉碎工艺。单一循环二次粉碎工艺是用一台粉碎机将物料粉碎后进行筛分，筛上物再回流到原来的粉碎机再次进行粉碎。阶段二次粉碎工艺的基本设置是采用两台筛片不同的粉碎机，两粉碎机上各设一道分级筛，将物料先经第一道筛筛理，符合粒度要求的筛下物直接进入混合机，筛上物进入第一台粉碎机，粉碎的物料再进入分级筛进行筛理。符合粒度要求的物料进入混合机，其余的筛上物进入第二台粉碎机粉碎，粉碎后再进入混合机。组合二次粉碎工艺是在两次粉碎中采用不同类型的粉碎机，如第一次采用对辊式粉碎机，经分级筛筛理后，筛下物进入混合机，筛上物进入锤片式粉碎机进行第二次粉碎。

(2) 从粉碎的先后划分　有先粉碎后配料、先配料后粉碎两种，或者是两者的综合。

① 先粉碎后配料生产工艺　所谓先粉碎后配料生产工艺，是指将原料仓的物料先初清、磁选后进行单一品种的粉碎，然后各自进入配料仓，不需粉碎的原料直接进入配料仓然后进行配料、混合、制粒。这是一种传统的加工工艺，主要用于加工谷物含量高的配合饲料。目前国内的饲料厂多采用此种生产工艺。

该工艺的优点是：

a. 分品种粉碎，可针对原料的不同物理特性及饲料配方中的粒度要求分别进行；

b. 有利于自动控制和随时调换配方；

c. 粉碎机可置于容量较大的待粉碎仓之下，原料供给充足，机器始终处于满负荷生产状态，呈现良好的工作特性；

d. 粉碎和后序的产品生产工段，不必同时进行，可以灵活安排生产；

e. 有利于进行小规模生产。

该工艺的缺点是：

a. 料仓数量多，还要设两个以上较大的待粉碎仓。因此，投资较大。

b. 经粉碎后的粉料在配料仓中易结块。所以，对仓斗的形状要求较高。

② 先配料后粉碎生产工艺　先配料后粉碎生产工艺是指将饲料各组分先分别进行计量配料，然后进行粉碎、混合、制粒、包装。这种配料工艺也可以分为两种情况：一种是主原料先配料后进入粉碎机粉碎，然后再与其他粉状副料、微量元素添加剂等预混合饲料进行配比混合为成品；另外一种是主、副料等一起配料然后再进行粉碎。

该工艺的优点是：

a. 原料仓兼作配料仓可省去大量的中间配料仓及其控制设备，并简化了流程。

b. 粉碎后的物料粒度比较均匀，这对于制粒过程是非常重要的，能保证制粒生产的连续性，并减少制粒机不必要的磨损。

c. 对每一批料的粒度都可以调整，这对于一个生产不同种类饲料的饲料厂来说是非常重要的。例如蛋鸡需要较粗的饲料，猪需较细的饲料，而鱼需要更细的饲料。

该工艺的缺点是：

a. 装机容量比先粉碎工艺增加20%～50%，动力消耗高5%～12.5%；

b. 由于粉碎机处于配料工序之后，所以，一旦粉碎机发生故障，将影响整个工厂的正常生产。

4. 粉状饲料粉碎粒度

饲料的最适宜粉碎粒度是指饲养的动物对饲料具有最大利用率、最佳生产性能且不影响动物健康、经济上合算的几何平均粒度。适宜的饲料粒度可以增加动物胃肠道消化酶或微生物作用的机会，提高饲料的消化利用率，减少营养物质的流失及动物粪便排泄量以及对环境的污染；能使各种原料混合均匀、生产质地均一，有效防止粉状配合料混合不均；可以提高饲料调制效果和熟化程度，改善制粒和挤压效果；便于动物采食，减少饲料浪费，也便于储存、运输。原料粉碎粒度是根据原料品种及饲喂对象的种类而定，不同动物所要求的原料粉碎粒度如下所述。

(1) 鸡料　雏鸡，1.00mm以下；中鸡，2.00mm以下；大鸡，2.00mm（颗粒饲料为4.5mm）；成鸡，2.00～2.5mm（颗粒料为6.00mm）。

(2) 猪料　哺乳期，1.00mm以下；仔猪，1.00mm以下；育肥猪，1.00mm；母猪，1.0mm。

(3) 乳牛料　哺乳期，1.00mm以下；幼龄牛，2.00mm以下；小牛，2.00mm以下（颗粒料为6.00mm）；乳牛，2.00mm以下（颗粒料为15mm）。

（4）鱼饲料　0.5mm以下。

（5）马料　2.00～4.00mm。

5. 粉碎工艺的注意事项

（1）采用相应的粉碎工艺和不同的粉碎设备　不同动物饲料有不同的粉碎粒度要求，应采用不同的粉碎设备和相应的粉碎工艺来满足生产要求。物料不能过度粉碎，否则会降低产量，增加电耗，同时也应使物料粉碎粒度均匀。

（2）充分发挥粉碎机的生产能力　粉碎机应在最佳负荷条件下运行，既可提高粉碎的产量，又可节省粉碎的电耗。

（3）减少生产过程中饲料的损耗　饲料粉碎过程中的损耗主要为水分损失和粉尘损失，尤其是在物料进行细粉碎时这种现象更为严重。控制水分损耗的方法是要避免过度粉碎，降低粉碎室内的温度。而控制粉尘损失的方法是要对粉碎的物料进行有效的吸风，防止粉尘外扬，同时还应将吸出的粉尘回收到饲料中。

（4）在原料种类进行切换时，必须更换粉碎筛　操作人员应密切注意粒度的变化，定时取样检查。每周检查锤片和筛板，确保其锋利和完好，防止筛板损坏，影响粉碎粒度。

（5）减少非生产成本　在物料进入粉碎机之前，应加强对磁性杂质的清理，以避免磁性杂质对粉碎机、锤片和筛片的损伤，同时粉碎机不能超负荷工作。

二、计量设备与工艺

1. 计量设备

计量装置根据工作原理可分为重量式和容积式，重量式计量装置被公认为是较好的计量方式，常见的秤有杠杆秤、字盘秤和电子秤。三者相比较，电子秤分辨率较高，受人为因素和腐蚀因素影响较小，操作简单，数字显示清晰，称重的结果可以直接在计算机中进行储存，便于饲料原料的接收与管理。无论是包装称重还是在大型车辆进行称重时，都可以直接显示净重量，较适用于大、中型饲料厂。杠杆秤和字盘秤多适用于中小型饲料厂。

2. 计量设备的要求

（1）准确性　准确性是表示计量误差的大小，通常用其称量误差与其最大称量之比的百分数表示。目前对计量装置准确性的要求是：静态的计量误差为±0.1%，动态计量误差为±0.3%。计量成分在配合饲料中所占比例不同，则要求的计量精度也不同。例如，所计量的成分约占配合料的30%时，则误差不得超过±1.5%；占配合料的10%～30%，误差不得超过±1.0%；所占比例小于10%时，误差不得超过±0.5%；计量补充料时，不得超过±0.1%；计量微量元素时，不得超过±0.01%。

（2）灵敏度　灵敏度是指计量装置平衡指示器的线位移与引起位移的被测值变动量的比值。这一比值越大，说明灵敏度越高，灵敏度的倒数称之为感量。感量越小，则越灵敏，但感量必须适当。

（3）稳定性　稳定性是计量装置显示数值部分（如计量的杠杆、指针等）的静止平衡位置被破坏之后，能迅速恢复平衡状态的性能，稳定性好的装置，称量的时间短，速度快，可显著提高工作效率。

（4）不变性　不变性是指对某一种重物连续称量多次所得的结果一致性好，而实际上只要误差不超过允许的范围即可。

（5）适应性　要求计量设备既能适应不同饲料品种的称量，又能适应配料工序。在饲料生产中，计量装置的计量能力要与混合机的生产能力相适应。作为饲料厂配套设备的计量装置必须能够自动进料、自动称量、自动卸料并能够循环工作，以保证协调、连续生产。

3. 计量工艺

（1）一仓一秤配料计量工艺　各种物料的配料仓下面有一台相应的计量秤。计量秤的量程可根据不同物料的机械特性和在饲料配方中所占比重，以及生产规模来选定，各种物料经过各自的计量装置称量后，输送到混合机中混合。这种工艺流程中各种计量装置每次仅完成一种物料的计算，计量可靠、精度高、速度快。

（2）多仓一秤配料计量工艺　多仓一秤是指配料仓下只有一台电子配料秤，其特点是工艺流程简单，设备操作维修方便，占地面积小，但各配料仓需要依次进行计量，配料周期相对延长，工作效率降低，更重要的是对于不同需求比例的原料，称量量程不易调整，小配比的原料称量时误差变大，从而影响了配合饲料的质量。

（3）多仓数秤配料计量工艺　多仓数秤的工艺是将所计量的物料按照物理特性或者所占比例进行分组，每组配上相应的计量装置来实现计量作业。这种工艺流程多见于预混合饲料厂。其优点是在物料称量误差允许的范围内，将称量量程相近的物料用同一个秤进行称量，则能够使大小秤同时配料，或者两个给料器同时向一个秤斗中给料，从而节约配料周期，提高饲料生产效率与设备的利用率。

4. 计量工艺注意事项

① 配料秤要精确。配料秤的性能好坏直接影响到配料的精确性，多数用磅秤或电子秤，其精度应与称量要求相匹配，并固定使用，同时定期校对误差。自动配料装置也要定期检验、校正。

② 计量场地不得存放与称配无关的杂物，以免混淆。

③ 配料员要挑选认真负责、操作细心的人员担任，一人司称一人复核，强化责任制。

④ 配料单要清晰明了，将产品所需的各种原料按每一批次称量打印成工作单，配料员根据配料单称量打钩，方便、准确，也有利于资料整理。

三、混合设备与工艺

混合是饲料产品经计量配料后，将各种物料组分搅拌混合，使之互相掺合、均匀分布的一道工序。在饲料厂中，主混合机的生产效率决定该生产线的生产效率。

1. 混合设备的分类

（1）按作业方式分　可分为分批混合机和连续混合机。

① 分批混合机　将各品种饲料原料按配方要求、重量比例计量配合成一定重量的一个批量，将此批料送入混合机进行混合，一个混合周期即产生一个批量的配合饲料。现代饲料厂普遍使用分批混合机。

② 连续混合机　将各种饲料分别按配方连续计量，同时送入混合机内进行混合，它的进料和出料是连续的。现代饲料厂很少应用连续混合机。

（2）按主轴布置形式分　可分为立式混合机和卧式混合机，两者性能比较见表4-1。

表4-1　混合机性能比较

卧式混合机	立式混合机	卧式混合机	立式混合机
混合周期短，为3.5～4min 混合均匀度高，变异系数在5%以下 物料残留量少	混合周期长，为15～20min 混合均匀度差，变异系数为10%左右 物料残留量较多	制造要求高，造价高 动力配备大 占地面积大	造价较低 动力配备小 占地面积小

（3）按工作部件形式分　分为螺旋式、桨叶式和转鼓式等。目前国内大、中型饲料厂常

用卧式螺带混合机和卧式双轴桨叶式混合机。添加剂预混合饲料常用锥形混合机。小批量用“U”型或转鼓式混合机。小型饲料厂常用卧式螺带混合机和立式混合机。

2. 对混合机的要求

① 要求混合均匀度高，机内物料残留少，结构简单坚固，操作方便，便于取样和清理。

② 有足够大的生产容量，并能与同一机组的其他设备相配套。

③ 混合周期应小于配料周期，防止在生产过程中造成生产停滞现象。

④ 应设有足够的动力配套，使混合机能够在满负荷下进行工作，保证质量且能节省能源。

在进行混合机的评价时，除与一般的机器有相同的评价指标（能耗、稳定性、维护方便等）外，最关键的指标是混合均匀度，其次才是机内残留物料量、混合周期与粉碎周期的比值。

3. 混合工艺

混合工艺可以分为连续混合和分批混合两种。

(1) 连续混合工艺　连续混合装置由喂料器、集料输送、连续混合机三部分组成。连续混合工艺是将各种饲料组分同时在各仓中进行计量，喂料器将各种物料按照配方比例由集料输送机输送到连续混合机完成混合。这种工艺的优点是可以连续地进行，容易与粉碎及制粒等连续操作的工序相衔接，生产时不需要频繁地操作。但是在换配方时，流量的调节比较麻烦，而且在连续输送和连续混合设备中的物料残留较多。所以两批饲料之间的互混问题比较严重。

(2) 分批混合工艺　分批混合就是将各种混合组分根据配方的比例混合在一起，并将它们送入周期性工作的批量混合机分批地进行混合。这种混合方式改换配方比较方便，每批之间的相互混杂较少，是目前普遍应用的一种混合工艺。

4. 液体饲料的添加设备

向混合机中添加液体的系统有储罐、加温装置、泵、过滤器、计量器、管道、阀门、喷嘴及电控柜等。根据添加液体的种类不同，分为油脂添加系统、液体蛋氨酸添加系统、氯化胆碱液体添加系统和糖蜜添加系统等。

5. 混合机的合理使用

(1) 适宜装料状况　适宜的装料状况是混合机能正常工作并且得到预期效果的前提。在分批卧式混合机中，其充满系数为 0.6～0.8 较为适宜，料位最高不能超过转子顶部平面。在分批式立式混合机中，其充满系数为 0.8～0.85 左右。连续式混合机的不同机型其充满系数一般控制在 0.5 以下。

(2) 混合时间　对于连续式混合机不存在这个问题。对于分批式混合机，确定其混合时间对于混合质量十分重要。混合时间短，物料在混合机中没有得到充分混合即被卸出，混合质量会受到影响。混合时间过长，物料在混合机中被长时间混合而造成能耗增加，产量下降。混合时间的确定取决于混合速度，这主要由混合机的机型决定。如卧式带状螺旋混合机，它的混合作用以对流为主，混合时间较短，通常每批 2～6min。对于立式混合机，其混合作用以扩散和对流共同作用，它的混合时间每批一般需 15～20min，甚至更多。对于以扩散为主的滚筒式混合机，因其混合作用较慢，则要求更长时间。

(3) 操作顺序　饲料中含量较少的各种维生素、药剂等添加剂均需在进入混合机前先用载体稀释。在加料的顺序上，一般是配比量大的组分先加入混合机内后，再将少量和微量组分加入。比重小的物料先加入混合机，后加入比重大的。

(4) 避免分离　可采用添加油脂，不要过度混合，混合后的物料输送距离应短或立即制粒，以避免分级现象。

6. 混合工艺注意事项

① 混合设备在投产前和设备大修后必须检测均匀度，正常时每季度应测定1～2次。预混料的变异系数应≤7%，浓缩饲料的变异系数应≤8%，配合饲料的变异系数应≤10%。

② 掌握最佳混合时间，以免混合不足或过度。混合后的物料应尽量避免输送、流动和振荡，以免再度分极。

③ 混合的各种组分密度相近，粒度相当。

④ 掌握适宜的装载系数和程度。

⑤ 注意混合机螺带、桨叶与机筒的间隙，使之处于最佳的工作状态和最小的残留量。

四、制粒及膨化设备与工艺

颗粒饲料是通过机械作用将单一原料或多种成分混合料压密并挤出模孔所形成的圆柱或团块状饲料。通过蒸汽热能、机械摩擦能和压力等因素的综合作用，达到灭菌、提高饲料消化率的目的，但过度的热加工也会造成热敏性营养成分的损失。

1. 制粒机的分类

(1) 按成形原理分类

① 挤压式　利用压粒机模壁上的挤压摩擦力所产生的一种抗压力进行压制成型。

② 盖压式　利用往复直线运动的冲模将散料在周壁密闭的长槽内压实而成型。

③ 辊压式　利用一对反向、等速旋转的压辊之间的压缩作用而成型。

(2) 按产品型式分类

① 软颗粒制粒机　主要用于压制含水量较高（20%～30%），具有一定可塑性、凝聚性和流动性的原料。

② 硬颗粒制粒机　颗粒饲料制品具有较高的硬度和密度。

③ 膨化挤出机　这类颗粒饲料制品的内部具有许多小孔，其容量为0.3～0.5t/m^3。

④ 微粒制粒机　这类颗粒饲料的粒度在1mm以下。

⑤ 压块机　这类颗粒的横截面积一般大于25cm^2。

2. 环模压粒机

环模压粒机的结构由给料器、调质器、吸铁装置、环模、压辊、喂料刮板、压模内刮刀、切刀、安全装置、传动机构等部件构成。

(1) 给料器　给料器的作用是将料仓的来料均匀地输入机内。为此，以采用锥形螺旋给料器或变节距螺旋给料器为宜。螺旋的螺距和节距应当与需要的给料量相适应。正常运转的情况下，螺旋的转速在100r/min以上，以避免饲料波动。给料器的转速，可根据该物料的粒度及有关的物理性质进行调节。在停机时，应将给料器转速调到最低档，否则下次启动时将有可能损坏机件。

(2) 调质器　调质器的作用是对饲料进行水热处理和添加液体。它的主要组成是桨叶绞龙、蒸汽喷嘴及液体喷嘴。生产制粒饲料，在调质器内，可添加蒸汽、液体，其中最为常用的是蒸汽。在调质器内应保持适当的料量，要保证物料有充分的停留时间，使添加的物质与散粒料均匀混合，以利于挤压成型，调质器桨叶顶端的线速度，建议采用下列数值：容量0.2t/m^{3}的物料为3～4.5m/s、容量较大的为4.5～6m/s。

(3) 吸铁装置　金属杂质是影响压模使用寿命的主要因素之一。混杂在加工料中的金属杂质主要有两种类型：一类是微粒，另一类是块粒。粒状的磁性金属杂质在高温高压条件下，会黏附在压模表面出现黏附现象（亦称模瘤），致使压模的工作阻力骤增，继而容易导致物料堵塞模孔。如果块状金属杂质混入压模，则将损坏机器零部件。为此，在物料进入压制室之前，应先用吸铁装置清除磁性金属杂质，压粒机常配用平面吸铁器或篦形吸铁器。

（4）环模　环模是具有数以千计个均匀分布小孔的环形模具，制粒过程中物料在压模与压轴的强烈挤压作用下，通过这些模孔而压实成型，所以环模应具有较高的强度和耐磨性。环模是压粒机产生成形作用的主要构件，它的结构参数对于制粒效果具有直接影响。

① 压模厚度　模厚取决于物料特性和模孔直径，压制不同饲料，需要采用最佳长径比，以获取高质量颗粒。适宜长径比见表 4-2。

表 4-2　不同类型饲料的适宜模孔直径和深度范围

<table>
<tr><th rowspan="2">饲料类型</th><th rowspan="2">模孔直径/mm</th><th colspan="3">模孔深度/mm</th><th colspan="2">深径比(H/a)</th></tr>
<tr><th>最小</th><th>一般</th><th>最大</th><th>最小</th><th>最大</th></tr>
<tr><td rowspan="3">含谷物高的配合饲料</td><td>4.0</td><td>38</td><td>45</td><td>50</td><td>9.5</td><td>12.5</td></tr>
<tr><td>4.8</td><td>45</td><td>50</td><td>57</td><td>9.4</td><td>11.9</td></tr>
<tr><td>6.4</td><td>51</td><td>57</td><td>64</td><td>8.0</td><td>10.0</td></tr>
<tr><td rowspan="3">热敏感饲料及尿素饲料</td><td>4.0</td><td>19</td><td>25</td><td>32</td><td>4.8</td><td>8.0</td></tr>
<tr><td>4.8</td><td>25</td><td>32</td><td>38</td><td>5.2</td><td>7.9</td></tr>
<tr><td>6.4</td><td>32</td><td>28</td><td>45</td><td>5.0</td><td>7.0</td></tr>
<tr><td rowspan="4">含天然蛋白质高的浓缩饲料</td><td>4.0</td><td>32</td><td>38</td><td>45</td><td>5.0</td><td>7.0</td></tr>
<tr><td>4.8</td><td>38</td><td>45</td><td>51</td><td>7.9</td><td>10.6</td></tr>
<tr><td>6.4</td><td>45</td><td>51</td><td>57</td><td>7.0</td><td>8.9</td></tr>
<tr><td>9.5</td><td>51</td><td>57</td><td>64</td><td>5.4</td><td>6.7</td></tr>
<tr><td rowspan="4">奶牛配合饲料</td><td>4.0</td><td>51</td><td>57</td><td rowspan="4">64
70
89</td><td>12.8</td><td>16</td></tr>
<tr><td>4.8</td><td>57</td><td>64</td><td>11.9</td><td>14.6</td></tr>
<tr><td>6.4</td><td>64</td><td>70</td><td>10.0</td><td>11.9</td></tr>
<tr><td>9.5</td><td>70</td><td>76</td><td>7.4</td><td>9.4</td></tr>
</table>

② 模孔　压制不同的饲料需要不同形式的模孔，直形孔适宜加工配合饲料，阶梯孔亦适用于加工配合饲料，但不常用。外锥形孔宜于加工脱脂糠、椰子饼、棕榈粕等高纤维的饲料。内锥形孔适宜加工牧草粉类体积大的饲料。

③ 有效工作长度　该区段是物料成形过程中起决定性作用的工作区段，若该区段长，则物料受恒压作用的时间长，物料被压制得很紧密，回弹率就小。

④ 压模厚度　压模厚度的大小，与压料过程压力有很大的关系，厚度大的压模，其强度高，刚度大，颗粒制品的密度大。同时，压模厚度与其孔径有关，通常压模的厚度为32～127mm。

⑤ 减压出粒孔深度　有些含纤维高的散状混合料，要求在压粒的部分过程中减少通过模孔的阻力。因此在模孔的出料段应有减压段，它有三种形状：直孔、锥孔和直锥孔，当加工料在深的减压出料孔内因膨胀而堵塞和压模强度因壁厚变薄而削弱的情况下，应采用锥孔或直、锥形孔结合的形式。

⑥ 进料孔口直径　进料孔口直径的大小及结构形状对压模性能有极大的影响，进料孔口直径应大于孔径，这样有利于物料进入模孔，并减少入孔阻力，进料孔有三种形状，即直孔、锥孔和曲线孔。

⑦ 压模转速　是按照模孔直径来选定压模的转速，一般来说，模孔直径小的，应采用较高转速。

（5）压辊　压辊是用来向压膜挤压物料并从模孔挤出成形的主要部件之一，在压粒机工作期间，加工料流连续地进入压模的工作面，压模在料层上面滚动，将加工料压缩，然后将其挤入模孔，受后继料的挤压作用后，被挤出模孔。可见，压模工作面上的压辊，在其连续的旋转过程中，是周期性地使每个模孔的加工料产生运动，因此，压辊采用个数之多少，势必影响压料机的产量和电耗。目前使用的环模压料机，采用1～3个压辊，一般小的颗粒机采用定辊，大的颗粒机采用双辊或三辊。一是为了使压模和压模轴产生过大的弯曲应力平衡，二是增加产量。

(6) 喂料刮板　该装置的作用是将料均匀地分配到每个压轴及压模工作区，以减少振动和受力不均。

(7) 压模内刮刀　压模内刮刀安装在主轴上，作用是帮助喂料刮板将物料连续地送入挤压区，以免物料在压模区内堵塞。

(8) 切刀　切刀的作用是将从模孔中挤出的条状物料截成所需长度及形状的颗粒料。每个压辊配备一把切刀，切刀一般固定在压模罩壳上，切刀至压模外表面的间距可根据制品长度的要求予以调节。

(9) 安全装置　安全装置是为了防止混入机内的金属异物损坏压模和压辊，一旦出现冲击载荷，安全销在应力集中部位就会断裂，而自动切断主驱动电动机的动力输入。

3. 制粒工艺

(1) 调质　所谓调质就是对饲料进行热湿处理、淀粉糊化、蛋白质变性、物料软化，以便于制粒机提高制粒的质量和效率，并改善饲料的适口性、稳定性，提高饲料的消化吸收率。

(2) 制粒

① 环模制粒　调质均匀的物料先通过磁铁去杂，然后被均匀地分布在压辊和压模之间，这样物料由供料区和压紧区进入挤压区，被压辊压入模孔连续挤压，形成柱状的饲料，随着压模回转，被固定在压模外面的切刀切成颗粒状饲料。

② 平模制粒　混合后的物料进入制粒系统，位于压粒系统上部的旋转分料器均匀地把物料撒布于压模表面，然后由旋转的压辊将物料压入模孔并从底部压出，经模孔出来的棒状饲料由切刀切成所需的长度。

(3) 冷却　冷却是指饲料厂制粒工段中颗粒饲料的冷却，使得从制粒机中生产出来的温度高达70～90℃、水分达到14%～16%的颗粒饲料，冷却到比室温略高的温度（一般不大于室温3～5℃），水分达到国家标准所要求的安全水分以下（一般南方≤12.5%，北方≤14%）。冷却后的颗粒既增加了硬度，又能防止霉变，便于颗粒饲料的运输和贮存。冷却器可分为立式冷却器和卧式冷却器两大类，其工作原理基本相同。即高温、高湿度的颗粒饲料从冷却器进料口进入冷却器，在机内停留一段时间，同时由风机抽风，使冷风穿过料层进行热交换，带走颗粒料散发出来的热量和水分，从而使颗粒料得以冷却，达到降温和降湿的目的。

(4) 破碎　碎粒机是将大颗粒（ϕ3～6mm）破碎成小颗粒（ϕ1.6～2.5mm）的专用设备。碎粒可节约动力消耗，提高动物的消化吸收率。目前碎粒大多采用辊式碎粒机，其性能主要通过对机器的结构合理性、结构参数、工艺参数以及加工水平来评定。压辊齿形有两类：一类是交叉的斜齿，而且以锋对锋为宜，齿数不宜过多，以减少出粉率；第二类是直齿与斜齿组合，这种组合出粉率也较少。在实际生产中，调节两辊的距离十分重要，否则在两辊距离不等情况下工作，产品不均匀。

(5) 筛分　当粉料被压制成形经冷却或颗粒破碎后，需经过分级筛提取合格的产品，把不合格的小颗粒或粉末筛理出来重新制粒，并把几何尺寸大于合格产品的颗粒重新送回到破碎机中破碎。分级筛主要有振动分级筛、回转振动筛两种，两者都能达到较好的效果。振动分级筛应根据物料的性质、流量来调整筛体的振幅，以达到最佳效果。回转振动筛由于筛面距离较长，所以分级效果较好，亦是常用设备之一。总之，这两类机型均能达到使用要求，分级效率可达到98%～99%。

4. 膨化设备与工艺

膨化饲料是将粉粒状饲料原料（含淀粉或蛋白质）送入膨化机内，经过一次连续的混合、调质、升温、增压、挤出模孔、骤然降压，以及切成粒段、干燥等过程所制的一种膨松多孔的颗粒饲料。物料在膨化机中，受机械剪切和高温高压作用，由于压力高，温度还达不到水分的沸点。但当物料从模板挤出，进入常压，沸点出现，水分形成“闪蒸”，物料膨化成含很多气孔的多孔状结构，从而引起产品密度变化。碳水化合物含量越高，形成的孔隙越多。孔隙度高意味着密度低，物料能在水中漂浮。对于高油产品，多孔结构有利于膨化产品吸收喷涂的油脂，易形成较高密度的产品。膨化主要适用于特种饲料的成品生产，对饲料中有害因子破坏彻底，淀粉糊化度高，饲料消化吸收率高，安全可靠。膨化机的结构参数和工艺参数一般为：螺杆压缩比1∶4～2∶4，挤压腔内压力达$4.9\times10^{-6}\sim3.43\times10^{-7}$Pa，机内温度150～220℃，物料的膨化率为1.5～8倍以上，糊化度达95%以上。当物料的性质不同，膨化机的螺杆、螺套的各种参数均需不同，否则膨化机很难达到最佳效果。膨化机有湿法和干法之分。干法膨化机结构简单，造价低，能耗大，操作较困难；而湿法膨化机结构较复杂，能耗小，零部件磨损小一些，操作较干法膨化机容易一些。

5. 制粒工艺注意事项

① 制粒期间，应随时检查颗粒的质量，调整调质温度和湿颗粒的温度。

② 定期检查蒸汽量。

③ 不断观察冷却器冷却效率，检验冷却后的颗粒温度，确保料温不超过室温3～5℃，并定期取样送检验室进行水分测定，确保水分控制在标准范围之内。

④ 每周清理一次调质室。

⑤ 为减少维生素、酶制剂等营养成分的损失，可采用包被处理产品或通过后喷涂方式添加。

⑥ 油脂含量对饲料产量和质量有明显的影响，脂肪含量高会提高颗粒饲料生产效率、降低电耗，但会使颗粒变软、变松，为防止颗粒饲料变软、变松，可通过制粒后表面喷涂的方式加以解决。

五、添加剂预混合饲料制造工艺与设备

饲料添加剂的加工工艺技术是配合饲料加工技术与医药化工加工技术相互渗透、相互结合而产生的一项新技术。它要求达到高效、低耗、无交叉污染、能连续生产的程度。预混料所用原料品种多、原料粒度细且差异大，有些原料性质特殊，在预混料加工过程中易引起残留、分级，产生污染与交叉污染，产品质量不稳定，所以应改进设备的性能、加强吸风除尘物料管理、制定合理设备清洗制度，有效避免物料的污染和交叉污染。

1. 预混合饲料原料的选择与处理

（1）原料的选择　添加剂原料的要求是：

① 动物吸收利用率高，生物学效价高；

② 有害重金属含量符合规定标准；

③ 适口性好，无不良异味；

④ 不易吸潮结块；

⑤ 不易氧化分解；

⑥ 无静电感应，流动性良好；

⑦ 粒度符合要求；

⑧ 纯度达到饲料级要求；

⑨ 来源广泛，价格合理；

⑩ 在动物体内无残留，对人体无害。

（2）微量元素的预处理技术　预混合饲料生产中添加的无机盐绝大部分是硫酸盐，它们均含有结晶水甚至游离水，易吸湿返潮，粉碎性能和流动性差，对预混料中维生素的破坏作用大。目前对微量元素矿物盐的处理主要采用干燥、包被微量元素与氨基酸的络合、微量元素与有机酸的螯合，利用糊化淀粉对微量元素矿物盐包被等技术来改进微量元素矿物盐的稳定性和利用率。

（3）维生素的稳定化处理　维生素是动物正常生长、繁殖、生产所必需的微量有机化合物，化学稳定性较差，在加工贮藏中损失较大。保护维生素活性通常采用包被或用疏水性变性淀粉覆盖成“微粒粉剂”技术，从而提高抗氧化和抵抗机械损伤的能力。

（4）极微量组分的添加　预混合饲料中极微量组分主要是硒、碘、钴，它们的添加量极少，又是动物生长、发育、生产所必需。亚硒酸钠为剧毒物质，且易吸湿返潮。目前对极微量组分主要进行预处理，添加工艺采用微粉碎后逐步稀释或溶解成液体后使其吸附于载体再稀释的方法。

（5）载体的选择　选择载体要能对微量元素成分起到稀释作用，而且要有良好的表面特性和水载能力，使微小添加剂成分的颗粒能进入载体的凹面或孔穴内。还应具有散落性、流动性、化学稳定性等特性。一般选择石粉、糠饼粉、蒸制骨粉等作载体。具体要求是：

① 载体的水分要在10%以下，维生素预混合饲料不应超过5%；

② 载体与被承载组分的粒度比为1∶(4～8)，并且载体的承载重不能超过自重，细度在30～80目之间；

③ 要保证载体和稀释剂保持良好的流动性；

④ 避免使用吸湿性强的物料作为载体；

⑤ 载体的酸碱度对维生素在贮存过程中的稳定性起着重要作用，中性的载体或者稀释剂有利于维生素和其他活性组分的稳定性，常用的载体pH值见表4-3；

⑥ 作为载体的物料化学性质必须是稳定的，不易被氧化，不与微量组分发生反应的物质。

表4-3　常用载体的pH值

载体、稀释剂	pH值	载体、稀释剂	pH值
稻壳粉	5.7	玉米干酒糟	3.6
小麦麸	6.4	石灰石粉	8.1

（6）稀释剂的选择　在预混合饲料生产中如有以下情况则需要使用稀释剂。

① 预混合饲料中微量组分≥50%以上；

② 多种微量组分之间的容重差别大；

③ 稀释剂要求具备化学稳定性，不与被稀释的各种微量元素发生化学反应和生物拮抗作用，被稀释组分的容重应与稀释剂的容重或载体的容重相近。

（7）有毒微量元素的处理　硒、钴、碘等微量元素有较大毒性，必须特殊处理，通常采用水化预处理，然后喷到经过细化处理的稀释剂上，再混合均匀，干燥、粉碎、准备配料。

2. 预混合饲料加工工艺流程

预混料加工工艺有两种形式：一种是采用微量配料秤的全自动生产工艺，是预混合饲料生产的主流工艺；另一种是采用人工配料的半自动生产工艺，该工艺结构简单，设备投资省，操作灵活方便，产量较小的生产厂家采用较多，其关键是要严格生产管理。饲料添加剂预混合饲料的加工工艺流程如下。

稀释剂
↓
稀释←溶解←计量←碘、钴、硒等
↓
载体及添加剂原料→烘干→粉碎→筛粉→计量→混合→成品

(1) 干燥　添加剂原料中往往含有超量水分，需要进行干燥处理。通常采用可调温的电烘箱干燥设备。经过干燥处理的添加剂，可以延长保管期限，有利于粉碎加工。

(2) 粉碎　可采用专用粉碎机粉碎，把粉碎的各种原料，分品种筛分到所需的细度，筛上的粗粒重新进入粉碎机粉碎。

(3) 配料　有效原料的称重要精确到0.005kg，载体称重要精确到0.5kg，秤的精度要每周校对一次或更多，取决于所用设备和每批产品之间的误差。手工称重采用精密分析天平、药物天平等。通常设置在配制室内，供微量原料中极微成分称重，以保证其重量的准确性。自动配料秤适用于载体或经稀释混合后的单项原料的预混合料，和配合饲料厂所用自动配料秤相仿，其称量原理分机械杠杆、电子传感器和机电结合型，控制方式则有继电器型、单板机和微型计算机等。

(4) 混合　采用高速、密封的专用混合机，要求机内残留物不超过0.3%。预混合料混合顺序是：必须先添加一半稀释剂或载体，后加微量组分，投放物料次序不能颠倒。预混合时间一般为10min，并测定混合均匀度平均变异系数。每次更换配方，特别是换去含有药物的料时，需用载体对混合仓及输送系统进行两次清洗，再用刷子清刷。混合量应在设计最大容量的60%～80%，否则均匀度将受影响。卸预混料时一定要干净彻底，搅拌器内不应留有任何残留物。

(5) 包装　预混料混合后，需经缓冲料仓、包装料斗、运送机等环节。要求在缓冲料仓安装大型出入通道，以便于检查和清洁。采用气运系统将预混料运送至贮料仓，最好不用斗式提升机运送。在每批产品打包后，要将每批整个打包了的数量和整个生产的数量进行比较，如差异显著，则要找出并消除造成误差的原因。包装材料主要取决于包装物的性质，若包装物料的稳定性差，会影响预混料储存和运输。包装袋上需印有产品主要成分、有关质量标准和使用方法。在包装作业时严防不同品种预混料混杂，保证对每种预混料正确地使用标签，标注预混料名称、编号、编码、生产批号、生产日期、有效日期以及净重等。

3. 预混合饲料的添加顺序

在预混合饲料生产过程中添加顺序有以下两种。

(1) 载体与油脂先混合　先把载体全部加入混合机内，然后加入油脂，混合2min左右就能把油脂较均匀地分布在载体上，随即加入微量活性组分再混合10～15min，这样就提高了载体的承载能力，从而提高了混合均匀度。

(2) 载体和微量组分同时混合　即首先把载体全部加入到混合机内，然后再加微量组分混合3min，使其达到混合均匀度，然后再加入油脂并混合10～15min。

4. 预混合饲料中添加油脂

在预混合饲料中添加油脂与在配合饲料中添加油脂的目的和作用不尽相同，具体见表4-4。

表 4-4 油脂添加的性能对比

项目	预混合饲料	配合饲料
添加油脂的作用	减少粉尘，提高载体的承载能力及减少分级，消除静电，使活性组分隔离空气有利于保存	提高能量，减少粉尘和分级，有利于颗粒剂制粒
添加油脂种类	矿物油、植物油	植物油、动物油及动植物混合油

5. 预混合工艺注意事项

（1）生产工艺流程要简短　在预混合饲料生产的工艺流程中准确配料和均匀混合是两个关键环节，在完成这两个环节后应直接包装，以免残留或者分级，这是因为预混合饲料中的每一组分含量都较少，且每一组分对于动物生长都有很大影响，所以减少工艺流程环节可以保证产品质量。

（2）配料精确度要高　配料精度要达到万分之一，综合误差在0.01%～0.03%。

（3）混合均匀度要高　变异系数不得大于5%，机内残留量少，一般不得大于100g/t。

（4）防止原料交叉污染　其防止措施主要是提高机械性能，减少死角和机内的残留量。某些矿物质原料对机械具有腐蚀性，因此应制订严格的残留清洗制度。

（5）添加油脂　预混合饲料生产过程中一般需要添加油脂，减少粉尘，保证各成分混合均匀。

（6）增强原料的稳定性　对于预混合饲料中稳定性较差的成分必须采取措施，或者选用稳定性较好的原料。

六、包装及运输设备与工艺

包装设备由定量包装秤、缝包输送机两个部分组成。

1. 定量包装秤及工作过程

（1）定量包装秤　定量包装秤由喂料机构（供料器）、称重装置、接料斗及夹袋器、气功元件和电控箱组成。称重物料不同，采用的喂料形式也不同，可分自流式喂料、螺旋喂料和皮带喂料三种形式。自流式喂料适用于流动性较好的颗粒料。螺旋和皮带喂料器适用于流动性较差的粉料，其中螺旋喂料结构较简单。而皮带喂料结构较复杂，但流量易控制，适用范围广，粉粒料都适用。

（2）定量包装秤的工作过程　包装秤工作过程是在称重智能仪表的控制下，先进行粗喂料，仪表采集传感信号，当达到粗计量设定值时，再进行细喂料，达到过冲量修整时即停止喂料，同时断料门关闭，并发生称重卸料信号，可编程控制器（PLC）接收到卸料信号后询问包装袋是否夹好，若已夹紧则打开卸料门排料，排完料后自动关门，PLC接收到秤门已关好的信号后，启动仪表进入下一包称重。

2. 缝包输送机

缝包输送机由缝包机、输送机、电控箱组成。缝包机采用针杆和弯针钩线结构，组成双线链式线迹。设有针距调节机构，以适应输送带的运行速度。输送机用来输送装满饲料的袋子，并使袋子经过缝包机时边走边缝口，输送机输送速度与缝口机速度必须协调一致，常用的输送机有平带型和V型输送带两种。平带型输送机常用的为链板式输送机，输送带两侧有较高的栏杆，确保充料包装袋直立通过缝包机。V型输送带由两条输送带构成V形沟槽，使充料包装袋能直立通过缝包机，但结构较复杂。

第二节 配合饲料的质量管理

一、配合饲料质量管理的意义

所谓质量管理，是指为了经济、有效地制造出符合设计品质要求的产品而采用的一种方法体系。质量管理是企业管理的中心，贯穿了原料验收、配方设计、生产、产品质量检测、产品包装和销售服务整个过程，其意义在于事先防止制造出不合格的产品。质量控制是质量管理工作中的重要部分，质量控制的好坏直接影响到饲料质量，影响到饲料企业的成败。

1. 配合饲料质量的含义

(1) 安全性　安全性是评判饲料产品质量的一个重要指标。要保证饲料安全，就是要保证饲料产品（包括饲料和饲料添加剂）一般的卫生指标（铅、砷、氟、黄曲霉毒素 B_1 等）在国家标准范围内，以避免造成一系列直接或间接的危害。

(2) 配方科学性　饲料配方包含了现代动物营养、饲养、原料特性与分析、保健药物的应用、抗应激、质量控制等先进知识。各营养指标必须建立在科学的标准基础之上，能够满足动物在不同阶段对各种营养的需要，指标之间具备合理的比例关系。科学的饲料配方设计是生产配合饲料的核心技术，优质的配合饲料产品配方应能满足营养全面均衡、适口性好、易消化吸收、提高动物抗病能力和促生长的要求。

(3) 经济有效性　经济性即考虑经济效益与社会效益，从而实现既要符合营养方面的要求，又能尽可能少成本地实现目标。这就要求饲料产品不仅要有科学的配方，使用优质原料，而且还要通过先进合理的加工工艺提高饲料的利用率。

(4) 加工质量　饲料的加工质量包括物理性质，如粒度、形状、长短、匀度、硬度、密度等。同时还包括物化和生化性质，如饲料在粉碎、混合、挤轧、升温、升压等加工过程中，常伴随着淀粉的糊化、大分子营养物质的改性、有害酶类的失活以及各营养物质间的互补等。良好的加工工艺可大幅度提高饲料质量，增强保形性和稳定性，既可减少营养成分损失，又使营养物质更容易被消化利用，增强其适口性和消化性。

2. 配合饲料质量管理的过程

配合饲料质量管理大致可分为四个过程，即生产设计过程、生产过程、辅助生产和服务过程及使用过程。

(1) 设计过程中的质量管理　设计过程包括试验、研制、产品设计、工艺设计、试制、使用验证、鉴定、设备安装等环节，也就是产品正式投产以前的全部技术准备过程。饲料产品的设计质量依赖于以下三个方面的标准。

① 营养标准　在充分掌握营养学基础知识和研究进展，不同动物对营养的需求和对饲料的营养成分的利用能力，原料的适口性，添加剂的添加效应以及卫生安全、环境保护等方面知识的基础上，制定营养标准。

② 原料标准　采购人员与技术服务部门协作，对原料的品质进行选择和检验，建立各种原料营养成分含量和添加剂有效成分含量的信息库，并对原料营养成分的生物利用率进行测定，在此基础上结合卫生安全指标制定饲料原料和添加剂的标准。

③ 加工标准　加工方面的标准制定包括对系统设计（包括避免交叉污染）以及在生产能力评价的基础上建立规范的操作程序。

(2) 生产过程中的质量管理　生产质量是设计质量在产品中得以完全体现的具体保证。

生产质量包括以下几方面。

① 配方控制　是将营养标准准确地体现到饲料配方中，需要对原料的营养成分和产品标准有相当丰富的知识，并且还应考虑到可利用原料的种类和数量、原料的价格、原料中对动物营养吸收有害的成分、产品的特殊动能要求及其添加剂的使用效果、设备的加工能力、产品质量要求以及运输条件的限制等。

② 原料控制　是指在原料购买中，通过对原料的化学分析，保证原料符合规定的标准，同时还应该建立原料供应商的筛选和批准程序。

③ 加工控制　通过执行设备运转标准，分段产品检查、分析，来确保生产质量。

（3）辅助生产过程中的质量管理　辅助生产过程中的质量管理包括物资供应、动力供应、工具供应、设备维修以及运输等部分。生产过程中的许多质量问题，都直接同辅助生产过程中的质量密切相关。因此，抓好辅助生产过程的质量管理十分重要。

① 为生产过程提供优良的生产条件。如：供应的物质符合质量标准，水、电、气等供应达到生产要求，设备维修达到规定的标准等。

② 提高后勤服务质量。对后勤服务质量的要求是及时供应、及时维修、方便生产。

③ 抓好辅助生产部门的其他工作质量。包括减少设备故障，加速储备资金、成品资金的周转，降低损耗和消耗，提高维修工时利用率和降低维修费用，提高车辆完好率、工作日和实载率等。

（4）使用过程中的质量管理　产品的使用过程是考验产品实际质量的过程，它是企业质量管理的归宿点，又是企业质量管理的起点。产品质量好坏，主要看用户的评价。因此，企业管理工作必须从生产过程延伸到使用过程。要求做好四项工作：

① 对用户开展技术服务工作。

② 对用户进行使用效果和使用要求调查。

③ 分析用户投诉的原因。

④ 认真处理出厂产品的质量问题。

二、配合饲料的质量管理标准

1. 配合饲料质量标准与饲料法律体系

（1）饲料质量标准　饲料质量标准是饲料企业实施质量管理的基础和依据。按照我国的规定，各种饲料和饲料产品都要制定其相应的质量标准及检测方法标准。标准分为三级，即国家标准、行业标准和企业标准。国家标准是由国务院有关部门提出，全国饲料工业标准化技术委员会进行技术审查，国家标准化管理部门批准或委托国务院主管部门批准后，由国家标准化管理部门发布的。行业标准是由科研单位、生产企业提出，全国饲料工业标准化技术委员会进行技术审查，国务院有关部门批准发布并报国家标准化管理部门发布的。企业标准、行业标准不得与国家标准相抵触，企业标准不得与行业标准抵触。而企业标准及行业标准应高于国家标准。

（2）我国现行的饲料法律体系　包括国家法律、国务院行政法规、国家强制标准、农业部部令公告、与饲料执法有关的其他国家机关和国务院部门公告、地方性法规或规章，其中国务院颁布的《饲料和饲料添加剂管理条例》和农业部颁布的一系列部令公告构成了我国饲料法规体系的主体框架。

① 国家法律　与饲料行政执法有关的国家法律有《农业法》、《产品质量法》、《行政处罚法》、《行政复议法》等。

② 国务院行政法规　与处理饲料违法案件有关的国务院行政法规比较多，最主要的是

《饲料和饲料添加剂管理条例》及对条例的释义。

③ 国家强制标准 目前与处理饲料违法案件有关的国家强制标准有《饲料卫生标准》和《饲料标签标准》。

④ 农业部部令公告 主要包括《饲料添加剂和添加剂预混合饲料产品批准文号管理办法》、《饲料添加剂和添加剂混合饲料生产许可证管理办法》、《新饲料和新饲料添加剂管理办法》、《进口饲料和饲料添加剂登记管理办法》、《饲料添加剂安全使用规范》、《动物源性饲料产品安全卫生管理办法》、《饲料添加剂品种目录》和《禁止在饲料和动物饮用水中使用的药物品种目录》。

⑤ 地方性法规或规章 各省、自治区、直辖市人大和常务委员会或人民政府发布的与处理饲料违法案件有关的公告、饲料管理条例、实施细则等。

⑥ 与饲料执法相关的其他国家机关和部门公告 最高人民法院关于依法惩治非法生产、销售、使用盐酸克仑特罗等禁止在饲料和动物饮用水中使用的药品等犯罪活动的规定，以及国家质量技术监督局关于实施《产品质量法》若干问题的部分意见。

2. 饲料企业产品质量标准的制定和执行

（1）制定产品质量标准 产品质量标准应有如下特征：①适合于饲料厂所在地的实际情况，可以用度、量、衡方式加以检测，并在生产实际中能够执行；②相对于满足顾客的需求；③与各地政府或国家、行业所规定标准相符；④有助于饲料厂产品的销售和盈利。

（2）维护产品质量标准 在生产实践中，维护质量标准是饲料企业负责人、质量管理人员共同的责任。饲料厂建立明确的、有效的质量控制程序，从而指导生产，保证产品具有稳定良好的质量。

（3）有效地执行质量标准 如果饲料厂产品不能保持所要求的质量标准，从而影响到饲料厂和饲料用户的利益时，一是停止不合格产品的生产；二是对工人进行必要的培训或对生产线进行维修和调整，直到生产出合格的产品为止；三是立即报告饲料厂负责人，报告内容包括所采取的措施以及解决问题所需要的时间。

3. ISO 9000 认证

（1）ISO 9000 系列标准的产生 ISO（International Organization for Standardization）是“国际标准化组织”的英文缩写。1987 年，国际标准化组织质量管理和质量保证技术委员会（ISO/TC 176）正式颁布了 ISO 9000 系列标准（第一版），1994 年进行了第一次修改，发布了 94 版 ISO 9000 系列标准。2000 年进行了第 2 次修订，发布了 2000 版的 ISO 9000 系列标准，它是在质量已经成为国际市场竞争焦点的背景下产生的，也是在总结各国质量管理和质量保证成功经验的基础上形成的。同时，它也反映了世界各国对质量问题的一个基本共识。这就是：技术和管理都是确保产品、工程、服务质量的基础。只有技术法规，没有健全完善的质量体系，技术法规就难以得到保证。ISO 9000 系列标准，以标准形式，为企业实现有序、有效的质量管理提供了方法和指导，为贸易中的供需双方建立信任、实施质量保证提供了通用的质量管理体系规范。

（2）贯彻 ISO 9000 系列标准的意义 宣传贯彻并实施 ISO 9000 系列标准，其现实和深远意义在于：一是发展外向型经济，参加国际大循环、进出口贸易的需要。二是宣传贯彻并实施此系列标准，以及推进质量管理体系认证工作，旨在按国际通则或惯例完善并认可企业的质量管理体系。三是由于贯标加大了预防和鉴定的投入，则降低了内部损失成本和外部损失成本，这将会大大降低企业的经营成本，提高企业的效益和效率。四是 ISO 9000 标准的引入实施，对企业质量管理体系产生了重大影响。

4. HACCP 管理体系

HACCP 是危害分析与关键控制点（Hazard Analysis and Critical Control Point）的英文缩写。国家标准 GB/T 15091—1994《食品工业基本术语》对其规定的定义是：生产（加工）安全食品的一种控制手段，对原料、关键生产工序及影响产品安全的人为因素进行分析，确定加工过程中的关键环节，建立、完善监控程序和监控标准，采取规范的纠正措施。同义词：HACCP。国际标准 CAC/RCP-1《食品卫生通则》（1997 修订 3 版）对 HACCP 的定义是：鉴别、评价和控制对食品安全至关重要的危害的一种体系。HACCP 管理是保证饲料和食品安全而对生产过程实行的事前、预防性控制体系，它已成为最大限度增加产品安全性的最有效方法，是现代食品和饲料安全管理最先进的手段。我国 1990 年开始对 HACCP 进行研究，目前 HACCP 广泛应用于食品以及饲料加工企业。

三、配合饲料质量管理的基本措施

1. 加强原料质量管理

原料采购人员必须掌握和了解原、副料的产地和质量标准等，企业也可以根据自身的要求制订原料内控质量标准，作为采购和验收的依据，不符合质量要求的原料不得采购进厂。饲料原料的质量检验是饲料生产质量控制的起点，是确保饲料产品质量的关键环节。原料质量检测首先是查验原料的水分、物理性状、受热情况等。依据不同种类的原料确定具体的检测指标并进行实验室检测分析工作。接收过程应尽量避免原料的交叉污染。饲料厂应利用已有设施条件，采用有效的储藏技术和管理方法避免原料变质以及生物侵害。

2. 优化配合饲料配方

动物品种和个体之间的差异以及环境与饲养条件的不同对动物营养需要有重要影响，饲料原料种类、来源、加工方法的不同，总营养成分中能被动物消化利用的程度差异也较大。同时，参与配方的原料成分变化较大，其价格直接影响配方成本。因此，设计配方应结合实际情况选用适宜的动物饲养标准，应根据所掌握的有关饲料资源及动物的具体情况等因素，必要时对饲养标准所列数值做相应的变动，以充分满足动物的营养需要，更好地发挥其生产性能及提高饲料的利用率。

3. 建立健全质量管理制度体系

质量管理制度贯穿于生产的各个环节，它由一系列的制度组成，主要包括：原料采购制度，生产管理制度，检验化验制度，安全卫生制度，计量管理制度，产品留样观察制度，标签与合格证管理制度等。这些管理制度应围绕质量与安全，强调科学性和可操作性，并将有关制度细化为岗位职责和操作规程，如配料员岗位职责、检验员岗位职责等，关键工序都要制订操作规程。员工按规程操作，管理人员负责检查监督制度的执行，并在实践中不断完善制度。

4. 严格质量检验管理

饲料检验主要包括两个方面：一是对饲料原料的化验，不合格者不能购入，主要内容包括：

① 所有运到的原料都要核对产品的厂家、标签、规格、日期等是否正确。

② 在未办理原料入库手续之前，对其进行原料的气味、颜色、异物、虫咬等感官项目初检，并做好记录，同时进行取样。

③ 所有原料在收到后 24h 内化验完毕，化验报告需填写营养成分指标、原料名称、收到原料的日期、供货商、数量、颜色等。化验报告一式两份，一份保存，一份原料采购部留有参考。

④ 原料不合格拒收或退回。

二是对库存饲料进行化验，对于发霉、变质饲料应及时上报并清除，不能让含有有害物质的饲料出厂。

5. 加强质量意识

质量是企业的生命，质量意识是企业的灵魂。要提高职工的素质，认真开展质量教育工作，具有牢固的质量意识，树立“质量第一”的基本理念。定期召开由企业领导和各部门负责人参加的质量分析例会，学习有关质量管理规定，听取市场反馈意见，分析企业质量管理存在的问题和漏洞，研究解决问题的措施和办法，并形成例会制度。企业应对员工进行质量教育，增强质量意识。结合岗位需要对员工进行质量管理、基础技术教育和操作技能训练，组织竞赛和考评活动，切实提高操作技能水平，保证质量管理的有效推行。

6. 加强配合饲料生产过程的管理

加工工艺和设备工艺参数的选择是提高产品质量的先决条件，如果加工工艺合理，设备及其参数选择正确，则必然能加工出优质的配合饲料。配合饲料的质量与加工工艺和工艺参数的选择是密切相关的，只有充分了解两者的内在联系才能进一步提高产品质量。生产过程中，要做到原料粉碎或预处理合理，配料精确，科学合理地确定投料顺序和混合时间，保证混合均匀，产品包装计量准确，密封性好，每个包装物上要有标签，产品出厂每批必检，不合格产品坚决不出具合格证，生产记录贯穿于饲料生产的全过程，加强生产设备的维护，保证生产设备始终处于最佳生产状态。

7. 注重产品的跟踪与调查

在饲料出厂后，尤其是新产品，在投入市场使用的过程中，应给与足够的关注，指导客户合理使用，认真走访客户才能树立良好的企业形象，同时积极收集客户使用反馈信息，在实际运用中发现不足，并对配方及时进行调整。要根据生产不断发展的需求，及时发现和消除隐患，及时纠正和查处违章行为，实现安全监督由事后监督向事前监督、过程监督的转变。

四、饲料质量检测的基本内容与方法

饲料质量检测是企业实施全面质量管理的重要环节，是保证配合饲料产品质量的必备手段。

1. 饲料质量检测的必要条件

(1) 质量检测人员　要有具备和掌握饲料检验化验的基本知识和操作技能的化验员，并有相关检验化验员证书后才能上岗。质量检验化验人员行使职权时，要坚持原则，秉公办事，不得玩忽职守，徇私舞弊。

(2) 专门的化验室和必备的试剂、仪器设备　饲料产品检验主要依靠仪器来完成，应配备原料、产品检验必需的检验室和检验仪器。大型企业应建设检验楼，中小企业应有化验室，分设精密仪器室、高温室、操作室，布局合理，方便操作，配备的仪器要与检验项目相匹配。所有仪器要定期保养和认证，确保仪器使用的准确性。同时，应根据检测的内容与方法，配备相应的试剂和仪器设备。

(3) 掌握饲料检验检测的标准方法　标准是从事生产和商品流通的一种共同技术依据。我国先后制定了一系列的原料和配合饲料质量标准及检测化验方法的国家标准，进行原料和产品质量检测化验时必须严格遵守。

2. 饲料质量检测的基本内容

(1) 原料检测化验　主要是判断原料的真伪，测定其有效成分的含量，判断原料质量是否合格，或作为饲料配方设计的依据。饲料中的营养指标主要指六大营养物质、微量元素、能量等。在进行营养指标的判断时，不仅要考虑各个指标的高低，还应该考虑营养物质之间是否达到平衡，如氨基酸是否平衡和钙、磷比例等。饲料中的杂质过多会影响饲料的利用效率，甚至有时会出现人为的掺假现象。

（2）加工质量检测化验　主要测定原料的粉碎粒度、配合饲料混合均匀度、颗粒饲料的硬度和粉化率等。

（3）配合饲料产品质量检测化验　主要是对配合饲料产品的感官形状、水分含量、有效成分含量等进行检测化验。

（4）卫生指标　饲料的卫生指标主要指饲料中各种有害物质的含量及有害微生物是否超过限定标准。如黄曲霉毒素含量，重金属元素砷、汞和农药的残留量。饲料的卫生指标不容忽视，饲料的发霉变质会直接影响动物的生产性能甚至会引发动物的传染病，饲料的卫生指标是一个较为复杂的问题，涉及化工、医药、农业、商业监测等多个部门，并且涉及动物病理学、药理学、动物营养学等多门学科，国内外相关部门在不同程度上对饲料中的有害物质做了相应的含量限定。

3. 饲料原料质量检测的基本方法

（1）感官鉴定　通过感官来鉴别原料和饲料产品的形状、色泽、味道、结块、杂质等。好的原料和产品应该色泽一致，无发霉变质、结块和异味。此指标的鉴定结果对于饲料原料的购入和产品入库很重要，如果出现问题则不能购入或者寻找方法尽快解决，以免对库存饲料产生影响。

（2）物理性检测　通过物理的方法对饲料的容重、密度、粒度、混合均匀度和颗粒饲料的硬度、粉化率等进行检测，以判断饲料原料或产品是否掺假，水分含量是否正常，产品加工质量是否达到要求。

（3）化学定性鉴定　利用饲料原料或产品的某些特性，通过化学试剂与其发生特定的反应，来鉴别饲料原料或产品的质量及真伪的方法。

（4）显微镜检测　借助显微镜对饲料的外部色泽和形态（用体视显微镜）以及内部结构（用生物显微镜）特征进行观察，并通过与正常样品进行比较从而判断饲料原料或产品的质量是否正常，特别是掺假情况。

（5）化学分析法　化学分析法是饲料检测的主要方法。主要用来检测饲料原料或产品的水分及有效成分含量的定量分析法。这种方法对饲料原料或产品进行定量分析，数据可以直接用于配方设计和判断原料或产品是否合格。

将上述方法结合起来运用，基本上能保证对饲料原料或产品进行综合评定，准确判断其质量的优劣。

【复习思考题】

1. 简述配合饲料的一般加工工艺特点。
2. 配合饲料生产各环节的工艺要点和注意事项有哪些？
3. 颗粒饲料的优越性有哪些？影响制粒的因素有哪些？
4. 为什么要加强配合饲料的质量管理？
5. 配合饲料质量管理的基本措施有哪些？
6. 配合饲料质量检测的基本内容和方法是什么？

实验实训项目

项目一　动物营养缺乏症的观察与识别

【实训目标】 能够正确识别动物营养缺乏的典型症状；学会分析营养缺乏的原因，并提出解决问题的方法措施。

【实训方式】 采用分组训练。

【实训材料】 动物营养缺乏症的幻灯片、图片、课件或录像片等。

【方法步骤】 结合幻灯片、图片、课件或录像片或养殖场观察，回顾课堂讲授的有关营养知识，总结归纳出所观察到的动物营养缺乏症的名称，从动物营养角度分析可能产生的原因及解决的方法措施，重点描述动物营养缺乏症的典型症状。主要观察内容如下。

1. 仔猪、犊牛等幼龄动物的佝偻症。
2. 仔猪、犊牛等幼龄动物的贫血症。
3. 各种畜禽的“干眼病”。
4. 犊牛、羔羊、仔猪患“白肌病”或“肝坏死”的幻灯片。
5. 仔猪患“癞皮病”或“鹅行步”的图片或幻灯片。
6. 分析哪些营养素缺乏会引起动物患皮肤炎症。
7. 雏鸡患“多发性神经炎”、“卷爪症”、“渗出性素质症”的图片或幻灯片。
8. 动物的“不全角化症”或“鳞片状皮炎”。
9. 营养缺乏导致的母牛产后瘫痪。
10. 产蛋鸡啄肛、啄羽和啄蛋的现象。

【实训作业】

记录观察到的营养缺乏症的典型症状，并从营养角度阐述其产生的原因与解决问题的方法措施。

项目二　常用饲料原料的识别与分类

【实训目标】 通过实训，能够正确识别常用饲料原料，学会描述饲料的外观特征和营养特性。

【实训方式】 采用分组训练。

【实训材料】

1. 各种青干草和秸秆饲料、青绿饲料、青贮饲料、各种能量饲料、各种蛋白质饲料、各种矿物质饲料、饲料添加剂等实物。
2. 饲料饲草标本、挂图、幻灯片。
3. 平皿、镊子、放大镜。

【方法步骤】

1. 结合实物、标本、挂图、幻灯片，借助放大镜，观察和识别各种饲料样品并正确地进行分类。

2. 正确描述各类饲料的营养特点和使用方法。

3. 结合实际，重点介绍、识别当地常用的饲草饲料。

项目三 青干草品质鉴定

【实训目标】 通过实训，能够应用感官鉴定法对青干草进行品质鉴定。

【实训方式】 采用分组训练。

【实训材料】 青干草、台秤、水分测定仪、计算器等。

【方法步骤】

1. 从青干草垛中按采样原则和要求采取样品。

2. 青干草种类分析 将样品分为豆科牧草、禾本科牧草、其他可食草、不可食草、有毒有害植物。然后分别称重并按下列公式求出各类草所占比例。

$$某类草所占比例=\frac{某类草质量}{青干草总质量}\times 100\%$$

优质干草：豆科草占的比例较大，不可食草不超过5%（其中杂质不超过10%）。

中等干草：禾本科及其他非豆科可食草比例较大，不可食草不超过10%。

低劣干草：除禾本科草、豆科牧草外，其他可食草较多，不可食草不得超过15%（其中杂质不得超过30%）。

任何干草中有毒有害植物均不应超过1%。

3. 收割时期判断 如样品中有花蕾（孕穗）出现，表示收割适时，品质优良；如有大量花序而尚无结籽，表示开花期收割，品质中等；如发现大量种籽或已结籽脱落，表示收割过晚，营养价值不高。

4. 颜色和气味 颜色和气味是干草品质的重要感官指标，也是调制过程中操作质量的标志。各类干草的颜色与气味如下所述。

优质干草：鲜绿色，气味芳香。

中等干草：淡绿色或灰绿色，无异味。

低劣干草：微黄色或深褐色甚至暗褐色，草上有白灰（粉化）或有霉味。

5. 含水量 取干草一束，先用肉眼观察，再用手揉折，鉴定其含水量。

较干的干草：含水量在15%以下。用肉眼观察有相当数量的枝叶保存不完整，有的完全失去叶片和花果；干草中夹杂一些草屑；用手抖动草束，发出轻微声音并易折断。

中等的干草：含水量在15%～17%。用手扭折时草茎破裂，稍压有弹性而不断。

较湿的干草：含水量在17%以上。用手扭折时，草茎不易折断，并溢出水。

6. 总评 上述四项指标分别鉴定后，最后通过综合评定，确定干草的品质等级。

优质：植物学组成鉴定指标为优等；颜色青绿，有光泽，气味芳香；在样品中有花蕾（原穗）出现；含水量在17%以下。

中等：植物学组成鉴定指标为中等；颜色淡绿或灰绿，无异味；在样品中有大量花序但尚未结籽；含水量在17%左右。

低劣：植物学组成鉴定为劣等。颜色微黄或淡褐或暗褐，有霉味；在样品中有大量种籽或已结籽脱落；含水量高于17%。

项目四　粗饲料的氨化处理

【实训目标】 通过实训，掌握堆垛法氨化秸秆的操作过程；掌握用氨量的计算方法。

【实训方式】 采用分组训练。

【实训材料】 新鲜秸秆、氨水、无毒聚乙烯薄膜（厚度在 0.2mm 以上）、水桶、喷壶、注氨管、秤、铁锹、泥土等。

【方法步骤】

1. 挖坑堆垛　在干燥向阳的平地上挖一个半径 1m、深 30cm 的锅底形圆坑，把无毒聚乙烯塑料薄膜铺在坑内，薄膜向外延出圆坑 0.5～0.7m。把切碎的秸秆（玉米秸或麦秸）放入铺好的塑料膜上堆成圆形垛。

2. 注氨　根据秸秆重量（新麦秸 $55kg/m^3$，旧麦秸 $79kg/m^3$；新玉米秸 $79kg/m^3$，旧玉米秸 $99kg/m^3$）计算出注氨量（每千克秸秆加氨水 10～12kg），并注入氨水。

3. 封垛　打好垛且注完氨后，用另一块塑料薄膜盖在垛上，并同下面的薄膜重合折叠好，用泥土压紧、封严，防止漏气，压上重物。

4. 放氨　密封后，夏季经过 1～2 周，春、秋季经过 2～3 周，冬季经过 4～8 周，秸秆氨化成熟。氨化好的秸秆，开垛后有强烈的刺激性气味，不能立即饲喂家畜，要充分放净氨味，待呈糊香味时，方可使用。

项目五　青贮饲料的品质鉴定

【实训目标】 通过实训，能够进行青贮饲料品质的感官及实验室鉴定。

【实训方式】 采用分组训练。

【实训材料】

1. 不同等级的青贮饲料。

2. 混合指示剂　甲基红指示剂（甲基红 0.1g 溶于 18.6mL 的 0.02moL/L 氢氧化钠溶液中，用蒸馏水稀释至 250mL）与溴甲酚绿指示剂（溴甲酚绿 0.1g 溶于 7.15mL 的 0.02mol/L 氢氧化钠溶液中，用蒸馏水稀释至 250mL）按 1∶1.5 的体积混合即成。

3. 其他用具　白瓷比色盘、刀、pH 试纸、烧杯、吸管、玻璃棒、滤纸、蒸馏水等。

【方法步骤】

1. 取样　按照饲料样品采集与制备方法采集青贮饲料样品。

2. 感官鉴定法

① 用手抓一把有代表性的青贮饲料样品，紧握于手中，再放开观看颜色、结构，闻酸味，评定其质地优劣。

② 根据青贮饲料的颜色、气味、质地和结构等指标，按表实 5-1 中的标准评定其品质等级。

3. 实验室鉴定法

(1) pH 测定　将待测样品切短，装入烧杯中至 1/2 处，以蒸馏水或凉开水浸没青贮饲料，然后用玻璃棒不断地搅拌，静置 15～20min 后，将水浸物经滤纸过滤。吸取滤液 2mL，移入白瓷比色盘内，加 2～3 滴混合指示剂，用玻璃棒搅拌，观察盘内浸出液的颜色。

表实 5-1 青贮饲料感官鉴定标准

等级	颜色	酸味	气味	质地
优良	黄绿色，绿色	酸味较多	芳香，曲香味	柔软，稍湿润
中等	黄褐色，墨绿色	酸味中等或少	芳香，稍有酒精或醋酸味	柔软稍干或水分稍多
劣质	黑色，褐色	酸味很少	臭味	干燥松散或黏结成块

（2）根据表实 5-2 判断出近似 pH，并评定青贮饲料的品质等级。

表实 5-2 青贮饲料综合评定标准

品质等级	颜色反应	近似 pH 值
优良	红、乌红、紫红	3.8～4.4
中等	紫、紫蓝、深蓝	4.6～5.2
低劣	蓝绿、绿、黑	5.4～6.0

项目六 饲料配方的设计

【实训目标】 熟悉饲养标准的使用；掌握饲料配方设计的原则与手工设计配方的方法步骤。

【实训方式】 课堂训练。

【实训内容】

1. 单胃动物（猪、禽等）的全价配合饲料配方设计。
2. 反刍动物（牛、羊等）的精料补充料配方设计。
3. 浓缩饲料配方设计。
4. 预混合饲料配方设计。

【方法步骤】 参照示例 1 和示例 2 进行。

示例 1：给体重 350kg 肥育肉牛设计精料补充料配方，假设肉牛预期日增重为 0.9kg。

1. 查肉牛饲养标准，确定肉牛营养需要量（见表实 6-1）。

表实 6-1 肉牛营养需要量

体重/kg	日增重/kg	干物质采食/kg	粗料/%	粗蛋白/g	代谢能/MJ	钙/g	磷/g
350	0.9	8.0	45～55	800	87.2	20.0	17.6

2. 确定饲料原料并查找其营养成分含量（见表实 6-2）。

表实 6-2 饲养原料营养成分含量

原料	干物质/%	干物质中			
		代谢能/(MJ/kg)	粗蛋白/%	钙/%	磷/%
玉米秸	91.3	9.5	7.7	0.43	0.27
小麦秸	92.0	5.6	3.1	0.28	0.03
玉米	88.4	13.4	9.7	0.09	0.24
麸皮	88.6	10.9	16.3	0.20	0.88
棉籽饼	84.4	8.5	26.8	0.92	0.75

3. 确定精粗料比例及采食需要量：肉牛干物质采食量为 8kg，粗饲料占采食量的 45%～50%确定为 50%，每天采食量为 4kg，其中玉米秸 3.5kg、小麦秸 0.5kg。

4. 计算粗饲料中营养水平及需要精料补充料的营养水平（见表实 6-3）。

表实 6-3 精粗料营养提供量

原 料	用量(干物质)/kg	代谢能/MJ	粗蛋白/g	钙/g	磷/g
玉米秸	3.5	33.25	270.90	15.10	9.50
小麦秸	0.5	2.80	15.50	1.40	0.15
粗饲料合计	4	36.05	286.40	16.50	9.65
营养需要	8	87.20	800.00	20.00	17.60
需精料补充	4	51.15	513.60	3.50	7.95

5. 用试差法试配精料补充料配方（见表实 6-4）。

表实 6-4 试配精料补充料配方及其营养成分

原 料	用量(干物质)/kg	代谢能/MJ	粗蛋白/g	钙/g	磷/g
玉米	2.90	38.86	281.00	2.60	7.00
麸皮	0.68	7.41	111.00	1.40	6.00
棉籽饼	0.42	3.57	113.00	3.90	3.10
合计	4	49.84	505.00	7.90	16.10
需补充量	4	51.15	513.60	3.50	7.95
相差	0	−1.31	−8.60	+4.40	+8.15

6. 调整精料补充料配方，使粗蛋白达到标准要求，并将试配好的精料补充料配方换为风干基础及百分含量（见表实 6-5）。

表实 6-5 调整后的精料补充料配方

原 料	用量(干基础)/kg	用量(风干基础)/kg	用量(风干基础)/%
玉米	2.87	3.25	71.7
麸皮	0.68	0.77	17.0
棉籽饼	0.45	0.51	11.3

示例 2：设计体重 15～30kg 生长育肥猪添加量为 2%的复合预混合饲料配方。

要求：体重 15～30kg 生长育肥猪的全价饲料中的维生素预混合饲料用量为 0.2%，微量矿物质元素预混合饲料用量为 0.5%，含速大肥 30g/t、阿散酸 100g/t，补充添加 DL-蛋氨酸 0.1%、L-赖氨酸 0.3%。

① 设计并配制出体重 15～30kg 生长育肥猪的专用维生素预混合饲料和微量矿物质元素预混合饲料，备用（见表实 6-6）。

② 选择并确定速大肥、阿散酸、DL-蛋氨酸、L-赖氨酸的规格（见表实 6-6）。

③ 计算复合预混合饲料配方（见表实 6-6）。

表实 6-6 复合预混合饲料配方设计计算过程

组 成	有效成分含量 A_i/%	有效成分在配合饲料中含量 B_i/%	复合预混料中的用量 C_i/%
维生素预混料	100.0	0.2	10.00(0.2%÷2%×100%)
微量元素预混料	100.0	0.5	25.00(0.5%÷2%×100%)
速大肥	50.0	0.003	0.30(0.003%÷50%÷2%×100%)
阿散酸	98.0	0.01	0.51(0.01%÷98%÷2%×100%)
DL-蛋氨酸	99.0	0.1	5.05(0.1%÷99%÷2%×100%)
L-赖氨酸	78.5	0.3	19.11(0.3%÷78.5%÷2%×100%)
稀释剂	—	—	40.03(100−10−25−0.3−0.51−5.05−19.11)

注：$C_i=B_i/(A_i \times K)$，K 为复合预混合饲料在全价配合饲料中添加的比例。

【实训作业】

1. 为体重170kg经产母猪设计全价配合饲料配方。

2. 为3～6周龄肉用仔鸡设计复合预混合饲料配方。

项目七　畜牧场饲养现状分析与营养诊断

【实训目标】 能够正确、客观地分析畜牧场饲养现状，并能进行现场营养诊断。

【实训方式】 现场操作。

【实训内容】

1. 了解畜牧场动物饲粮配方，核算饲粮中营养成分是否符合饲养标准。

2. 了解饲料原料种类、外观质量、价格等情况。

3. 了解配合饲料产品的感官品质、物理指标等，必要时取样带回实验室化验检测。

4. 观察动物生产情况，进行现场营养诊断，尤其要注意生长动物及生产异常动物，并提出初步改进措施。

5. 与生产技术人员及管理人员座谈，了解畜牧场的过去、现在的饲养情况，如动物生长速度、生产效益、饲料转化率和管理措施等。

【实训作业】

写实训报告：根据畜牧场饲养效果检查的内容，简要分析该场的饲养现状，并分析发现的问题，从理论上查找原因，进行营养诊断，并提出解决的方案。自拟题目，写一份调查分析报告。

项目八　配合饲料厂参观

【实训目标】 通过参观配合饲料厂，了解配合饲料的原料组成、种类；熟悉配合饲料生产工艺；了解配合饲料质量管理措施及经营策略。

【实训方式】 现场参观。

【实训内容】

1. 厂区参观，了解配合饲料厂的布局。

2. 原料库及成品库参观，熟悉配合饲料的原料种类、原料堆放原则要求，配合饲料种类等。

3. 参观生产车间，熟悉配合饲料生产工艺。

4. 参观饲料厂的化验室，熟悉饲料检验化验室的布局、饲料原料及产品检测项目与检测方法。

5. 听报告，与厂领导及有关技术人员一起座谈，了解饲料产品质量管理、生产管理、销售管理的措施及经营策略。

【实训作业】

通过参观学习，结合自己所掌握的知识，对饲料厂的布局、生产经营状况、质量管理等方面做出评估，提出改进意见及建议。并以报告形式完成作业。

项目九　饲料样本的采集、制备及保存

【实训目标】 掌握各种粉料和颗粒料样本的采集、制备和保存的方法。

【实训方式】 采用分组训练。

【实训材料】 饲料样本、谷物取样器、分样板、剪刀、粉碎机、标准筛（0.44mm、0.30mm、0.216mm）、瓷盘或塑料布、粗天平、恒温干燥箱等。

【方法步骤】

1. 样品的采集

（1）采样的目的 主要包括：选择饲料原料；选择原料供应商；接收或拒绝某种饲料原料；判断新产品的质量是否符合规格要求和保证值，以决定产品出厂与否或仲裁买卖双方的争议；判断饲料加工程度和生产工艺控制质量；分析保管贮存条件对原料或产品质量的影响程度；保留每一批饲料原料或产品的样本，以备急需时用；分析测定方法的准确性及比较实验室人员之间的操作误差。

由权威实验室仔细分析化验的样本可作为标准样本。将标准样本均匀分成若干个平行样本，分别送往不同实验室或人员进行分析，比较不同实验室或人员测定结果的差异，用于校正或确定某一测定方法或某种仪器的准确性，规范实验分析操作规程，提高分析人员的操作水平。由此可见，采样对饲料工业的影响是非常广的。采样比分析更为重要。

（2）采样的要求

① 样本必须具有代表性 在采样时应根据分析要求，采用正确的采样技术，并详细注明饲料样本的情况，使采集的样本具有足够的代表性，使采样引起的误差减至最低限度，使所得分析结果能为生产实际所参考和应用。否则，如果样本不具有代表性，即使一系列分析工作非常精密、准确，其意义都不大，有时甚至会得出错误的结论。事实上，实验室提交的分析数据不可能优于所采集的样本。

② 必须采用正确的采样方法 正确的采样应从具有不同代表性的区域取几个样点，然后把这些样本充分混合加入整个饲料的代表样本中，然后再从中分出一小部分作为分析样本用。采样过程中，做到随机、客观，避免人为和主观因素的影响。

③ 样本必须有一定的数量 不同的饲料原料和产品要求采集的样本数量不同，主要取决于以下几个因素：饲料原料和产品的水分含量。水分含量越高，则采集的样本应越多，以便干燥后的样本数量能够满足各项分析测定的要求；反之，则相反。原料或产品的颗粒大小和均匀度要求。原料颗粒大、均匀度差，则采集的样本量多，反之，则相反。平行样本的数量。同一样本的平行样本的数量越多，则采集的样本数量就越多。

④ 采样人员应有高度的责任心和熟练的采样技能 采样人员应具有高度的责任心，在采样时，认真按操作规程进行，及时发现和报告一切异常的情况。采样人员应通过专门培训，具备相应技能，经考核合格后方可上岗。

⑤ 重视和加强管理 管理人员必须熟悉各种饲料原料、加工工艺和产品，对采样方法、采样操作规程和所用工具提供相应规定，对采样人员提供培训和指导。

（3）采样工具 采样工具种类很多，但必须符合以下要求：能够采集饲料中任何粒度的颗粒，无选择性；对饲料样本无污染，如不增加样本中微量金属元素的含量或引入外来生物或霉毒素。目前使用的采样工具主要有以下几种。

① 探针采样器 是最常用的干物料的采样工具。其规格有多种，有带槽的单管或双管采样器，具有锐利的尖端。

② 锥形袋式取样器 该种取样器是用不锈钢制作的，其特点是具有一个尖头、锥形体和一个开启的进料口。

③ 液体采样器 常用的有空心探针，实际上是一个镀镍或不锈钢的金属管，直径为25mm，长度750mm，管壁有长度为715mm、宽度为18mm的孔，孔边缘圆滑，管下端为

圆锥形，与内壁成15°角，管上端装有把柄。常用于桶和小型容器的采样。另一种是炸弹式或区层式采样器，为密封的圆柱体，可用于散装罐的液体采样，能从贮存罐的任何指定区域采样。当到达底部时，提起一个阀，或如果在中间部位深度取样时，它可由一根连在该阀的柱塞上的绳子手动提起。

④ 自动采样器　可安装在饲料厂的输送管道、分级筛或打包机等处，能够定量采集样本。自动采样器适合于大型饲料企业，其种类很多，可根据物料类型和特性、输送设备等进行选择。

⑤ 其他采样器　剪刀、刀、铲、短柄和长柄勺等也是常用的采样器具。

(4) 采样的步骤和基本方法

① 采样的步骤

a. 采样前记录　采样前，必须记录原料或产品的相关资料，如生产厂家、生产日期、批号、种类、总量、包装堆积形式、运输情况、贮存条件和时间、有关单据和证明、以及包装是否完整和有无变形、破损、霉变等。

b. 原始样本　也叫初级样本，是从一大批受检的饲料或产品中最初采取的样本。一般在2kg以上。

c. 次级样本　也叫平行样本，是将原始样本混合均匀或简单地剪碎混匀，从中取出的样本。平行样本一般不少于1kg。

d. 分析样本　也叫化验样本。次级样本经过粉碎、混合等制备处理后，从中取出的一部分即为分析样本。其数量根据分析指标和测定方法要求而定。

② 采样的基本方法　有两种，即几何法和四分法。

(5) 不同饲料样本采集　采样是饲料检测的第一步。样本包括原始样本和化验样本，原始样本来自饲料总体，化验样本来自原始样本。样本代表总体接受检验，再根据样本的检验结果，评价总体质量。所以，要求样本必须对饲料总体的性质、外观和特征具有充分的代表性和足够的典型性。实际工作中，饲料的种类各异，分析的目的不同，采样方法也不完全相同。

① 粉料和颗粒饲料的采样　一般使用谷物取样器取样。这类饲料样本的采集由于贮存的地方不同，又分为散装、袋装、生产过程中采样三种。

a. 散装　分为仓装散料和装载工具中的散料两种情况。

仓装散料：根据饲料堆所占面积大小进行分区，然后按"几何法"采样。所谓"几何法"，是将一堆饲料看成规则的立体，由若干个体积相等的部分均匀堆砌在整体中，对每一部分设点进行采样。操作时，在料堆的各侧面上按不同层次和间隔，分小区设采样点。用适当的取样器在各点取样，各点插样应达足够的深度，取样器规格应根据饲料粒径和料堆的大小选择。每个取样点取出的样品作为支样，各支样数量应一致。将支样混合，即得原始样本。将原始样本按"四分法"缩减至500～1000g，即为化验样本，化验样本一分为二，一份送检，一份作复检备份。

装载工具中的散料：装载工具主要是指运货汽车或火车车厢。一般使用取样器，根据装载数量的多少按五点交叉法取样，具体做法是15t以下装载量从距离边缘0.5m选4点，再在对角相连交叉处取点，共5点，在每点按不同深度取样；15～30t按上述方法取4点，再在相距较远两点间等距离处各取一点，然后相邻4点对角相连交叉处取点，共8点，在每点按不同深度取样；以此类推，30～50t选11点。最后按"四分法"缩样。

b. 袋装　根据包装袋数量，确定取样袋数，一般10袋以下每袋都取样；100袋以下随机选取10袋；100袋以上在取样10袋基础上，每增加100袋补采3袋样本。方法是：按随机原则取出事先确定的样袋数量，然后用取样器对每袋分别取样。用口袋取样器从口袋上下两个部位选取，或将料袋放平，从料袋的头到底，斜对角地插入取样器。从每袋中取出的样本为支样，将各支样均匀混合即得原始样本。将原始样本按“四分法”缩样至适当量。

c. 配合饲料生产过程中采样　在饲料充分混合均匀后，可以从混合机的出口处定期取样，并随机掌握取样的间隔。

针对饲料进入包装车间或成品库的流水线或传送带上、贮塔下、料斗下、秤上或工艺设备上的原始样本的采集。具体方法为：用长柄勺、自动或机械式选样器，间隔时间相同，截断落下的饲料流。间隔时间应根据产品移动的速度来确定，同时要考虑到每批选取的原始样本的总质量。对于饲料级磷酸盐、动物性饲料和鱼粉应不少于 2kg，而其他饲料产品则不低于 4kg。

② 液体或半固体饲料的采集

a. 液体饲料的采集　桶装或瓶装的植物油等液体饲料应从不同的包装单位中分别取样，然后混合。取样的桶数如下：

7 桶以下：取样桶数不少于 5 桶。

10 桶以下：不少于 7 桶。

10～50 桶：不少于 10 桶。

51～100 桶：不少于 15 桶。

101 桶以上：按不少于总桶数的 15%扦取。

取样时，将桶内饲料搅拌均匀，然后将空心探针缓慢地自桶口插至桶底，然后堵压上口提出探针，将液体饲料注入样本瓶内混匀。

对大桶或池装的散装液体饲料按照散装液体高度分上、中、下三层分层布点取样。上层距液面约 40cm 处，中层设在液体中间，下层距池底 40cm 处，三层采样数量的比例为 1∶3∶1（卧式液池、车槽为 1∶8∶1）。采样时，原始样本的数量取决于总量：总量为 500t 以下，应不少于 1.5kg；501～1000t，不少于 2.0kg；1001t 以上，应不少于 4.0kg。原始样本混匀后，再采集 1kg 作次级样本备用。

b. 固体油脂的采集　对在常温下呈固体的动物性油脂的采样，可参照固体饲料采样方法，但原始样本应通过加热熔化混匀后，才能采集次级样本。

c. 黏性液体的采集　黏性浓稠饲料如糖蜜，可在卸料过程中采用抓取法，即定时用勺等器具随机采样。原始样本数量应为总量 1t 至少采集 1L。原始样本充分混匀后，即可采集次级样本。

③ 其他类型饲料的采样　对于饼类、加工副产品、块根瓜果类、青绿饲料、干草秸秆等饲料，在保证具有“代表性”的前提下，可采用与以上不同的采样方法，其具体操作参见有关书籍。

2. 样本的制备

将采集的原始样本经粉碎、干燥等处理，制成易于保存、符合化验要求的化验样本的过程称为样本的制备。

(1) 风干样本的制备　饲料中的水分有三种形式：游离水、吸附水（吸附在蛋白质、淀粉及细胞膜上的水）、结合水（与糖和盐类结合的水）。风干样本是指饲料或饲料原料中不含游离水，仅有少量吸附水的样本，主要有籽实类、糠麸类、干草类、秸秆类、乳粉、血粉、鱼粉、肉骨粉及配合饲料等。饲料样本的制备方法如下所述。

① 缩减样本　从原始样本中按“四分法”取得化验样本。

② 粉碎　将所得的化验样本经剪碎、捶碎等处理后，用样本粉碎机粉碎。

③ 过筛　按照检验要求，将粉碎后的化验样本全部过筛。用于常规营养成分分析时要求全部通过 40 目（0.44mm）标准分析筛；用于微量元素、氨基酸分析时要求全部通过 60～100 目标准分析筛，使其具备均质性，便于溶样。对于不易粉碎过筛的渣屑类也要剪碎，并混入样本中，不可抛弃，避免引起误差。

④ 装瓶并贴标签　将过筛后的样本装入磨口瓶内保存，并于瓶上贴标签，记录有关内容。

制备好的样本装瓶后应登记如下内容：样本名称和种类；生长期、收获期、茬次；调制和加工方法及贮存条件；外观性状及混杂度；采样地点和采集部位；生产厂家和出厂日期；重量；采样人、制样人和分析人姓名。

(2) 新鲜样本的制备　对于新鲜样本，如果直接用于分析可将其匀质化，用匀浆机或超声破碎仪破碎、混匀，再取样，装入塑料袋或瓶内密闭，冷冻保存后测定。若需干燥处理的新鲜样本，则应先测定样本的初水分，制成半干样本，再粉碎装瓶保存。

① 半干样本制备的过程　半干样本是由新鲜的青饲料、青贮饲料等制备而成。这些新鲜样本含水量高，占样本质量的 70%～90%，不易粉碎和保存。除少数指标如胡萝卜素的测定可直接使用新鲜样本外，一般在测定饲料的初水含量后制成半干样本，以便保存，供分析其余指标用。

初水分是指新鲜样本在 60～70℃的恒温干燥箱中烘 8～12h，除去部分水分，然后回潮使其与周围环境条件的空气湿度保持平衡，在这种条件下所失去的水分称为初水分。去掉初水分之后的样本为半干样本。半干样本经粉碎机磨细，通过 1.00～0.25mm 孔筛，即得分析样本。将分析样本装入磨口的广口瓶中，在瓶上贴上标签，注明样本名称、采样地点、采样日期、制样日期、分析日期和制样人，然后保存备用。

② 新鲜饲料初水分的测定

a. 瓷盘称重　在普通天平上称取瓷盘的质量。

b. 称样本重　用已知质量的瓷盘在普通天平上称取新鲜样本 200～300g。

c. 消灭酶的活性　将装有新鲜样本的瓷盘放入 120℃烘箱中烘 10～15min。目的是使新鲜饲料中存在的各种酶失活，以减少其对饲料养分分解造成的损失。

d. 烘干　将瓷盘迅速放在 60～70℃烘箱中烘干一定时间，直到样本干燥容易磨碎为止。烘干时间一般为 8～12h，取决于样本含水量和样本数量。含水量低，数量少的样本也可能只需 5～6h 即可烘干。

e. 回潮和称重　取出瓷盘，放置在室内自然条件下冷却 24h，然后用普通天平称重。

f. 再次烘干　将瓷盘再次放入 60～70℃烘箱中烘 2h。

g. 再次回潮和称重　取出瓷盘，同样在室内自然条件下冷却 24h，然后用普通天平称重。

如果两次质量之差超过 0.5g，则将瓷盘再放入烘箱，重复 f. 和 g.，直至两次称重之差不超过 0.5g 为止。以最低的质量作为半干样本的质量。将半干样本粉碎至一定细度即为分析样本。

h. 饲料中初水分含量的计算

计算公式如下：

$$饲料初水分(\%)=\frac{m_1-m_2}{m}\times 100$$

式中，m_1 表示烘干前饲料质量加瓷盘重，g；m_2 表示烘干后饲料质量加瓷盘重，g；

m 表示称取的饲料质量，g。

3. 样本的保存　样本保存时间应有严格规定，一般情况下原料样本保留 2 周、成品样本保留 1 个月。

项目十　饲料的感官检测

【实训目标】 初步掌握饲料感官鉴定的基本内容。

【实训方式】 采用分组训练。

【方法步骤】

感官检测是指通过感官，或借助基本工具对饲料进行的一般性外观检测。按如下步骤逐项检测。

1. 视觉检查　观察饲料的形状、色泽以及有无霉变、虫子、结块、异物等。

2. 味觉检查　通过舌舔和牙咬来检查味道。但应注意不要误尝对人体有毒、有害的物质。

3. 嗅觉检查　通过嗅觉来鉴别具有特征气味的饲料，有无霉臭、腐臭、氨臭、焦臭等。

4. 触觉检查　取样在手上，用手指搓捻，感触饲料粒度的大小、硬度、黏稠性、滑腻感、有无掺杂物和含水程度。

5. 料筛检查　使用 8 目、16 目、40 目的筛子，测定混入的异物及原料或成品的大约粒度。

6. 放大镜检查　使用放大镜或实体显微镜鉴定，内容与视觉观察相同。

项目十一　配合饲料混合均匀度的测定（GB/T 5918—2008）

【实训目标】 初步掌握配合饲料混合均匀度测定原理及方法步骤。

【实训方式】 采用分组训练。

【测定原理】 甲基紫法是以甲基紫色素作为示踪物，将其与添加剂一起预先混合于饲料中，然后以比色法测定样本中甲基紫含量，以饲料中甲基紫含量的差异来反映饲料的混合均匀度。适用于饲料产品质量检测、混合机性能测试和加工工艺测试。

【实训准备】

1. 仪器及试剂　分光光度计：721 型或 722 型；标准铜丝网筛：0.106mm；烧杯：100mL；甲基紫；无水乙醇。

2. 示踪物的制备及添加　将测定用的甲基紫混匀并充分研磨，使其全部通过 0.106mm 标准筛。按照配合饲料成品量十万分之一的用量，在加入添加剂的工段投入甲基紫。

3. 样本的采集与制备　所需样本是配合饲料成品，必须单独采制；每一批饲料至少抽取 10 个有代表性的原始样本。每个原始样本的数量应以畜禽的每天平均采食量为准，即肉用仔鸡前期饲料取样 50g；肉用仔鸡后期与产蛋鸡料取样 100g；生长肥育猪饲料取样 500g。该 10 个原始样本的分布点必须考虑各方位的深度、袋数或料流的代表性。但是，每一个原始样本必须由一点集中取，取样前不允许有任何翻动或混合；将上述每个原始样本在化验室内充分混匀，以四分法从中分取 10g 化验样进行测定。

【测定步骤】 从原始样本中准确称取 10g 化验样，放在 100mL 的小烧杯中，加入 30mL 乙醇不断加以搅动，烧杯上盖一表面玻皿，30min 后用定性滤纸中速过滤，以乙醇液作空白调节零点，用分光光度计，以 5mm 比色器在 590nm 的波长下测定滤液的吸光度。

各次测定吸光度值为 X_1、X_2、$X_3 \cdots X_{10}$，其平均值$\overline{X}$、标准差 S 和变异系数 CV 分别按下式计算：

$$\overline{X}=\frac{X_1+X_2+X_3+\cdots+X_{10}}{10}$$

$$S=\sqrt{\frac{X_1^2+X_2^2+X_3^2+\cdots+X_{10}^2-10\overline{X}^2}{10-1}}$$

$$CV=\frac{S}{\overline{X}}\times 100\%$$

【注意事项】 由于出厂的各批甲基紫的甲基化程度不同，色调可能有差别，因此，测定混合均匀度所用的甲基紫，必须用同一批次的并加以混匀后才能保持同一批饲料中各样本测定值的可比性；配合饲料中若添加有苜蓿粉、槐叶粉等含有叶绿素的组分，则不能用甲基紫法测定。

项目十二　预混合饲料混合均匀度的测定

【实训目标】 初步了解预混合饲料混合均匀度的测定原理及方法步骤。

【实训方式】 采用分组训练。

【测定原理】 本方法通过预混合饲料中铁含量的差异来反映各组分分布的均匀性。盐酸羟胺将样本中的铁还原成二价铁，再与显色剂邻菲罗啉反应，生成橙红色的络合物，以比色法测定铁的含量。本法适用于含有铁源的微量元素预混合饲料混合均匀度的测定。

【实训准备】

1. 仪器设备

① 分析天平：感量为 0.1mg。

② 分光光度计。

③ 烧杯。

④ 移液管，量筒等。

⑤ 容量瓶：100mL、50mL 各 1 个。

2. 试剂和溶液

① 化学纯盐酸。

② 邻菲罗啉溶液：溶解 0.1g 邻菲罗啉于 80℃的 80mL 蒸馏水中，冷却后用蒸馏水稀释至 100mL，保存于棕色瓶中，并置于冰箱内可稳定数周。

③ 盐酸羟胺溶液：溶解 10g 盐酸羟胺于蒸馏水中，用蒸馏水稀释至 100mL，保存于棕色瓶中，并置于冰箱内可稳定数周。

④ 乙酸盐缓冲溶液：称取 8.3g 无水乙酸钠于蒸馏水中，加入 12mL 冰醋酸，并用蒸馏水稀释至 100mL。

3. 样本的采集与制备　所需样本是预混合饲料成品，必须单独采制；包装成品在成品库取样，一个包装算一个点，每个样本由一点集中取一样；每批饲料抽 10 个有代表性的实验室样本，每一实验室样本为 50g。各实验室样本的分布点必须考虑代表性，取样前不允许翻动或再混合；将上述每个实验室样本在试验室充分混匀，视含铁量不同以四分法从中分取 1～10g 试样进行测定。

【测定步骤】 称取试样 1～10g（准确至 0.0002g）于烧杯中，加 20mL 浓盐酸，加入

30mL水稀释，充分搅拌溶解，过滤到100mL容量瓶中，用水定容到刻度。取过滤后的试样液1mL于25mL容量瓶中，加入盐酸羟胺溶液1mL充分混匀后放置5min充分反应，加入乙酸盐缓冲溶液5mL，摇匀后再加邻菲罗啉溶液1mL，用蒸馏水稀释至25mL，充分混匀，放置30min，以蒸馏水作参比溶液，用分光光度计在510nm波长处测定其吸光度。

【测定结果计算】

$$S=\sqrt{\frac{(X_1-\overline{X})^2+(X_2-\overline{X})^2+(X_3-\overline{X})^2+\cdots+(X_{10}-\overline{X})^2}{10-1}}$$

$$CV(\%)=\frac{S}{\overline{X}}\times 100$$

式中，X_1、X_2、X_3、…、X_{10}为10个试样的测定值（吸光度）；$\overline{X}$为试样吸光度的平均值；S为试样吸光度的标准差。

【注意事项】 试样中加入浓盐酸时必须慢慢滴加，以防样液溅出；试样必须充分搅拌；对于高铜的预混合饲料可酌情将显色时的邻菲罗啉溶液的用量提高至3～5mL。

项目十三 颗粒饲料粉化率及含粉率的测定

【实训目标】 初步掌握颗粒饲料粉化率及含粉率的测定方法。

【实训方式】 采用分组训练。

【测定原理】 颗粒饲料粉化率是指颗粒饲料在特定的条件下产生的粉末质量占其总质量的百分比。含粉率是指颗粒饲料中所含粉料质量占其总质量的百分比。本法通过粉化仪对颗粒产品的翻转摩擦后成粉量的测定，反映颗粒的坚实程度。

【实训设备】

1. 仪器设备

① 粉化仪（国产的$SFCX_2$型粉化仪或瑞士RETCH-API型粉化仪），两箱体式。

② 标准筛一套，GB 6004。

③ SDB-200顶击式标准筛振筛机。

2. 样品制备

① 颗粒冷却1h以后测定，从各批颗粒饲料中取出有代表性的实验室样品1.5kg左右。

② 将实验室样品用规定筛层的金属筛分3次用振筛机预筛1min，将筛下物称重。

计算3次筛下物总质量占样品总质量的百分数，即为含粉率（%），然后将筛上物用四分法称取2份试样，每份500g。

【测定步骤】 将称好的2份样品分装入粉化仪的回转箱内，盖紧箱盖，开动机器，使箱体回转10min，停止后取出样品，用规定筛格在振筛机上筛理1min，称取筛上物质量，计算2份样品测定结果的平均值。

【测定结果计算】

试样含粉率（W_1）计算结果如下式：

$$W_1=\frac{m_1}{m}$$

式中，m_1为预筛后筛下物的总质量，g；m为预筛样品总质量，g。

试样粉化率（W_2）计算结果如下式：

$$W_2=1-\frac{m}{500}$$

式中，m 为回转后筛上物质量，g。

【注意事项】

1. 所得结果表示至小数点后1位。
2. 2份样品测定结果绝对差不大于1，在仲裁分析时绝对差不大于1.5。
3. 在样品不足500g时，也可用250g样品，回转5min，测定粉化率。

项目十四　饲料中水分的测定（GB/T 6435—2006）

【实训目标】 掌握饲料中水分的测定原理及方法步骤。

【实训方式】 实验室分组训练。

【测定原理】 试样在105℃烘箱中，在一个大气压（1atm=101325Pa）下烘干，直至恒重，逸失重量为水分。本法适用于测定配合饲料和单一饲料中水分的含量，但用作饲料的奶制品、动物和植物油脂及矿物质除外。

【实训准备】

1. 仪器设备准备　实验室用样本粉碎机或研钵；分样筛，孔径为40目；分析天平，感量为0.0001g；电热式恒温烘箱，可控制温度为105℃±2℃；称样皿，玻璃或铝质，直径40mm以上，高25mm以下；干燥器，用变色硅胶作干燥剂。

2. 试样的选取和制备　选取有代表性的试样，其原始样量在1000g以上；用四分法将原始样本缩至500g，风干后粉碎至40目，再用四分法缩至20g，装入密封容器，放阴凉干燥处保存；如试样是多汁的鲜样，或无法粉碎时，应预先干燥处理，称取试样200～300g，在105℃烘箱中烘15min，立即降至65℃，烘干5～6h。取出后，在室内空气中冷却4h，称重，即得风干试样。

【测定步骤】

洁净称样皿在105℃烘箱中烘干1h后取出，于干燥器中冷却30min后称重，准确至0.0002g，同样冷却后称重，直至两次称重之差小于0.0005g为恒重；用已恒重称样皿称取两份平行试样，每份2～5g，准确至0.0002g；不盖称样皿盖，在105℃烘箱中烘3h后取出，盖好称样皿盖，于干燥器中冷却30min后称重；再次烘干1h，同样冷却后称重，直至两次称重之差小于0.002g。

【测定结果计算】

$$水分(\%)=\frac{m_1-m_2}{m_1-m_0}\times100$$

式中，m_1 为105℃烘干前试样及称样皿质量，g；m_2 为105℃烘干后试样及称样皿质量，g；m_0 为已恒重的称样皿质量，g。

【注意事项】 每个试样应取两个平行样进行测定，取其算术平均值为结果。两个平行样测定值相差不得超过0.2%，否则应重做。

项目十五　饲料中粗蛋白质的测定（GB/T 6432—94）

【实训目标】 掌握饲料中粗蛋白的测定原理及方法步骤。

【实训方式】 采用分组训练。

【适用范围】 适用于配合饲料、浓缩饲料和单一饲料。不能直接区别试样中的蛋白氮和非蛋白氮。

【测定原理】 各种饲料的有机物质在还原性催化剂（如硫酸铜、硫酸钾或亚硒酸钠、硒粉）的作用下，用浓硫酸破坏有机物，使含氮物转化成硫酸铵；加入强碱进行蒸馏，使氨逸出，用硼酸溶液吸收形成四硼酸铵，再用盐酸标准溶液滴定，测出氮含量，再乘以换算系数6.25，即为粗蛋白的含量。

【实训准备】

1. 试剂和溶液

① 硫酸 化学纯，含量为98%，无氮。

② 混合催化剂 0.4g 硫酸铜，6g 硫酸钾或硫酸钠，均为化学纯，磨碎混匀。

③ 硼酸 化学纯，2%水溶液。

④ 氢氧化钠 化学纯，40%水溶液。

⑤ 混合指示剂 甲基红 0.1%乙醇溶液和溴甲酚绿 0.5%乙醇溶液等体积混合，在阴凉处保存期为 3 个月。

⑥ 盐酸标准溶液 一种是 0.1mol/L 盐酸标准溶液，取 8.3mL 分析纯盐酸，用蒸馏水定容至 1000mL；另一种是 0.02mol/L 盐酸标准溶液，取 1.67mL 盐酸，用蒸馏水定容至 1000mL。

标定：精密称取在 300℃干燥至恒重的无水碳酸钠 0.15g 加 50mL 蒸馏水 10 滴混合指示剂用 HCl 滴定至紫红色，煮沸 2min，冷却至室温后再滴定至暗紫红色，记下消耗盐酸的量。

同时进行空白测定。按上述方法进行，不同的是无需加无水碳酸钠，其他步骤相同。计算粗蛋白含量的公式为：

$$c=\frac{m\times 1000}{(V_1-V_0)\times 52.994}$$

式中，m 为无水碳酸钠的质量，g；V_1 为滴定无水碳酸钠溶液时消耗盐酸的体积，mL；V_0 为标定空白时消耗盐酸的体积，mL。

⑦ 蔗糖

⑧ 硫酸铵 分析纯，干燥。

2. 仪器设备 实验室用样本粉碎机；样品分析筛：孔径 0.44mm（40 目）；分析天平：感量 0.0001g；煮炉或电炉；酸式滴定管：10mL；凯氏烧瓶：150mL；凯氏蒸馏装置：半微量水蒸气蒸馏式；锥形瓶：150mL；容量瓶：100mL。

3. 试样的选取和制备 选取具有代表性的试样，用四分法缩减至 200g，粉碎后全部通过 40 目筛，装于密封容器中，防止试样成分变化。

【测定步骤】

1. 试样的消煮 称取试样 0.5～1g（含氮量 5～80mg，准确至 0.0002g），放入凯氏烧瓶中，加入 6.4g 混合催化剂，与试样混合均匀，再加入 12mL 硫酸和 2 粒玻璃珠，将凯氏烧瓶置于电炉上加热，开始小火，待样本焦化、泡沫消失后，改用强火（360～410℃）直至呈透明的蓝绿色，再继续加热 2h 以上。

2. 氨的蒸馏 采用半微量蒸馏法，将试样消煮液冷却，加入 20mL 蒸馏水，转入 100mL 容量瓶中，冷却后用蒸馏水稀释至刻度，摇匀，作为试样分解液。将半微量蒸馏装置冷凝管末端浸入装有20mL硼酸吸收液和2滴混合指示剂的锥形瓶内。蒸汽发生器的水中应加入甲基红指示剂数滴、硫酸数滴，在蒸馏过程中保持此液为橙红色，否则需补加硫酸。准确移取试样分解液10～20mL注入蒸馏装置的反应室中，用少量蒸馏水冲洗进样入口，塞好入口玻璃塞，再加10mL氢氧化钠溶液，小心提起玻璃塞使之流入反应室，塞好玻璃塞，且在入口处加水密封，防止漏气。蒸馏4min，降下锥形瓶，使冷凝管末端离开吸收液面，再蒸馏1min，用蒸馏水冲洗冷凝管末端，洗液均需流入锥形瓶，然后停止蒸馏。

3. 滴定　将蒸馏后得到的吸收液立即用0.1mol/L或0.02mol/L盐酸标准溶液滴定，溶液由蓝绿色变成灰红色为终点。

4. 空白测定　称取蔗糖0.5g代替试样，按上述测定步骤进行空白测定，消耗0.1mol/L盐酸标准溶液的体积不得超过0.2mL，消耗0.02mol/L盐酸标准溶液体积不得超过0.3mL。

【测定结果计算】

$$粗蛋白(\%)=\frac{(V_2-V_1)c\times 0.0140\times 6.25}{m\times\frac{V'}{V}}\times 100$$

式中，V为试样分解液总体积，mL；V_1为滴定空白时所需标准盐酸溶液体积，mL；V_2为滴定试样时所需标准盐酸溶液体积，mL；V'为试样分解液蒸馏用体积，mL；m为试样质量，g；c为盐酸标准溶液浓度，mol/L；0.0140为与1.00ml盐酸标准溶液[$c(HCl)=1.0000$mol/L]相当的、以克表示的氮的质量；6.25为氮换算成蛋白质的平均系数。

【注意事项】

1. 每个试样取两个平行样进行测定，以其算术平均值为结果。

2. 当粗蛋白含量在25%以上时，允许相对偏差为1%；当粗蛋白含量在10%～25%之间时，允许相对偏差为2%；当粗蛋白含量在10%以下时，允许相对偏差为3%。

3. 在消煮时为防止气泡溅出，开始时炉温应低些，当溶液澄清时可将温度调高。

4. 为防止蒸汽发生器中的水含氨态氮，可在水中加入几滴浓硫酸和2滴甲基红指示剂，使水变成橙红色。

项目十六　饲料中粗纤维的测定

【实训目标】　掌握饲料中粗纤维的测定原理及方法步骤。

【实训方式】　采用分组训练。

【测定原理】　用固定量的酸和碱，在特定条件下消煮样本，再用醚、丙酮除去醚可溶物，经高温灼烧扣除矿物质的量，所余量为粗纤维。粗纤维不是一个确切的化学实体，只是在公认强制规定的条件下测出的概略成分，其中以纤维素为主，还有少量半纤维素和木质素。本法适用于各种混合饲料、配合饲料、浓缩饲料及单一饲料。

【实训准备】

1. 试剂　本方法试剂使用分析纯，水为蒸馏水。标准溶液按GB 601制备。

① 硫酸溶液：$c(H_2SO_4)=(0.13\pm 0.005)$mol/L。

② 氢氧化钾溶液：$c(KOH)=(0.23\pm 0.005)$mol/L。

③ 滤器辅料：海沙或硅藻土，或质量相当的其他材料。使用前，海沙用沸腾盐酸

[c(HCl)=4mol/L] 处理，用水洗至中性，在 (500±25)℃下至少加热 1h。

④ 丙酮。

⑤ 石油醚：沸点范围 40～60℃。

⑥ 防泡剂：正辛醇。

2. 仪器设备

① 实验室用样本粉碎机。

② 分样筛，孔径 1mm (18 目)。

③ 分析天平，感量为 0.0001g。

④ 电炉，可调节温度。

⑤ 电热恒温箱，可控制温度在 130℃。

⑥ 高温炉，可控制温度在 500～600℃。

⑦ 抽滤装置　抽真空装置，吸滤瓶和漏斗，抽滤器使用 0.077mm (200 目) 不锈钢网或尼龙滤布。

⑧ 消煮器　带冷凝球的 500mL 高型烧杯或有冷凝管的锥形瓶。

⑨ 滤埚　石英的、陶瓷的或硬质玻璃的，带有烧结的滤板，滤板孔径 40～100μm。初次使用前，将新滤埚小心逐步加温，温度不超过 525℃，并在 (500±25)℃下保持数分钟。也可使用具有同样性能特性的不锈钢滤埚，其不锈钢筛板的孔径为 90μm。

⑩ 干燥器　以氯化钙或变色硅胶为干燥剂。

⑪ 陶瓷筛子板。

⑫ 灰化皿。

3. 试样制备

将样本用四分法缩减至 200g，粉碎，全部通过 1mm 筛，放入密封容器。

【测定步骤】

1. 酸处理　称取试样 1g，准确至 0.0002g (含脂肪大于 10%必须脱脂，含脂肪小于 10%，可不脱脂)，放入消煮器。加浓度准确且已沸腾的硫酸溶液 150mL 和 1 滴正辛醇，立即加热，应使其在 2min 内沸腾，调整加热器，使溶液连续微沸 30min，注意保持硫酸浓度不变。试样不应离开溶液沾到瓶壁上。随后抽滤，残渣用沸蒸馏水洗至中性后抽干。

2. 碱处理　将残渣转移至原容器中，准确加入已沸腾的氢氧化钾溶液 150mL 和 1 滴正辛醇，立即加热，应使其在 2min 内沸腾，调整加热器，微沸 30min，立即在铺有石棉的古氏坩埚上过滤，用沸腾蒸馏水洗至中性，再用 15mL 丙酮洗涤，抽干。

3. 烘干、灰化　将坩埚放入烘箱，于 (130±2)℃下烘干 2h，取出后在干燥器中冷却至室温，称重，再于 (550±25)℃高温炉中灼烧 30min，取出后于干燥器中冷却至室温后称重。直至连续 2 次称重的差值不超过 2mg。

【测定结果计算】

$$\text{粗纤维}(\%)=\frac{m_1-m_2}{m}\times 100$$

式中，m 为未脱脂试样质量，g；m_1 为 (130±2)℃烘干后坩埚及试样残渣重，g；m_2 为 (550±25)℃灼烧后坩埚及试样残渣重，g。

【注意事项】

1. 每个试样取两平行样进行测定，以算术平均值为结果。

2. 粗纤维含量在 10%以下，允许绝对值相差 0.4；粗纤维含量在 10%以上，允许相对偏差为 4%。

项目十七　饲料中粗脂肪的测定（GB/T 6433—2006）

【实训目标】 掌握饲料中粗脂肪的测定原理及方法步骤。

【实训方式】 采用分组训练。

【测定原理】 在索氏脂肪提取器中用乙醚提取试样，称提取物的重量，提取物中除脂肪外还含有有机酸、磷脂、脂溶性维生素、叶绿素等，因而测定结果称为粗脂肪或乙醚提取物。本法适用于各种单一饲料、混合饲料、配合饲料和预混料。

【实训准备】

1. 试剂　无水乙醚，分析纯。

2. 仪器设备　实验室用样本粉碎机或研钵；分样筛，孔径0.44mm；分析天平，感量0.0001g；电热恒温水浴锅，室温至100℃；恒温烘箱，50～200℃；索氏脂肪提取器（带球形冷凝管），100mL或150mL；滤纸或滤纸筒，中速，脱脂；干燥器，用氯化钙为干燥剂；索氏脂肪提取仪。

3. 试样的制备　选取有代表性的试样，用四分法将试样缩减至500g，粉碎至0.44mm（40目），再用四分法缩减至200g，于密封的容器中保存。

【测定步骤】 使用索氏脂肪提取器测定，步骤如下。

索氏提取器应干燥无水。抽提瓶在105℃±2℃烘箱中烘干1h，干燥器中冷却30min，称重。再烘干30min，同样冷却称重。两次重量之差小于0.0008g为恒重。

称取试样1～5g（准确至0.0002g），于滤纸筒中，或用滤纸包好，放入105℃±2℃烘箱中，烘干2h（或称取测水分后的干试样，折算成风干样重），滤纸筒应高于提取器虹吸管的高度，滤纸包长度应以全部浸泡于乙醚中为准。将滤纸筒或包放入抽提管，在抽提瓶中加入无水乙醚60～100mL，在60～75℃的水浴上加热，使乙醚回流，控制乙醚回流次数为10次/h，共回流约50次（含油高的试样约70次）或检查抽提管流出的乙醚挥发后不残留油迹为抽提终点。

取出试样，仍用原提取器回收乙醚直至抽提瓶全部收完，取下抽提瓶，在水浴上蒸去残余乙醚。擦净瓶外壁。将抽提瓶放入105℃±2℃烘箱中烘干2h，干燥器中冷却30min称重，再烘干30min，同样冷却称重，两次重量之差小于0.001g为恒重。

【测定结果计算】

$$粗脂肪(\%)=\frac{m_2-m_1}{m}\times100$$

式中，m_1 为已恒重的抽提瓶质量，g；m_2 为已恒重的盛有脂肪的抽提瓶质量，g；m 为风干试样质量，g。

【注意事项】

1. 每个试样取两平行样进行测定，取其算术平均值为结果。

2. 粗脂肪含量在10%以上时，允许相对偏差为3%；粗脂肪含量在10%以下时，允许相对偏差为5%。

项目十八　饲料中粗灰分的测定（GB/T 6438—2007）

【实训目标】 掌握饲料中粗灰分的测定原理及方法步骤。

【实训方式】 采用分组训练。

【测定原理】 试样在550℃高温炉中灼烧后所得残渣，用质量百分率表示。残渣中主要成分是氧化物、盐类等矿物质，也包括混入饲料中的砂石、土等，故称粗灰分。本法适用于配合饲料、浓缩饲料及各种单一饲料中粗灰分测定。

【实训准备】

1. 仪器设备准备 实验室用样本粉碎机或研钵；分样筛：孔径0.44mm；分析天平：感量0.0001g；高温炉：可控制炉温在550℃±20℃；坩埚：瓷质，容积50mL；干燥器：用氯化钙或变色硅胶作干燥剂。

2. 试样的选取与制备 取具有代表性试样，粉碎至0.44mm（40目）。用四分法缩减至200g，装于密封容器，防止试样的成分变化。

【测定步骤】

1. 坩埚的处理 将干净坩埚放入高温炉中，在550℃±20℃下灼烧30min，取出，在空气中冷却约1min，放入干燥器中冷却30min，称重。再重复灼烧、冷却、称重，直到两次重量之差小于0.0005g为恒重。

2. 称取试样 在已恒重的坩埚中称取2～5g试样，准确至0.0002g。

3. 炭化 将装有试样的坩埚放在电炉上，在较低温度状态加热灼烧至无烟状态，然后升温灼烧至样本无炭粒。

4. 灼烧 将炭化好的试样放入高温炉中，于550℃±20℃下灼烧3h，取出，在空气中冷却约1min，放入干燥器中冷却30min，称重。再同样灼烧1h，冷却，称重，直到两次重量之差小于0.001g为恒重。

【测定结果计算】

$$粗灰分(\%)=\frac{m_2-m_0}{m_1-m_0}\times 100$$

式中，m_0为恒重空坩埚质量，g；m_1为坩埚加试样的质量，g；m_2为灰化灼烧后坩埚加灰分的质量，g。

【注意事项】

1. 每个试样应取两个平行样进行测定，以其算术平均值为结果。

2. 粗灰分含量在5%以上时，允许相对偏差为1%；粗灰分含量在5%以下时，允许相对偏差为5%。

3. 用电炉炭化时应小心，以防止炭化过快，试样飞溅；灼烧残渣颜色与试样中各元素含量有关。含铁高时为红棕色，含锰高时为淡蓝色；炭化后如果还能观察到炭粒，须加蒸馏水或过氧化氢进行处理，继续灼烧0.5h；灼烧后待炉温降至200℃时再取出坩埚或直接取出在空气中放置1min后，再放入干燥器中冷却。

项目十九　饲料中钙含量的测定（GB/T 6436—2002）

【实训目标】 掌握饲料中钙的测定原理及方法步骤。

【实训方式】 采用分组训练。

【测定原理】 将试样中有机物破坏，钙变成溶于水的离子，用草酸铵定量沉淀，用高锰酸钾法间接测定钙含量。本法适用于配合饲料、单一饲料和浓缩饲料。

【实训准备】

1. 试剂

① 盐酸水溶液 1∶3盐酸水溶液；

② 硫酸水溶液　1∶3 硫酸水溶液；

③ 氨水水溶液　1∶1 氨水水溶液；

④ 氨水水溶液　1∶50 氨水水溶液；

⑤ 4.2%草酸铵水溶液　称取 4.2g 草酸胺溶于 100mL 水中；

⑥ 甲基红指示剂　称取 0.1g 甲基红，溶于 100mL 的 95%乙醇中；

⑦ 高锰酸钾标准溶液　浓度为 0.05mol/L。

2. 试剂配制

① 高锰酸钾溶液的配制　准确称取 1.6g 高锰酸钾（GB 643），加蒸馏水 1000mL，小火煮沸 10min，静置 1～2 天用烧结玻璃滤器过滤，保存于棕色瓶中。

② 高锰酸钾溶液的标定　称取 0.1g 草酸钠（用前需要在 105℃干燥 2h）于烧杯中，再加 50mL 蒸馏水和 10mL 硫酸溶液（1∶3），加热至 75～85℃，用配制好的高锰酸钾溶液滴定至粉红色。记录消耗高锰酸钾溶液的用量。滴定结束时，溶液温度在 60℃以上，同时作空白试验。

空白试验：另取一烧杯，加 50mL 蒸馏水和 1mL 硫酸溶液（1∶3），用高锰酸钾溶液滴定至粉红色。记录消耗高锰酸钾溶液的用量。计算高锰酸钾溶液准确浓度的公式如下：

$$c=\frac{m}{(V-V_0)\times 0.067}$$

式中，V 为滴定草酸钠时消耗高锰酸钾溶液的体积，mL；V_0 为滴定空白时消耗高锰酸钾溶液的体积，mL；0.067 为与 1mL 1mol/L 高锰酸钾相当的以克表示的草酸钠的质量；m 为称取草酸钠的质量，g。

3. 仪器与设备　实验室用样本粉碎机或研钵；分样筛：孔径 0.44mm（40 目）；分析天平：感量 0.0001g；高温炉：控制温度在 550℃±20℃；坩埚：瓷质；酸式滴定管：25mL；玻璃漏斗：6cm 直径；容量瓶：100mL；定量滤纸：中速，直径 7～9cm；移液管：10mL、20mL；烧杯：200mL；凯氏烧瓶：250mL 或 500mL。

4. 试样的选取与制备　取具有代表性试样，粉碎至 40 目，用四分法缩至 200g，装于密封容器，防止试样成分变化或变质。

【测定步骤】

1. 试样的分解

(1) 干法　称取试样 2～5g 于坩埚中，精确至 0.0002g。在电炉上小心炭化，再放入高温炉于 550℃下灼烧 3h（或测定粗灰分后连续进行）。在盛灰坩埚中加入盐酸溶液 10mL 和浓硝酸数滴，小心煮沸。将此溶液转入容量瓶，冷却至室温，用蒸馏水稀释至刻度，摇匀，为试样分解液。

(2) 湿法　一般用于无机物或液体饲料。称取试样 2～5g 于凯氏烧瓶中，精确至 0.0002g。加入硝酸（GB 623，分析纯）30mL，至二氧化氮黄烟逸尽，冷却后加入 70%～72%高氯酸 10mL，小心煮沸至溶液无色，不得蒸干，防止危险发生。冷却后加蒸馏水 50mL，并煮沸排除二氧化氮，冷却后转入 100mL 容量瓶，蒸馏水稀释至刻度，摇匀，为试样分解液。

2. 试样的测定　准确移取试样液 10～20mL（含钙量 20mg 左右）于烧杯中，加蒸馏水 100mL、甲基红指示剂 2 滴，滴加氨水溶液至溶液呈橙色。再加盐酸溶液使溶液恰好变为红色（pH 为 2.5～3.0），小心煮沸。慢慢滴加热草酸铵溶液 10mL，且不断搅拌，如溶液变橙色，应补滴盐酸溶液至红色。煮沸数分钟，放置过夜使沉淀陈化或在水浴上加热 2h。

用滤纸过滤，用1∶50的氨水溶液洗沉淀物6～8次，至无草酸根离子（接滤液数毫升加硫酸溶液数滴，加热至80℃，再加高锰酸钾溶液1滴，呈微红色，1～2min不褪色）。将沉淀和滤纸转入原烧杯，加硫酸溶液10mL、蒸馏水50mL，加热至75～80℃，用0.05mol/L高锰酸钾溶液滴定，溶液呈粉红色且0.5min不褪色为终点。同时进行空白溶液的测定。

【测定结果计算】

$$钙含量(\%)=\frac{(V-V_0)\times c\times 0.02}{m}\times\frac{100}{V_1}\times 100=\frac{(V-V_0)\times c\times 200}{m\times V_1}$$

式中，V为0.05mol/L高锰酸钾溶液用量，mL；V_0为空白测定时0.05mol/L高锰酸钾溶液用量，mL；c为高锰酸钾标准溶液浓度，mol/L；V_1为滴定时移取试样分解液体积，mL；m为试样的质量，g；0.02为与1.00mL 1.00mol/L高锰酸钾标准溶液相当的以克表示的钙的质量。

【注意事项】

1. 每个试样取两个平行样进行测定，以其算术平均值为结果。

2. 含钙量在10%以上，允许相对偏差为2%；含钙量在5%～10%时，允许相对偏差为3%；含钙量在1%～5%时，允许相对偏差为5%；含钙量在1%以下时，允许相对偏差为10%。

项目二十　饲料中总磷含量的测定（GB/T 6437—2002）

【实训目标】掌握饲料中磷的测定原理及分光光度法测定磷的方法步骤。

【实训方式】采用分组训练。

【测定原理】将试样中的有机物破坏，使磷游离出来，在酸性溶液中，用钒钼酸铵处理，生成黄色的磷钼黄，在波长420nm下进行比色测定。本法适用于配合饲料、浓缩饲料、预混合饲料和单一饲料。测定范围为磷含量0～20μg/mL。

【实训准备】

1. 试剂　本方法所用试剂除特殊说明外，均为分析纯。用水为蒸馏水或同等纯度水。

① 盐酸水溶液　1∶1的盐酸水溶液。

② 浓硝酸

③ 高氯酸

④ 钒钼酸铵显色剂　称取偏钒酸铵1.25g，加水200mL加热溶解，冷却后加硝酸250mL，另称取钼酸铵25g，加水400mL加热溶解，在冷却的条件下，将两种溶液混合，用水定容至1000mL，避光保存，若生成沉淀，则不能使用。

⑤ 磷标准溶液　将磷酸二氢钾于105℃烘箱中干燥1h，取出，在干燥器中冷却后称取0.2195g溶解于水，定量转入1000mL容量瓶中，加硝酸3mL，用水稀释至刻度，摇匀，即为50μg/mL的磷标准溶液。

2. 仪器与设备

① 分样筛　孔径0.44mm（40目）。

② 分析天平　感量0.0001g。

③ 分光光度计　用10mm比色池，可在420nm下测定吸光度。

④ 高温炉　可控制温度在550℃±20℃。

⑤ 瓷坩埚　50mL。

⑥ 容量瓶　50mL、100mL、1000mL。

⑦ 刻度移液管　1.0mL、2.0mL、3.0mL、5.0mL、10mL。

⑧ 凯氏烧瓶 125mL、250mL。

⑨ 可调温电炉 1000W。

⑩ 实验室用样本粉碎机或研体。

3. 试样制备 取有代表性试样，粉碎至 40 目，用四分法将试样缩分至 200g 装入密封容器，防止试样成分变化或变质。

【测定步骤】

1. 试样的分解

(1) 干法 不适用于含磷酸二氢钙的饲料。称取试样 2～5g（精确至 0.0002g）于坩埚中，在电炉上小心炭化，再放入高温炉中，在 550℃下灼烧 3h。取出冷却，加入 10mL 盐酸溶液和硝酸数滴，小心煮沸约 10min。冷却后转入 100mL 容量瓶中，用水稀释至刻度，摇匀，为试样分解液。

(2) 湿法 称取试样 0.5～5g（精确至 0.0002g）于凯氏烧瓶中，加入硝酸 30mL 小心加热煮沸至黄烟逸尽，稍冷，加入高氯酸 10mL，继续加热至高氯酸冒白烟（不得蒸干），溶液基本无色，冷却，加水 30mL，加热煮沸，冷却后，用水转移至 100mL 容量瓶中，并稀释至刻度，摇匀，为试样分解液。

2. 标准曲线的绘制 分别准确移取磷标准液 0、1.0mL、2.0mL、5.0mL、10.0mL、15.0mL，于 50mL 容量瓶中，各加钒钼酸铵显色剂 10mL，用蒸馏水稀释至刻度，摇匀，常温下放置 10min 以上，以 0mL 溶液为参比，用 10mL 比色池，在 420nm 波长下，用分光光度计测定各溶液的吸光度。以磷含量为横坐标，吸光度为纵坐标绘制标准曲线。

3. 试样的测定 准确移取试样分解液 1～10mL（含磷量 50～750μg）于 50mL 容量瓶中，加入钒钼酸铵显色剂 10mL，按上述方法进行显色和比色测定，测得试样分解液的吸光度，用标准曲线查得试样分解液的含磷量。

【测定结果计算】

$$P(\%)=\frac{X}{m}\times\frac{100}{V}\times10^{-6}\times100=\frac{X}{mV\times100}$$

式中，m 为试样的质量，g；X 为由标准曲线查得试样分解液含量，μg；V 为移取试样分解液的体积，mL。

【注意事项】

1. 每个试样称取两个平行样进行测定，以算术平均值为结果，所得结果应精确到 0.01%。

2. 当磷含量小于 0.5%时，允许相对偏差 10%；当磷含量大于 0.5%时，允许相对偏差 3%。

项目二十一 大豆制品中尿素酶活性的测定（GB/T 8622—2006）

【实训目标】 初步了解大豆制品中尿素酶活性的测定原理及方法步骤。

【实训方式】 采用分组训练。

【测定原理】 将粉碎的大豆制品与中性尿素缓冲溶液混合，在 30℃条件下保持 30min，尿素酶催化尿素水解产生氨。用过量盐酸中和所产生的氨，再用氢氧化钠标准溶液回滴。本法适用于由大豆制得的产品和副产品中尿素酶活性的测定。本方法可确认大豆制品的湿热处理程度。

本标准所指尿素酶活性定义为：在 30℃±0.5℃和 pH7 的条件下，每分钟每克大豆制品分解尿素所释放的氨态氮的质量（mg）。

【实训准备】

1. 仪器设备

① 样本筛　孔径 200μm。

② 酸度计　精度 0.02pH，附有磁力搅拌器和滴定装置。

③ 恒温水浴　可控温 30℃±0.5℃。

④ 试管　直径 18mm，长 150mm，有磨口塞子。

⑤ 精密计时器。

⑥ 粉碎机　粉碎时应不产生强热（例如球磨机）。

⑦ 分析天平　感量 0.1mg。

⑧ 移液管　10mL。

2. 试剂和溶液　除特别注明外，本方法使用试剂为分析纯，水为蒸馏水。

① 尿素。

② 磷酸氢二钠。

③ 磷酸二氢钾。

④ 尿素缓冲溶液（pH6.9～7.0）　称取 4.45g 磷酸氢二钠和 3.40g 磷酸二氢钾溶于水并稀释至 1000mL，再将 30g 尿素溶在此缓冲溶液中，可保存 1 个月。

⑤ 盐酸标准溶液　浓度为 0.1mol/L，按 GB 601 标准溶液制备方法的规定配制。

⑥ 氢氧化钠标准溶液　浓度为 0.1mol/L，按 GB 601 标准溶液制备方法的规定配制。

3. 试样的制备　用粉碎机将 10g 试样粉碎，使之全部通过样本筛。对水分或挥发物含量较高而无法粉碎的特殊试样，应先在实验室温度下进行预干燥，再进行粉碎。计算结果时应将干燥失重计算在内。

【测定步骤】 称取约 0.2g 已粉碎的试样，准确至 0.1mg，加入试管中，活性很高的试样只称 0.05g。移入 10mL 尿素缓冲溶液，立即盖好试管并剧烈摇动，置于 30℃±0.5℃恒温水浴中，准确计时保持 30min。即刻移入 10mL 盐酸标准溶液，迅速冷却到 20℃。将试管内容物全部转入烧杯，再用 5mL 水冲洗试管 2 次，立即用氢氧化钠标准溶液滴定至 pH4.7。

另取试管做空白试验，移取 10mL 尿素缓冲液和 10mL 盐酸标准溶液于试管中。称取与上述试样量相当的试样，准确至 0.1mg，迅速加入此试管中。立即盖好试管并剧烈摇动。将试管置于 30℃±0.5℃的恒温水浴，同样准确保持 30min，冷却至 20℃，将试管内容物全部转入烧杯，用 5mL 水冲洗 2 次，并用氢氧化钠标准溶液滴定至 pH4.7。

【测定结果计算】 以每分钟每克大豆制品释放氮的质量（mg）表示的尿素酶活性（U）。

$$尿素酶活性=\frac{14\times c(V_0-V)}{30\times m}$$

式中，c 为氢氧化钠标准溶液浓度，mol/L；V_0 为空白试验消耗氢氧化钠溶液体积，mL；V 为测定试样消耗氢氧化钠溶液的体积，mL；m 为试样质量，g。

若试样在粉碎前经预干燥处理，则按下式计算：

$$尿素酶活性=\frac{14\times c(V_0-V)}{30\times m}\times(1-S)$$

式中，S 为预干燥时试样失重的百分率。

【注意事项】 同一分析人员用相同方法，同时或连续 2 次测定结果之差不超过平均值的 10%，以其算术平均值报告结果。

项目二十二　饲料中可溶性氯化物的快速测定（GB/T 6439—2007）

【实训目标】 掌握饲料中可溶性氯化物的快速测定原理及方法步骤。

【实训方式】 实验室分组训练。

【测定原理】 在弱碱性或中性溶液中，以铬酸钾为指示剂，用标准的硝酸银溶液进行滴定，由于氯化银的溶解度比铬酸银的溶解度小，所以，溶液首先析出的是乳白色氯化银沉淀。当过量一滴硝酸银溶液时即与铬酸钾生成砖红色的铬酸银沉淀，且半分钟内不褪色，说明滴定至终点。本法适用于各种配合饲料、浓缩饲料和单一饲料。

【实训准备】

1. 试剂　实验室用水应符合 GB 6682 中三级用水的规格。使用试剂除特殊规定外应为分析纯。

(1) 硝酸银标准溶液　浓度为 0.1mol/L，配制方法及标定方法如下。

① 0.1mol/L 硝酸银标准溶液的配制　准确称取在 100℃下烘干 1～2h 的硝酸银 17g 置于 1000mL 容量瓶中，加入蒸馏水至刻度，溶解并摇匀。

② 0.1mol/L 硝酸银标准溶液的标定　用分析纯氯化钠进行标定。首先将氯化钠放在 400～500℃的高温炉中灼烧至不发出炸裂的声响为止，取出于干燥器中备用。准确称取灼烧至恒重的基准物质氯化钠 0.45～0.50g，放入锥形瓶中加 25mL 水溶解，定量转移到 100mL 容量瓶中，稀释至刻度。取此溶液 25mL 三份，分别置于 250mL 锥形瓶，加入 10%的铬酸钾溶液 1mL，用已配制的硝酸银溶液滴定至砖红色即为终点。记录硝酸银溶液的用量。根据氯化钠的质量和硝酸银溶液的体积计算硝酸银溶液的准确浓度。平行测定 3 次。硝酸银溶液的准确浓度计算公式如下：

$$c(\mathrm{mol/L})=\frac{m\times\frac{25.00}{100}\times1000}{58.45\times V}$$

式中，c 为硝酸银溶液的摩尔浓度，mol/L；m 为氯化钠的质量，g；58.45 为与 1mL 1mol/L 标准硝酸银溶液相当的以毫克表示的氯化钠质量；V 为滴定时消耗硝酸银溶液的体积，mL。

(2) 10%铬酸钾指示剂　准确称取 10g 铬酸钾，加水至 100mL 溶解并摇匀。

2. 仪器设备　实验室用样本粉碎机或研钵；分样筛：孔径 0.44mm（40 目）；分析天平：感量 0.1mg；刻度移液管：1mL；移液管：20mL，25mL；酸式滴定管：25mL；容量瓶：100mL、1000mL；烧杯：500mL、250mL；锥形瓶：25mL、250mL。

3. 样本的选取和制备　选取有代表性的样本，用四分法缩减至 200g，粉碎至 0.44mm（40 目），密封保存，以防止样本组分的变化或变质。

【测定步骤】 称取 5～10g 样本（准确至 0.001g）置于 500mL 烧杯中。准确加入蒸馏水 200mL，搅拌 15min，放置 15min，用移液管准确移取上清液 20mL，置于 250mL 烧杯中，再加蒸馏水 50mL、10%铬酸钾指示剂 1mL，用硝酸银标准溶液滴定，呈现砖红色，且 1min 不褪色为终点。

【测定结果计算】 计算见下式：

$$氯化钠含量(\%)=\frac{V_1\times c\times0.05845}{m}\times\frac{200}{V_2}\times100$$

式中，V_1 为滴定时消耗的硝酸银标准溶液的体积，mL；V_2 为移取试样上清液的体积，mL；m 为试样的质量，g；c 为硝酸银的摩尔浓度，mol/L；0.05845 为与 1.00mL 硝酸银标准溶液 [$c(AgNO_3)=1.000mol/L$] 相当的以克表示的氯化钠质量。

【注意事项】 每个试样称取两个平行样进行测定，以算术平均值为结果，所得结果应精确到 0.01%。

项目二十三　鱼粉中砂分的测定

【实训目标】 掌握鱼粉饲料中砂分测定的原理及方法。

【实训方式】 实验室分组训练

【测定原理】 样本经灰化后再以酸处理，酸不溶性炽灼残渣为砂分。

【实训准备】

1. 试剂　15%盐酸：准确移取 40.54mL 盐酸溶液（浓度为 36%～38%），用蒸馏水稀释至 100mL；蒸馏水。

2. 仪器设备及用具　高温炉；坩埚；电炉子；烧杯；量筒；无灰滤纸；干燥箱；干燥器；分析天平。

【测定步骤】

1. 将预先用稀盐酸煮过 1～2h 并洗净的坩埚在高温炉中灼烧 30min，取出在空气中冷却 1min 后，在干燥器中冷却 30min，称重，精确至 0.0001g。

2. 称取试样 5g 于坩埚中，先炭化至无烟，再在 550～600℃高温炉中灼烧 3～4h 至灰白色。如仍有灰粒，继续烧 1h，取出冷却。

3. 用 15%盐酸溶液 50mL 溶解灰分并移入 250mL 烧杯中，用约 50mL 蒸馏水冲洗坩埚，洗液移入烧杯中，小心煮沸 30min。

4. 用无灰分滤纸趁热过滤，并用热蒸馏水洗净至流下的洗液不呈酸性为止。

5. 将滤纸和滤渣一起移入原坩埚中，在 130℃的干燥箱中烘干，再移入 550～600℃高温炉中灼烧 30min，取出在空气中冷却 1min，在干燥器中冷却 30min 后，称重，精确至 0.001g。

【测定结果计算】

$$X=\frac{m_2-m_0}{m_1-m_0}\times 100\%$$

式中，X 为样本中砂分含量，%；m_0 为坩埚的质量，g；m_1 为坩埚加试样的质量，g；m_2 为灼烧后坩埚加砂分的质量，g。

【注意事项】 每个试样应取两个平行样测定，取其平均值，当两个平行样相对偏差超过 5%时应重做。

项目二十四　鱼粉中酸价的测定方法

【实训目标】 熟知鱼粉等含脂肪高的饲料酸价的测定原理及方法。

【实训方式】 采用分组训练。

【测定原理】 鱼粉中游离脂肪酸用氢氧化钾标准溶液滴定，每克鱼粉消耗氢氧化钾的质量（mg）称为酸价。

【实训准备】

1. 试剂

① 酚酞指示剂　1%的乙醇溶液。

② 乙醚—乙醇混合溶液　按乙醚-乙醇 2∶1 混合，用 0.1mol/L 标准的氢氧化钾溶液中和至酚酞指示剂呈中性（酚酞本身为酸性，在酸性溶液中无色，在碱性溶液中呈红色，变色范围 pH 为 8.0～10.0）。

③ 标准氢氧化钾溶液　浓度为 0.1mol/L。

2. 仪器设备　分析天平；锥形瓶；滤斗；碱式滴定管；烧杯。

【测定步骤】

称取试样 5g（精确至 0.001g），置于锥形瓶，加入 50mL 中性乙醚-乙醇溶液摇匀静置 30min 后过滤。滤渣用 20mL 中性乙醚-乙醇溶液清洗，并重复洗一次，滤液合并后加入酚酞指示剂 2～3 滴，以 0.1mol/L 标准的氢氧化钾溶液进行滴定，至初显微红色且 0.5min 内不褪色为终点，记录消耗氢氧化钾的体积（mL）。

【测定结果计算】

$$X=\frac{V\times c\times 56.11}{m}$$

式中，X 为样本酸价值，每克样本中氢氧化钾的质量，mg；V 为样本消耗氢氧化钾的体积，mL；c 为氢氧化钾浓度，mol/L；m 为鱼粉试样的质量，g。

【注意事项】

1. 每个样本做两个平行样，结果以算术平均值计。

2. 酸价在 2.0mg/g 及以下时两个平行试样的相对偏差不得超过 8%；在 2.0mg/g 以上时不得超过 5%，否则重做。

项目二十五　植物性饲料原料的显微镜检测

【实训目标】　初步掌握植物性饲料显微镜检测的原理和一般方法。

【实训方式】　采用分组训练。

【检测原理】　将料样按颗粒大小分级，需要做仔细观察时还要将料样清理干净。凝集成团的料样要分散成不同的组分，分级分类摊放在适当的平台上。以便做低倍显微镜检验，对照各标准饲料原料鉴别各个组分。

【检测方法】

1. 粗饲料　将饲料样本摊放在白纸上，用 3 倍的放大镜，在荧光照明装置下观察，识别谷物和杂草种子。注意其他掺杂物、热损和虫蚀颗粒、活的昆虫、啮齿动物粪便等。检查有无黑粉病、麦角菌和霉菌。

2. 基本不黏附细颗粒的谷糠饲料

（1）低倍显微镜检查　根据颗粒大小用套叠的三层筛筛分饲料。家畜饲料用 10 目、20 目和 40 目筛，家禽饲料用 20 目、40 目和 60 目筛，均需要底盘。将约 10g 未经研磨的饲料置于套筛上，充分筛分，用小刮勺从每层筛上取部分样本摊于玻璃平台上或用蓝色的纸作载物台，置于立体显微镜下，调整好上方和接近平台的光源，使光以约 45°的角度照到样本上以缩小阴影。调节放大倍数、照明及滤光片至最佳状态，以便能清晰地观察，以 15 倍、蓝光时效果最佳。系统地检查载物台上的每一组分，观察饲料颗粒，连续地拨动、翻转，并用镊子试验对压力的耐压性。注意并记录颗粒大小、形状、颜色、对压力的耐压性、质地、气味和主要结构特点及与标准样的比较情况。必要时可用镊子取一单个颗粒置于第二玻片上，直接与标准样中取出的相应组织比较，与此类似可移取一团粒并用镊子的平头端轻轻压碎、观察。列表报告观察到的各种成分，对于微量谷粒，可能是主要谷物的一般杂质，可忽略不计。

(2) 高倍显微镜检查　可放低照明装置并选择滤光器，使显微镜台下聚光器反射出适当的蓝光。用微型刮勺从底筛或底盘中移取少量细粒筛分物，置于载玻片上，加2滴悬浮液Ⅰ(由10g水含氯醛溶于10mL水中，加入10mL甘油配制而成，此液应储于琥珀色滴瓶中)，用微型搅拌捧分散，用120倍显微镜检验观察，与标准样相应组织比较。取出载玻片，加1滴碘溶液，搅拌，再检验观察。此时淀粉细胞被染成浅蓝色至黑色，酵母及其他蛋白质细胞呈黄色至棕色。如做进一步的组织分级，可取少量相同的细粒筛分物，加入约5mL悬浮液Ⅱ(由160g水含氯醛溶于100mL水中，加入10mL盐酸配制而成，此液应储存于琥珀色滴瓶中)并煮沸1min，冷却，移取1～2滴底部沉积物置载玻片上，盖好后用显微镜检验。

3. 油类饲料或含有被黏附的细小颗粒遮盖的大颗饲料　大多数家禽饲料和未知饲料最宜用此方法检验。取约10g未研细的饲料置于100mL高型烧杯中，放入通风橱，加入三氯甲烷至近满，迅速搅拌数下并放置沉降约1min。用勺移取漂浮物于9cm玻璃上，滤干并于蒸汽浴上干燥。然后按照上述低倍显微镜检查和高倍显微镜检查方法进行。

4. 因有糖蜜而形成团块结构或模糊不清的饲料　取约10g未研细的饲料置于100mL高型烧杯中，加入75%丙酮75mL，搅拌数分钟使糖蜜溶解，并沉降。小心滤析并重复提取，用丙酮洗涤、滤析残渣2次，置蒸汽浴上干燥，筛分。然后按照上述低倍显微镜检查和高倍显微镜检查方法进行。

5. 颗粒或团粒饲料　取几粒料样置于研钵中，用研杆碾压使其分散成各种组分，但不要将组分本身研碎。初步研磨后过20号筛，将留在筛上的颗粒再放回研钵进一步研磨。根据颗粒饲料的特性，用研磨后的材料按照上述低倍显微镜检查和高倍显微镜检查方法进行。

【常用植物饲料原料的鉴定】

1. 玉米　用作饲料的玉米品种主要有凹玉米、硬玉米、甜玉米、爆玉米、粉玉米、荚玉米、不透明二号和敖状二号等。凹玉米轴长，谷粒多且实，因其成熟时顶端凹陷而得名，单位面积产量高，种植最多；硬玉米轴细长，成分与凹玉米近似，谷粒硬且早熟；甜玉米较早熟，欧洲及中南美洲均有，呈半透明角质，葡萄糖含量高，故味甜，含蛋白质及脂肪高于凹玉米，不适于食用的级外品用作饲料；爆玉米谷粒硬，颗粒较其他玉米粒小，蛋白质及脂肪含量比凹玉米高，淀粉消化率较高；粉玉米谷粒软，又称软质玉米，可轻易用手压碎成粉状，通常为白色或蓝色；荚玉米为玉米原种，谷粒外部覆以纤维状外皮；不透明二号和敖状二号均为高赖氨酸玉米品种，其内胚乳含赖氨酸较高。

(1) 玉米的基本特征　黄玉米颜色为淡黄至金黄色不等，通常凹玉米比硬玉米的色泽淡；玉米略有甜味，初粉碎时有生谷味道，但无酸味及霉味；玉米粒容重0.69～0.75kg/L、玉米粉容重0.52～0.64kg/L；玉米粒的构造包括果皮、种皮、胚乳和胚芽，其中果皮占5.5%，呈方格半透明状，有时呈棕红色，其条纹似指甲纹路。种皮占1%。胚乳占82%，分为角质状胚乳和粉状胚乳，角质状胚乳占54%，为角质性，淀粉颗粒小，为蛋白质性间质包着，所含脂肪及蛋白质比粉状胚乳高2倍。粉状胚乳占28%，为粉状淀粉层，排列较松，周围的蛋白质较少。胚芽占11.5%。硬玉米胚内含大量角质性淀粉。凹玉米含大量粉状淀粉。玉米的淀粉颗粒呈多角形，中间有一黑点，是玉米和高粱区别于其他谷类的典型特征。

(2) 玉米的品质判定　玉米等谷类的品质因贮存期、贮存条件而逐渐降低，主要包括玉米本身成分的变化，霉菌、虫、鼠污染产生的毒素和动物利用性的降低。由于收获、运输和干燥等使玉米含粉率较高时，霉菌污染的机会较大。高温多湿季节，贮存设备不良时，玉米多变褐色，黄曲霉毒素含量高。受霉菌污染或酸败的玉米均会降低营养价值及禽畜食欲，若已产生毒素则有中毒危险，故购买玉米时均应制订黄曲霉毒素的限量，有异味玉米应避免使用。玉米在不同季节时的品质不同，初收获的玉米水分含量较高，粗蛋白含量冬季低夏季高。

玉米在贮存前应考虑以下因素：一是水分含量，温差会造成水分的变动，高水分的玉米容易发霉变质；二是变质程度，发霉的玉米首先是轴变黑，然后胚变色，最后整粒玉米变成烧焦状，变质程度高的玉米应作其他用途，切勿再贮存；三是破碎性，玉米一经破碎，即失去天然保护作用；四是虫蛀、发芽、掺杂的程度。

市售的玉米粉，有时人为掺入石灰石粉。碳酸钙与盐酸反应生成氯化钙和碳酸，碳酸具有强烈的挥发性。购买时可取少量玉米粉滴入少量稀盐酸（1∶3），如产生泡沫则表明含有石灰石粉。

（3）玉米粉的立体显微特征　皮层薄、半透明而光滑，并带有平行排列的不规则形状的碎片物；胚乳有软、硬两种胚乳淀粉。硬淀粉也称角质淀粉，为黄色、半透明，软淀粉为粉质、白色，不透明，并有光泽；胚芽呈奶油色、质软，含油。

（4）玉米芯的特征　玉米芯由茎秆变化而来，横切面上可以分为三层：外层是苞片，脱粒后仍有大量的颖片附着在苞片上；中间部分是木质部和韧皮部；中央部分为髓质部，呈海绵状，多孔、柔软，呈白色或奶油色。粉碎后的玉米芯，因其非常硬的木质结构常成团或呈不规则形状，有白色海绵状的髓、苞皮和颖片，颖片很薄，呈白色或淡红色。

2. 高粱　根据高粱色泽可分以下几种：褐高粱，通常称为黑高粱，单宁酸含量高，约1%～2%，具苦味，适口性差，一般不宜作饲料用；黄高粱，通常称为红高粱，单宁酸含量低，在0.4%以下，适口性差；白高粱，单宁酸含量低，籽粒小，产量不高；混合高粱，为上述高粱的混合种，通常指黄高粱中含有10%以上的褐高粱。

（1）高粱的基本特征　高粱的外皮颜色根据品种分为褐、黄、白色，内部淀粉均呈白色，故粉碎后颜色趋淡。粉碎后的高粱略带甜味，单宁酸主要存于壳部，色深者含量较多，所以褐高粱粉有苦涩感。高粱粒容重0.72～0.77kg/L；高粱粉容重0.50～0.60kg/L。高粱粒的种皮与淀粉层黏着很紧密，粉碎后，在淀粉层仍可见红棕色的种皮。淀粉层含角质性淀粉较多，所以颗粒较硬。淀粉颗粒形状似玉米，含有两种淀粉，胚乳外层淀粉较硬，为角质淀粉，而内层淀粉色白、较粉质化，高粱粉碎之后皮层一般仍附着在角质淀粉上。

（2）高粱的品质判定　高粱品质取决于单宁酸的含量。单宁酸具有收敛性，味苦，含量愈高，适口性愈差。各品种高粱均含有单宁酸，其中褐高粱含量最高，鸟类拒食，故称“抗鸟种”。单宁酸还能降低蛋白质及氨基酸的利用率。

高单宁酸高粱可以通过漂白实验鉴别：取一茶匙高粱粒置于广口瓶内，加氢氧化钾5g、次氯酸钠1/4杯，稍加热7min，干燥，经漂白的高单宁酸高粱呈现一层很厚的棕黑色种皮，而低单宁酸的高粱则呈白色。

（3）高粱的立体显微特征　皮层紧紧地附在硬质淀粉上，颜色为白色、红褐色或淡黄色，依品种而异。硬质淀粉不透明，表面粗糙，而软淀粉色白，有光泽，呈粉状。颖片硬而光滑，具有光泽的表面上有毛显现，颜色为淡黄、红褐直至深紫。

3. 米糠　稻谷碾米时脱下来的果皮层、种皮层、外胚乳及胚芽，并含有部分淀粉的混合物。呈淡黄色或者褐色粉状，皮薄外表粗糙，略呈油感，含有微量碎米、粗糠，具有米糠特有的风味，容重为0.22～0.32kg/L。不应有酸败、发霉、异臭、虫蛀及结块等现象。

（1）米糠的品质判定　全脂米糠含油脂成分高，约为12%～15%，容易氧化酸败。一般测定其游离脂肪酸含量即可知酸败程度。米糠中含粗糠的比例影响其成分的差异及品质等级。一般可由粗糠中含有的木质素的定性与定量分析来判断。利用比重进行分离可知其粗糠含量，从而判断其等级。粗糠含二氧化硅平均为17%，检测出硅的含量后再除以17%，即为所含粗糠的估计量。

（2）米糠的立体显微特征　稻壳呈不规则片状，外表具有稻糠特有的网状交错纹理，突出部分似玉米棒上的籽粒排列有序，主要特征是有光泽，有时上面附着白色光亮的淀粉细粒；米糠为很小的片状物，含油，呈奶油色或者浅黄色，并结成团块。脱脂米糠不结团块；米粞表面光滑，呈小的不规则形状，半透明，质硬、色白，蒸谷米的碎米则为黄褐色。碎米的粒度大于米糠或统糠中的米粞的粒度，截面呈椭圆形；胚芽呈椭圆形、平凸状，与米粒相连的一边弧度大，含油。有时可看到胚芽已破碎成屑。

4. 麸皮　小麦粒磨制面粉后所得副产品，包括果皮层、种皮层、外胚乳和糊粉层等部分。颜色依小麦品种、等级和品质而有差异，呈淡黄褐色至带红色的灰色。具有粉碎小麦特有的气味，为粗细不等的片状。不应有发酸、发霉味道和虫蛀、发热、结块等现象。

（1）麸皮的品质判定　麸皮为片状，掺假时很容易辨别。麸皮粗细受筛孔大小和洗麦用水量影响。麸皮易生虫，不可久贮。水分含量超过14%，高温高湿条件下易变质，购买时应特别注意。小麦麸的市场需求量高，有时人为掺入麦片粉、燕麦粉、木薯粉等低价原料，可根据其风味、物理性状和镜检观察其淀粉颗粒形状来区别。次粉为浅白色至褐色细粉状，是小麦制粉副产品，主要由不同比例的麸皮、胚乳及少量胚芽组成，其品质介于普通粉与小麦麸之间。在水分不超过13%条件下，干物质按87%计算。

（2）麸皮的立体显微特征　麸皮呈薄片状，大小不等，黄褐色，外表面有细纹，内表面黏附不透明的白色淀粉粒；麦粒尖端的麸皮片薄，透明，附有一簇有光泽的长毛；胚芽看起来软而平，近乎椭圆，含油，色淡黄。淀粉颗粒小、质硬，呈白色，形状不规则，半透明，有些不透明或有光泽的淀粉粒附着在麸皮碎片上。

5. 大豆粕　大豆种子经压榨或溶剂浸提油脂后，再经适当热处理与干燥而得到的产品。颜色呈淡黄褐色至淡褐色深浅不等。具有豆香味。褐色的黄豆粕是因过度加热处理造成，淡黄色则为加热不足，尚存有尿素酶。形状为片状或粉状。粉状容重0.49～0.64kg/L，片状容重0.30～0.37kg/L。不应有酸败、霉变、焦化及生豆臭味等。

（1）大豆粕的品质判定　由大豆粕的外观颜色、壳和粉的比例，可大概判断其品质。若壳太多，则品质差，颜色呈浅黄或暗褐色其品质亦差。生大豆含有抗胰蛋白酶因子、血球凝集素、甲状腺肿源及尿素酶等抗营养因子。如未经适当加热处理，会妨碍其养分的利用率。因此应检测其尿素酶活性以判断其品质优劣。

（2）大豆粕的立体显微特征　外壳表面光滑，有光泽，并有被针刺似的印记，其内表面为白黄色，不平，为多孔海绵状组织。外壳碎片通常紧紧地卷曲；种脐呈长椭圆形，带有一条清晰的裂缝，颜色有黄色、褐色或黑色；浸出粕颗粒的形状不规则，扁平，一般硬而脆。豆仁颗粒看起来无光泽，不透明，呈奶油色、黄褐色。压榨饼粉一般因压榨使豆仁颗粒与外壳挤压成团，这种颗粒状团块质地粗糙，其外表颜色比内部的深。

6. 棉籽饼粕（棉仁饼）　用轧棉机把棉绒与棉籽分离，棉籽上存留短毛，棉籽壳呈褐色或黑色，在种子宽端下面有圆形的种脐。棉仁主要部分为子叶，含有大量的油，棉仁内散布有黑色或褐色腺体。带壳提取油所得残渣称为棉籽饼粕，去壳后提取油的残渣称为棉仁饼。在实际榨油生产中，棉壳不能全部去净。

棉籽粕粉以棉籽壳为主体，并带有棉絮丝、棉籽仁的植物粉末，呈深褐色、红褐色或黑色。在显微镜下，可观察到棉絮纤维呈白色丝状物，半透明，似细粉丝状，棉絮丝倒伏张开或卷曲，常附着在外壳上或饼粕粉中。棉絮丝上往往黏有杂质小颗粒；棉籽壳的外壳碎片呈弧状物，为淡褐色、深褐色或黑色，厚硬、有弹性，沿其边沿方向有淡褐色至深褐色的不同色层，表面有网状结构的突起；棉籽仁的碎片为黄色或黄褐色，含有许多圆形扁平的黑色或红色油腺体和淡红色棉酚色腺体，棉籽仁与外壳往往被压榨在一起。

7. 菜籽饼粕　菜籽呈圆球形，颜色因品种而异，一般是红褐色或灰黑色，也有深黄色的。种皮较薄，有些品种外表光滑，也有的呈网状表面。菜籽饼粕质脆易碎。

菜籽粕粉由于品种不同而颜色各异，大多数为黄褐色、红褐色、灰黑色或黑褐色的碎片、碎粉或碎粒。在立体显微镜下观察，种皮和籽仁碎片互相分离，种皮薄，易碎，外表面为红褐色或褐色，种皮有网状结构，内表面有半透明的浅色薄片覆盖在表面；菜籽仁为小碎片，形状不规则，有黄色或褐色，无光泽，质脆。

8. 葵花籽饼粕　葵花籽包有外壳，占种子的35%～50%。外壳颜色为黑色或白色带有黑色纵向条纹，籽仁内含有丰富的油。葵花籽饼、粕是去壳或是不去壳浸出油后的残渣，但去壳的葵花籽饼粕仍有壳的残片。

在立体显微镜下观察，外壳呈白色或白色中带有黑条纹，光滑而有光泽，内表面粗糙、仁粒小，榨油后已成碎片，色黄褐或褐色，无光泽。

9. 芝麻饼粕　芝麻种子呈扁梨形，种子颜色因品种有异，有黑色或白色，表面成网状，且有微小突起，提取油后的饼粕，呈褐色或黑褐色。

在立体显微镜下观察，种皮薄，呈黑色、褐色或黄棕色。种皮表面成网状，并有分布较匀的微小圆形透明突起。碎片不规则。

10. 花生饼粕　花生果外壳为淡黄色，表面有纵横交叉的突筋，呈网状，壳下面有一层白而深的衬里。花生种子外面包有一层薄种皮，颜色各异，一般为红色或棕黄色，种皮有清晰纹理脉管。花生饼粕是去壳或不去壳花生提取油后的残渣。去壳花生饼中也含有少量壳。

在显微镜下观察，外壳表面有突筋呈网状结构，粉碎后外层为淡黄色，内层为不透明白色，内层比外层软，有长短纤维交织，有韧性。种皮非常薄，呈粉红色、白色，有纹理。

项目二十六　动物性饲料原料的显微镜检测

【实训目标】 初步掌握动物性饲料显微镜检测的原理及一般方法。

【实训方式】 采用分组训练。

【检测原理】 含有动物组织和矿物质的饲料悬浮于三氯甲烷中时，很容易地分成上下两部分：上层漂浮物是有机物部分，包括肌肉纤维、结缔组织、干燥过的粉碎器官、残存的羽毛、蹄角碎粒以及所有的植物组织；下层沉淀物是无机物部分，包括骨头、鱼磷、牙齿和矿物质。

【检测方法】

1. 样本的制备　取约10g未研细的饲料置于100mL高型烧杯中，放入通风橱，加入三氯甲烷至近满，迅速搅拌数下并放置沉降约1min。用勺移取漂浮物于9cm玻璃上，滤干并在蒸汽浴上干燥。滤去三氯甲烷，收集无机物部分，也于蒸汽浴上干燥。

2. 动物组织的鉴别　用低倍显微镜和高倍显微镜检验干燥的漂浮物料。

3. 主要无机物组分的鉴别　将干燥的无机物部分置于套在一起的40目、60目、80目筛和底盘分样筛上，筛分，将分开的四部分分别放在玻璃板或蓝色纸载物台上，用立体显微镜于15倍下观察检验，动物和鱼类的头骨、鱼鳞和软体动物的外壳，一般易于识别。盐通常呈立体，可能被染色；石灰石中的方解石呈菱形六面体。

4. 确认试验　用镊子将未知颗粒放在玻板上，并轻轻压碎，放在立体显微镜下观察，将各粒子彼此分开，使相距约2.5cm，每粒周围用琥珀滴瓶中的滴管头与玻板接触一下，分别滴出下列各试剂溶液数滴，用微型搅棒将各颗粒推入液体并观察界面处发生的变化。此实验也可在黑色点滴板上进行。

（1）硝酸银溶液试验　如果结晶立即变成白色且慢慢变大，说明被检物是氯化物，可能是食盐；如果结晶变黄且开始长成黄色针状，说明被检物是磷酸二氢盐或者磷酸氢二盐，一般是磷酸二钙；如果形成可略微溶解的白色针状，说明被检物是硫酸盐，如硫酸锰或硫酸镁；如果颗粒慢慢变暗，说明被检物是骨。

（2）稀盐酸试验　如果界面剧烈起泡，说明被检物是碳酸钙；如果慢慢起泡或不起泡，须再进行下述试验。

（3）钼酸盐溶液试验　如果在离颗粒有些距离的地方形成微小的黄色结晶，说明被检物是磷酸三钙，或是磷酸盐、岩石或骨等。所有磷酸盐均有此反应，但磷酸二氢盐和磷酸氢二盐均已用硝酸银鉴别。

（4）Millon试剂试验　如形成散碎的颗粒且大多漂浮，由粉红变为红色，说明被检物是蛋白质，而约5min后褪色者说明被检物是骨质磷酸盐；如形成的颗粒膨胀、破裂，但仍沉于底部，说明被检物是脱氟磷酸盐矿石；如果颗粒只慢慢分裂，说明被检物是磷酸盐矿物质。

（5）稀硫酸试验　于颗粒的盐酸（1∶1）溶液中滴入硫酸溶液（1∶1）时，如果慢慢形成细长的白色针状物，说明被检物是钙。

【常用动物性饲料原料的鉴定】

1. 鱼粉　各种鱼类的全身或某部分，经油脂分离后，再经干燥压制成的粉状产品。

（1）鱼粉的基本特征　新鲜鱼粉的外观、色泽随鱼种而异，沙丁鱼鱼粉呈红褐色，白鱼鱼粉为淡黄或白色，加热过度或含脂高者，颜色加深。具有烹烤过的鱼香味，并稍带鱼油味，混入鱼溶浆或腥味较重，但不应有酸败、氨臭等腐败味及过热的焦味。含有肌肉组织、鱼骨及鱼鳞等，不应有杂物、虫蛀和结块等现象。容重为0.45～0.66kg/L。鱼肉肌肉纤维有条纹，与肉骨粉易混淆，但鱼肉骨颜色较淡。鱼骨呈细长薄片的不规则形状，较扁平，一般呈透明至不透明的银色或淡色。鱼骨裂缝呈放射状，因其含磷，可用钼酸铵溶液检测。方法是：鱼骨加盐酸水溶液（1∶1），加1滴10%钼酸铵溶液，如呈黄色表示含有磷。鱼鳞为扁平状、透明薄片，有时稍带扭曲，不含钙和鳞，与钼酸铵及盐酸溶液不起作用。牙齿较硬，呈圆锥形。鱼粉含有食盐，呈晶状体，与硝酸银作用可产生氯化银白色沉淀。

（2）鱼粉的品质判定　鱼粉等高蛋白高脂肪的饲料原料容易受环境的影响而降低其品质。鱼粉在贮存期间会发生品质下降：一是霉害，高温多湿，贮存条件不良，易发生霉害，失去风味，降低适口性和品质，并易发生中毒；二是虫害，鱼粉受虫害后，往往造成失重，降低营养价值，其排泄物亦可引起毒害；三是褐色化，在贮存不良时，鱼油在空气中氧化形成醛类物质，再与鱼粉产生的氨、三甲胺等作用而产生有色物质，在鱼粉表面会出现黄褐色的油脂，使鱼粉味变涩，消化率降低；四是焦化，在船舱中长途运输的进口鱼粉，因含磷量高，易引起自燃，使鱼粉呈烧焦状态，鸡食后容易引起食滞；五是鼠害，受鼠害的鱼粉，因受啃食而损失，且受排泄物污染，会传播病原菌；六是脂肪氧化，鱼粉氧化形成强烈油臭，畜禽拒食，且破坏其他营养成分。

鱼粉越新鲜，其黏性越佳、品质越好。可用3份鱼粉与1份α-淀粉混合，加1.2～1.3倍的水，用手牵拉其黏弹性来判断品质。鱼粉价格较高，市场上常出现掺假现象，常用于掺假的原料有血粉、羽毛粉、皮革粉、肉骨粉、下杂鱼、畜禽下脚、花生壳粉、粗糠、钙粉、贝壳粉、海砂、糖蜜、尿素、蹄角、硫酸铵、鱼肝油、鱼精粉、棉籽粕等，这些物质有些是为了提高蛋白质含量，有些是充当增量剂，有些用来改变成品物性，有些为了调整风味和色泽，有些兼有数种用途，但大多数是廉价而不易消化吸收的物质。

鱼粉可以先用标准比重液进行比重分离，得出有机物及无机物的含量，再由其含量鉴别鱼粉品质。如果无机物含量多，说明鱼粉品质等级较差。另外，可对有机物和无机物进行镜检鉴别。鉴别鱼粉中是否掺有皮革粉、羽毛粉和轮胎粉时，可以把鱼粉用铝箔纸包起来用火烧，并由其产生的味道来鉴别。

(3) 鱼粉的立体显微特征　纯鱼粉为鱼肉、鱼头、鱼骨、鱼鳞和鱼脏的混合物，为黄褐色或褐色小颗粒或粉末，无夹杂物。鱼肉颗粒较大、表面粗糙、具有纤维结构，呈黄色或黄褐色，有透明感，形如碎蹄筋，似有弹性；鱼骨包括鱼刺、鱼头骨，为半透明或不透明的碎块，大小形状各异，呈白色或黄白色，一些鱼骨屑呈琥珀色，表面光滑，鱼刺细长而尖，似脊椎状，仔细观察可见鱼刺碎块有一端大或一端小的鱼刺特征，鱼头骨为片状，半透明，正面有纹理，鱼骨坚硬无弹性；鱼鳞，为平坦或卷曲的薄形片状物，略透明，有一些同心圆线纹；鱼眼，表面碎裂，呈乳白色的圆球形颗粒，半透明、光泽暗淡、较硬。

2. 肉骨粉及骨粉　屠宰场或肉联厂所生产的肉片、肉屑、皮屑、血液、消化管道、骨、毛、角等，将其切断，充分煮沸并经压榨，将脂肪分离后，残余部分经干燥后制成的粉末。

(1) 基本特征　多为金黄色至淡褐色或深褐色深浅不一的粉状，含脂肪高时颜色深，过热处理时颜色也会加深。一般猪肉骨粉颜色较浅，牛羊肉骨粉颜色较深。具有新鲜肉味，并有烤肉香及牛油或猪油味。含有粗骨粒和肉质。贮存不当或变质时，会出现酸败味道。容重为0.51～0.79kg/L。肉骨粉常包含毛发、蹄、角、骨、血粉、皮、胃内容物及家畜的废弃物或血管等。含磷量在4.4%以上者称为肉骨粉，含磷4.4%以下称为肉粉。

检验肉骨粉可通过所含的肉、骨、毛、角和蹄等加以区别。肌肉纤维有条纹，呈白色至黄色之间。骨头颜色较白、较硬，形状为多角形，组织较致密，边缘较圆整，内有腔隙。家禽骨头淡黄白色，形状为椭圆长条形，较松软、易碎，骨头上的腔隙较大。家畜被毛为杆状，有横纹，内腔较直；家禽羽毛为卷曲状。皮的主要成分为胶质，可通过表实26-1中的方法与角蹄区分。

表实26-1　皮与角蹄的区分方法

项目	加1∶1醋酸	加热水	加盐酸
皮	膨胀	胶化、溶解	不冒泡
角、蹄	不膨胀	不溶解	冒泡但反应慢

(2) 品质判断与注意事项　肉骨粉及肉粉的品质变化很大，其成分与利用效果很难控制。原料的品质、成分、加工方法、掺杂情况和贮存时间等均会影响成品的品质。腐败原料制成的产品品质必然很差，甚至会引起中毒；加工处理时过热，会降低产品的适口性及消化率；溶剂浸提去油的产品，脂肪含量较低；含血多的产品含蛋白较高，但消化率低，品质不良。肉骨粉及肉粉很容易受细菌污染，尤其是沙门杆菌，应定期检查产品的大肠杆菌数、沙门杆菌数和活菌总数。肉骨粉掺杂的情况相当普遍，常见掺杂物有水解羽毛粉、血粉等，有的还添加生羽毛、贝壳、蹄、角、皮革粉等以调整成分。

正常产品的钙含量应为磷量的2倍左右，比例异常的有可能掺假。灰分含量应为磷含量的6.5倍以下，否则也有可能掺假。肉骨粉中钙、磷含量可用以下公式估算：

$$钙(\%)=灰分(\%)\times 0.348$$

$$磷(\%)=灰分(\%)\times 0.165$$

肉骨粉及肉粉所含的脂肪高，易变质，使风味不良，故应检测其酸价及过氧化价。

(3) 立体显微特征　湿炼法生产的骨粉为小片状颗粒，白色，不透明，光泽暗淡，表面粗糙，质地坚硬，用镊子难以使其破碎。有时骨粉颗粒表面上有血点残迹，或在骨粉里面有血管残迹。蒸汽压力法生产的骨粉颗粒比湿炼法生产的骨粉颗粒容易破碎。

腱和肉在显微镜下呈黄色或淡褐色或深褐色固体颗粒，显油腻，组织形态变化很大，肉质表面粗糙并黏有大量细粉，一部分可看到白或黄色条纹和肌肉纤维纹理，骨质为较硬白色、灰色或浅棕黄色的块状颗粒，不透明或半透明或透明，有的带有斑点，边缘圆钝。用50%浓度的醋酸试验时，腱膨胀变软并成胶凝状；肉颗粒变软，并能破裂成肌肉纤维。经常混有血粉特征，或混入动物毛发。血在显微镜下为小颗粒，形状不规则，呈黑色或深紫色，难以破碎，表面光滑但光泽暗淡。毛发为长短不一的杆状，为红褐色、黑色或黄色，半透明，坚韧而弯曲。羊毛通常是无色的或半透明的弯曲线条。

3. 血粉　动物血液经凝固、加压、干燥和粉碎而制成的粉末，为深巧克力色或暗红色或黑色的粉状物，具有特殊气味，由于加工时，干燥形式不同，而使血粉的组织结构和外观有所不同。血中混有其他物质时有辛辣味。血粉溶于水，细度均匀，98%可通过10目标准筛，容重0.48～0.60kg/L。

(1) 品质判断与注意事项　干燥方法及温度是影响血粉品质的主要因素。持续高温会使大量赖氨酸失去活性，而影响单胃动物对其的利用率，因此，赖氨酸利用率是判断血粉品质的重要指标。通常瞬间干燥及喷雾干燥的血粉品质较好，蒸煮干燥的品质较差。蒸煮干燥的血粉水溶性差异变化很大，低温干燥生产的水溶性较强，高温干燥的水溶性差，故可根据其水溶性判断品质。

血粉水分含量不宜太高，应控制在12%以下，否则容易发酵、发热。水分过低是加热过度所致。加热过度会使鱼粉颜色变黑，消化率降低。

(2) 立体显微特征　血粉颗粒的粒度和形状各异，有的边缘锐利，有的边缘粗糙不整齐，颜色呈红褐色或紫色，质硬，无光泽或有光泽，表面光滑或粗糙。用喷雾法干燥制得的血粉颗粒细小，多数是球形或破球形。

4. 水解羽毛粉　家禽羽毛经清洗、高压水解处理、干燥、粉碎而制成的粉状产品，为浅黄色、深褐色或黑色夹有微量绿色的粉状物。浅色生羽毛所制成的产品呈金黄色；深色生羽毛所制成的产品为深褐色或黑色，加温过度会加深成品的颜色，屠宰作业混入血液时呈暗色。新鲜的羽毛无焦味、腐败味、霉味及其他刺鼻味道。容重为0.45～0.54kg/L。少量未水解羽毛粉中夹杂有未水解完全的碎羽毛管和羽毛轴片。

(1) 品质判断与注意事项　水解程度是影响羽毛粉品质的主要因素。蒸煮过度时会使羽毛粉水解过度，破坏氨基酸，降低蛋白质品质；蒸煮不足时则水解不足，双硫键结合未分解，蛋白质品质亦不良。处理程度可用容重加以判断，因原料羽毛很轻，处理后会形成细片状和高浓度块状，使容重加大。

加入石灰可促进蛋白质分解，且可抑制臭气产生，但同时也加速氨基酸的分解，胱氨酸损失约60%，其他必需氨基酸损失20%～25%，因此规定不能使用这一类促进剂。

羽毛粉的原料在处理前不应有腐败现象，因为羽毛一经浸水，放置一段时间后，会产生恶臭造成公害。因此，羽毛与屠体分离后应尽早处理。

(2) 立体显微特征　完全水解的羽毛粉，为半透明颗粒状，像松香粒状，颜色以黄为主，夹有灰、褐或黑色颗粒，光照时有光泽。特征与鱼粉中的鱼胶相似，不易辨认，必须仔细观察，找出其根本特征或典型特征后，才可得出结论。

未水解完全的羽毛粉有羽毛的特征：羽干似半透明的塑料管，呈黄色或褐色，长短不一，厚而硬。具有光滑表面，在羽毛脱落处大多数有锯齿，加工过热时失去锯齿；羽支呈长或短的碎片，蓬松、半透明，光泽暗淡，呈白色或黄色，加工过热变为黑色；羽小支呈粉状，白色或奶油色，在40倍显微镜下观察非常小而松脆，有光泽并结团；羽根呈厚扁管状，黄色或褐色，粗糙，坚硬并有光滑的边。

5. 虾粉　生产虾制品时小虾脱水或对虾脱壳加工的剩余物。以虾壳为主体，有虾须、虾眼和少量的虾肉，多为淡黄色或橙黄色，含有大量不能被动物利用的几丁质。虾粉质脆易碎，呈片状，有特殊的气味。在显微镜下观察，虾壳类似卷曲的云母薄片形状，半透明，少量虾肉常与外壳连在一起，虾眼为黑色球形颗粒，较硬，为虾粉中较易辨认的特征，虾触角一般在样本的下层，1mm断开的触角会有3～4个相连的环节。

6. 蟹粉　以蟹壳为主体，包括蟹爪和极少的蟹肉，外表面为褐色类似麸皮，有的为琥珀色或橙红色，内表面为白色。在显微镜下观察，蟹壳粉为不规则的片状颗粒，较硬，不透明，外表层多孔，布有蜂窝状圆孔，蟹角的断裂面不整齐，高低不平，类似用手掰开药片的断裂面。有时能见蟹爪的特征。

7. 贝壳粉　由牡蛎、乌哈、小蛤及贻贝去掉肉之后的壳粉碎而成。在海岸上拣来的空贝壳加工的贝壳粉含有砂粒。

附　录

附录一　中国饲料成分及营养价值表

附表 1-1　饲料描述及常规成分

序号	饲料名称	饲料描述	干物质 DM /%	粗蛋白 CP /%	粗脂肪 EE /%	粗纤维 CF /%	无氮浸出物 NFE /%	粗灰分 ash /%	中性洗涤纤维 NDF /%	酸性洗涤纤维 ADF /%	钙 Ca /%	总磷 P /%	非植酸磷 /%
1	玉米	成熟,高蛋白,优质	86	9.4	3.1	1.2	71.1	1.2	9.4	3.5	0.02	0.27	0.12
2	玉米	成熟,高赖氨酸,优质	86	8.5	5.3	2.6	67.3	1.3	9.4	3.5	0.16	0.25	0.09
3	玉米	成熟,GB/T 17890—1999,1 级	86	8.7	3.6	1.6	70.7	1.4	9.3	2.7	0.02	0.27	0.12
4	玉米	成熟,GB/T 17890—1999,2 级	86	7.8	3.5	1.6	71.8	1.3	7.9	2.6	0.02	0.27	0.12
5	高粱	成熟,NY/T 1 级	86	9	3.4	1.4	70.4	1.8	17.4	8	0.13	0.36	0.17
6	小麦	混合小麦,成熟 NY/T 2 级	87	13.9	1.7	1.9	67.6	1.9	13.3	3.9	0.17	0.41	0.13
7	大麦(裸)	裸大麦,成熟 NY/T 2 级	87	13	2.1	2	67.7	2.2	10	2.2	0.04	0.39	0.21
8	大麦(皮)	皮大麦,成熟 NY/T 1 级	87	11	1.7	4.8	67.1	2.4	18.4	6.8	0.09	0.33	0.17
9	黑麦	籽粒,进口	88	11	1.5	2.2	71.5	1.8	12.3	4.6	0.05	0.3	0.11
10	稻谷	成熟,晒干 NY/T 2 级	86	7.8	1.6	8.2	63.8	4.6	27.4	28.7	0.03	0.36	0.2
11	糙米	良,成熟,未去米糠	87	8.8	2	0.7	74.2	1.3	13.9	—	0.03	0.35	0.15
12	碎米	良,加工精米后的副产品	88	10.4	2.2	1.1	72.7	1.6	1.6	—	0.06	0.35	0.15
13	粟(谷子)	合格,带壳,成熟	86.5	9.7	2.3	6.8	65	2.7	15.2	13.3	0.12	0.3	0.11
14	木薯干	木薯干片,晒干 NY/T 合格	87	2.5	0.7	2.5	79.4	1.9	8.4	6.4	0.27	0.09	0.07
15	甘薯干	甘薯干片,晒干 NY/T 合格	87	4	0.8	2.8	76.4	3	8.1	4.1	0.19	0.02	0.02
16	次粉	黑面,黄粉,下面 NY/T 1 级	88	15.4	2.2	1.5	67.1	1.5	18.7	4.3	0.08	0.48	0.14
17	次粉	黑面,黄粉,下面 NY/T 2 级	87	13.6	2.1	2.8	66.7	1.8	31.9	10.5	0.08	0.48	0.14
18	小麦麸	传统制粉工艺 NY/T 1 级	87	15.7	3.9	6.5	56	4.9	37	13	0.11	0.92	0.24
19	小麦麸	传统制粉工艺 NY/T 2 级	87	14.3	4	6.8	57.1	4.8	—	—	0.1	0.93	0.24
20	米糠	新鲜不脱脂 NY/T 2 级	87	12.8	16.5	5.7	44.5	7.5	22.9	13.4	0.07	1.43	0.1
21	米糠饼	未脱脂,机榨 NY/T 1 级	88	14.7	9	7.4	48.2	8.7	27.7	11.6	0.14	1.69	0.22

续表

序号	饲料名称	饲料描述	干物质DM/%	粗蛋白CP/%	粗脂肪EE/%	粗纤维CF/%	无氮浸出物NFE/%	粗灰分ash/%	中性洗涤纤维NDF/%	酸性洗涤纤维ADF/%	钙Ca/%	总磷P/%	非植酸磷/%
22	米糠粕	浸提或预压浸提,NY/T 1级	87	15.1	2	7.5	53.6	8.8	23.3	10.9	0.15	1.82	0.24
23	大豆	黄大豆,成熟 NY/T 2级	87	35.5	17.3	4.3	25.7	4.2	7.9	7.3	0.27	0.48	0.3
24	全脂大豆	湿法膨化,生大豆为 NY/T 2级	88	35.5	18.7	4.6	25.2	4	11	6.4	0.32	0.4	0.25
25	大豆饼	机榨 NY/T 2级	89	41.8	5.8	4.8	30.7	5.9	18.1	15.5	0.31	0.5	0.25
26	大豆粕	去皮,浸提或预压浸提,NY/T 1级	89	47.9	1.5	3.3	29.7	4.9	8.8	5.3	0.34	0.65	0.19
27	大豆粕	浸提或预压浸提,NY/T 2级	89	44.2	1.9	5.9	28.3	6.1	13.6	9.6	0.33	0.62	0.18
28	棉籽饼	机榨 NY/T 2级	88	36.3	7.4	12.5	26.1	5.7	32.1	22.9	0.21	0.83	0.28
29	棉籽粕	浸提或预压浸提,NY/T 1级	90	47	0.5	10.2	26.3	6	22.5	15.3	0.25	1.1	0.38
30	棉籽粕	浸提或预压浸提,NY/T 2级	90	43.5	0.5	10.5	28.9	6.6	28.4	19.4	0.28	1.04	0.36
31	菜籽饼	机榨 NY/T 2级	88	35.7	7.4	11.4	26.3	7.2	33.3	26	0.59	0.96	0.33
32	菜籽粕	浸提或预压浸提,NY/T 2级	88	38.6	1.4	11.8	28.9	7.3	20.7	16.8	0.65	1.02	0.35
33	花生仁饼	机榨 NY/T 2级	88	44.7	7.2	5.9	25.1	5.1	14	8.7	0.25	0.53	0.31
34	花生仁粕	浸提或预压浸提,NY/T 2级	88	47.8	1.4	6.2	27.2	5.4	15.5	11.7	0.27	0.56	0.33
35	向日葵仁饼	壳仁比 35∶65,NY/T 3级	88	29	2.9	20.4	31	4.7	41.4	29.6	0.24	0.87	0.13
36	向日葵仁粕	壳仁比 16∶84,NY/T 2级	88	36.5	1	10.5	34.4	5.6	14.9	13.6	0.27	1.13	0.17
37	向日葵仁粕	壳仁比 24∶76,NY/T 2级	88	33.6	1	14.8	38.8	5.3	32.8	23.5	0.26	1.03	0.16
38	亚麻仁饼	机榨 NY/T 2级	88	32.2	7.8	7.8	34	6.2	29.7	27.1	0.39	0.88	0.38
39	亚麻仁粕	浸提或预压浸提,NY/T 2级	88	34.8	1.8	8.2	36.6	6.6	21.6	14.4	0.42	0.95	0.42
40	芝麻饼	机榨,CP 40%	92	39.2	10.3	7.2	24.9	10.4	18	13.2	2.24	1.19	0.22
41	玉米蛋白粉	玉米去胚芽、淀粉后的面筋部分 CP 60%	90.1	63.5	5.4	1	19.2	1	8.7	4.6	0.07	0.44	0.17
42	玉米蛋白粉	玉米去胚芽淀粉,中等蛋白质产品,CP 50%	91.2	51.3	7.8	2.1	28	2	10.1	7.5	0.06	0.42	0.16
43	玉米蛋白粉	玉米去胚芽淀粉,中等蛋白质产品,CP 40%	89.9	44.3	6	1.6	37.1	0.9	29.1	8.2	0.12	0.5	0.18
44	玉米蛋白饲料	玉米去胚芽、淀粉后的含皮残渣	88	19.3	7.5	7.8	48	5.4	33.6	10.5	0.15	0.7	0.25
45	玉米胚芽饼	玉米湿磨后的胚芽,机榨	90	16.7	9.6	6.3	50.8	6.6	28.5	7.4	0.04	1.45	0.36
46	玉米胚芽饼	玉米湿磨后的胚芽,浸提	90	20.8	2	6.5	54.8	5.9	38.2	10.7	0.06	1.23	0.31
47	DDGS	玉米酒精糟及可溶物,脱水	90	28.3	13.7	7.1	36.8	4.1	38.7	15.3	0.2	0.74	0.42
48	蚕豆粉浆蛋白粉	蚕豆去皮制粉丝后的浆液,脱水	88	66.3	4.7	4.1	10.3	2.6	—	—	—	0.59	—
49	麦芽根	大麦芽副产品,干燥	89.7	28.3	1.4	12.5	41.4	6.1	40	15.1	0.22	0.73	0.17
50	鱼粉(CP64.5%)	7样平均值	90	64.5	5.6	0.5	8	11.4	—	—	3.81	2.83	2.83
51	鱼粉(CP62.5%)	8样平均值	90	62.5	4	0.5	10	12.3	—	—	3.96	3.05	3.05

续表

序号	饲料名称	饲料描述	干物质 DM /%	粗蛋白 CP /%	粗脂肪 EE /%	粗纤维 CF /%	无氮浸出物 NFE /%	粗灰分 ash /%	中性洗涤纤维 NDF /%	酸性洗涤纤维 ADF /%	钙 Ca /%	总磷 P /%	非植酸磷 /%
52	鱼粉（CP60.5%）	沿海产海鱼粉，脱脂，12样平均值	90	60.2	4.9	0.5	11.6	12.8	10.8	1.8	4.04	2.9	2.9
53	鱼粉（CP53.5%）	沿海产海鱼粉，脱脂，11样平均值	90	53.5	10	0.8	4.9	20.8	—	—	5.88	3.2	3.2
54	血粉	鲜猪血，喷雾干燥	88	82.8	0.4	0	1.6	3.2	9.8	1.8	0.29	0.31	0.31
55	羽毛粉	纯净羽毛，水解	88	77.9	2.2	0.7	1.4	5.8	40.5	14.7	0.2	0.68	0.68
56	皮革粉	废牛皮，水解	88	74.7	0.8	1.6	0	10.9	—	—	4.4	0.15	0.15
57	肉骨粉	屠宰下脚料，带骨干燥粉碎	93	50	8.5	2.8	0	31.7	32.5	5.6	9.2	4.7	4.7
58	肉粉	脱脂	94	54	12	1.4	4.3	22.3	31.6	8.3	7.69	3.88	—
59	苜蓿草粉（CP19%）	一茬盛开期烘干 NY/T 1级	87	19.1	2.3	22.7	35.3	7.6	36.7	25	1.4	0.51	0.51
60	苜蓿草粉（CP17%）	一茬盛开期烘干 NY/T 2级	87	17.2	2.6	25.6	33.3	8.3	39	28.6	1.52	0.22	0.22
61	苜蓿草粉（CP14%～15%）	NY/T 3级	87	14.3	2.1	29.8	33.8	10.1	36.8	2.9	1.34	0.19	0.19
62	啤酒糟	大麦酿造副产品	88	52.4	5.3	13.4	40.8	4.2	39.4	24.6	0.32	0.42	0.14
63	啤酒酵母	啤酒酵母菌粉，QB/T 1940—94	91.7	12	0.4	0.6	33.6	4.7	6.1	1.8	0.16	1.02	—
64	乳清粉	乳清，脱水，低乳糖含量	94	88.7	0.7	0	71.6	9.7	0	0	0.87	0.79	0.79
65	酪蛋白	脱水	91	88.6	0.8	—	—	—	0	0	0.63	1.01	0.82
66	明胶	—	90	4	0.5	—	—	—	0	0	0.49	—	—
67	牛奶乳糖	进口，含乳糖80%以上	96	0.3	0.5	0	83.5	8	0	0	0.52	0.62	0.62
68	乳糖	—	96	0.3	—	—	95.7	—	0	0	—	—	—
69	葡萄糖	—	90	0	—	—	89.7	—	0	0	—	—	—
70	蔗糖	—	99	0.3	0	—	—	—	0	0	0.04	0.01	0.01
71	玉米淀粉	—	99	0	0.2	—	—	—	0	0	0	0.03	0.01
72	牛脂	—	99	0	≥98	0	—	—	0	0	0	0	0
73	猪油	—	99	0	≥98	0	—	—	0	0	0	0	0
74	家禽脂肪	—	99	0	≥98	0	—	—	0	0	0	0	0
75	鱼油	—	99	0	≥98	0	—	—	0	0	0	0	0
76	菜籽油	—	99	0	≥98	0	—	—	0	0	0	0	0
77	椰子油	—	99	0	≥98	0	—	—	0	0	0	0	0
78	玉米油	—	99	0	≥98	0	—	—	0	0	0	0	0
79	棉籽油	—	99	0	≥98	0	—	—	0	0	0	0	0
80	棕榈油	—	99	0	≥98	0	—	—	0	0	0	0	0
81	花生油	—	99	0	≥98	0	—	—	0	0	0	0	0
82	芝麻油	—	99	0	≥98	0	—	—	0	0	0	0	0
83	大豆油	—	99	0	≥98	0	—	—	0	0	0	0	0
84	葵花油	—	99	0	≥98	0	—	—	0	0	0	0	0

注：节选自2005年第16版中国饲料数据库。

附表 1-2 有效能

序号	饲料名称	干物质 DM/%	粗蛋白 CP/%	猪消化能 DE		猪代谢能 ME		鸡代谢能 ME		肉牛维持净能 NEm		肉牛增重净能 NEg		奶牛产奶净能 NEl		羊消化能 DE	
				Mcal/kg	MJ/kg	Mcal/kg	MJ/kg	Mcal/kg	MJ/kg	Mcal/kg	MJ/kg	Mcal/kg	MJ/kg	Mcal/kg	MJ/kg	Mcal/kg	MJ/kg
1	玉米	86.0	9.4	3.44	14.39	3.24	13.57	3.18	13.31	2.20	9.19	1.68	7.02	1.83	7.66	3.40	14.23
2	玉米	86.0	8.5	3.45	14.43	3.25	13.60	3.25	13.60	2.24	9.39	1.72	7.21	1.84	7.70	3.41	14.27
3	玉米	86.0	8.7	3.41	14.27	3.21	13.43	3.24	13.56	2.21	9.25	1.69	7.09	1.84	7.70	3.41	14.27
4	玉米	86.0	7.8	3.39	14.18	3.20	13.39	3.22	13.47	2.19	9.16	1.67	7.00	1.83	7.66	3.38	14.14
5	高粱	86.0	9.0	3.15	13.18	2.97	12.43	2.94	12.30	1.86	7.8[illegible]	1.30	5.44	1.59	6.65	3.12	13.05
6	小麦	87.0	13.9	3.39	14.18	3.16	13.22	3.04	12.72	2.09	8.73	1.55	6.46	1.75	7.32	3.40	14.23
7	大麦(裸)	87.0	13.0	3.24	13.56	3.03	12.68	2.68	11.21	1.99	8.31	1.43	5.99	1.68	7.03	3.21	13.43
8	大麦(皮)	87.0	11.0	3.02	12.64	2.83	11.84	2.70	11.30	1.90	7.95	1.35	5.64	1.62	6.78	3.16	13.22
9	黑麦	88.0	11.0	3.31	13.85	3.10	12.97	2.69	11.25	1.98	8.27	1.42	5.95	1.68	7.03	3.39	14.18
10	稻谷	86.0	7.8	2.69	11.25	2.54	10.63	2.63	11.00	1.80	7.54	1.28	5.33	1.53	6.40	3.02	12.64
11	糙米	87.0	8.8	3.44	14.39	3.24	13.57	3.36	14.06	2.22	9.28	1.71	7.16	1.84	7.70	3.41	14.27
12	碎米	88.0	10.4	3.60	15.06	3.38	14.14	3.40	14.23	2.40	10.05	1.92	8.03	1.97	8.24	3.43	14.35
13	粟(谷子)	86.5	9.7	3.09	12.93	2.91	12.18	2.84	11.88	1.97	8.25	1.43	6.00	1.67	6.99	3.00	12.55
14	木薯干	87.0	2.5	3.13	13.10	2.97	12.43	2.96	12.38	1.67	6.99	1.12	4.70	1.43	5.98	2.99	12.51
15	甘薯干	87.0	4.0	2.82	11.80	2.68	11.21	2.34	9.79	1.85	7.76	1.33	5.57	1.57	6.57	3.27	13.68
16	次粉	88.0	15.4	3.27	13.68	3.04	12.72	3.05	12.76	2.41	10.10	1.92	8.02	1.99	8.32	3.32	13.89
17	次粉	87.0	13.6	3.21	13.43	2.99	12.51	2.99	12.51	2.37	9.92	1.88	7.87	1.95	8.16	3.25	13.60
18	小麦麸	87.0	15.7	2.24	9.37	2.08	8.7	1.63	6.82	1.67	7.01	1.09	4.55	1.46	6.11	2.91	12.18
19	小麦麸	87.0	14.3	2.23	9.33	2.07	8.66	1.62	6.78	1.66	6.95	1.07	4.50	1.45	6.08	2.89	12.10
20	米糠	87.0	12.8	3.02	12.64	2.82	11.80	2.68	11.21	2.05	8.58	1.40	5.85	1.78	7.45	3.29	13.77
21	米糠饼	88.0	14.7	2.99	12.51	2.78	11.63	2.43	10.17	1.72	7.20	1.11	4.65	1.50	6.28	2.85	11.92

续表

序号	饲料名称	干物质DM/%	粗蛋白CP/%	猪消化能DE		猪代谢能ME		鸡代谢能ME		肉牛维持净能NEm		肉牛增重净能NEg		奶牛产奶净能NEl		羊消化能DE	
				Mcal/kg	MJ/kg	Mcal/kg	MJ/kg	Mcal/kg	MJ/kg	Mcal/kg	MJ/kg	Mcal/kg	MJ/kg	Mcal/kg	MJ/kg	Mcal/kg	MJ/kg
22	米糠粕	87.0	15.1	2.76	11.55	2.57	10.75	1.98	8.28	1.45	6.06	0.90	3.75	1.26	5.27	2.39	10.00
23	大豆	87.0	35.5	3.97	16.61	3.53	14.77	3.24	13.56	2.16	9.03	1.42	5.93	1.90	7.95	3.91	16.36
24	全脂大豆	88.0	35.5	4.24	17.74	3.77	15.77	3.75	15.69	2.20	9.19	1.44	6.01	1.94	8.12	3.99	16.99
25	大豆饼	89.0	41.8	3.44	14.39	3.01	12.59	2.52	10.54	2.02	8.44	1.36	5.67	1.75	7.32	3.37	14.10
26	大豆粕	89.0	47.9	3.60	15.06	3.11	13.01	2.53	10.58	2.07	8.68	1.45	6.06	1.78	7.45	3.42	14.31
27	大豆粕	89.0	44.2	3.37	14.26	2.97	12.43	2.39	10.00	2.08	8.71	1.48	6.20	1.78	7.45	3.41	14.27
28	棉籽饼	88.0	36.3	2.37	9.92	2.10	8.79	2.16	9.04	1.79	7.51	1.13	4.72	1.58	6.61	3.16	13.22
29	棉籽粕	90.0	47.0	2.25	9.41	1.95	8.28	1.86	7.78	1.78	7.44	1.13	4.73	1.56	6.53	3.12	13.05
30	棉籽粕	90.0	43.5	2.31	9.68	2.01	8.43	2.03	8.49	1.76	7.35	1.12	4.69	1.54	6.44	2.98	12.47
31	菜籽饼	88.0	35.7	2.88	12.05	2.56	10.71	1.95	8.16	1.59	6.64	0.93	3.90	1.42	5.94	3.14	13.14
32	菜籽粕	88.0	38.6	2.53	10.59	2.23	9.33	1.77	7.41	1.57	6.56	0.95	3.98	1.39	5.82	2.88	12.05
33	花生仁饼	88.0	44.7	3.08	12.89	2.68	11.21	2.78	11.63	2.37	9.91	1.73	7.22	2.02	8.45	3.44	14.39
34	花生仁粕	88.0	47.8	2.97	12.43	2.56	10.71	2.60	10.88	2.10	8.80	1.48	6.20	1.80	7.53	3.24	13.56
35	向日葵仁饼	88.0	29.0	1.89	7.91	1.70	7.11	1.59	6.65	1.43	5.99	0.82	3.41	1.28	5.36	2.10	8.79
36	向日葵仁粕	88.0	36.5	2.78	11.63	2.46	10.29	2.32	9.71	1.75	7.33	1.14	4.76	1.53	6.40	2.54	10.63
37	向日葵仁粕	88.0	33.6	2.49	10.42	2.22	9.29	2.03	8.49	1.58	6.60	0.93	3.90	1.41	5.90	2.04	8.54
38	亚麻仁饼	88.0	32.2	2.90	12.13	2.60	10.88	2.34	9.79	1.90	7.96	1.25	5.23	1.66	6.95	3.20	13.39
39	亚麻仁粕	88.0	34.8	2.37	9.92	2.11	8.83	1.90	7.95	1.78	7.44	1.17	4.89	1.54	6.44	2.99	12.51
40	芝麻饼	92.0	39.2	3.20	13.39	2.82	11.80	2.14	8.95	1.92	8.02	1.23	5.13	1.69	7.07	3.51	14.69
41	玉米蛋白粉	90.1	63.5	3.60	15.06	3.00	12.55	3.88	16.23	2.32	9.71	1.58	6.61	2.02	8.45	4.39	18.37
42	玉米蛋白粉	91.2	51.3	3.73	15.61	3.19	13.35	3.41	14.27	2.14	8.96	1.40	5.85	1.89	7.91	—	—

续表

序号	饲料名称	干物质 DM/%	粗蛋白 CP/%	猪消化能 DE		猪代谢能 ME		鸡代谢能 ME		肉牛维持净能 NEm		肉牛增重净能 NEg		奶牛产奶净能 NEl		羊消化能 DE	
				Mcal/kg	MJ/kg	Mcal/kg	MJ/kg	Mcal/kg	MJ/kg	Mcal/kg	MJ/kg	Mcal/kg	MJ/kg	Mcal/kg	MJ/kg	Mcal/kg	MJ/kg
43	玉米蛋白粉	89.9	44.3	3.59	15.02	3.13	13.10	3.18	13.31	0.59	1.97	1.26	5.26	8.26	7.28	—	—
44	玉米蛋白饲料	88.0	19.3	2.48	10.38	2.28	9.54	2.02	8.45	0.61	1.97	1.36	5.69	8.26	7.11	3.20	13.39
45	玉米胚芽饼	90.0	16.7	3.51	14.69	3.25	13.60	2.24	9.37	0.61	2.03	1.40	5.86	8.49	7.32	—	—
46	玉米胚芽粕	90.0	20.8	3.28	13.72	3.01	12.59	2.07	8.66	0.60	1.86	1.27	5.33	7.79	6.69	—	—
47	DDGS	90.0	28.3	3.43	14.35	3.10	12.97	2.20	9.20	0.59	1.98	1.26	5.29	8.30	7.32	3.50	14.64
48	蚕豆粉浆蛋白粉	88.0	66.3	3.23	13.51	2.69	11.25	3.47	14.52	0.60	2.2[illegible]	1.47	6.16	9.19	3.03	—	—
49	麦芽根	89.7	28.3	2.31	9.67	2.09	8.74	1.41	5.90	0.59	1.63	1.02	4.29	6.84	5.98	2.73	11.42
50	鱼粉(CP64.5%)	90.0	64.5	3.15	13.18	2.61	10.92	2.96	12.38	1.92	8.01	1.22	5.12	1.69	7.07	—	—
51	鱼粉(CP62.5%)	90.0	62.5	3.10	12.97	2.58	10.79	2.91	12.18	1.85	7.75	1.19	4.97	1.63	6.82	—	—
52	鱼粉(CP60.5%)	90.0	60.2	3.00	12.55	2.52	10.54	2.82	11.80	1.86	7.77	1.19	4.98	1.63	6.82	—	—
53	鱼粉(CP53.5%)	90.0	53.5	3.09	12.93	2.63	11.00	2.90	12.13	1.85	7.72	1.21	5.05	1.61	6.74	—	—
54	血粉	88.0	82.8	2.73	11.42	2.16	9.04	2.46	10.29	1.45	6.08	0.75	3.13	1.34	5.61	2.40	10.04
55	羽毛粉	88.0	77.9	2.77	11.59	2.22	9.29	2.73	11.42	1.46	6.10	0.76	3.19	1.34	5.61	2.54	10.63
56	皮革粉	88.0	74.7	2.75	11.51	2.23	9.33	—	—	—	—	—	—	—	—	2.64	11.05
57	肉骨粉	93.0	50.0	2.83	11.84	2.43	10.17	2.38	9.96	1.65	6.91	1.08	4.53	1.43	5.98	2.77	11.59
58	肉粉	94.0	54.0	2.70	11.30	2.30	9.62	2.20	9.20	1.66	6.95	1.05	4.39	1.34	5.61	—	—
59	苜蓿草粉(CP19%)	87.0	19.1	1.66	6.95	1.53	6.40	0.97	4.06	1.29	5.40	0.73	3.04	1.15	4.31	2.36	9.87
60	苜蓿草粉(CP17%)	87.0	17.2	1.46	6.11	1.35	5.65	0.87	3.64	1.29	5.38	0.73	3.05	1.14	4.77	2.29	9.58
61	苜蓿草粉(CP14%～15%)	87.0	14.3	1.49	6.23	1.39	5.82	0.84	3.51	1.11	4.66	0.57	2.40	1.00	4.18	—	—
62	啤酒糟	88.0	24.3	2.25	9.41	2.05	8.58	2.37	9.92	1.56	6.55	0.93	3.90	1.39	5.82	—	—
63	啤酒酵母	91.7	52.4	3.54	14.81	3.02	12.64	2.52	10.54	1.90	7.93	1.22	5.10	1.67	6.99	3.21	13.43

续表

序号	饲料名称	干物质 DM/%	粗蛋白 CP/%	猪消化能 DE		猪代谢能 ME		鸡代谢能 ME		肉牛维持净能 NEm		肉牛增重净能 NEg		奶牛产奶净能 NEl		羊消化能 DE	
				Mcal/kg	MJ/kg	Mcal/kg	MJ/kg	Mcal/kg	MJ/kg	Mcal/kg	MJ/kg	Mcal/kg	MJ/kg	Mcal/kg	MJ/kg	Mcal/kg	MJ/kg
64	乳清粉	94.0	12.0	3.44	14.39	3.22	13.47	2.73	11.42	2.05	8.56	1.53	6.39	1.72	7.20	3.43	14.35
65	酪蛋白	91.0	88.7	4.13	17.27	3.22	13.47	4.13	17.28	—	—	—	—	2.31	9.67	—	—
66	明胶	90.0	88.6	2.80	11.72	2.19	9.16	2.36	9.87	—	—	—	—	1.56	6.53	3.36	14.06
67	牛奶乳糖	96.0	4.0	3.37	14.10	3.21	13.43	2.69	11.25	2.32	9.72	1.85	7.76	1.91	7.99	—	—
68	乳糖	96.0	0.3	3.53	14.77	3.39	14.18	—	—	—	—	—	—	2.06	8.62	—	—
69	葡萄糖	90.0	0.3	3.36	14.06	3.22	13.47	3.08	12.89	—	—	—	—	1.76	7.36	—	—
70	蔗糖	99.0	0.0	3.80	15.90	3.65	15.27	3.90	16.32	—	—	—	—	2.06	8.62	—	—
71	玉米淀粉	99.0	0.3	4.00	16.74	3.84	16.07	3.16	13.22	—	—	—	—	1.87	7.82	—	—
72	牛脂	100.0	0.0	8.00	33.47	7.68	32.13	7.78	32.55	—	—	—	—	5.20	21.76	—	—
73	猪油	100.0	0.0	8.29	34.69	7.96	33.30	9.11	38.11	—	—	—	—	5.20	21.76	—	—
74	家禽脂肪	100.0	0.0	8.52	35.65	8.18	34.23	9.36	39.16	—	—	—	—	5.20	21.76		
75	鱼油	100.0	0.0	8.44	35.31	8.10	33.89	8.45	35.35	—	—	—	—	—	—	—	—
76	菜籽油	100.0	0.0	8.76	36.65	8.41	35.19	9.21	38.53	—	—	—	—	5.16	21.59	—	—
77	椰子油	100.0	0.0	8.75	36.61	8.40	35.15	9.66	40.42	—	—	—	—	5.16	21.59	—	—
78	玉米油	100.0	0.0	8.40	35.11	8.06	33.69	8.81	36.83	—	—	—	—	5.16	21.59	—	—
79	棉籽油	100.0	0.0	8.60	35.98	8.26	34.43	—	—	—	—	—	—	5.16	21.59	—	—
80	棕榈油	100.0	0.0	8.01	33.51	7.69	32.17	5.80	24.27	—	—	—	—	5.16	21.59	—	—
81	花生油	100.0	0.0	8.73	36.53	8.38	35.06	9.36	39.16	—	—	—	—	5.16	21.59	—	—
82	芝麻油	100.0	0.0	8.75	36.61	8.40	35.15	—	—	—	—	—	—	5.16	21.59	—	—
83	大豆油	100.0	0.0	8.75	36.61	8.40	35.15	8.37	35.02	—	—	—	—	5.16	21.59	—	—
84	葵花油	100.0	0.0	8.76	36.65	8.41	35.19	9.66	40.42	—	—	—	—	5.16	21.59	—	—

附表 1-3 饲料中氨基酸含量

序号	饲料名称	干物质 DM/%	粗蛋白 CP/%	精氨酸 Arg/%	组氨酸 His/%	异亮氨酸 Ile/%	亮氨酸 Leu/%	赖氨酸 Lys/%	蛋氨酸 Met/%	胱氨酸 Cys/%	苯丙氨酸 Phe/%	酪氨酸 Tyr/%	苏氨酸 Thr/%	色氨酸 Trp/%	缬氨酸 Val/%
1	玉米	86.0	9.4	0.38	0.23	0.26	1.03	0.26	0.19	0.22	0.43	0.34	0.31	0.08	0.40
2	玉米	86.0	8.5	0.50	0.29	0.27	0.74	0.36	0.15	0.18	0.37	0.28	0.30	0.08	0.46
3	玉米	86.0	8.7	0.39	0.21	0.25	0.93	0.24	0.18	0.20	0.41	0.33	0.30	0.07	0.38
4	玉米	86.0	7.8	0.37	0.20	0.24	0.93	0.23	0.15	0.15	0.38	0.31	0.29	0.06	0.35
5	高粱	86.0	9.0	0.33	0.18	0.35	1.08	0.18	0.17	0.12	0.45	0.32	0.26	0.08	0.44
6	小麦	87.0	13.9	0.58	0.27	0.44	0.80	0.30	0.25	0.24	0.58	0.37	0.33	0.15	0.56
7	大麦(裸)	87.0	13.0	0.64	0.16	0.43	0.87	0.44	0.14	0.25	0.68	0.40	0.43	0.16	0.63
8	大麦(皮)	87.0	11.0	0.65	0.24	0.52	0.91	0.42	0.18	0.13	0.59	0.35	0.41	0.12	0.64
9	黑麦	88.0	11.0	0.50	0.25	0.40	0.64	0.37	0.16	0.25	0.49	0.26	0.34	0.12	0.52
10	稻谷	86.0	7.8	0.57	0.15	0.32	0.58	0.29	0.19	0.16	0.40	0.37	0.25	0.10	0.47
11	糙米	87.0	8.8	0.65	0.17	0.30	0.61	0.32	0.20	0.14	0.35	0.31	0.28	0.12	0.49
12	碎米	88.0	10.4	0.78	0.27	0.39	0.74	0.42	0.22	0.17	0.49	0.39	0.38	0.12	0.57
13	粟(谷子)	86.5	9.7	0.30	0.20	0.36	1.15	0.15	0.25	0.20	0.49	0.26	0.35	0.17	0.42
14	木薯干	87.0	2.5	0.40	0.05	0.11	0.15	0.13	0.05	0.04	0.10	0.04	0.10	0.03	0.13
15	甘薯干	87.0	4.0	0.16	0.08	0.17	0.26	0.16	0.06	0.08	0.19	0.13	0.18	0.05	0.27
16	次粉	88.0	15.4	0.86	0.41	0.55	1.06	0.59	0.23	0.37	0.66	0.46	0.50	0.21	0.72
17	次粉	87.0	13.6	0.85	0.33	0.48	0.98	0.52	0.16	0.33	0.63	0.45	0.50	0.18	0.68
18	小麦麸	87.0	15.7	0.97	0.39	0.46	0.81	0.58	0.13	0.26	0.58	0.28	0.43	0.20	0.63
19	小麦麸	87.0	14.3	0.88	0.35	0.42	0.74	0.53	0.12	0.24	0.53	0.25	0.39	0.18	0.57
20	米糠	87.0	12.8	1.06	0.39	0.63	1.00	0.74	0.25	0.19	0.63	0.50	0.48	0.14	0.81
21	米糠饼	88.0	14.7	1.19	0.43	0.72	1.06	0.66	0.26	0.30	0.76	0.51	0.53	0.15	0.99
22	米糠粕	87.0	15.1	1.28	0.46	0.78	1.30	0.72	0.28	0.32	0.82	0.55	0.57	0.17	1.07

续表

序号	饲料名称	干物质 DM/%	粗蛋白 CP/%	精氨酸 Arg/%	组氨酸 His/%	异亮氨酸 Ile/%	亮氨酸 Leu/%	赖氨酸 Lys/%	蛋氨酸 Met/%	胱氨酸 Cys/%	苯丙氨酸 Phe/%	酪氨酸 Tyr/%	苏氨酸 Thr/%	色氨酸 Trp/%	缬氨酸 Val/%
23	大豆	87.0	35.5	2.57	0.59	1.28	2.72	2.20	0.56	0.70	1.42	0.64	1.41	0.45	1.50
24	全脂大豆	88.0	35.5	2.63	0.63	1.32	2.68	2.37	0.55	0.76	1.39	0.67	1.42	0.49	1.53
25	大豆饼	89.0	41.8	2.53	1.10	1.57	2.75	2.43	0.60	0.62	1.79	1.53	1.44	0.64	1.70
26	大豆粕	89.0	47.9	3.43	1.22	2.10	3.57	2.99	0.68	0.73	2.33	1.57	1.85	0.65	2.26
27	大豆粕	89.0	44.2	3.38	1.17	1.99	3.35	2.68	0.59	0.65	2.21	1.47	1.71	0.57	2.09
28	棉籽饼	88.0	36.3	3.94	0.90	1.16	2.07	1.40	0.41	0.70	1.88	0.95	1.14	0.39	1.51
29	棉籽粕	88.0	47.0	4.98	1.26	1.40	2.67	2.13	0.56	0.66	2.43	1.11	1.35	0.54	2.05
30	棉籽粕	90.0	43.5	4.65	1.19	1.29	2.47	1.97	0.58	0.68	2.28	1.05	1.25	0.51	1.91
31	菜籽饼	88.0	35.7	1.82	0.83	1.24	2.26	1.33	0.60	0.82	1.35	0.92	1.40	0.42	1.62
32	菜籽粕	88.0	38.6	1.83	0.86	1.29	2.34	1.30	0.63	0.87	1.45	0.97	1.49	0.43	1.74
33	花生仁饼	88.0	44.7	4.60	0.83	1.18	2.36	1.32	0.39	0.38	1.81	1.31	1.05	0.42	1.28
34	花生仁粕	88.0	47.8	4.88	0.88	1.25	2.50	1.40	0.41	0.40	1.92	1.39	1.11	0.45	1.36
35	向日葵仁饼	88.0	29.0	2.44	0.62	1.19	1.76	0.96	0.59	0.43	1.21	0.77	0.98	0.28	1.35
36	向日葵仁粕	88.0	36.5	3.17	0.81	1.51	2.25	1.22	0.72	0.62	1.56	0.99	1.25	0.47	1.72
37	向日葵仁粕	88.0	33.6	2.89	0.74	1.39	2.07	1.13	0.69	0.50	1.43	0.91	1.14	0.37	1.58
38	亚麻仁饼	88.0	32.2	2.35	0.51	1.15	1.62	0.73	0.46	0.48	1.32	0.50	1.00	0.48	1.44
39	亚麻仁粕	88.0	34.8	3.59	0.64	1.33	1.85	1.16	0.55	0.55	1.51	0.93	1.10	0.70	1.51
40	芝麻饼	92.0	39.2	2.38	0.81	1.42	2.52	0.82	0.82	0.75	1.68	1.02	1.29	0.49	1.84
41	玉米蛋白粉	90.1	63.5	1.90	1.18	2.85	11.59	0.97	1.42	0.96	4.10	3.19	2.08	0.36	2.98
42	玉米蛋白粉	91.2	51.3	1.48	0.89	1.75	7.87	0.92	1.14	0.76	2.83	2.25	1.59	0.31	2.05
43	玉米蛋白粉	89.9	44.3	1.31	0.78	1.63	7.08	0.71	1.04	0.65	2.61	2.03	1.38	—	1.84
44	玉米蛋白饲料	88.0	19.3	0.77	0.56	0.62	1.82	0.63	0.29	0.33	0.70	0.50	0.68	0.14	0.93

续表

序号	饲料名称	干物质 DM/%	粗蛋白 CP/%	精氨酸 Arg/%	组氨酸 His/%	异亮氨酸 Ile/%	亮氨酸 Leu/%	赖氨酸 Lys/%	蛋氨酸 Met/%	胱氨酸 Cys/%	苯丙氨酸 Phe/%	酪氨酸 Tyr/%	苏氨酸 Thr/%	色氨酸 Trp/%	缬氨酸 Val/%
45	玉米胚芽饼	90.0	16.7	1.16	0.45	0.53	1.25	0.70	0.31	0.47	0.64	0.54	0.64	0.16	0.91
46	玉米胚芽粕	90.0	20.8	1.51	0.62	0.77	1.54	0.75	0.21	0.28	0.93	0.66	0.68	0.18	1.66
47	DDGS	90.0	28.3	0.98	0.59	0.98	2.63	0.59	0.59	0.39	1.93	1.37	0.92	0.19	1.30
48	蚕豆粉浆蛋白粉	88.0	66.3	5.96	1.66	2.90	5.88	4.44	0.60	0.57	3.34	2.21	2.31	—	3.20
49	麦芽根	89.7	28.3	1.22	0.54	1.08	1.58	1.30	0.37	0.26	0.85	0.67	0.96	0.42	1.44
50	鱼粉(CP64.5%)	90.0	64.5	3.91	1.75	2.68	4.99	5.22	1.71	0.58	2.71	2.13	2.87	0.78	3.25
51	鱼粉(CP62.5%)	90.0	62.5	3.86	1.83	2.79	5.06	5.12	1.66	0.55	2.67	2.01	2.78	0.75	3.14
52	鱼粉(CP60.5%)	90.0	60.2	3.57	1.71	2.68	4.80	4.72	1.64	0.52	2.35	1.96	2.57	0.70	3.17
53	鱼粉(CP53.5%)	90.0	53.5	3.24	1.29	2.30	4.30	3.87	1.39	0.49	2.22	1.70	2.51	0.60	2.77
54	血粉	88.0	82.8	2.99	4.40	0.75	8.38	6.67	0.74	0.98	5.23	2.55	2.86	1.11	6.08
55	羽毛粉	88.0	77.9	5.30	0.58	4.21	6.78	1.65	0.59	2.93	3.57	1.79	3.51	0.40	6.05
56	皮革粉	88.0	74.7	4.45	0.40	1.06	2.53	2.18	0.80	0.16	1.56	0.63	0.71	0.50	1.91
57	肉骨粉	93.0	50.0	3.35	0.96	1.70	3.20	2.60	0.67	0.33	1.70	1.26	1.63	0.26	2.25
58	肉粉	94.0	54.0	3.60	1.14	1.60	3.84	3.07	0.80	0.60	2.17	1.40	1.97	0.35	2.66
59	苜蓿草粉(CP19%)	87.0	19.1	0.78	0.39	0.68	1.20	0.82	0.21	0.22	0.82	0.58	0.74	0.43	0.91
60	苜蓿草粉(CP17%)	87.0	17.2	0.74	0.32	0.66	1.10	0.81	0.20	0.16	0.81	0.54	0.69	0.37	0.85
61	苜蓿草粉(CP14%~15%)	87.0	14.3	0.61	0.19	0.58	1.00	0.60	0.18	0.15	0.59	0.38	0.45	0.24	0.58
62	啤酒糟	88.0	24.3	0.98	0.51	1.18	1.08	0.72	0.52	0.35	2.35	1.17	0.81	0.28	1.66
63	啤酒酵母	91.7	52.4	2.67	1.11	2.85	4.76	3.38	0.83	0.50	4.07	0.12	2.33	2.08	3.40
64	乳清粉	94.0	12.0	0.40	0.20	0.90	1.20	1.10	0.20	0.30	0.40	0.21	0.80	0.20	0.70
65	酪蛋白	91.0	88.7	3.26	2.82	4.66	8.79	7.35	2.70	0.41	4.79	4.77	3.98	1.14	6.10
66	明胶	90.0	88.6	6.60	0.66	1.42	2.91	3.62	0.76	0.12	1.74	0.43	1.82	0.05	2.26
67	牛奶乳糖	96.0	4.0	0.29	0.10	0.10	0.18	0.16	0.03	0.04	0.10	0.02	0.10	0.10	0.10

附表 1-4 矿物质含量

序号	饲料名称	钠 Na/%	氯 Cl/%	镁 Mg/%	钾 K/%	铁 Fe/(mg/kg)	铜 Cu/(mg/kg)	锰 Mn/(mg/kg)	锌 Zn/(mg/kg)	硒 Se/(mg/kg)
1	玉米	0.01	0.04	0.11	0.29	36	3.4	5.8	21.1	0.04
2	玉米	0.01	0.04	0.11	0.29	36	3.4	5.8	21.1	0.04
3	玉米	0.02	0.04	0.12	0.3	37	3.3	6.1	19.2	0.03
4	玉米	0.02	0.04	0.12	0.3	37	3.3	6.1	19.2	0.03
5	高粱	0.03	0.09	0.15	0.34	87	7.6	17.1	20.1	0.05
6	小麦	0.06	0.07	0.11	0.5	88	7.9	45.9	29.7	0.05
7	小麦(裸)	0.04	—	0.11	0.6	100	7	18	30	0.16
8	大麦(皮)	0.02	0.15	0.14	0.56	87	5.6	17.5	23.6	0.06
9	黑麦	0.02	0.04	0.12	0.42	117	7	53	35	0.4
10	稻谷	0.04	0.07	0.07	0.34	40	3.5	20	8	0.04
11	糙米	0.04	0.06	0.14	0.34	78	3.3	21	10	0.07
12	碎米	0.07	0.08	0.11	0.13	62	8.8	47.5	36.4	0.06
13	粟(谷子)	0.04	0.14	0.16	0.43	270	24.5	22.5	15.9	0.08
14	木薯干	—	—	—	—	150	4.2	6	14	0.04
15	甘薯干	—	—	0.08	—	107	6.1	10	9	0.07
16	次粉	0.6	0.04	0.41	0.6	140	11.6	94.2	73	0.07
17	次粉	0.6	0.04	0.41	0.6	140	11.6	94.2	73	0.07
18	小麦麸	0.07	0.07	0.52	1.19	170	13.8	104.3	96.5	0.07
19	小麦麸	0.07	0.07	0.47	1.19	157	16.5	80.6	104.7	0.05
20	米糠	0.07	0.07	0.9	1.73	304	7.1	175.9	50.3	0.09
21	米糠饼	0.08	—	1.26	1.8	400	8.7	211.6	56.4	0.09
22	米糠粕	0.09	—	—	1.8	432	9.4	228.4	60.9	0.1

续表

序号	饲料名称	钠 Na/%	氯 Cl/%	镁 Mg/%	钾 K/%	铁 Fe/(mg/kg)	铜 Cu/(mg/kg)	锰 Mn/(mg/kg)	锌 Zn/(mg/kg)	硒 Se/(mg/kg)
23	大豆	0.02	0.03	0.28	1.7	111	18.1	21.5	40.7	0.06
24	全脂大豆	0.02	0.03	0.28	1.7	111	18.1	21.5	40.7	0.06
25	大豆饼	0.02	0.02	0.25	1.77	187	19.8	32	43.4	0.04
26	大豆粕	0.03	0.05	0.28	2.05	185	24	38.2	46.4	0.1
27	大豆粕	0.03	0.05	0.28	1.72	185	24	28	46.4	0.06
28	棉籽饼	0.04	0.14	0.52	1.2	266	11.6	17.8	44.9	0.11
29	棉籽粕	0.04	0.04	0.4	1.16	263	14	18.7	55.5	0.15
30	棉籽粕	0.04	0.04	0.4	1.16	263	14	18.7	55.5	0.15
31	棉籽饼	0.02	—	—	1.34	687	7.2	78.1	59.2	0.29
32	棉籽粕	0.09	0.11	0.51	1.4	653	7.1	82.2	67.5	0.16
33	花生仁饼	0.04	0.03	0.33	1.14	347	23.7	36.7	52.5	0.06
34	花生仁粕	0.07	0.03	0.31	1.23	368	25.1	38.9	55.7	0.06
35	向日葵仁饼	0.02	0.01	0.75	1.17	424	45.6	41.5	62.1	0.09
36	向日葵仁粕	0.2	0.01	0.75	1	226	32.8	34.5	82.7	0.06
37	向日葵仁粕	0.2	0.1	0.68	1.23	310	35	35	80	0.08
38	亚麻仁饼	0.09	0.04	0.58	1.25	204	27	40.3	36	0.18
39	亚麻仁粕	0.14	0.05	0.56	1.38	219	25.5	43.3	38.7	0.18
40	芝麻饼	0.04	0.05	0.5	1.39	—	50.4	32	2.4	—
41	玉米蛋白粉	0.01	0.05	0.08	0.3	230	1.9	5.9	19.2	0.02
42	玉米蛋白粉	0.02	—	—	0.35	332	13	78	49	—
43	玉米蛋白粉	0.02	0.08	0.05	0.4	400	28	7	49	1
44	玉米蛋白饲料	0.12	0.22	0.42	1.3	282	10.7	77.1	59.2	0.23

续表

序号	饲料名称	钠 Na/%	氯 Cl/%	镁 Mg/%	钾 K/%	铁 Fe/(mg/kg)	铜 Cu/(mg/kg)	锰 Mn/(mg/kg)	锌 Zn/(mg/kg)	硒 Se/(mg/kg)
45	玉米胚芽饼	0.01	—	0.1	0.3	99	12.8	19	108.1	—
46	玉米胚芽粕	0.01	—	0.16	0.69	214	7.7	23.3	126.6	0.33
47	DDGS	0.88	0.17	0.35	0.98	197	43.9	29.5	83.5	0.37
48	蚕豆粉浆蛋白粉	0.01	—	—	0.06	—	22	16		—
49	麦芽根	0.06	0.59	0.16	2.18	198	5.3	67.8	42.4	0.6
50	鱼粉(CP64.5%)	0.88	0.6	0.24	0.9	226	9.1	9.2	98.9	2.7
51	鱼粉(CP62.5%)	0.78	0.61	0.16	0.83	181	6	12	90	1.62
52	鱼粉(CP60.2%)	0.97	0.61	0.16	1.1	80	8	10	80	1.5
53	鱼粉(CP53.5%)	1.15	0.61	0.16	0.94	292	8	9.7	88	1.94
54	血粉	0.31	0.27	0.16	0.9	2100	8	2.3	14	0.7
55	羽毛粉	0.31	0.26	0.2	0.18	73	6.8	8.8	53.8	0.8
56	皮革粉	—	—	—	—	131	11.1	25.2	89.8	—
57	肉骨粉	0.73	0.75	1.13	1.4	500	1.5	12.3	90	0.25
58	肉粉	0.8	0.97	0.35	0.57	440	10	10	94	0.37
59	苜蓿草粉(CP19%)	0.09	0.38	0.3	2.08	372	9.1	30.7	17.1	0.46
60	苜蓿草粉(CP17%)	0.17	0.46	0.36	2.4	361	9.7	30.7	21	0.46
61	苜蓿草粉(CP14%～15%)	0.11	0.46	0.19	2.22	437	9.1	33.2	22.6	0.48
62	啤酒糟	0.25	0.12	0.19	0.08	274	20.1	35.6	104	0.41
63	啤酒酵母	0.1	0.12	0.23	1.7	248	61	22.3	86.7	1
64	乳清粉	2.11	0.14	0.13	1.81	160	43.1	4.6	3	0.06
65	酪蛋白	0.01	0.14	0.01	0.01	14	4	4	30	0.16
66	明胶	—	—	0.05	—	—	—	—	—	—
67	牛奶乳糖	—	—	0.15	2.4	—	—	—	—	—

附表 1-5 常用矿物质饲料中矿物元素的含量（以饲喂状态为基础）

序号	饲料名称	分子式	钙 Ca/%	磷 P/%	磷利用率 /%	钠 Na/%	氯 Cl/%	钾 K/%	镁 Mg/%	硫 S/%	铁 Fe/%	锰 Mn/%
1	碳酸钙，饲料级轻质	$CaCO_3$	38.42	0.02	—	0.08	0.02	0.08	1.610	0.08	0.06	0.02
2	磷酸氢钙，无水	$CaHPO_4$	29.60	22.77	95～100	0.18	0.47	0.15	0.800	0.80	0.79	0.14
3	磷酸氢钙，2个结晶水	$CaHPO_4 \cdot 2H_2O$	23.29	18.00	95～100	—	—	—	—	—	—	—
4	磷酸二氢钙	$Ca(H_2PO_4)_2 \cdot H_2O$	15.90	24.58	100	0.20	—	0.16	0.900	0.80	0.75	0.01
5	磷酸三钙（磷酸钙）	$Ca_3(PO_4)_2$	38.76	20.00	—	—	—	—	—	—	—	—
6	石粉、石灰石、方解石等	—	35.84	0.01	—	0.06	0.02	0.11	2.060	0.04	0.35	0.02
7	骨粉、脱脂	—	29.80	12.50	80～90	0.04	—	0.20	0.300	2.40	—	0.03
8	贝壳粉	—	32～35	—	—	—	—	—	—	—	—	—
9	蛋壳粉	—	30～40	0.1～0.4	—	—	—	—	—	—	—	—
10	磷酸氢铵	$(NH_4)_2HPO_4$	0.35	23.48	100	0.20	—	0.16	0.750	1.50	0.41	—
11	磷酸氢二铵	$NH_4H_2PO_4$	—	26.93	100		—	—	—	—	—	0.01
12	磷酸氢二钠	Na_2HPO_4	0.09	21.82	100	31.04	—	—	—	—	—	—
13	磷酸二氢钠	NaH_2PO_4	—	25.81	100	19.17	0.02	0.01	0.010	—	—	—
14	碳酸钠	Na_2CO_3	—	—	—	43.30	—	—	—	—	—	—
15	碳酸氢钠	$NaHCO_3$	0.01	—	—	27.00	—	0.01	—	—	—	—
16	氯化钠	$NaCl$	0.30	—	—	39.50	59.00	—	0.005	0.20	0.01	—
17	硫酸镁，7个结晶水	$MgSO_4 \cdot 7H_2O$	0.02	—	—	—	0.01	—	9.860	13.01	—	—
18	碳酸镁	$MgCO_3 \cdot Mg(OH)_2$	0.02	—	—	—	—	—	34.000	—	—	0.01
19	氧化镁	MgO	1.69	—	—	—	—	0.02	55.000	0.10	1.06	—

附录二 奶牛常用饲料营养成分及营养价值表

编号/种类	饲料名称	样品说明	干物质/%	奶牛能量单位/(NND/kg)	粗蛋白/%	可消化粗蛋白/%	粗纤维/%	钙/%	磷/%
青饲料									
2-01-072	甘薯蔓	11省市15样平均数	13.0	0.22	2.1	1.4	2.5	0.20	0.05
2-01-631	黑麦草	北京，阿文意大利黑麦草	16.3	0.34	3.5	2.6	3.4	0.10	0.04
2-01-632	黑麦草	北京，伯克意大利黑麦草	16.3	0.37	2.1	1.6	4.0	—	—
2-01-677	野青草	北京，狗尾草为主	25.3	0.39	1.7	1.0	7.1	—	0.12
2-01-645	苜蓿	北京，盛花期	26.2	0.31	3.8	2.6	9.4	0.34	0.01
2-01-197	苜蓿	吉林公主岭，亚洲苜蓿营养期	25.0	0.44	5.2	4.1	7.9	0.52	0.06
2-01-655	沙打旺	北京	14.9	0.29	3.5	2.6	2.3	0.20	0.05
2-01-429	紫云英	8省市8样平均值	13.0	0.29	2.9	2.1	2.5	0.18	0.07
2-01-243	玉米青割	哈尔滨，乳熟期，玉米叶	17.9	0.35	1.1	0.7	5.2	0.06	0.04
2-01-687	玉米青割	上海，抽穗期	17.6	0.34	1.5	0.9	5.8	0.09	0.05
2-01-690	玉米青割	北京，生长后期，全株	27.1	0.54	0.8	0.3	7.9	0.09	0.10
2-01-610	大麦青割	北京，五月上旬	15.7	0.30	2.0	1.4	4.7	0.09	0.05
2-01-668	小麦青割	北京，春小麦	29.8	0.58	4.8	3.0	8.6	0.27	0.03
青贮饲料									
3-03-025	玉米青贮	吉林双阳，收获后黄干贮	25.0	0.19	1.4	0.3	8.9	0.10	0.02
3-03-031	玉米青贮	浙江，乳熟期	25.0	0.40	1.5	0.8	7.7	—	—
3-03-605	玉米青贮	4省市5样平均	22.7	0.36	1.6	0.8	6.9	0.10	0.06
3-03-019	苜蓿青贮	青海西宁，盛花期	33.7	0.46	5.3	3.2	12.8	0.50	0.10
块根、块茎、瓜果类									
4-04-600	甘薯	10省市11样平均	24.7	0.70	1.0	0.6	0.9	0.13	0.05
4-04-207	甘薯	8省市40样平均，甘薯干	90.0	2.61	3.9	0.5	2.3	0.15	0.12
4-04-208	胡萝卜	12省市13样平均	12.0	0.36	1.1	0.8	1.2	0.15	0.09
4-04-210	萝卜	11省市11样平均	7.0	0.19	0.9	0.6	0.7	0.05	0.03
4-04-211	马铃薯	10省市10样平均	22.0	0.61	1.6	0.9	0.7	0.02	0.03
4-04-212	南瓜	9省市9样平均	10.0	0.28	1.0	0.7	1.2	0.04	0.02
4-04-213	甜菜	8省市9样平均	15.0	0.28	2.0	—	1.7	0.06	0.04
4-04-215	芜菁甘蓝	3省市5样平均	10.0	0.30	1.0	0.7	1.3	0.06	0.02
青干草类									
1-05-601	白茅	南京，地上茎叶	90.9	1.10	7.4	2.7	29.4	0.28	0.09
1-05-602	稗草	黑龙江	93.4	1.12	5.0	0.7	37.0	—	—
1-05-604	草木樨	江苏，整株	88.3	1.18	16.8	10.6	27.9	2.42	0.02
1-05-606	大米草	江苏，整株	83.2	1.11	12.8	7.7	30.3	0.42	0.02

续表

编号/种类	饲料名称	样品说明	干物质/%	奶牛能量单位/(NND/kg)	粗蛋白/%	可消化粗蛋白/%	粗纤维/%	钙/%	磷/%
青干草类									
1-05-607	黑麦草	吉林	87.8	1.76	17.0	11.9	20.4	0.93	0.24
1-05-610	混合牧草	内蒙古,夏季	90.1	1.21	13.9	8.3	34.4	—	—
1-05-611	混合牧草	内蒙古,秋季,以禾本科为主	92.2	1.36	9.6	3.5	27.2	—	—
1-05-620	芦苇	2省市2样品平均	95.7	0.93	5.5	2.8	34.7	0.08	0.10
1-05-622	苜蓿干草	北京,苏联苜蓿2号	92.4	1.56	16.8	11.1	29.5	1.95	0.28
1-05-626	苜蓿干草	黑龙江,紫花苜蓿	93.9	1.88	17.9	13.8	24.8	—	—
1-05-029	苜蓿干草	吉林,公农1号苜蓿,现蕾期,一茬	87.4	1.68	19.8	15.2	26.4		—
1-05-030	苜蓿干草	吉林,公农1号苜蓿,营养期,三茬	88.3	1.55	22.1	14.6	29.5	1.44	0.19
1-05-031	苜蓿干草	吉林,公农1号苜蓿,营养期,一茬	87.7	1.56	18.3	12.1	31.5	1.47	0.19
1-05-640	苏丹草	辽宁,抽穗期	90.0	1.32	6.3	2.1	34.1	—	—
1-05-641	苏丹草	南京	91.5	1.34	6.9	3.5	27.8	—	—
1-05-642	燕麦干草	北京	86.5	1.22	7.7	4.5	28.4	0.37	0.31
1-05-645	羊草	黑龙江,4样平均	91.6	1.35	7.4	3.7	29.4	0.37	0.18
1-05-646	野干草	北京,秋白草	85.2	1.07	6.8	4.3	27.5	0.41	0.31
1-05-054	野干草	内蒙古	91.4	1.19	6.2	3.7	30.5	—	—
1-05-055	野干草	吉林,山草	90.6	1.14	8.9	5.3	33.7	0.54	0.09
1-05-056	野干草	山东沾化,野生杂草	92.1	1.13	7.6	4.6	31.0	0.45	0.07
5-05-080	紫云英	江苏,初花期,全株	90.8	2.07	25.8	19.9	11.8	—	—
1-05-081	紫云英	江苏,盛花期,全株	88.0	1.91	22.3	18.1	19.5	3.63	0.53
1-05-082	紫云英	江苏,结荚,全株	90.8	1.62	19.4	12.6	20.2	—	—
常用农产品类									
1-06-603	大麦秸	新疆	88.4	0.83	4.9	1.7	33.8	0.05	0.06
1-06-604	大豆秸	吉林公主岭	89.7	0.92	3.2	0.9	46.7	0.61	0.03
1-06-607	稻草	南京	95.1	1.05	3.6	0.2	27.0	—	—
1-06-011	稻草	福建福州,糯稻	83.3	0.98	3.1	0.2	25.8	—	0.05
1-06-013	稻草	湖北武汉,早稻	85.0	1.00	2.9	0.2	21.4	0.09	0.04
1-06-038	甘薯藤	山东25样平均	90.0	1.34	7.6	3.0	30.7	1.63	0.08
1-06-100	甘薯藤	7省市31样平均	88.0	1.29	8.1	3.2	28.5	1.55	0.11
1-06-615	谷草	黑龙江,谷秸2样平均	90.7	1.23	4.5	2.6	32.6	0.34	0.03
1-06-617	花生藤	山东,伏花生	91.3	1.46	11.0	8.8	29.6	2.46	0.04
1-06-620	小麦秸	北京,冬小麦	43.5	0.46	4.4	0.6	15.7	—	—
1-06-621	小麦秸	宁夏固原,春小麦	91.6	0.68	2.8	0.8	40.9	0.26	0.03
1-06-062	玉米秸	辽宁3样平均	90.0	1.74	5.9	2.0	24.9	—	—

续表

编号/种类	饲料名称	样品说明	干物质/%	奶牛能量单位/(NND/kg)	粗蛋白/%	可消化粗蛋白/%	粗纤维/%	钙/%	磷/%
谷实类									
4-07-038	大米	9省市16样籼稻米平均	87.5	2.75	8.5	6.5	0.8	0.06	0.21
4-07-022	大麦	12省市49样平均	88.8	2.47	10.8	7.9	4.7	0.12	0.29
4-07-074	稻谷	9省市34样平均,籼稻	90.6	2.38	8.3	4.8	8.5	0.13	0.28
4-07-104	高粱	17省市38样平均值,高粱	89.3	2.47	8.7	5.0	2.2	0.09	0.28
4-07-123	荞麦	11省市14样平均值	87.1	2.20	9.9	7.2	11.5	0.09	0.30
4-07-164	小麦	15省市28样平均值	91.8	2.82	12.1	9.4	2.4	0.11	0.36
4-07-173	小米	8省市9样平均值	86.8	2.69	8.9	6.4	1.3	0.05	0.32
4-07-188	燕麦	11省市17样平均值	90.3	2.45	11.6	9.0	8.9	0.15	0.33
4-07-263	玉米	23省市120样平均值	88.4	2.76	8.6	5.9	2.0	0.08	0.21
糠麸类									
1-08-001	大豆皮	北京	91.0	1.94	18.8	9.0	25.1	—	0.35
4-08-030	米糠	4省市13样平均值	90.2	2.62	12.1	8.7	9.2	0.14	1.04
4-08-049	小麦麸	山东,39样平均值	89.3	2.01	15.0	11.7	10.3	0.14	0.54
4-08-604	小麦麸	上海,进口小麦	88.2	2.04	11.7	9.1	10.1	0.11	0.87
4-08-067	小麦麸	广东,14样平均值	87.8	2.08	12.7	9.7	8.6	0.11	0.92
4-08-077	小麦麸	云南,19样平均值	89.8	2.15	13.9	10.6	8.7	0.15	0.92
4-08-078	小麦麸	全国115样平均值	88.6	2.08	14.4	10.9	9.2	0.18	0.78
4-08-094	玉米皮	6省市6样平均值	88.2	2.07	9.7	5.5	9.1	0.28	0.35
豆类									
5-09-201	蚕豆	14省市23样平均值	88.0	2.41	24.9	18.9	7.5	0.15	0.40
5-09-202	大豆	吉林,2样平均值	90.0	3.45	36.5	32.9	4.6	0.05	0.42
5-09-217	大豆	16省市40样平均值	88.0	3.23	37.0	33.3	5.1	0.27	0.48
饼粕类									
5-10-022	菜籽饼	13省市机榨21样平均值	92.2	2.49	36.4	31.3	10.7	0.73	0.95
5-10-023	菜籽饼	2省土榨2样平均值	90.1	2.40	34.1	29.0	14.2	0.84	1.64
5-10-027	豆饼	黑龙江,机榨2样平均值	91.0	2.79	41.8	35.5	5.0	—	—
5-10-039	豆饼	广东,机榨8样平均值	89.0	2.65	42.6	36.2	5.1	0.31	0.49
5-10-043	豆饼	13省市机榨42样平均值	90.6	2.71	43.0	36.6	5.7	0.32	0.50
5-10-062	胡麻饼	8省市机榨11样平均值	92.0	2.56	33.1	29.1	9.8	0.58	0.77
5-10-066	花生饼	山东,10样平均值	89.0	2.76	49.1	44.2	5.3	0.30	0.29
5-10-075	花生饼	9省市机榨34样平均值	90.0	2.76	43.9	39.5	5.3	0.25	0.52
5-10-084	米糠饼	7省市机榨13样平均值	90.7	2.03	15.2	10.3	8.9	0.12	0.18
5-10-610	棉仁粕	上海,去壳浸提2样平均值	88.3	2.16	39.4	31.9	10.4	0.23	2.01
5-10-612	棉仁饼	4省市去壳机榨6样平均值	89.6	2.34	32.5	26.3	10.7	0.27	0.81
5-10-110	向日葵粕	北京,去壳浸提	92.6	1.85	46.1	41.0	11.8	0.53	0.35

续表

编号/种类	饲料名称	样品说明	干物质/%	奶牛能量单位/(NND/kg)	粗蛋白/%	可消化粗蛋白/%	粗纤维/%	钙/%	磷/%
饼粕类									
1-10-113	向日葵饼	吉林，带壳复提	92.5	1.18	32.1	26.6	22.8	0.29	0.84
5-10-126	玉米胚芽饼	北京	93.0	2.29	17.5	11.0	14.9	0.05	0.49
5-10-138	芝麻饼	10省市机榨13样平均值	90.7	2.61	56.0	37.0	22.4	8.96	3.00
糟渣类									
1-11-602	豆腐渣	2省市4样平均值	11.0	0.34	3.3	2.8	2.1	0.05	0.03
1-11-032	粉渣	北京，绿豆粉渣	14.0	0.32	2.1	1.4	2.8	0.06	0.03
1-11-046	粉渣	河北张家口，玉米粉渣	15.0	0.47	1.6	1.4	1.4	0.01	0.05
1-11-058	粉渣	玉米粉渣6省7样平均值	15.0	0.46	1.8	1.5	1.4	0.02	0.02
1-11-048	粉渣	河南郑州，豌豆粉渣	15.0	0.29	3.5	2.4	2.7	0.13	—
4-11-033	粉渣	福建南安，甘薯粉渣	15.0	0.36	0.3	—	0.8	—	—
4-11-069	粉渣	马铃薯粉渣3省3样平均值	15.0	0.33	1.0	—	1.3	0.06	0.04
5-11-083	酱油渣	四川重庆，黄豆2份，麸1份	22.4	0.49	7.1	4.8	3.4	0.11	0.03
5-11-103	酒糟	吉林，高粱酒糟	37.7	1.09	9.3	6.7	3.4	—	—
4-11-092	酒糟	贵州，玉米酒糟	21.0	0.47	4.0	2.4	2.3	—	—
5-11-606	啤酒糟	黑龙江齐齐哈尔市	13.6	0.27	3.6	2.6	2.3	0.06	0.08
5-11-607	啤酒糟	2省市3样平均值	23.4	0.52	6.8	5.0	3.9	0.09	0.18
1-11-608	甜菜渣	北京	15.2	0.31	1.3	0.7	2.8	0.11	0.02
动物性饲料									
5-13-022	牛乳	北京，全脂鲜乳	13.0	0.66	3.3	3.2	—	0.12	0.09
5-13-601	牛乳	哈尔滨，全脂鲜乳	12.3	0.46	3.1	3.0	—	0.12	0.09

附录三　鸡的饲养标准

本标准引用中华人民共和国农业行业标准（NY/T 33—2004），适用于专业化养鸡场和配合饲料厂。蛋用鸡营养需要适用于轻型和中型蛋鸡，肉用鸡营养需要适用于专门化培育的品系。

1. 蛋用鸡的营养需要

附表3-1　生长蛋鸡营养需要

营养指标	单位	0～8周龄	9～18周龄	19周龄～开产	营养指标	单位	0～8周龄	9～18周龄	19周龄～开产
代谢能	MJ/kg	11.91	11.70	11.50	赖氨酸	%	1.00	0.68	0.70
粗蛋白	%	19.0	15.5	17.0	蛋氨酸	%	0.37	0.27	0.34
蛋白能量比	g/MJ	15.95	13.25	14.78	蛋氨酸＋胱氨酸	%	0.74	0.55	0.64
赖氨酸能量比	g/MJ	0.84	0.58	0.61	苏氨酸	%	0.66	0.55	0.62

续表

营养指标	单位	0～8周龄	9～18周龄	19周龄～开产	营养指标	单位	0～8周龄	9～18周龄	19周龄～开产
色氨酸	%	0.20	0.18	0.19	锰	mg/kg	60	40	60
精氨酸	%	1.18	0.98	1.02	碘	mg/kg	0.35	0.35	0.35
亮氨酸	%	1.27	1.01	1.07	硒	mg/kg	0.30	0.30	0.30
异亮氨酸	%	0.71	0.59	0.60	亚油酸	%	1	1	1
苯丙氨酸	%	0.64	0.53	0.54	维生素A	IU/kg	4000	4000	4000
苯丙氨酸＋酪氨酸	%	1.18	0.98	1.00	维生素D	IU/kg	800	800	800
组氨酸	%	0.31	0.26	0.27	维生素E	IU/kg	10	8	8
脯氨酸	%	0.50	0.34	0.44	维生素K	mg/kg	0.5	0.5	0.5
缬氨酸	%	0.73	0.60	0.62	硫胺素	mg/kg	1.8	1.3	1.3
甘氨酸＋丝氨酸	%	0.82	0.68	0.71	核黄素	mg/kg	3.6	1.8	2.2
钙	%	0.90	0.80	2.00	泛酸	mg/kg	10	10	10
总磷	%	0.70	0.60	0.55	烟酸	mg/kg	30	11	11
非植酸磷	%	0.40	0.35	0.32	吡哆醇	mg/kg	3	3	3
钠	%	0.15	0.15	0.15	生物素	mg/kg	0.15	0.10	0.10
氯	%	0.15	0.15	0.15	叶酸	mg/kg	0.55	0.25	0.25
铁	mg/kg	80	60	60	维生素B_{12}	mg/kg	0.010	0.003	0.004
铜	mg/kg	8	6	8	胆碱	mg/kg	1300	900	500
锌	mg/kg	60	40	80					

附表 3-2 产蛋鸡营养需要

营养指标	单位	开产～高峰期(＞85%)	高峰后(＜85%)	种鸡	营养指标	单位	开产～高峰期(＞85%)	高峰后(＜85%)	种鸡
代谢能	MJ/kg	11.29	10.87	11.29	苯丙氨酸＋酪氨酸	%	1.08	1.06	1.08
粗蛋白	%	16.5	15.5	18.0	组氨酸	%	0.25	0.23	0.25
蛋白能量比	g/MJ	14.61	14.26	15.94	缬氨酸	%	0.59	0.54	0.59
赖氨酸能量比	g/MJ	0.64	0.61	0.63	甘氨酸＋丝氨酸	%	0.57	0.48	0.57
赖氨酸	%	0.75	0.70	0.75	可利用赖氨酸	%	0.66	0.60	—
蛋氨酸	%	0.34	0.32	0.34	可利用蛋氨酸	%	0.32	0.30	—
蛋氨酸＋胱氨酸	%	0.65	0.56	0.65	钙	%	3.5	3.5	3.5
苏氨酸	%	0.55	0.50	0.55	总磷	%	0.60	0.60	0.60
色氨酸	%	0.16	0.15	0.16	非植酸磷	%	0.32	0.32	0.32
精氨酸	%	0.76	0.69	0.76	钠	%	0.15	0.15	0.15
亮氨酸	%	1.02	0.98	1.02	氯	%	0.15	0.15	0.15
异亮氨酸	%	0.72	0.66	0.72	铁	mg/kg	60	60	60
苯丙氨酸	%	0.58	0.52	0.58	铜	mg/kg	8	8	6

续表

营养指标	单位	开产～高峰期(>85%)	高峰后(<85%)	种鸡	营养指标	单位	开产～高峰期(>85%)	高峰后(<85%)	种鸡
锰	mg/kg	60	60	60	硫胺素	mg/kg	0.8	0.8	0.8
锌	mg/kg	80	80	60	核黄素	mg/kg	2.5	2.5	3.8
碘	mg/kg	0.35	0.35	0.35	泛酸	mg/kg	2.2	2.2	10
硒	mg/kg	0.30	0.30	0.30	烟酸	mg/kg	20	20	30
亚油酸	%	1	1	1	吡哆醇	mg/kg	3.0	3.0	4.5
维生素 A	IU/kg	8000	8000	10000	生物素	mg/kg	0.10	0.10	0.15
维生素 D	IU/kg	1600	1600	2000	叶酸	mg/kg	0.25	0.25	0.35
维生素 E	IU/kg	5	5	10	维生素 B_{12}	mg/kg	0.004	0.004	0.004
维生素 K	mg/kg	0.5	0.5	1.0	胆碱	mg/kg	500	500	500

2. 肉用鸡营养需要

附表 3-3 肉用仔鸡营养需要

营养指标	单位	0～3周龄	4～6周龄	7周龄～出栏	营养指标	单位	0～3周龄	4～6周龄	7周龄～出栏
代谢能	MJ/kg	12.54	12.96	13.17	钠	%	0.20	0.15	0.15
粗蛋白	%	21.5	20.0	18.0	铁	mg/kg	100	80	80
蛋白能量比	g/MJ	17.14	15.43	13.67	铜	mg/kg	8	8	8
赖氨酸能量比	g/MJ	0.92	0.77	0.67	锰	mg/kg	120	100	80
赖氨酸	%	1.15	1.00	0.87	锌	mg/kg	100	80	80
蛋氨酸	%	0.50	0.40	0.34	碘	mg/kg	0.70	0.70	0.70
蛋氨酸+胱氨酸	%	0.91	0.76	0.65	硒	mg/kg	0.30	0.30	0.30
苏氨酸	%	0.81	0.72	0.68	亚油酸	%	1	1	1
色氨酸	%	0.21	0.18	0.17	维生素 A	IU/kg	8000	6000	2700
精氨酸	%	1.20	1.12	1.01	维生素 D	IU/kg	1000	750	400
亮氨酸	%	1.26	1.05	0.94	维生素 E	IU/kg	20	10	10
异亮氨酸	%	0.81	0.75	0.63	维生素 K	mg/kg	0.5	0.5	0.5
苯丙氨酸	%	0.71	0.66	0.58	硫胺素	mg/kg	2.0	2.0	2.0
苯丙氨酸+酪氨酸	%	1.27	1.15	1.00	核黄素	mg/kg	8	5	5
组氨酸	%	0.35	0.32	0.27	泛酸	mg/kg	10	10	10
脯氨酸	%	0.58	0.54	0.47	烟酸	mg/kg	35	30	30
缬氨酸	%	0.85	0.74	0.64	吡哆醇	mg/kg	3.5	3.0	3.0
甘氨酸+丝氨酸	%	1.24	1.10	0.96	生物素	mg/kg	0.18	0.15	0.10
钙	%	1.0	0.9	0.8	叶酸	mg/kg	0.55	0.55	0.50
总磷	%	0.68	0.65	0.60	维生素 B_{12}	mg/kg	0.010	0.010	0.007
非植酸磷	%	0.45	0.40	0.35	胆碱	mg/kg	1300	1000	750
氯	%	0.20	0.15	0.15					

附表 3-4 肉用种鸡营养需要

营养指标	单位	0～6 周龄	7～18 周龄	19 周龄～开产	开产至高峰期（产蛋>65%）	高峰期后（产蛋<65%）
代谢能	MJ/kg	12.12	11.91	11.70	11.70	11.70
粗蛋白	%	18.0	15.0	16.0	17.0	16.0
蛋白能量比	g/MJ	14.85	12.59	13.68	14.53	13.68
赖氨酸能量比	g/MJ	0.76	0.55	0.64	0.68	0.64
赖氨酸	%	0.92	0.65	0.75	0.80	0.75
蛋氨酸	%	0.34	0.30	0.32	0.34	0.30
蛋氨酸＋胱氨酸	%	0.72	0.56	0.62	0.64	0.60
苏氨酸	%	0.52	0.48	0.50	0.55	0.50
色氨酸	%	0.20	0.17	0.16	0.17	0.16
精氨酸	%	0.90	0.75	0.90	0.90	0.88
亮氨酸	%	1.05	0.81	0.86	0.86	0.81
异亮氨酸	%	0.66	0.58	0.58	0.58	0.58
苯丙氨酸	%	0.52	0.39	0.42	0.51	0.48
苯丙氨酸＋酪氨酸	%	1.00	0.77	0.82	0.85	0.80
组氨酸	%	0.26	0.21	0.22	0.24	0.21
脯氨酸	%	0.50	0.41	0.44	0.45	0.42
缬氨酸	%	0.62	0.47	0.50	0.66	0.51
甘氨酸＋丝氨酸	%	0.70	0.53	0.56	0.57	0.54
钙	%	1.00	0.90	2.0	3.30	3.50
总磷	%	0.68	0.65	0.65	0.68	0.65
非植酸磷	%	0.45	0.40	0.42	0.45	0.42
钠	%	0.18	0.18	0.18	0.18	0.18
氯	%	0.18	0.18	0.18	0.18	0.18
铁	mg/kg	60	60	80	80	80
铜	mg/kg	6	6	8	8	8
锰	mg/kg	80	80	100	100	100
锌	mg/kg	60	60	80	80	80
碘	mg/kg	0.70	0.70	1.00	1.00	1.00
硒	mg/kg	0.30	0.30	0.30	0.30	0.30
亚油酸	%	1	1	1	1	1
维生素 A	IU/kg	8000	6000	9000	12000	12000
维生素 D	IU/kg	1600	1200	1800	2400	2400
维生素 E	IU/kg	20	10	10	30	30
维生素 K	mg/kg	1.5	1.5	1.5	1.5	1.5
硫胺素	mg/kg	1.8	1.5	1.5	2.0	2.0
核黄素	mg/kg	8	6	6	9	9
泛酸	mg/kg	12	10	10	12	12
烟酸	mg/kg	30	20	20	35	35
吡哆醇	mg/kg	3.0	3.0	3.0	4.5	4.5
生物素	mg/kg	0.15	0.10	0.10	0.20	0.20
叶酸	mg/kg	1.0	0.5	0.5	1.2	1.2
维生素 B_{12}	mg/kg	0.010	0.006	0.008	0.012	0.012
胆碱	mg/kg	1300	900	500	500	500

附录四　猪饲养标准

本标准引用中华人民共和国农业行业标准（NY/T 65—2004），规定了瘦肉型猪对能量、蛋白质、氨基酸、矿物元素和维生素的需要量。适用于配合饲料厂、养猪场和养猪专业户饲料瘦肉型猪的饲粮配制。

1. 生长肥育猪饲养标准

附表 4-1　生长肥育猪每千克饲粮养分含量（自由采食，88%干物质）①

体重/kg	3～8	8～20	20～35	35～60	60～90
平均体重/kg	5.5	14.0	27.5	47.5	75.0
日增重/(kg/d)	0.24	0.44	0.61	0.69	0.80
采食量/(kg/d)	0.30	0.74	1.43	1.90	2.50
饲料/增重	1.25	1.59	2.34	2.75	3.13
饲粮消化能含量/(MJ/kg)	14.02	13.60	13.39	13.39	13.39
饲粮代谢能含量②/(MJ/kg)	13.46	13.06	12.86	12.86	12.86
粗蛋白/%	21.0	19.0	17.8	16.4	14.5
能量蛋白比/(kJ/%)	668	716	752	817	923
赖氨酸能量比/(g/MJ)	1.01	0.85	0.68	0.61	0.53
氨基酸③/%					
赖氨酸	1.42	1.16	0.90	0.82	0.70
蛋氨酸	0.40	0.30	0.24	0.22	0.19
蛋氨酸＋胱氨酸	0.81	0.66	0.51	0.48	0.40
苏氨酸	0.94	0.75	0.58	0.56	0.48
色氨酸	0.27	0.21	0.16	0.15	0.13
异亮氨酸	0.79	0.64	0.48	0.46	0.39
亮氨酸	1.42	1.13	0.85	0.78	0.63
精氨酸	0.56	0.46	0.35	0.30	0.21
缬氨酸	0.98	0.80	0.61	0.57	0.47
组氨酸	0.45	0.36	0.28	0.26	0.21
苯丙氨酸	0.85	0.69	0.52	0.48	0.40
苯丙氨酸＋酪氨酸	1.33	1.07	0.82	0.77	0.64
矿物元素④/%或每千克饲粮含量					
钙/%	0.88	0.74	0.62	0.55	0.49
总磷/%	0.74	0.58	0.53	0.48	0.43
非植酸磷/%	0.54	0.36	0.25	0.20	0.17

续表

体重/kg	3～8	8～20	20～35	35～60	60～90
矿物元素[4]/%或每千克饲粮含量					
钠/%	0.25	0.15	0.12	0.10	0.10
氯/%	0.25	0.15	0.10	0.09	0.08
镁/%	0.04	0.04	0.04	0.04	0.04
钾/%	0.30	0.26	0.24	0.21	0.18
铜/mg	6.00	6.00	4.50	4.00	3.50
碘/mg	0.14	0.14	0.14	0.14	0.14
铁/mg	105	105	70	60	50
锰/mg	4.00	4.00	3.00	2.00	2.00
硒/mg	0.30	0.30	0.30	0.25	0.25
锌/mg	110	110	70	60	50
维生素和脂肪酸[5]/%或每千克饲粮含量					
维生素 A[6]/IU	2000	1800	1500	1400	1300
维生素 D_3[7]/IU	220	200	170	160	150
维生素 E[8]/IU	16	11	11	11	11
维生素 K/mg	0.50	0.50	0.50	0.50	0.50
硫胺素/mg	1.50	1.00	1.00	1.00	1.00
核黄素/mg	4.00	3.50	2.50	2.00	2.00
泛酸/mg	12.00	10.00	8.00	7.50	7.00
烟酸/mg	20.00	15.00	10.00	8.50	7.50
吡哆醇/mg	2.00	1.50	1.00	1.00	1.00
生物素/mg	0.08	0.05	0.05	0.05	0.05
叶酸/mg	0.30	0.30	0.30	0.30	0.30
维生素 B_{12}/μg	20.00	17.50	11.00	8.00	6.00
胆碱/g	0.60	0.50	0.35	0.30	0.30
亚油酸/%	0.10	0.10	0.10	0.10	0.10

① 瘦肉率高于56%的公母混养猪群（阉公猪和青年母猪各一半）。

② 假定代谢能为消化能的96%。

③ 3～20kg猪的赖氨酸百分比是根据试验和经验数据的估测值，其他氨基酸需要量是根据其与赖氨酸的比例（理想蛋白质）的估测值；20～90kg猪的赖氨酸需要量是结合生长模型、试验数据和经验数据的估测值，其他氨基酸需要量是根据其与赖氨酸的比例（理想蛋白质）的估测值。

④ 矿物质需要量包括饲料原料中提供的矿物质量，对于发育公猪和后备母猪，钙、总磷和有效磷的需要量应提高0.05%～0.1%。

⑤ 维生素需要量包括饲料原料中提供的维生素量。

⑥ 1IU维生素 A=0.344μg维生素 A 醋酸酯。

⑦ 1IU维生素 D_3=0.025μg胆钙化醇。

⑧ 1IU维生素 E=0.67mg D-α-生育酚或1mg DL-α-生育酚醋酸酯。

2. 母猪饲养标准

附表 4-2 妊娠母猪每千克饲粮养分含量（自由采食，88%干物质）①

妊娠期	妊娠前期			妊娠后期		
配种体重②/kg	120～150	150～180	>180	120～150	150～180	>180
预期窝产仔数/头	10	11	11	10	11	11
采食量/(kg/d)	2.10	2.10	2.00	2.60	2.80	3.00
饲粮消化能含量/(MJ/kg)	12.75	12.35	12.15	12.75	12.55	12.55
饲粮代谢能含量③/(MJ/kg)	12.25	11.85	11.65	12.25	12.05	12.05
粗蛋白④/%	13.0	12.0	12.0	14.0	13.0	12.0
能量蛋白比(DE/CP)/(kJ/%)	981	1029	1013	911	965	1045
赖氨酸能量比/(g/MJ)	0.42	0.40	0.38	0.42	0.41	0.38
氨基酸/%						
赖氨酸	0.53	0.49	0.46	0.53	0.51	0.48
蛋氨酸	0.14	0.13	0.12	0.14	0.13	0.12
蛋氨酸+胱氨酸	0.34	0.32	0.31	0.34	0.33	0.32
苏氨酸	0.40	0.39	0.37	0.40	0.40	0.38
色氨酸	0.10	0.09	0.09	0.10	0.09	0.09
异亮氨酸	0.29	0.28	0.26	0.29	0.29	0.27
亮氨酸	0.45	0.41	0.37	0.45	0.42	0.38
精氨酸	0.06	0.02	0.00	0.06	0.02	0.00
缬氨酸	0.35	0.32	0.30	0.35	0.33	0.31
组氨酸	0.17	0.16	0.15	0.17	0.17	0.16
苯丙氨酸	0.29	0.27	0.25	0.29	0.28	0.26
苯丙氨酸+酪氨酸	0.49	0.45	0.43	0.49	0.47	0.44

矿物元素⑤/%或每千克饲粮含量		维生素和脂肪酸⑥/%或每千克饲粮含量	
钙/%	0.68	维生素 A/IU⑦	3620
总磷/%	0.54	维生素 D_3/IU⑧	180
非植酸磷/%	0.32	维生素 E/IU⑨	40
钠/%	0.14	维生素 K/mg	0.50
氯/%	0.11	硫胺素/mg	0.90
镁/%	0.04	核黄素/mg	3.40
钾/%	0.18	泛酸/mg	11
铜/mg	5.0	烟酸/mg	9.05
碘/mg	0.13	吡哆醇/mg	0.90
铁/mg	75.0	生物素/mg	0.19
锰/mg	18.0	叶酸/mg	1.20
硒/mg	0.14	维生素 B_{12}/μg	14
锌/mg	45.0	胆碱/g	1.15
		亚油酸/%	0.10

① 消化能、氨基酸是根据国内试验报告、企业经验数据和 NRC（1998）妊娠模型得到的。

② 妊娠前期指妊娠前 12 周，妊娠后期指妊娠后 4 周；"120～150kg"阶段适用于初产母猪和因泌乳期消耗过度的经产母猪，"150～180kg"阶段适用于自身尚有生长潜力的经产母猪，"180kg 以上"指达到标准成年体重的经产母猪，其对养分的需要量不随体重增长而变化。

③ 假定代谢能为消化能的 96%。

④ 以玉米-豆粕型日粮为基础确定的。

⑤ 矿物质需要量包括饲料原料中提供的矿物质量。

⑥ 维生素需要量包括饲料原料中提供的维生素量。

⑦ 1IU 维生素 A=0.344μg 维生素 A 醋酸酯。

⑧ 1IU 维生素 D_3=0.025μg 胆钙化醇。

⑨ 1IU 维生素 E=0.67mg D-α-生育酚或 1mg DL-α-生育酚醋酸酯。

附表 4-3 泌乳母猪每千克饲粮养分含量（自由采食，88%干物质）[①]

分娩体重/kg	140～180		180～240	
泌乳期体重变化/kg	0.0	−10.0	−7.5	−15
哺乳窝仔数/头	9	9	10	10
采食量/(kg/d)	5.25	4.65	5.65	5.20
饲粮消化能含量/(MJ/kg)	13.80	13.80	13.80	13.80
饲粮代谢能含量[②]/(MJ/kg)	13.25	13.25	13.25	13.25
粗蛋白[③]/%	17.5	18.0	18.0	18.5
能量蛋白比(DE/CP)/(kJ/%)	789	767	767	746
赖氨酸能量比/(g/MJ)	0.64	0.67	0.66	0.68
氨基酸/%				
赖氨酸	0.88	0.93	0.91	0.94
蛋氨酸	0.22	0.24	0.23	0.24
蛋氨酸+胱氨酸	0.42	0.45	0.44	0.45
苏氨酸	0.56	0.59	0.58	0.60
色氨酸	0.16	0.17	0.17	0.18
异亮氨酸	0.49	0.52	0.51	0.53
亮氨酸	0.95	1.01	0.98	1.02
精氨酸	0.48	0.48	0.47	0.47
缬氨酸	0.74	0.79	0.77	0.81
组氨酸	0.34	0.36	0.35	0.37
苯丙氨酸	0.47	0.50	0.48	0.50
苯丙氨酸+酪氨酸	0.97	1.03	1.00	1.04

矿物元素[④]/%或每千克饲粮含量		维生素和脂肪酸[⑤]/%或每千克饲粮含量	
钙/%	0.77	维生素 A[⑥]/IU	2050
总磷/%	0.62	维生素 D_3[⑦]/IU	205
有效磷/%	0.36	维生素 E[⑧]/IU	45
钠/%	0.21	维生素 K/mg	0.5
氯/%	0.16	硫胺素/mg	1.00
镁/%	0.04	核黄素/mg	3.85
钾/%	0.21	泛酸/mg	12
铜/mg	5.0	烟酸/mg	10.25
碘/mg	0.14	吡哆醇/mg	1.00
铁 /mg	80.0	生物素/mg	0.21
锰/mg	20.5	叶酸/mg	1.35
硒/mg	0.15	维生素 B_{12}/μg	15.0
锌/mg	51.0	胆碱/g	1.00
		亚油酸/%	0.10

① 由于国内缺乏哺乳母猪的试验数据，消化能和氨基酸是根据国内一些企业的经验数据和 NRC（1998）泌乳模型得到的。

② 假定代谢能为消化能的 96%。

③ 以玉米-豆粕型日粮为基础确定的。

④ 矿物质需要量包括饲料原料中提供的矿物质量。

⑤ 维生素需要量包括饲料原料中提供的维生素量。

⑥ 1IU 维生素 A=0.344μg 维生素 A 醋酸酯。

⑦ 1IU 维生素 D_3=0.025μg 胆钙化醇。

⑧ 1IU 维生素 E=0.67mg D-α-生育酚或 1mg DL-α-生育酚醋酸酯。

附录五　奶牛饲养标准（节选）

本标准引用中华人民共和国农业行业标准（NY/T 34—2004）。适用于奶牛饲料厂以及国营、集体、个体奶牛场配合饲料和日粮。

附表 5-1　成年母牛维持的营养需要

体重/kg	日粮干物质/kg	奶牛能量单位/NND	产奶净能/Mcal	产奶净能/MJ	可消化粗蛋白/g	小肠可消化粗蛋白/g	钙/g	磷/g	胡萝卜素/mg	维生素A/IU
350	5.02	9.17	6.88	28.79	243	202	21	16	63	25000
400	5.55	10.13	7.60	31.80	268	224	24	18	75	30000
450	6.06	11.07	8.30	34.73	293	244	27	20	85	34000
500	6.56	11.97	8.98	37.57	317	264	30	22	95	38000
550	7.04	12.88	9.65	40.38	341	284	33	25	105	42000
600	7.52	13.73	10.30	43.10	364	303	36	27	115	46000
650	7.98	14.59	10.94	45.77	386	322	39	30	123	49000
700	8.44	15.43	11.57	48.41	408	340	42	32	133	53000
750	8.89	16.24	12.18	50.96	430	358	45	34	143	57000

注：1. 对第一个泌乳期的维持需要按上表基础增加20%，第二个泌乳期增加10%。

2. 如第一个泌乳期的年龄和体重过小，应按生长牛的需要计算实际增重的营养需要。

3. 放牧运动时，须在上表基础上增加能量需要量。

4. 在环境温度低的情况下，维持能量消耗增加，须在上表基础上增加需要量。

5. 泌乳期间，每增重1kg体重需增加8NND和325g可消化粗蛋白；每减重1kg需扣除6.56NND和250g可消化粗蛋白。

附表 5-2　每产1kg奶的营养需要

乳脂率/%	日粮干物质/kg	奶牛能量单位/NND	产奶净能/Mcal	产奶净能/MJ	可消化粗蛋白/g	小肠可消化粗蛋白/g	钙/g	磷/g	胡萝卜素/mg	维生素A/IU
2.5	0.31～0.35	0.80	0.60	2.51	49	42	3.6	2.4	1.05	420
3.0	0.34～0.38	0.87	0.65	2.72	51	44	3.9	2.6	1.13	452
3.5	0.37～0.41	0.93	0.70	2.93	53	46	4.2	2.8	1.22	486
4.0	0.40～0.45	1.00	0.75	3.14	55	47	4.5	3.0	1.26	502
4.5	0.43～0.49	1.06	0.80	3.35	57	49	4.8	3.2	1.39	556
5.0	0.46～0.52	1.13	0.84	3.52	59	51	5.1	3.4	1.46	584
5.5	0.49～0.55	1.19	0.89	3.72	61	53	5.4	3.6	1.55	619

附表 5-3　母牛妊娠最后四个月的营养需要

体重/kg	怀孕月份	日粮干物质/kg	奶牛能量单位/NND	产奶净能/Mcal	产奶净能/MJ	可消化粗蛋白/g	小肠可消化粗蛋白/g	钙/g	磷/g	胡萝卜素/mg	维生素A/kIU
350	6	5.78	10.51	7.88	32.97	293	245	27	18	67	27
	7	6.28	11.44	8.58	35.90	327	275	31	20		
	8	7.23	13.17	9.88	41.34	375	317	37	22		
	9	8.70	15.84	11.84	49.54	437	370	45	25		

续表

体重/kg	怀孕月份	日粮干物质/kg	奶牛能量单位/NND	产奶净能/Mcal	产奶净能/MJ	可消化粗蛋白/g	小肠可消化粗蛋白/g	钙/g	磷/g	胡萝卜素/mg	维生素A/kIU
400	6	6.30	11.47	8.60	35.99	318	267	30	20	76	30
	7	6.81	12.40	9.30	38.92	352	297	34	22		
	8	7.76	14.13	10.60	44.36	400	339	40	24		
	9	9.22	16.80	12.60	52.72	462	392	48	27		
450	6	6.81	12.40	9.30	38.92	343	287	33	22	86	34
	7	7.32	13.33	10.00	41.84	377	317	37	24		
	8	8.27	15.07	11.30	47.28	425	359	43	26		
	9	9.73	17.73	13.30	55.65	487	412	51	29		
500	6	7.31	13.32	9.99	41.80	367	307	36	25	95	38
	7	7.82	14.25	10.69	44.73	401	337	40	27		
	8	8.78	15.99	11.99	50.17	449	379	46	29		
	9	10.24	18.65	13.99	58.54	511	432	54	32		
550	6	7.80	14.20	10.65	44.56	391	327	39	27	105	42
	7	8.31	15.13	11.35	47.49	425	357	43	29		
	8	9.26	16.87	12.65	52.93	473	399	49	31		
	9	10.72	19.53	14.65	61.30	535	452	57	34		
600	6	8.27	15.07	11.30	47.28	414	346	42	29	114	46
	7	8.78	16.00	12.00	50.21	448	376	46	31		
	8	9.73	17.73	13.30	55.65	496	418	52	33		
	9	11.20	20.40	15.30	64.02	558	471	60	36		
650	6	8.74	15.92	11.94	49.96	436	365	45	31	124	50
	7	9.25	16.85	12.64	52.89	470	395	49	33		
	8	10.21	18.59	13.94	58.33	518	437	55	35		
	9	11.67	21.25	15.94	66.70	580	490	63	38		
700	6	9.22	16.76	12.57	52.60	458	383	48	34	133	53
	7	9.71	17.69	13.27	55.53	492	413	52	36		
	8	10.67	19.43	14.57	60.97	540	455	58	38		
	9	12.13	22.09	16.57	69.33	602	508	66	41		
750	6	9.65	17.57	13.13	55.15	480	401	51	36	143	57
	7	10.16	18.51	13.88	58.08	514	431	55	38		
	8	11.11	20.24	15.18	63.52	562	473	61	40		
	9	12.58	22.91	17.18	71.89	624	526	69	43		

注：1. 怀孕牛干奶期间按上表计算营养需要。

2. 怀孕期如未干奶，除按上表计算营养需要外，还应加产奶的营养需要。

附录六　肉牛的饲养标准（节选）

本标准引用中华人民共和国农业行业标准（NY/T 815—2004）。适用于肉牛饲料厂以及国营、集体、个体肉牛场配合饲料和日粮。

附表 6-1　生长肥育牛的每日营养需要量

LBW /kg	ADG /(kg/d)	DMI /(kg/d)	NEm /(MJ/d)	NEg /(MJ/d)	RND	NEmf /(MJ/d)	CP /(g/d)	IDCPm /(g/d)	IDCPg /(g/d)	IDCP /(g/d)	钙 /(g/d)	磷 /(g/d)
150	0	2.66	13.80	0.00	1.46	11.76	236	158	0	158	5	5
	0.3	3.29	13.80	1.24	1.87	15.10	377	158	103	261	14	8
	0.4	3.49	13.80	1.71	1.97	15.90	421	158	136	294	17	9
	0.5	3.70	13.80	2.22	2.07	16.74	465	158	169	328	19	10
	0.6	3.91	13.80	2.76	2.19	17.66	507	158	202	360	22	11
	0.7	4.12	13.80	3.34	2.30	18.58	548	158	235	393	25	12
	0.8	4.33	13.80	3.97	2.45	19.75	589	158	267	425	28	13
	0.9	4.54	13.80	4.64	2.61	21.05	627	158	298	457	31	14
	1.0	4.75	13.80	5.38	2.80	22.64	665	158	329	487	34	15
	1.1	4.95	13.80	6.18	3.02	20.35	704	158	360	518	37	16
	1.2	5.16	13.80	7.06	3.25	26.28	739	158	389	547	40	16
175	0	2.98	15.49	0.00	1.63	13.18	265	178	0	178	6	6
	0.3	3.63	15.49	1.45	2.09	16.90	403	178	104	281	14	9
	0.4	3.85	15.49	2.00	2.20	17.78	447	178	138	315	17	9
	0.5	4.07	15.49	2.59	2.32	18.70	489	178	171	349	20	10
	0.6	4.29	15.49	3.22	2.44	19.71	530	178	204	382	23	11
	0.7	4.51	15.49	3.89	2.57	20.75	571	178	237	414	26	12
	0.8	4.72	15.49	4.63	2.79	22.05	609	178	269	446	28	13
	0.9	4.94	15.49	5.42	2.91	23.47	650	178	300	478	31	14
	1.0	5.16	15.49	6.28	3.12	25.23	686	178	331	508	34	15
	1.1	5.38	15.49	7.22	3.37	27.20	724	178	361	538	37	16
	1.2	5.59	15.49	8.24	3.63	29.29	759	178	390	567	40	17
200	0	3.30	17.12	0.00	1.80	14.56	293	196	0	196	7	7
	0.3	3.98	17.12	1.66	2.32	18.70	428	196	105	301	15	9
	0.4	4.21	17.12	2.28	2.43	19.62	472	196	139	336	17	10
	0.5	4.44	17.12	2.95	2.56	20.67	514	196	173	369	20	11
	0.6	4.66	17.12	3.67	2.69	21.76	555	196	206	403	23	12
	0.7	4.89	17.12	4.45	2.83	22.47	593	196	239	435	26	13
	0.8	5.12	17.12	5.29	3.01	24.31	631	196	271	467	29	14
	0.9	5.34	17.12	6.19	3.21	25.90	669	196	302	499	31	15
	1.0	5.57	17.12	7.17	3.45	27.82	708	196	333	529	34	16
	1.1	5.80	17.12	8.25	3.71	29.96	743	196	362	558	37	17
	1.2	6.03	17.12	9.42	4.00	32.30	778	196	391	587	40	17

续表

LBW /kg	ADG /(kg/d)	DMI /(kg/d)	NEm /(MJ/d)	NEg /(MJ/d)	RND	NEmf /(MJ/d)	CP /(g/d)	IDCPm /(g/d)	IDCPg /(g/d)	IDCP /(g/d)	钙 /(g/d)	磷 /(g/d)
225	0	3.60	18.71	0.00	1.87	15.10	320	214	0	214	7	7
	0.3	4.31	18.71	1.86	2.56	20.71	452	214	107	321	15	10
	0.4	4.55	18.71	2.57	2.69	21.76	494	214	141	356	18	11
	0.5	4.78	18.71	3.32	2.83	22.89	535	214	175	390	20	12
	0.6	5.02	18.71	4.13	2.98	24.10	576	214	209	423	23	13
	0.7	5.26	18.71	5.01	3.14	25.36	614	214	241	456	26	14
	0.8	5.49	18.71	5.95	3.33	26.90	652	214	273	488	29	14
	0.9	5.73	18.71	6.97	3.55	28.66	691	214	304	519	31	15
	1.0	5.96	18.71	8.07	3.81	30.79	726	214	335	549	34	16
	1.1	6.20	18.71	9.28	4.10	33.10	761	214	364	578	37	17
	1.2	6.44	18.71	10.59	4.42	35.69	796	214	391	606	39	18
250	0	3.90	20.24	0.00	2.20	17.78	346	232	0	232	8	8
	0.3	4.64	20.24	2.07	2.81	22.72	475	232	108	340	16	11
	0.4	4.88	20.24	2.85	2.95	23.85	517	232	143	375	18	12
	0.5	5.13	20.24	3.69	3.11	25.10	558	232	177	409	21	12
	0.6	5.37	20.24	4.59	3.27	26.44	599	232	211	443	23	13
	0.7	5.62	20.24	5.56	3.45	27.82	637	232	244	475.9	26	14
	0.8	5.87	20.24	6.61	3.65	29.50	672	232	276	507.8	29	15
	0.9	6.11	20.24	7.74	3.89	31.38	711	232	307	538.8	31	16
	1.0	6.36	20.24	8.97	4.18	33.72	746	232	337	568.6	34	17
	1.1	6.60	20.24	10.31	4.49	36.28	781	232	365	597.2	36	18
	1.2	6.85	20.24	11.77	4.84	39.06	814	232	392	624.3	39	18
275	0	4.19	21.74	0.00	2.40	19.37	372	249	0	249.2	9	9
	0.3	4.96	21.74	2.28	3.07	24.77	501	249	110	359	16	12
	0.4	5.21	21.74	3.14	3.22	25.98	543	249	145	394.4	19	12
	0.5	5.47	21.74	4.06	3.39	27.36	581	249	180	429	21	13
	0.6	5.72	21.74	5.05	3.57	28.79	619	249	214	462.8	24	14
	0.7	5.98	21.74	6.12	3.75	30.29	657	249	247	495.8	26	15
	0.8	6.23	21.74	7.27	3.98	32.13	696	249	278	527.7	29	16
	0.9	6.49	21.74	8.51	4.23	34.18	731	249	309	558.5	31	16
	1.0	6.74	21.74	9.86	4.55	36.74	766	249	339	588	34	17
	1.1	7.00	21.74	11.34	4.89	39.50	798	249	367	616	36	18
	1.2	7.25	21.74	12.95	5.60	42.51	834	249	393	642.4	39	19
300	0	4.46	23.21	0.00	2.60	21.00	397	266	0	266	10	10
	0.3	5.26	23.21	2.48	3.32	26.78	523	266	112	377.6	17	12
	0.4	5.53	23.21	3.42	3.48	28.12	565	266	147	413.4	19	13
	0.5	5.79	23.21	4.43	3.66	29.58	603	266	182	448.4	21	14
	0.6	6.06	23.21	5.51	3.86	31.13	641	266	216	482.4	24	15
	0.7	6.32	23.21	6.67	4.06	32.76	679	266	249	515.5	26	15
	0.8	6.58	23.21	7.93	4.31	34.77	715	266	281	547.4	29	16
	0.9	6.85	23.21	9.29	4.58	36.99	750	266	312	578	31	17
	1.0	7.11	23.21	10.76	4.92	39.71	785	266	341	607.1	34	18
	1.1	7.38	23.21	12.37	5.29	42.68	818	266	369	634.6	36	19
	1.2	7.64	23.21	14.12	5.69	45.98	850	266	394	660.3	38	19

续表

LBW /kg	ADG /(kg/d)	DMI /(kg/d)	NEm /(MJ/d)	NEg /(MJ/d)	RND	NEmf /(MJ/d)	CP /(g/d)	IDCPm /(g/d)	IDCPg /(g/d)	IDCP /(g/d)	钙 /(g/d)	磷 /(g/d)
325	0	4.75	24.65	0.00	2.78	22.43	421	282	0	282.4	11	11
	0.3	5.57	24.65	2.69	3.54	28.58	547	282	114	396	17	13
	0.4	5.84	24.65	3.71	3.72	30.04	586	282	150	432.3	19	14
	0.5	6.12	24.65	4.80	3.91	31.59	624	282	185	467.6	22	14
	0.6	6.39	24.65	5.97	4.12	33.26	662	282	219	501.9	24	15
	0.7	6.66	24.65	7.23	4.36	35.02	700	282	253	535.1	26	16
	0.8	6.94	24.65	8.59	4.60	37.15	736	282	284	566.9	29	17
	0.9	7.21	24.65	10.06	4.90	39.54	771	282	315	597.3	31	18
	1.0	7.49	24.65	11.66	5.25	42.43	803	282	344	626.1	33	18
	1.1	7.76	24.65	13.40	5.65	45.61	839	282	371	653	36	19
	1.2	8.03	24.65	15.30	6.08	49.12	868	282	395	677.8	38	20
350	0	5.02	26.06	0.00	2.95	23.85	445	299	0	298.6	12	12
	0.3	5.87	26.06	2.90	3.76	30.38	569	299	122	420.6	18	14
	0.4	6.15	26.06	3.99	3.95	31.92	607	299	161	459.4	20	14
	0.5	6.43	26.06	5.17	4.16	33.60	645	299	199	497.1	22	15
	0.6	6.72	26.06	6.43	4.38	35.40	683	299	235	533.6	24	16
	0.7	7.00	26.06	7.79	4.61	37.24	719	299	270	568.7	27	17
	0.8	7.28	26.06	9.25	4.89	39.50	757	299	304	602.3	29	17
	0.9	7.57	26.06	10.83	5.21	42.05	789	299	336	634.1	31	18
	1.0	7.85	26.06	12.55	5.59	45.15	824	299	365	664	33	19
	1.1	8.13	26.06	14.43	6.01	48.53	857	299	393	691.7	36	20
	1.2	8.41	26.06	16.48	6.47	52.26	889	299	418	716.9	38	20
375	0	5.28	27.44	0.00	3.13	25.27	469	314	0	314.4	12	12
	0.3	6.16	27.44	3.10	3.99	32.22	593	314	119	433.5	18	14
	0.4	6.45	27.44	4.28	4.19	33.85	631	314	157	471.2	20	15
	0.5	6.74	27.44	5.54	4.41	35.61	669	314	193	507.7	22	16
	0.6	7.03	27.44	6.89	4.65	37.53	704	314	228	542.9	25	17
	0.7	7.32	27.44	8.34	4.89	39.50	743	314	262	576.6	27	17
	0.8	7.62	27.44	9.91	5.19	41.88	778	314	294	608.7	29	18
	0.9	7.91	27.44	11.61	5.52	44.60	810	314	324	638.9	31	19
	1.0	8.20	27.44	13.45	5.93	47.87	845	314	353	667.1	33	19
	1.1	8.49	27.44	15.46	6.26	50.54	878	314	378	692.9	35	20
	1.2	8.79	27.44	17.65	6.75	54.48	907	314	402	716	38	20
400	0	5.55	28.80	0.00	3.31	26.74	492	330	0	330	13	13
	0.3	6.45	28.80	3.31	4.22	34.06	613	330	116	446.2	19	15
	0.4	6.76	28.80	4.56	4.43	35.77	651	330	153	482.7	21	16
	0.5	7.06	28.80	5.91	4.66	37.66	689	330	188	518	23	17
	0.6	7.36	28.80	7.35	4.91	39.66	727	330	222	551.9	25	17
	0.7	7.66	28.80	8.90	5.17	41.76	763	330	254	584.3	27	18
	0.8	7.96	28.80	10.57	5.49	44.31	798	330	285	614.8	29	19
	0.9	8.26	28.80	12.38	5.64	47.15	830	330	313	643.5	31	19
	1.0	8.56	28.80	14.35	6.27	50.63	866	330	340	669.9	33	20
	1.1	8.87	28.80	16.49	6.74	54.43	895	330	364	693.8	35	21
	1.2	9.17	28.80	18.83	7.26	58.66	927	330	385	714.8	37	21

续表

LBW /kg	ADG /(kg/d)	DMI /(kg/d)	NEm /(MJ/d)	NEg /(MJ/d)	RND	NEmf /(MJ/d)	CP /(g/d)	IDCPm /(g/d)	IDCPg /(g/d)	IDCP /(g/d)	钙 /(g/d)	磷 /(g/d)
425	0	5.80	30.14	0.00	3.48	28.08	515	345	0	345.4	14	14
	0.3	6.73	30.14	3.52	4.43	35.77	636	345	113	458.6	19	16
	0.4	7.04	30.14	4.85	4.65	37.57	674	345	149	494	21	17
	0.5	7.35	30.14	6.28	4.90	39.54	712	345	183	528.1	23	17
	0.6	7.66	30.14	7.81	5.16	41.67	747	345	215	560.7	25	18
	0.7	7.97	30.14	9.45	5.44	43.89	783	345	246	591.7	27	18
	0.8	8.29	30.14	11.23	5.77	46.57	818	345	275	620.8	29	19
	0.9	8.60	30.14	13.15	6.14	49.58	850	345	302	647.8	31	20
	1.0	8.91	30.14	15.24	6.59	53.22	886	345	327	672.4	33	20
	1.1	9.22	30.14	17.52	7.09	57.24	918	345	349	694.4	35	21
	1.2	9.53	30.14	20.01	7.64	61.67	947	345	368	713.3	37	22
450	0	6.06	31.46	0.00	3.63	29.33	538	361	0	360.5	15	15
	0.3	7.02	31.46	3.72	4.63	37.41	659	361	110	470.7	20	17
	0.4	7.34	31.46	5.14	4.87	39.33	697	361	145	505.1	21	17
	0.5	7.66	31.46	6.65	5.12	41.38	732	361	177	538	23	18
	0.6	7.98	31.46	8.27	5.40	43.60	770	361	209	569.3	25	19
	0.7	8.30	31.46	10.01	5.69	45.94	806	361	238	598.9	27	19
	0.8	8.62	31.46	11.89	6.03	48.74	841	361	266	626.5	29	20
	0.9	8.94	31.46	13.93	6.43	51.92	873	361	291	651.8	31	20
	1.0	9.26	31.46	16.14	6.90	55.77	906	361	314	674.7	33	21
	1.1	9.58	31.46	18.55	7.42	59.96	938	361	334	694.8	35	22
	1.2	9.90	31.46	21.18	8.00	64.60	967	361	351	711.7	37	22
475	0	6.31	32.76	0.00	3.79	30.63	560	375	0	375.4	16	16
	0.3	7.30	32.76	3.93	4.84	39.08	681	375	107	482.7	20	17
	0.4	7.63	32.76	5.42	5.09	41.09	719	375	140	515.9	22	18
	0.5	7.96	32.76	7.01	5.35	43.26	754	375	172	547.6	24	19
	0.6	8.29	32.76	8.73	5.64	45.61	789	375	202	577.7	25	19
	0.7	8.61	32.76	10.57	5.94	48.03	825	375	230	605.8	27	20
	0.8	8.94	32.76	12.55	6.31	51.00	860	375	257	631.9	29	20
	0.9	9.27	32.76	14.70	6.72	54.31	892	375	280	655.7	31	21
	1.0	9.60	32.76	17.04	7.22	58.32	928	375	301	676.9	33	21
	1.1	9.93	32.76	19.58	7.77	62.76	957	375	320	695	35	22
	1.2	10.26	32.76	22.36	8.37	67.61	989	375	334	709.8	36	23
500	0	6.56	34.05	0.00	3.95	31.92	582	390	0	390.2	16	16
	0.3	7.58	34.05	4.14	5.04	40.71	700	390	104	494.5	21	18
	0.4	7.91	34.05	5.71	5.30	42.84	738	390	136	526.6	22	19
	0.5	8.25	34.05	7.38	5.58	45.10	776	390	167	557.1	24	19
	0.6	8.59	34.05	9.18	5.88	47.53	811	390	196	585.8	26	20
	0.7	8.93	34.05	11.12	6.20	50.08	847	390	222	612.6	27	20
	0.8	9.27	34.05	13.21	6.58	53.18	882	390	247	637.2	29	21
	0.9	9.61	34.05	15.48	7.01	56.65	912	390	269	659.4	31	21
	1.0	9.94	34.05	17.93	7.53	60.88	947	390	289	678.8	33	22
	1.1	10.28	34.05	20.61	8.10	65.48	979	390	305	695	34	23
	1.2	10.62	34.05	23.54	8.73	70.54	1011	390	318	707.7	36	23

参考文献

[1] 黄大器，李复兴等. 饲料手册. 北京：科学技术出版社，1986.

[2] 胡坚. 动物饲养学. 长春：吉林科学技术出版社，1990.

[3] 杨凤. 动物营养学. 北京：中国农业出版社，1993.

[4] 冯仰廉. 动物营养研究进展. 北京：中国农业大学出版社，1996.

[5] 李德发. 现代饲料生产. 北京：中国农业出版社，1997.

[6] 韩友文. 饲料与饲养学. 北京：中国农业出版社，1998.

[7] 王安，单安山. 微量元素与动物生产. 哈尔滨：黑龙江科学技术出版社，2003.

[8] 梁祖铎. 饲料生产学. 北京：中国农业出版社，2001.

[9] 宁金友. 畜禽营养与饲料. 北京：中国农业出版社，2001.

[10] 苏希孟. 饲料生产与加工. 北京：中国农业出版社，2001.

[11] 姚军虎. 动物营养与饲料. 北京：中国农业出版社，2002.

[12] 姚继承，彭秀丽. 家禽无公害饲料配方配制技术. 北京：中国农业出版社，2003.

[13] 张丽英. 饲料分析及饲料质量检测技术. 北京：中国农业大学出版社，2004.

[14] 杨久仙，宁金友. 动物营养与饲料加工. 北京，中国农业出版社，2006.

[15] 庞声海，郝波. 饲料加工设备与技术. 北京：科学技术文献出版社，2006.

[16] 周明. 饲料学. 合肥：安徽科学技术出版社，2007.

[17] 张力，杨孝列. 动物营养与饲料. 北京：中国农业大学出版社，2007.